普通高等教育"十二五"系列教材

U0642955

电力系统自动化
原理及应用

主编　王清亮
编写　付周兴　董张卓
主审　宋国兵

中国电力出版社
CHINA ELECTRIC POWER PRESS

内 容 提 要

　　本书是根据当前高等教育注重多方面综合、宽口径发展的教学需要，紧密结合电力系统的最新技术发展来编写的。全书以电力系统为对象，计算机信息处理为主线，现代先进的保护、控制技术为手段，紧密结合电力系统应用实际和最新进展，对电力自动化系统的理论、技术和应用做了系统、深入的阐述。同时，针对课程对实践性要求较高的特点，详细描述和深入分析了多个工程应用实例，可提高学生对电力系统自动化原理的理解和运用能力。

　　本书可作为高等院校电气工程及相关专业的本科教材，也可作为从事电力自动化系统的设计、开发、运行、维护工作的技术人员的参考书。

图书在版编目（CIP）数据

电力系统自动化原理及应用／王清亮主编 .—北京：中国电力出版社，2014.12（2024.7重印）

普通高等教育"十二五"规划教材

ISBN 978-7-5123-6038-9

Ⅰ.①电…　Ⅱ.①王…　Ⅲ.①电力系统－自动化－高等学校－教材　Ⅳ.①TM76

中国版本图书馆 CIP 数据核字（2014）第 173934 号

中国电力出版社出版、发行

（北京市东城区北京站西街 19 号　100005　http：//www.cepp.sgcc.com.cn）

北京天泽润科贸有限公司印刷

各地新华书店经售

＊

2014 年 12 月第一版　2024 年 7 月北京第七次印刷

787 毫米×1092 毫米　16 开本　17.5 印张　425 千字

定价 35.00 元

版 权 专 有　侵 权 必 究

本书如有印装质量问题，我社营销中心负责退换

前　言

现代电力系统被公认为是一种最典型的、具有多输入和多输出的大系统，各种发电、输电、变电、配电和用电环节必须同时完成，系统故障发生、演变的随机性，以及故障传播的快速性和全局性，使得要想保证这种超大规模的电力系统安全可靠运行，必须依靠一个强有力的、具有各种现代化手段的自动化系统和调度中心。社会经济对电力的依赖以及电力事业的飞速发展，使得电力系统自动化在现代电网运行管理中的作用越来越重要，基于 IEC 61850 标准的数字化变电站应用推广，分布式发电和微电网的引入，以及智能电网的建设，都将引起电力系统自动化领域的一场巨大变革和技术提升。因此，对电力技术工作者的要求也越来越高，各电力部门急需大量的既具备电力系统知识又具备自动化技术、计算机和通信技术等方面知识的综合型人才。

本书作为电气工程类各专业本科高年级学生及研究生教学用书，内容安排力求使学生对电力自动化系统有一个较全面深入的理解，并根据当前高等教育注重多方面综合、宽口径发展的教学需要，紧密结合电力系统的最新技术发展来安排和编写的。全书以电力系统为对象，计算机信息处理为主线，现代先进的保护、控制技术为手段，紧密结合电力系统应用实际和最新进展，对电力自动化系统的理论、技术和应用作了系统、深入的阐述。

针对电力系统课程对实践性有很强要求的特点，编者在分析电力系统自动化原理与技术的同时，重视理论与工程实践的密切结合，详细分析了多个工程应用实例，通过对案例的详细描述和深入分析，提高学生对电力系统自动化原理的理解和运用能力；结合新技术发展，引入了当前快速发展的数字化变电站，对其核心原理、设计理念和关键技术进行论述，集中体现了新技术、新知识、新方法在电力系统自动化中的综合运用；通过原理学习、工程案例分析、课后思考题训练，帮助学生全面掌握新一代电力系统自动化的技术内涵和应用实践。

本书是结合作者多年来从事电力系统自动化方面的科研、教学以及工程规划设计实践经验编写而成的，同时参考和引用了相关著作和文献，在此对这些著作和文献的作者表示衷心感谢。

本书由王清亮担任主编并统稿。其中王清亮编写了本书的第二～六章，付周兴和董张卓合作编写了第一章和附录。本书由西安交通大学宋国兵教授担任主审并提出了许多宝贵意见，在此谨致以衷心的感谢。

限于作者水平，加之电力系统新技术的发展迅速，书中疏漏和不足之处在所难免，敬请读者批评指正。

作　者
2014 年 11 月

目　录

第一章 概 论

第一节 现代电力系统

一、电力系统的运行复杂性

电力系统是当今世界覆盖面最广、结构最复杂的人造网络之一。现代社会存在各种各样的工业生产系统，但是没有哪一种系统能像电力系统这样庞大和复杂。现代电力系统跨越几十万甚至几百万平方千米地域，它的高低压输、配电线路纵横交错，各种规模的发电厂和变电站遍布各地，连接着城乡的厂矿、机关、学校以及千家万户。电力系统运行时，系统的状态行为变化很快。与其他人造系统如通信、交通系统等相比较，其特点是：

（1）系统传输的电能不能大规模储存，电能的发、供、用必须同时完成，每时每刻都要保持供需平衡；

（2）分布在广大地域的系统内所有发电机必须同步运转，一旦受到大的扰动产生异常偏离，系统稳定性可能遭到破坏，造成严重后果；

（3）系统故障发生和故障事件演变的随机性，以及故障影响的快速性和全局性，导致对其很难做到准确预测和把握，为电力系统发生故障时的应对和事后恢复处理过程带来巨大困难。

国内外较大的停电事故往往是从系统中某一元件的故障开始，由于继电保护装置的拒动或误动、控制措施不当或不及时、电网结构的不合理，或多种原因的综合作用，引发了一系列元件故障，最终导致了电网的大面积停电。例如，2003年8月14日北美大停电，美国东部8个州以及加拿大安大略省和魁北克省发生大规模停电事故，共计损失负荷6180万kW，受停电影响人数达5000万；2012年7月30日，包括首都新德里在内的印度北部9个邦发生大停电，共计损失负荷3567万kW，受停电影响人数达3.7亿。

二、电力系统的发展

改革开放以来，我国电力系统发展取得了举世瞩目的成绩，交流500、750、1000kV，以及直流±500、±660、±800kV输电工程相继建成并投入运行。2011年，我国电网装机容量达10.5亿kW，发电量达4.72万亿kWh。随着青藏±400kV直流输电工程建成投入运行，我国电网已完成除台湾地区外的全国电网互联，进入"特高压、大电网"时代。

1. 互联大电网

现代电力系统发展的一个方向是邻近电力系统的互联。我国中部地区已形成沿长江流域包括四川、华中、华东电网在内的三峡交直流电力系统；与此同时，北方的华北、东北、西北电网将实现互联，南方电网将进一步加强。届时，全国将形成北、中、南三大互联电网的格局，通过它们之间的互联，基本实现全国电网互联。

全国互联的电力系统也带来了一系列潜在的问题。大电网互联要依赖远距离高压交流输电，这使得大电力系统的运行更为复杂，其主要问题是调度复杂和系统稳定性，故障会波及相邻电网，若处理不当，严重情况下会导致大面积停电；电网短路容量也会增加，造成运行中的断路器等设备因容量不够而需增加投资等。

电力互联系统牵一发而动全身，系统运行的稳定性、大面积停电等问题更加突出，若发生事故不但在经济上造成巨大损失，而且对生产、生活也造成较大程度的影响。大容量远距离输电和大电网互联迫切要求电力系统实现自动化。

2. 高电压远距离交直流混合输电

在克服大电力系统互联困难的研究中，高电压直流输电技术为这种发展趋势提供了较好的解决方案。近年来，高压直流输电以其技术上、经济上和安全性等方面特有的优越性，如无功角稳定问题，无电晕损耗和无功损耗，调节速度快，传输功率大，可快速改善电力系统有功潮流分布以及能改善系统稳定性等，交直流混合输电在大容量远距离输电、区域互联等方面得到广泛的应用。

随着三峡工程的建成，目前各孤立的区域电网将采用直流或交流输电方式联成一个统一的整网；随着"西电东送"战略的实施，多回直流输电线路落点于同一交流电网，即多馈入直流输电系统的出现将是不可避免的，我国已跨入交直流混合大电网时代，采用交直流输电已成为必然趋势。

高压交直流输电带来巨大效益的同时，也带来了运行的复杂性问题。交直流混合输电系统的运行会出现许多严重的技术问题，例如与直流系统相连的弱交流系统的电压稳定性问题，以及电能质量问题等。

巨大的交直流混合输电系统的运行控制更加复杂，所有这些问题都要求采取相应的技术措施，以提高电网自动化控制水平等，这样才能充分发挥互联电网的作用和优越性。

3. 分布式发电与微电网

随着电力需求的不断增长，大电网在过去数十年里体现出来的优势使其得以快速地发展，成为主要电力供应渠道。然而，集中式大电网也存在一些弊端：成本高，运行难度大，难以满足用户越来越高的安全性和可靠性要求。尤其是近几年来，世界范围内接连多次发生大面积停电事故，大电网的脆弱性充分地暴露出来，特别是在发生自然灾害、电网事故的紧急情况下，军工、医院、金融等系统突然断电造成的不仅是经济损失，还会危及社会的安全和稳定。因此，2003 年北美大停电以后，人们认为发展分布式电源比通过改造电网来加强安全更加简便、快捷。2008 年在我国南方地区大范围雨雪冰冻和汶川特大地震灾害中，电力设施遭受大面积损毁，也说明了在继续发展集中式大机组的同时，要注重在负荷中心建设足够的分布式电源，以在非常规灾害或者战时攻击情况下，保证居民最小能源供应，并将这种电源作为保障电网安全的重要设施和手段。

分布式发电电源是指发电功率为数千瓦至数十兆瓦的分散式、布置在用户附近的发电单元。它具有污染少、能源利用率高、安装地点灵活等优点；与集中式电源相比，节省了输配电资源和运行费用，减少了集中输电的线路损耗。分布式发电可以减少电网总容量，改善电网峰谷性能，提高供电可靠性。随着分布式发电渗透率的增加，其本身存在的问题也显现出来，即分布式电源单机接入成本高、控制困难。

随着电力电子技术和现代控制理论的发展，出现了微电网概念。我国将微电网定义为：微电网是通过本地分布式微型电源或中、小型传统发电方式的优化配置，向附近负荷提供电能和热能的特殊电网，是一种基于传统电源的较大规模的独立系统；在微电网内部通过电源和负荷的可控性，在满足用户对电能质量和供电安全要求的基础上，实现微电网的并网运行或独立自治运行；微电网对外表现为一个整体单元，并且可以平滑并入主网运行。

微电网具有双重角色，对于电力企业，可视为一个简单的可调度负荷，可以在数秒内作出响应以满足传输系统的需要；对于用户，可以作为一个可定制的电源，以满足用户多样化的需求，如增加局部供电可靠性、降低馈线损耗、通过微电网储能元件对当地电压和频率提供支撑。微电网可以看成未来电力系统的一种结构形式。相比目前的大电网，这种结构具有显著的经济和环境效益。通过建立微电网可使分布式发电应用于电力系统并发挥其最大的潜能。微电网及分布式电源虽然主要与配电网联系，但对整个电力系统的影响却将是巨大而深远的。

第二节 电力系统自动化

电力系统中被控制的发、输、变、配电设备数量很多，它们通过不同电压等级的电力线路连接成网状系统。控制与管理复杂而庞大电力系统，使之安全、优质和经济地运行，将是十分困难的，必须借助各类自动装置和自动化系统才能实现。

电力系统自动化是指应用各种具有自动检测、决策和控制功能的装置或系统，通过信号系统和数据传输系统对电力系统各元件、局部系统或全系统进行就地或远方的自动监视、调节和控制，保证电力系统安全、可靠、经济运行和向电力用户提供合格的电能。

一、电力系统运行控制的复杂性

现代电力系统被公认为是一种最典型的、具有多输入、多输出的大系统，与其他各种工业生产系统相比，它的运行监视、控制更为复杂。电能不像其他工业产品那样可以储存，而是"以销定产，即用即发"。各种发电、变电、输电、配电和用电设备，在同一瞬间，按照同一节奏，遵循着统一的规律，有条不紊地运行着。各个环节环环衔接，严密和谐，不能有半点差错。然而，电气设备总会因各种原因出现各种异常，各类电力用户的用电负荷随时、随机变化，电力系统的各个环节必须及时跟踪用电负荷的变化，不断进行控制和调整，保证电力系统的安全、稳定运行。电力系统一旦发生事故，就会在短时间内影响到大量电力用户，造成很大的经济损失。可见，必须时刻监控电力系统的运行状态，及时地发现隐患并予以排除。

控制管理电力系统需要监视和控制很多参数，包括电力系统频率、节点电压、线路电流、功率等。由于整个电力系统在电磁上是互相耦合和连接的，所以仅靠控制调节电气设备自身的自动装置是很不够的，还必须配备针对整个系统或局部系统的自动化装置，通过信息共享和功能互补，实现电力系统生产管理和控制。

综上所述，现代电力系统必须拥有一个强有力的、拥有各种现代化手段的、能够保证电力系统安全经济运行的自动化系统和调度中心。

二、电力系统运行控制的目标

电力系统运行控制的目标，就是始终保持整个电力系统的正常运行，安全经济地向用户提供合格质量的电能；在电力系统发生事故的时候，迅速切除故障，防止事故扩大，尽快恢复电力系统的正常运行。简单地说，电力系统运行控制的目标可以概括为：安全、可靠、优质、经济。

1. 安全

保障系统安全性一直是电力系统运行中的头等大事，安全裕度不足的系统容易发生故障，其危害是非常严重的，轻者导致电气设备损坏，使少数用户停电，给生产造成一定的损失；重者则波及系统的广大区域，甚至引起整个电力系统的瓦解，使生产设备遭受到严重破坏，甚至造成人员的伤亡。

影响电力系统运行安全的事故原因有多种，如狂风、暴雨、雷电、冰雪和地震等自然灾害，或者电力系统本身存在着薄弱环节，如设备有隐患，或者运行人员技术水平差、操作失误等。要想完全避免发生任何事故是不可能的，但在发生事故后迅速而正确地予以处理，使造成的损失降低到最低限度则是可以做到的。要做到这点，一方面需要电力系统本身更加"强大"，发电能力和相应的输电、变电设备都留有足够的裕度，各种安全和自动化装置非常灵敏可靠，使电力系统自身具有抵抗各种事故的能力；另一方面也与肩负电力系统运行控制重大职责的各级调度中心的调度技术水平密切相关。

2. 可靠

针对电力系统特点，普遍接受的电力系统可靠性定义为：电力系统按可接受的质量和所需数量不间断地向电力用户提供电力和电量能力的度量。电力系统可靠性包括充裕性和安全性两个方面。

电力系统充裕性（Adequacy of an Electric Power System）是指电力系统稳态运行时，在系统元件额定容量、母线电压和系统频率等的允许范围内，考虑系统中元件的计划运行以及合理的非计划运行条件下，向用户提供全部所需电力和电量的能力。

电力系统安全性（Security of an Electric Power System）是指电力系统在运行中承受突然扰动的能力。

3. 优质

优质，主要是指电能质量。电能质量是指通过公用电网供给用户端的交流电能的品质，它直接影响着供、用电双方的安全性、可靠性和经济性。衡量电能质量的稳态指标有波形，频率和电压三项。

（1）波形。发电机发出电压的波形是正弦波。如果电压或电流波形偏离稳态工频正弦波形，就认为波形发生了畸变，其中会包含高次谐波成分，它给许多电子设备正常运行带来不良影响，对通信线路也会造成干扰，还会降低电动机的效率，甚至还可能使电力系统发生危险的高次谐波谐振，使电气设备遭到严重破坏。现代电力系统中接入的许多大功率电力电子设备，都会使波形发生畸变，是产生波形畸变的"污染源"。

（2）频率。频率是电能质量标准中要求最严格的一项，在我国其允许的波动范围是(50 ± 0.2)Hz。保持频率稳定的关键是保证电力系统有功功率的供求数量时刻平衡，但负荷是随时变动的，这就要求发电厂的有功功率时刻跟踪负荷的有功功率，随其变动而变动。为此，调度中心需预先进行负荷预测，安排好开机计划和系统运行方式，要始终保持系统频率合格必须依赖一整套严密的运行机制和自动化的闭环频率调节控制系统。

（3）电压。电压稳定的关键在于电力系统中无功功率的供需平衡，并且最好是在系统的各个局部就地平衡，以减少大量无功功率在线路上传输。具体的调压措施有发电机的励磁调节、静止补偿器的调节、有载调压变压器分接头调节和并联补偿电容器组的投切等。

4. 经济

电力系统运行控制的目标除了首要关注的安全问题和电能质量问题外，还要尽可能地降低发电成本，减少网络传输损失，全面提高整个电力系统运行的经济性。对于已经投入运行的电力系统，其运行经济性完全取决于系统的调度方案。要在保证系统必要安全水平的前提下，合理地安排备用容量的组合和分布，综合考虑各发电机组的性能和效率，计算并选择出一个经济性能最优的调度方案，按此最优方案运行，使全系统的燃料消耗最低。但此最优方案并非一劳永逸，因为它是根据某一时刻的负荷分布计算出来的，而负荷又随时处在变化之中，所以每隔几分钟就需要重新计算新的最优方案，这样才能使系统始终处于最优状态，这必须依靠功能强大的调度自动化系统。

三、电力系统自动化的发展历程

1. 局部自动化阶段

在电力工业发展初期，发电厂都建在用户附近，电力系统也是简单而孤立的。运行人员在发电机、开关设备等电力元件的近旁直接监视设备状态并进行手工操作，例如人工操作开关、调节发电机的功率和电压等。这种工作方式的效果与运行人员的素质和精神状态有关，往往不能及时而正确地进行调节和控制。特别是在发生事故时，往往来不及对事故的发生和发展做出反应而导致事故扩大。

随着用电负荷的大幅度增长，电力系统内的发电设备及其功率不断增加，供电范围也不断扩大。在这种情况下，在设备现场人工就地监视和操作已不能满足电力系统运行的需要。为了保证电力系统安全运行和向用户供应合格电能，出现了某一区域或针对单个一次设备的自动装置。这些装置包括故障自动切除装置，如继电保护装置，自动切除出现故障的发电机、变压器和输电线路等设备；自动操作和调节装置，如备用电源自动投入、发电机自动调压和自动调速装置等。

2. 调度自动化系统的兴起

20 世纪 60 年代，随着电网规模的加大，为了提高电力系统供电的可靠性和运行的经济性，孤立的电力系统逐步地发展成了跨地区的电力系统。由于电力系统中发电厂和变电站的运行值班人员只了解本厂（站）的运行情况，对系统内其他厂（站）的运行情况以及电力系统的运行结构不清楚，所以在跨地区的电力系统形成之后，就必须建立一个机构对电力系统的运行进行统一的管理和指挥，合理调度电力系统中各发电厂的输出功率并及时综合处理影响整个电力系统正常运行的事故和异常情况，这个机构就是电力调度中心（简称调度中心），也称电力调度所。

初期的调度中心，由于通信设备等技术的限制，电力调度主要靠电话进行通信。电力调度中心没有办法及时掌握和监视各个厂、站的设备的运行情况，更谈不上对各电厂和输电网进行直接控制，线路的潮流、各节点电压、电厂各机组的输出功率以及输出功率的分配是否合理等情况。严格地说，调度员了解到的厂、站信息已经属于"历史"信息。调度员需根据这些有限的"历史"性的信息进行汇总、分析，通过大量人工计算得到系统运行方式，加上个人的知识和运行经验，最终选择一种运行方式，再用电话通知各厂站值班人员在现场进行操作。

显然，这种落后的状况与电力系统在国民经济发展中所占的重要地位是很不相称的。这种调度模式使电力系统调度的实时性和正确性受到限制，不能满足电力系统运行要求。20

世纪 60 年代，美国、加拿大和其他一些国家的电力系统曾相继发生了大面积停电事故，在世界范围内引起大震动。人们开始认识到，安全问题是电网运行的最核心问题，比经济问题更为重要，一次大面积停电事故给国民经济造成的损失，远远超过许多年的节电效益。于是，人们开始研究电力系统自动监视和控制问题。随着计算机系统在调度自动化中的应用，国外普遍开始建设计算机化的调度中心，进行电力系统的安全监视和控制，这样就出现了电力调度数据采集与监视系统。

通信技术的发展为解决调度的实时性问题奠定了基础，出现了远距离信息自动传输装置。调度员可以随时看到运行参数和系统运行方式，还可以立刻"看到"断路器的事故跳闸。遥测、遥信方式的采用，等于给调度中心安装了"千里眼"，可以有效地对电力系统的运行状态进行实时的监视。随着计算机技术和通信技术进一步成熟，系统提供了遥控、遥调的手段，一些调度中心开始实施把调度决策通过遥控和遥调装置自动地传输到发电厂和变电站，对设备进行控制和调节，即进行遥控和遥调。

20 世纪 70 年代末，我国开始引进电网自动化技术，同时国内的自动化研究机构和设备制造企业开始自动化系统的研究开发；到 80 年代后期，我国的第一代电力调度自动化系统在各个省、地得到了应用，其主要功能为实现遥测和遥信的数据采集与监视控制（SCADA，Supervisory Control And Data Acquisition）。

这一阶段继电保护、自动监控、远动三者的理论和技术不断发展和日臻完善，电力系统继电保护、自动监控和远动技术被作为三门独立的技术进行研究应用。

3. 电力系统自动化成熟应用和快速发展

20 世纪 80 年代，随着经济的发展，电力系统规模和装机容量不断增长，电力系统的结构和运行方式变得更加复杂，同时对电能质量、供电可靠性和运行经济性提出了更高的要求。

虽然远动技术使电力系统的实时信息直接进入了调度中心，使调度员可以及时掌握系统的运行状态，对电力系统运行实施调度指挥，发现和处理事故，并为调度计划和运行控制提供了科学依据，但是，现代电力系统的结构和运行方式复杂性，在仅实现了遥测、遥信、遥控、遥调的调度中心，调度人员面对着大量不断变动的实时数据，有时可能反而会弄得手足无措，以致延误了事故处理，甚至做出错误的决定，导致事故扩大，特别是在紧急的事故情况下更是如此。这些情况表明，调度中心仅装备了"千里眼"甚至"千里手"，还不能合理调度电力系统的运行，调度人员必须借助建立在各类模型基础上的电力系统实时分析软件，才能保证电网运行的合理安全和经济调度。为此，电网调度自动化系统普遍采用各类分析软件，具备了电力系统在线潮流、安全分析等许多功能，统称为能量管理系统（EMS，Energy Management System）。配置大型计算机和彩色屏幕显示器等人机联系设备，在厂站端则配置基于微机的远方终端，使调度中心得到信息的数量和质量都大大超过了旧式布线逻辑式远动装置。近年来人们还研制了可以模拟电力系统各种事故状态的"调度员培训模拟系统"，用以培训高水平调度员。

目前，我国的电网调度自动化系统的基础信息平台的功能已经比较完善，各个调度中心开始应用（EMS），电力调度自动化系统的应用水平跨上了一个新的台阶。

四、电力系统自动化的内容

电力系统自动化是一个总称，它由许多子系统组成，每个子系统完成一项或几项功能。

针对电力系统发电、输电、变电、配电和用电等五个有机联系的环节,可以将电力系统自动化的内容划分为:发电环节有火电厂自动化系统、水电厂自动化系统以及其他类型发电厂自动化系统;在输电环节有电网调度自动化系统;在变电环节有变电站自动化系统;在配电、用电环节有配电自动化系统。

1. 变电站自动化系统

变电站自动化系统就是通过监控系统的局域网通信,将继电保护装置、微机自动控制装置、微机远动装置采集的模拟量、开关量、状态量、脉冲量以及一些非电量信号,经过数据处理及功能的重新组合,按照既定的程序和要求,对变电站实现综合性的监视和调度。

变电站自动化系统包括变电站微机监控、继电保护装置、微机自动装置、电压和无功综合控制等子系统。

目前变电站自动化技术在我国的应用范围已由电力系统的主干网、城市供电网、农村供电网延伸到企业供电网,其电压等级由当初的 35~110kV 变电站,向上扩展到 220~500kV 变电站,向下延伸到 10kV 变电站甚至 0.4kV 变电站。其技术涉及自动控制、远动、通信、继电保护、测量、计量、在线监测、信号及控制等二次系统。

2. 电网调度自动化系统

电网调度自动化系统的功能可概括为:调度整个电力系统的运行方式,使电力系统在正常状态下安全、优质、经济地向用户供电,在缺电状态下做好负荷管理,在事故状态下迅速消除故障的影响和恢复正常供电。电力系统调度自动化系统的任务是综合利用计算机、远动和通信技术,实现电力调度管理自动化,有效地帮助调度员完成调度任务。

图 1-1 所示为电网调度自动化系统的结构简图。图中主站(MS, Master Station)安装在调度中心,远动终端(RTU, Remote Terminal Unit)安装在发电厂和变电站。在实现了综合自动化的厂(站)里,RTU 就是该厂(站)的自动监控系统的通信控制器。MS 和 RTU 之间通过远动通道相互通信,实现数据采集和监视与控制。

远动终端 RTU 实现现场数据的采集和接收主站下达的各类命令。采集所在厂(站)电气设备的运行状态和运行参数,如电压、电流、有功功率、无功功率、有功电量、无功电量、频率、水位、断路器分合信号、继电保护动作信号等,发送到主站。RTU 接收主站通过通道送来的调度命令,如断路器控制信号、功率调节信号、改变设备整定值的信号及返回给主站的执行调度命令后的操作信息。

调度中心主站系统通信控制器接收各厂(站)用 RTU 送来的信息,将其送往主计算机,并将主计算机或调度员发出的调度命令送往各厂(站)的 RTU。主计算机是主站的核心,负责信息加工和处理等。人机联系设备包括屏幕显示器(CRT)、模拟屏、键盘、打印机等。屏幕显示器将主计算机信息处理结果显示出来;键盘接收调度员命令,决定是否对电力系统实行控制和调节。主站还要将经过处理的信息向上一层的调度中心转发,通常通过数据通信网进行。

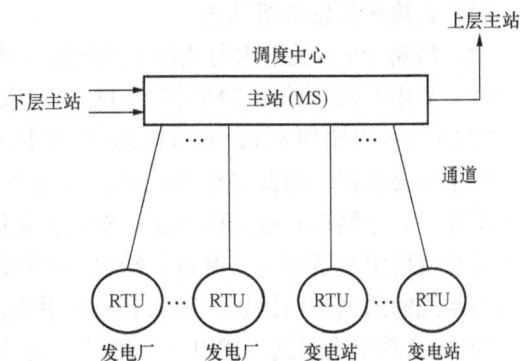

图 1-1　电网调度自动化系统结构图

3. 配网自动化系统

配网自动化技术是近几年发展起来的，目前国家尚无统一标准，各地开展情况也不尽相同。针对这种情况，国家电力公司安全运行与发输电运营部公布了《配电系统自动化规划设计导则试行方案》。根据该导则，配电自动化系统应包括配电网调度自动化系统、变电站自动化、配电所自动化系统、馈线自动化系统、自动制图/设备管理/地理信息系统、用电管理自动化系统、配电系统运行管理自动化系统、配电网分析软件系统等。

配网自动化涉及面广、范围大、内容多且复杂，是一个庞大的系统工程。随着社会的发展，对配电网质量的要求越来越高，故其功能也在不断增加、调整，新的综合自动化设备还在不断涌现，配电自动化将以更新的面貌出现。

第三节　电力系统自动化新技术

一、电力系统实时动态监控技术

目前，电力系统实时监测手段主要有侧重于记录电磁暂态过程的各种故障录波仪和侧重于系统稳态运行情况的监视控制与数据采集系统（SCADA）。前者记录数据冗余，记录时间较短，不同记录仪之间缺乏通信，对系统整体动态特性分析困难；后者数据刷新间隔较长，只能用于分析系统的稳态特性。两者还具有一个共同的不足之处，即不同地点之间缺乏准确的共同时间标记，记录数据只是局部有效，难以用于对全系统动态行为的分析。

现代科技的发展为电力系统广域网动态监控提供了有力的技术手段，20 世纪 90 年代初期，基于全球定位系统（GPS，Global Position System）的相量测量单元（PMU，Phasor Measurement Unit）成功研制，标志着同步相量技术的诞生。应用广域网动态测量技术可以在同一时间参考轴下获取大规模的电力系统实时动态信息和稳态信息，为电力系统的运行和控制提供了新的途径和方法。

广域网动态测量系统（WAMS，Wide Area Measurement System）利用 PMU 的三大特色功能实现电网的动态数据监测、记录、电网扰动分析和电网低频振荡，提高电网安全稳定性。PMU 的三大特色功能为：

（1）直接测量发电机功角；

（2）每隔 40ms 及以内向调度主站传送一次电网动态数据；

（3）利用 GPS 给每个数据打上时标，获取同一时间断面上的数据。

WAMS 可以实现 40ms 及以内的高速同步测量和数据记录，对准确分析电网的扰动原因发挥了重要作用，因此又称为电网实时动态监测系统。由于该系统弥补了 SCADA/EMS 系统不能采集电网动态数据的不足，对电力系统的稳定分析、预警、调度、事故分析、参数辨识及在线稳定决策都大为有益，给电力系统的运行及控制带来巨大变革性影响，为解决复杂电力系统的系列难题提供了新的有效的手段。

WAMS 系统由子站（PMU）、调度中心主站（电网实时动态监测系统/WAMS 主站）及高速通信网络等构成，如图 1-2 所示。各个 PMU 子站接收 GPS 下发的时钟信号，给测量所得的每个数据打上时标，通过电网数据通道，发送给 WAMS 系统主站。WAMS 主站完成对整个系统的动态监测、记录、在线稳定计算和分析，并进行优化稳定控制策略的计算，为调度运行人员的操作提供指导。

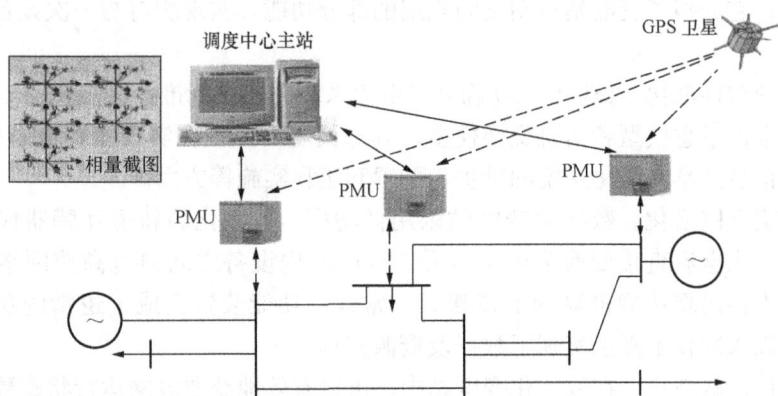

图 1-2　WAMS 系统的构成

二、数字化变电站技术

当前的变电站自动化技术已经发展到一定的水平，然而技术的发展是没有止境的，智能化开关、光电式电流电压互感器、一次运行设备在线状态检测、变电站运行操作培训仿真等技术日趋成熟，以及计算机高速网络在实时系统中的开发应用，势必对现有变电站自动化技术产生深刻的影响。

变电站自动化系统各种功能模块采用的通信标准和信息模型不尽相同，一次设备和二次设备间用电缆传输模拟信号和电平信号，各种功能需建设备自的信息采集、传输和执行系统，增加了变电站的复杂性和建设成本。不同生产厂家的变电站自动化系统二次设备之间的互操作性问题至今仍然没有得到很好的解决，主要原因是二次设备缺乏统一的信息模型规范和通信标准。为实现不同厂家设备的互联，必须设置大量的规约转换器，增加了系统复杂度和设计、调试和维护的难度，降低了通信系统的性能。此外，传统变电站的一次设备与二次设备之间仍然采用电缆进行连接，电缆感应电磁干扰和一次设备传输过电压可能引起二次设备的运行异常；在二次电缆比较长的情况下，因电容耦合的干扰可能造成继电保护误动作。

为解决上述问题，国际电工委员会 IEC 制定了面向对象的变电站通信网络和系统标准 IEC 61850。IEC 61850 标准颁布实施，为变电站自动化技术的发展注入了新的推动力，数字化技术在变电站工程化应用中得到了进一步拓展。数字化变电站技术将逐步引领未来变电站自动化系统技术发展的趋势，变电站自动化系统涉及的监控、保护、自动安全装置的可靠性、实时性、经济性将得以迅速提高。

数字化变电站技术是基于光电技术、信息技术、网络通信技术等实现变电站信息采集、传输、处理、输出过程的全部数字化，是变电站二次系统信息应用模式的一次革命。系统信息建模标准化，数据交换及控制操作网络化。智能化一次设备、网络化二次设备是在 IEC 61850 通信协议技术上构建的，能够实现智能设备间信息共享和互操作。数字化变电站有以下主要特征：

（1）数据采集数字化。数字化变电站采用数字化电气量测量系统采集电流、电压等电气量，实现了一、二次系统在电气上的有效隔离。

（2）系统分层分布化。变电站自动化系统在逻辑结构上可划分为间隔层和变电站两层。数字化变电站相比自动化变电站在逻辑结构上增加了过程层。过程层是专门针对数字式过程层设备划分的，它分担了变电站自动化间隔层的部分功能，实现所有与一次设备接口相关的功能。

（3）系统建模标准化。IEC 61850确立了电力系统的建模标准，为变电站自动化系统定义了统一、标准的信息模型和信息交换模型，其意义主要体现在实现智能设备的互操作性、实现变电站的信息共享和简化系统的维护、配置和工程实施等方面。

（4）信息交互网络化。数字化变电站采用低功率、数字化的新型互感器代替常规互感器，将高电压、大电流直接变换为数字信号。变电站内设备之间通过高速网络进行信息交互，二次设备不再出现功能重复的I/O接口。常规的功能装置变成了逻辑的功能模块，即通过采用标准以太网技术真正实现了数据及资源共享。

（5）设备检修状态化。在数字化变电站中，可以有效地获取电网运行状态数据以及各种IED装置的故障和动作信息，实现对操作及信号回路状态的有效监视，在线监测一、二次设备的健康状况，根据监测和分析诊断结果科学安排检修时间和项目。设备检修测量可以从"定期检修"变成"状态检修"。

可见，数字化变电站技术是变电站自动化技术发展中具有里程碑意义的一次变革，对变电站自动化系统的各方面将产生深远的影响。数字化变电站三个主要的特征就是"一次设备智能化，二次设备网络化，符合IEC 61850标准"，即数字化变电站内的信息全部做到数字化，信息传递实现网络化，通信模型达到标准化，使各种设备和功能共享统一的信息平台。这使得数字化变电站在系统可靠性、经济性、维护简便性方面均比常规自动化变电站有大幅度提升，已会成为未来变电站发展的趋势。

三、智能电网

2009年5月，在北京召开的2009特高压输电技术国际会议上，国家电网公司正式提出"坚强智能电网"的概念，并计划于2020年基本建成坚强智能电网，拉开了我国智能电网研究与建设的序幕。

世界各国以及相关国际知名的企业都从各自的特点出发，分别对智能电网进行了定义。我国对智能电网的定义是：以物理电网为基础（我国的智能电网是以特高压电网为骨干网架、各电压等级电网协调发展的坚强电网为基础），将现代先进的传感测量技术、通信技术、信息技术、计算机技术和控制技术与物理电网高度集成而形成的新型电网。它以充分满足用户对电力的需求和优化资源配置、确保电力供应的安全性、可靠性和经济性、满足环保约束、保证电能质量、适应电力市场化发展等为目的，实现对用户可靠、经济、清洁、互动的电力供应和增值服务。

1. 智能电网目标

（1）实现电网可靠运行。智能电网必须更加可靠，即除非遇到特别大的灾难，否则不论用户在何时何地，都应能提供可靠的电力供应。它应能对电网可能出现的问题提出充分的告警，并能忍受大多数的电网扰动而不会断电，它在用户受到断电影响之前就能采取有效的校正措施，以使电网用户免受供电中断的影响。

（2）实现电网运行的安全。智能电网应能够经受物理的和网络的攻击而不会出现大面积停电或者不会付出高昂的恢复费用。智能电网应更不容易受到自然灾害的影响。

（3）实现电网经济运行。智能电网运行在供求平衡的基本规律之下，价格公平且供应充足。智能电网必须更加高效地利用投资，控制成本，减少电力输送和分配的损耗，电力生产和资产利用更加高效。通过控制潮流的方法，提高电网运行经济性并减少输送功率拥堵。

（4）环境友好。智能电网通过在发电、输电、配电、储能和消费过程中的不断创新来减少对环境的影响。智能电网应能进一步扩大对可再生能源的接入。

2. 智能电网主要功能

（1）自愈——稳定可靠。自愈是智能电网实现电网安全稳定运行及可靠供电的主要功能。它指的是无需或仅需少量人为干预，实现电力网络中问题元件的隔离或使其恢复正常运行，最小化供电中断用户范围或避免用户的供电中断。通过实时的评估自测，智能电网可以检测、分析、响应甚至恢复电力元件或局部网络的异常运行。从本质上讲，自愈就是智能电网的"免疫系统"，这是智能电网最重要的特征。

（2）安全——抵御攻击。它指的是无论是电力系统的物理系统还是计算机遭到外部攻击，智能电网能保证人身、设备和电网的安全。智能电网的设计和运行都将阻止攻击，智能电网将展示被攻击后快速恢复的能力，最大限度地降低其后果和快速恢复供电服务。

（3）兼容——发电资源。适应各种电源的接入，包括各种大电源的集中接入、分布式发电方式的接入以及新能源、可再生能源的大规模接入，满足电力与自然环境、社会经济和谐发展的要求。

（4）交互——电力用户。实现与客户的智能互动，以最佳的电能质量和供电可靠性满足客户需求。系统通过市场交易手段以更好地激励电力市场各主体共同参与电网安全管理，从而提升电力系统的安全运行水平。

（5）优质——电能质量。电能质量指标包括电压偏移、频率偏移、三相不平衡、谐波、闪变、电压骤降和突升等。智能电网将减轻来自输电和配电系统中的电能质量事件，通过其先进的控制方法监测电网的基本元件，从而快速诊断并准确地提出解决任何电能质量事件的方案。智能电网将应用超导、材料、储能以及改善电能质量的电力电子技术的最新研究成果来解决电能质量的问题。

（6）集成——信息系统。实现包括监视、控制、维护、能量管理、实时动态监测系统（WAMS）、配电管理（DMS）、市场运营（MOS）、企业资源规划（ERP）等和其他各类信息系统之间的综合集成，并实现在此基础上的各种业务集成。

思 考 题

1. 现代电力系统具有哪些特点？
2. 电力系统运行控制的目标是什么？其含义有哪些？
3. 论述电力系统实时动态监控的基本原理和构成。
4. 智能电网的主要特征是什么？

第二章　电力系统测控装置的基本原理

第一节　概　　述

电力系统是一个动态大系统，系统的负荷随时都在变化，系统的各类故障也随时可能发生，系统中的设备和运行状态、参数是大量的、多变的，这就要求运行人员时刻掌握系统的运行状态，根据实际情况调整运行方式。因此实时地获取系统运行的各种参数及状态，对运行人员及时准确地了解系统的运行状态以及进一步的决策是至关重要的，而这一切的实现就依赖于电力系统测控装置对各种数据的采集与处理，有了大量来自系统的信息，才能实现自动监测、控制。测控装置是自动化系统的基础，负责采集各种数据和输出控制，并将采集的数据上送主机。

一、需要采集的数据信息

电力系统需要采集的信息量大，且具有不同的特征，可把它们分成以下类型。

1. 模拟量

模拟量是指时间和幅值均连续变化的信号，是连续时间变量的函数，包括交流电压、交流电流、有功功率、无功功率、直流电压等。

2. 开关量

开关量是指随时间离散变化的信号，主要反映设备的工作状况，包括断路器、隔离开关、保护继电器触点的状态等。

3. 数字量

数字量是指时间和幅值均是离散的信号，包括 BCD 码仪表及其他数字仪表的测量值，并行和串行输入/输出的数据等。

4. 脉冲量

脉冲量是指随时间推移周期性出现短暂起伏的信号，包括系统频率转换的脉冲、脉冲电能表发出的脉冲等。

5. 非电量

非电量包括变压器温度、断路器气体压力等。

人们主要从两个方面掌握电力系统状况，一方面来自遥测量，另一方面来自遥信量。

遥测量主要是指电网中各元件（如线路、母线、变压器、发电机等）的运行参数。遥测量主要包括以下几种：

（1）母线电压；

（2）各条线路的有功功率、无功功率、电流；

（3）变压器有功功率、无功功率；

（4）发电机/发电厂所发的有功、无功功率；

（5）发电厂、变电站、线路的有功、无功电能值；

（6）系统频率；

（7）变压器分接头位置；

（8）水库水位。

可以看出，遥测量大多为模拟量，也有部分脉冲或数字量，如频率或电能值。必须正确测量遥测量，当这些参数超过正常值时，电力系统必须发出越限的指示信号。

遥信量主要反映的是电网开关设备状态的量和元件保护状态的信息，它主要包括以下参数：

（1）断路器的合、分状态；

（2）隔离开关的合、分状态；

（3）各个元件继电保护动作状态；

（4）自动装置的动作状态；

（5）发电机输出功率上、下限状态等。

遥信量对正确反映电网的安全运行非常重要，任何一条线路的开关设备状态发生变化，就改变电网的拓扑结构，各种运行参数就可能发生变化。因此，正确地采集电网的开关量状态信息，是十分重要的。

二、基本测控单元

目前的测控装置都为智能式测控装置，其与系统的联系由数据通信来完成，这不仅减少了系统的负担，而且还大量地减少了现场至控制室之间的电缆。而测控装置负责测控及将采集的数据上送主机，主机负责系统管理、决策、统计等任务。测控装置虽然要接受主机的控制，但它的测控任务是独立完成的。这就是自动化系统的"分散监控、集中管理"基本模式。

不同功能的测控装置，其硬件结构大同小异，主要差别是硬件模块化组合与数量不同，以及软件的不同。其中主要差别是软件，因为功能是靠软件来实现，不同的功能具有不同的软件。基本测控装置的一般结构如图 2-1 所示，主要包括微机系统、模拟量输入/输出回路、开关量输入/输出回路，人机对话回路、通信回路、电源等。

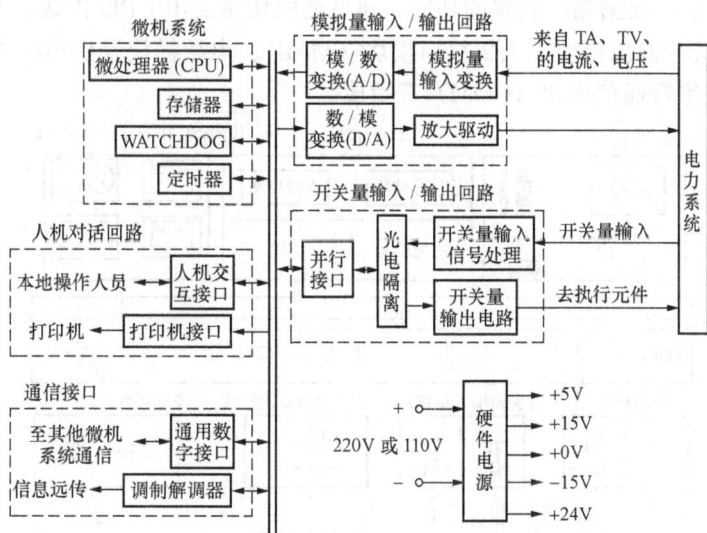

图 2-1　测控装置基本构成示意图

1. 微机系统

微机系统是测控装置的核心部分，主要由 CPU、存储器、定时器/计数器、外围支持电路、输入/输出控制电路组成，主要完成数据采集及计算、数据处理、控制命令的接收与执行、GPS 对时、人机对话通信、串口通信等功能。

2. 模拟量输入/输出回路

由于微机系统是一种数字电路设备，只能接收、识别数字信号，所以就需要将电力系统的模拟信号转换为相应的微机系统能接收的数字信号。同时，为了实现对电力系统的监控，有时还需要输出模拟信号去驱动模拟调节执行机构工作，这就需要模拟量输出回路。

3. 开关量输入/输出回路

开关量输入/输出回路主要用于对状态信息的测量，发跳闸信号、告警信号和闭锁信号等。

4. 人机对话回路

人机对话回路主要包括打印、显示、键盘及信号灯、音响或语言告警等，其主要功能是调试、定值整定、工作方式设定、动作行为记录、与系统通信等。

5. 通信回路

通信回路的主要功能是完成自动化装置间通信、向调度控制中心远传信息等。

6. 电源

电源是指向整个测控装置中各功能模块供电的直流稳压电源，用于保证整个装置的可靠供电。

三、测控装置模件化

目前，出于可靠性、通用性、经济性和可维护性等因素的考虑，我国生产的测控装置一般采用模块化的结构设计，不同的产品由相同的功能组件按需要组合配置，这样可实现功能模块的标准化。测控装置内部各插件做成模块化，相互之间通过内部总线连接。同时，软件功能也可根据需要灵活进行配置。

如图 2-2 所示，根据测控装置的功能，典型的模块主要由 CPU 模块、交流模块、开关量输入模块、开关量输出模块、人机接口模块（MMI）、电源模块及机箱模块（图 2-2 中以母板模块表示）、串行通信模块（COM）等组成。

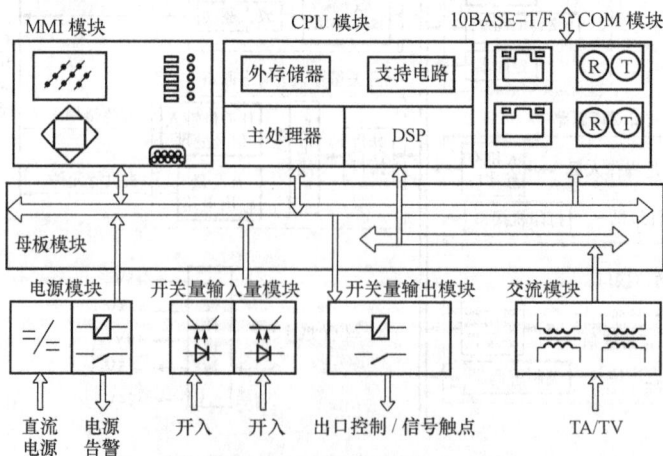

图 2-2　测控装置典型设备模件结构图

第二节　模拟量信息采集基本原理

模拟量主要有以下三种类型：

（1）工频变化的交流电气量，如交流电压、交流电流等；

（2）变化缓慢的直流电气量，如直流电压、直流电流等；

（3）变化缓慢的非电气量，如温度、压力等。

这些模拟量都是随时间连续变化的物理量。由于微机系统只能识别数字量，因此模拟量信号必须通过模拟量输入模块转换成相应的数字量信号后，才能输入到 CPU 中进行处理。

测控装置中模拟量输入电路采用交流采样方式，有两种采集原理：

（1）基于逐次逼近型模/数（A/D）转换方式，是直接将模拟量转变为数字量的变换方式；

（2）利用电压—频率变换原理进行模数变换方式，是先将模拟量电压转换为脉冲频率量，再通过脉冲计数变换为数字量的一种变换形式。

另外，计算机输出的信号是以数字量形式给出的，而有的执行元件要求提供模拟量的电流或电压，故必须采用模拟量输出通道来实现。

一、交流采样

交流采样是相对直流采样而言，即指对互感器二次回路中的交流电流信号和交流电压信号直接采样，输入至 A/D 转换器的是与电力系统的一次电流和一次电压同频率、大小成比例的交流电压信号，该信号经 A/D 转换为数字量，再对数字量进行计算，从而获得电压、电流、功率等电气量的值。

交流采样的具体过程是：先将连续的信号离散化，即将连续时间信号的一个周期分成 N 个等分点，每隔一定时间进行一次采样，经模数变换后得到离散数据，将这些数据送入微机系统进行处理，计算得到电压、电流的有效值以及有功功率、频率等。

交流采样的主要特点如下：

（1）实时性好，能避免直流采样中整流、滤波环节的时间常数大的影响。因此在微机保护中必须采用交流采样。

（2）能反映原来电流、电压的实际波形，便于对所测量的结果进行波形分析。因此在需要谐波分析或故障录波的场合必须采用交流采样。

（3）有功功率和无功功率是通过采样得到的 U、I 计算得出的，可以省去有功功率和无功功率变送器，节约投资并缩小设备的体积。

（4）对 A/D 转换器的转换速率和采样保持器要求较高。为了保证测量的精度，一个周期内必须保证有足够的采样点数，因此要求 A/D 转换器要有足够的转换速度。

（5）测量准确性不仅取决于模拟量输入通道的硬件，而且还取决于软件算法，因此采样和计算程序相对复杂。

二、基于逐次逼近型 A/D 转换的模拟量信息采集电路

一个模拟量从主回路到微机系统的内存，中间要经过多个转换环节和滤波环节。典型模拟量信息采集电路的结构框图如图 2-3 所示。其主要包括电压形成电路、滤波及信号处理电路、采样/保持、多路转换开关及 A/D 转换等部分。

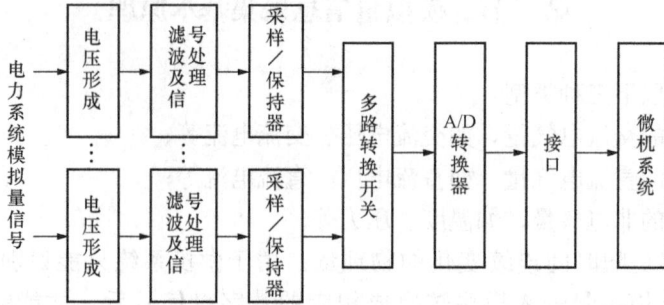

图 2-3　典型模拟量信息采集电路原理框图

（一）电压形成电路

测控装置从现场电流互感器和电压互感器取得信息，但互感器二次侧电压信号的额定值为 100V 或 $100/\sqrt{3}$V，电流信号的额定值为 5A（1A），二次侧信号源提供的信号对采样通道中的模拟器件而言仍然属于强电信号。为了实施交流信号采样，需将信号源提供的信号变换为模拟器件可以接收的信号。在交流采样电路中，通过二次互感器将电力系统二次侧的 100V/5A 的信号转换为 5V（10V）/20mA 的弱电信号，以符合后面环节中 A/D 转换芯片所允许的电压范围。

电压形成电路除了起电量变换作用外，另一个重要作用是将一次设备与微机系统完全隔离，提高微机系统的抗干扰能力。电压形成电路的输出信号是交流电压，因此对于二次电流互感器将通过电阻将电流信号转换为电压信号。模拟量信号输入电压形成回路原理图如图 2-4 所示。

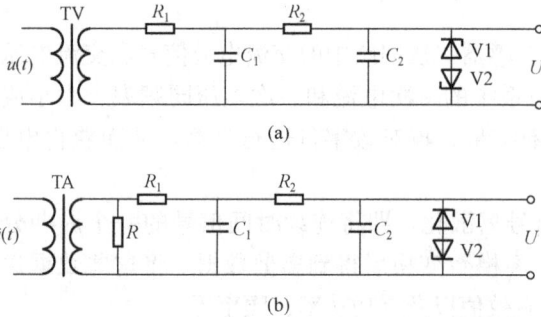

图 2-4　模拟量信号输入电压形成回路原理图
(a) 二次电压互感器接口原理图；
(b) 二次电流互感器接口原理图

（二）滤波及信号处理电路

电力系统在故障的暂态期间，电压和电流含有较高的频率成分，如果要对所有的高次谐波成分均不失真地采样，那么采样频率就要取得很高，这就对硬件速度提出很高要求，导致成本增高，这也是不现实的。实际上，目前大多数自动化系统都是要求反映工频分量，或是反映某种高次谐波，故可以在采样之前将最高信号频率分量限制在一定频带内，即限制输入信号的最高频率，以降低采样频率。这样，一方面降低了对硬件的速度要求，另一方面对所需的最高频率信号的采样不至于失真。要限制输入信号的最高频率 $f_{\max}$，只需在采样前使用模拟低通滤波器（ALF，Analog Lowpass Filter），将 $f_s/2$ 以上的频率分量滤去即可。

模拟低通滤波器是应用无源或有源电路元器件组成的一个硬件系统。图 2-5 所示为一种二阶无源低通滤波器电路图，其由电阻器 R 与电容器 C 构成，具有结构简单、可靠性高、能耐受较大的过负荷和浪涌冲击等优点，获得了较为广泛的应用。图 2-6 所示为一种二阶有源低通滤波器电路电路图，其由 RC 网络与运算放大器构成，通常具有良好的滤波特性，缺点是会增加硬件的复杂性和时延。

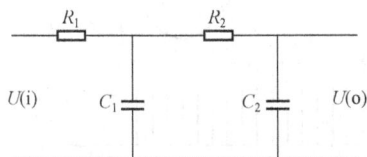

图 2-5 二阶无源低通滤波器电路图

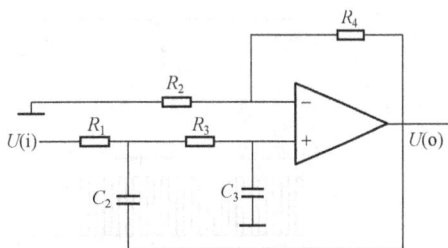

图 2-6 二阶有源低通滤波器电路图

模拟低通滤波器的幅频特性的最大截止频率，必须根据采样频率的取值来确定。例如，依据采样定理，当采样频率为 1000Hz 时，则要求模拟低通滤波器必须滤除输入信号大于 500Hz 的高频分量；当采样频率是 600Hz 时，则要求必须滤除输入信号大于 300Hz 的高频分量。

（三）采样保持器

在 A/D 转换器完成一次完整转换的时间里，模拟量不能变化，否则就不准确了。尤其对变化较快的模拟量来说，就必须引入采样/保持器，将瞬间采集的模拟量"样本"冻结一段时间，以保证 A/D 转换的精度。也就是说，在"采样"状态下，采样/保持器的输出跟踪输入模拟信号，在"保持"状态下，采样/保持器输出保持着采样结束时刻输入模拟信号的瞬时值。

1. 模拟量的采样过程

对输入的模拟信号进行采样离散化，以获得用数字量表示的离散时间序列。将时间的连续信号按一定的时间间隔变换成离散信号的过程，称为取样量化的采样过程。相邻两个采样时刻的时间间隔称为采样周期，通常用 T_s 来表示。采样周期 T_s 的倒数称为采样频率。采样保持器每隔 T_s 采样一次（定时采样）输入模拟信号 $x(t)$ 的即时幅度，并把它存放在保持电路里，供 A/D 转换器使用。经过采样以后的信号称为离散信号 $x_s(t)$，可表示为

$$x_s(t) = x(nT_s), n = 1,2,3,\cdots \tag{2-1}$$

模拟量采样过程如图 2-7 所示。开关 K 每隔 T_s 短暂闭合一次，实现一次采样。如果开关 K 每次闭合的时间为 τ，那么采样保持器的输出将是一串重复周期为 T_s、宽度为 τ 的脉冲，在 τ 时间内脉冲的幅度保持不变。显然，可以把采样过程看作是脉冲调幅过程。被调制的脉冲载波是一串周期为 T_s、宽度为 τ 的矩形脉冲信号，用 $s(t)$ 表示，而调制信号就是输入的连续信号 $x(t)$，则

$$x_s(t) = x(t)s(t) \tag{2-2}$$

当 $\tau \ll T_s$ 时，实际采样接近理想采样，采样脉冲信号 $s(t)$ 可用单位冲击信号 $\delta_T(t)$ 代替，则

$$x_s(t) = x(t)\delta_T(t) \tag{2-3}$$

只有选取合理的采样频率才能保证采样信号 $x_s(t)$ 准确地反映被采样信号 $x(t)$ 的变化特征。根据香农定理，如果随时间变化的模拟信号的最高频率为 f_{max}，只要按照采样频率 $f \geqslant$

$2f_{max}$进行采样，那么离散信号 $x_s(t) = x(nT_s)$ 就可准确反映 $x(t)$ 了。

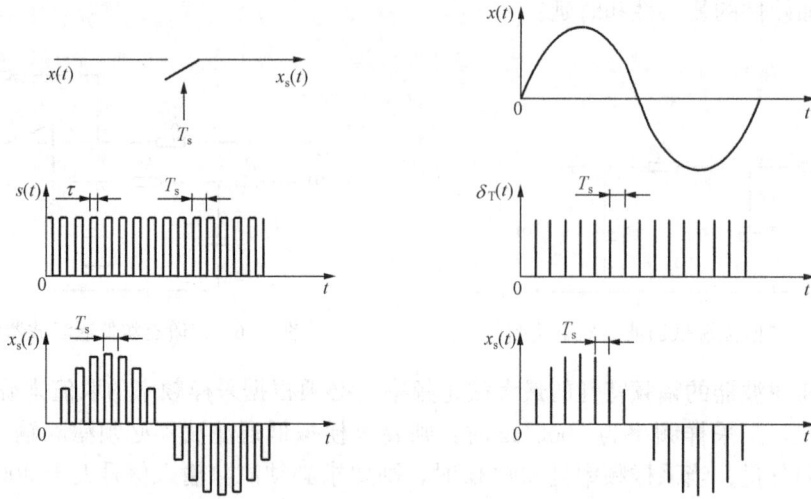

图 2-7　模拟量采样过程

2. 采样/保持电路

图 2-8 所示为采样/保持电路的基本结构。对采样/保持器的基本要求是：采样时应尽快逼近输入电压信号，即充电时间常数越小越好；保持期间电路输出应尽可能恒定，即放电时间常数越大越好。所以要减小充电电阻、增大放电电阻。为了减小充电电阻，在状态开关和输入信号源之间需接入输入缓冲放大器。为了增大放电电阻，在存储电容与负载之间需接入输出缓冲放大器。因此，一个完整的采样/保持电路至少应包括存储电容、输入、输出缓冲放大器、状态开关及其驱动电路。

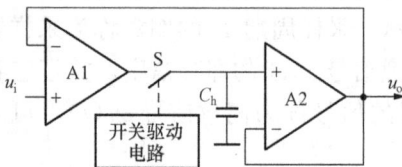

图 2-8　采样/保持电路基本结构

采样/保持电路的核心是高速电子采样开关 S 和保持电容 C_h。另外在其输入和输出端配以起缓冲和阻抗匹配作用的运算放大器A1、A2。当控制逻辑在 CPU 指挥下置高电平时，采样开关 S 闭合。模拟信号在该时刻的瞬时电压值经高增益运放 A1 放大后，快速充电到电容 C_h 上，完成了快速"采样"任务。然后 CPU 指挥电子开关 S 断开，由于运放 A2 的输入阻抗很高，理想情况下，"采样"得到的电压值被电容 C_h 所保持（冻结）。C_h 上的电压值由 A2 的输出端输出给 A/D，在整个 A/D 转换期间都保持不变。

3. 常用芯片

采样/保持器芯片分通用型、高速型和高分辨率型三类。常见的采样/保持器芯片型号有 LF198/298/398、SHA1144、AD582 型。下面介绍常用的通用型 LF398 型芯片。图 2-9 为 LF398 的原理图。

图中 U_L 为采样保持逻辑控制端。当 $U_L=1$ 时，经驱动器 L 使电子开关闭合，电路对输入模拟电压 U_i 进行采样。此时运算放大器 A1、A2 均工作于电压射极跟随器状态，放大倍数为 1，故 $U_i=U_o=U_o$，U_i 经 300Ω 电阻给保持电容 C_h 充电；当 $U_L=0$ 时，则开关 S

断开，电容 C_h 上的电压和 U_o 均不变化，电路为保持状态。图 2-19 中 V1、V2 两二极管起保护作用，U_B 端外接电位器用以调整输出电压的零点，正、负电源在 $\pm5\sim\pm18V$ 范围内。

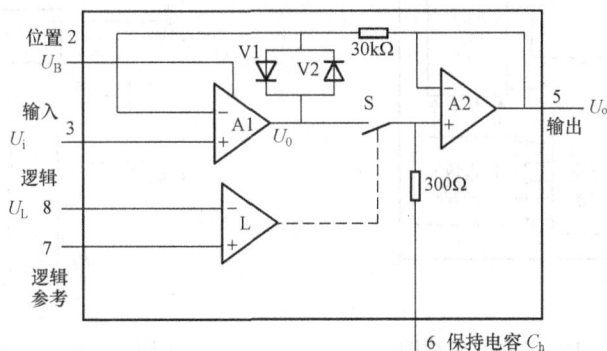

图 2-9　LF398 型芯片原理图

4. 多路转换开关

由于 A/D 转换器的价格昂贵，需要测量的模拟量信号较多，一些测量系统通常只需要按一定周期对电气参数进行抽样检测，因此可以采用多路转换开关轮流切换输入模拟信号与 A/D 转换器的连接，实现对模拟信号的分时测量，达到共享 A/D 转换器的目的。这样的设计方案，一方面可以降低产品成本，另一方面也可以简化电路设计，已在智能电子设备的模拟过程通道设计中得到广泛应用。

在模拟输入通道中，其各路开关是"多选一"，即其输入是多路待转换的模拟量，每次只选通一路，输出只有一个公共端接至 A/D 转换器。

集成多路转换开关（MUX）的典型结构包括一组模拟开关和相应的开关驱动电路、通道地址输入缓冲寄存器和通道地址译码器。在 MUX 中，每个开关切换一个通道的信号，它们都有自己的地址码。当 MUX 接受地址总线送来的地址代码 $A_0\sim A_{m-1}$ 之后（m 为地址线根数），首先存入通道地址输入缓冲寄存器，再经通道地址译码器译出选通信号，控制被选通道的 SA_i 开关的驱动电路，使该开关导通，于是 SA_i 通道的信号便加到 MUX 的输出端。在任何时刻，MUX 最多只能有一个通道的开关接通。MUX 所需地址线的数目 n 由它包含的通道开关数 m 决定，即

$$m = 2^n \tag{2-4}$$

可见，16 通道的多路转换开关需要 4 条地址线。

下面以常用的 16 路多路转换开关芯片 AD7506 为例，说明多路转换开关的工作过程。AD7506 的内部结构及引脚图如图 2-10、图 2-11 所示。其引脚的功能分述如下：

A_0、A_1、A_2、A_3：通道数选择，由 CPU 赋值，赋予不同的二进制码可选通 16 路中对应电子开关 SA_i，当某一路被选中，此路的 SA 闭合，将此路输入接通到输出端。

u_{i0}、…、u_{i15}：输入端共 16 路，可以接入 16 个输入量。

u_o：输出端。

E_N：使能端，只有当 E_N 为高电位时，AD7506 才能工作。

上述各引脚的配合见表 2-1，表中"×"表示取任意值。

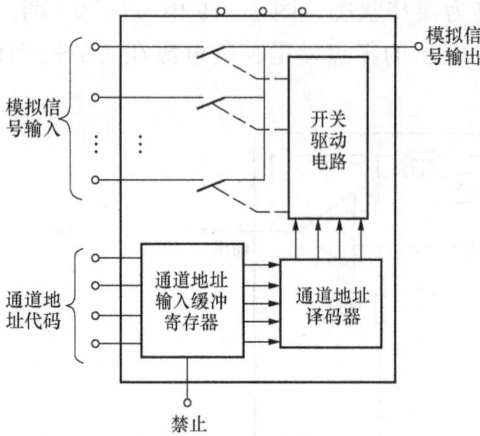

图 2-10　AD7506 内部结构图

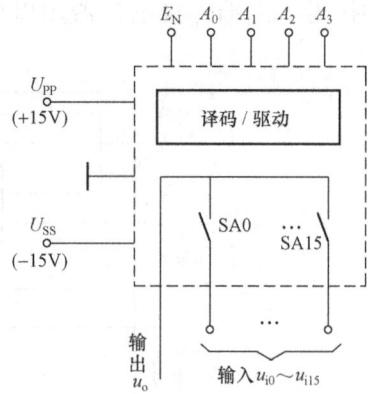

图 2-11　AD7506 引脚图

表 2-1　　　　　　　　　　AD7506 引脚的配合

E_N	A_0	A_1	A_2	A_3	选通通道	选中开关	输出 u_o
1	0	0	0	0	0	SA0	$u_o = u_{i0}$
1	0	0	0	1	1	SA1	$u_o = u_{i1}$
⋮		⋮			⋮	⋮	⋮
1	1	1	1	1	15	SA15	$u_o = u_{i15}$
0	×	×	×	×	禁止	无	无输出

　　在实际中，采用的多路开关包括：双 4 选 1 模拟开关，如美国 RCA 公司的 CD4052，AD 公司的 AD7052；8 选 1 多路开关，如 CD4051、AD7501、AD7503 等；有 16 路选 1 多路开关如 CD4067 和 AD7506 等。

　　5. 模/数转换器

　　模/数转换器（A/D）主要实现量化编码功能，是模拟量输入过程通道的核心环节，其功能是将连续的模拟量信号转换成微机系统可以识别的数字信号。根据工作原理的不同，A/D 转换器可分为逐次逼近型、双积分型、并行比较型、电压—频率型等类型。逐次逼近型 A/D 转换器转换速度较高，电路比较简单，价格适中，故得到了广泛应用。下面以逐次逼近型 A/D 转换器为例进行介绍。

　　（1）工作原理。A/D 转换器的主要功能是进行数值量化，就是将采样/保持电路的输出电压，按某种近似方式转化到与之相应的离散电平上，量化后的数值通过编码过程用一个代码表示出来。经编码后得到的代码就是 A/D 转换器输出的数字量。

　　在测控装置中最常用的 A/D 转换器是利用逐次逼近型原理实现的。如图 2-12（a）所示，逐次逼近型 A/D 转换器主要由逐次逼近寄存器 SAR、D/A 转换器、比较器以及时序和控制逻辑等部分组成。它实质是逐次把设定的 SAR 寄存器中的数字量经 D/A 转换，得到的电压 U_c，并与待转换的模拟电压 U_x 进行比较。比较时，先从 SAR 的最高位开始，逐次确定各位的数码是 "1" 还是 "0"。其工作过程如图 2-12（b）所示。

　　在进行转换时，先将 SAR 寄存器各位清零。转换开始时，控制逻辑电路先设定 SAR 寄存器的最高位为"1"，其余各位为"0"，此试探值经 D/A 转换成相应的模拟电压 U_c，再将 U_c 与模拟输入电压 U_x 比较。如果 $U_x > U_c$，说明 SAR 最高位的"1"应予保留；如果 $U_x < U_c$，说明 SAR 该位应予清零。然后再对 SAR 寄存器的次高位置"1"，依上述方法进行 D/A 转换和比较。如此重复上述过程，直至确定 SAR 寄存器的最低位为止。逐次比较过程结束后，状态线 EOC 改变状态，表明已完成一次转换。最后，逐次逼近寄存器 SAR 中的内容就是与输入模拟量 U_x 相对应的二进制数字量。显然，A/D 转换器的位数 n 决定于 SAR 的位数和 D/A 的位数。转换结果能否准确逼近模拟信号，主要取决于 SAR 和 D/A 的位数，位数越多，越能准确逼近模拟量但转换所需的时间也越长。

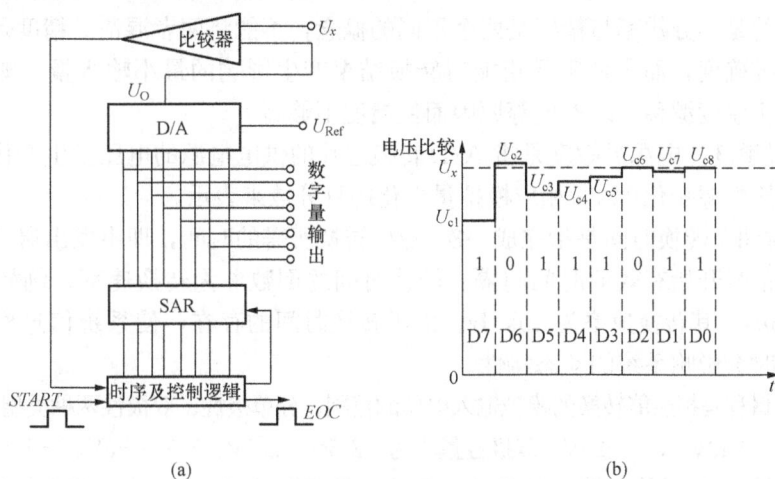

图 2-12　逐次逼近型 A/D 转换器工作原理
(a) 原理框图；(b) 工作过程

（2）主要技术性能指标。

1）分辨率。分辨率反映 A/D 转换器对输入微小变化响应的能力，通常用数字量输出最低位（LSB）所对应的模拟输入的电平值表示。例如，8 位 A/D 转换器能对模拟量输入满量程的 $1/2^8 = 1/256$ 的增量作出反映，n 位 A/D 能反映模拟量满量程的 $1/2^n$ 的增量。由于分辨率直接与转换器的位数有关，所以一般也简单地用数字量的位数来表示分辨率，即 n 位二进制数最低位所具有的权值就是它的分辨率。例如，输入模拟电压的变化范围为 $0 \sim 5V$，输出 8 位二进制数可以分辨的最小模拟电压为 $5V \times 2^{-8} = 20mV$；而输出 12 位二进制数可以分辨的最小模拟电压为 $5V \times 2^{-12} \approx 1.22mV$。表 2-2 列出了 A/D 转换器的位数与分辨率的关系。

表 2-2　　　　　　　　　　　　A/D 转换器的位数与分辨率的关系

位数	分辨率（分数）	位数	分辨率（分数）
4	$1/2^4 = 1/16$	12	$1/2^{12} = 1/4096$
8	$1/2^8 = 1/256$	16	$1/2^{16} = 1/65536$
10	$1/2^{10} = 1/1024$		

2）精度。精度是反映在同一模拟输入信号的情况下，实际的 A/D 转换器与理想的 A/D 转换器的输出数字量的差别。精度分为绝对精度和相对精度。绝对精度是指在一片转换器

中，对应于一个数字量的实际模拟输入电压和理想的模拟输入电压之差并非是一个常数，而是一个范围。通常以数字量的最小有效位（LSB）的分数值来表示绝对精度，如 ± 1LSB、$\pm \frac{1}{2}$LSB 等。相对精度，是指整个转换范围内，任一数字量所对应的模拟输入量的实际值与理论值之差，用模拟电压满量程的百分比表示。例如，满量程为 10V 的 10 位 A/D 芯片，若其绝对精度为 $\pm \frac{1}{2}$LSB，则其最小有效位的量化单位 $\Delta E = 9.77$mV，其绝对精度为 $\frac{1}{2}\Delta E = 4.88$mV，其相对精度为 $\frac{4.88\text{mV}}{10\text{V}} = 0.048\%$。

值得注意的是，分辨率与精度是两个不同的概念，不能将两者混淆。精度是指转换结果对于实际值的准确度，而分辨率是指能对转换结果产生影响的最小输入量。即使分辨率很高，也可能由于温度漂移、线性度等原因而使精度不够高。

3）电源灵敏度。电源灵敏度是指 A/D 转换芯片的供电电源的电压发生变化时产生的转换误差，一般用电源变化 1%时相应模拟量变化的百分数来表示。

4）转换时间。转换时间是指完成一次 A/D 转换所需的时间，即由发出启动转换命令信号到转换结束信号开始有效的时间间隔。转换时间的倒数称为转换速率。例如，AD574 的转换时间为 25μs，其转换速率为 40kHz。由于转换时间的存在，使系统信息检测出现时间上的滞后，有时会影响系统的动态特性。

5）量程。量程是指所能转换的模拟输入电压的范围，分单极性、双极性两种类型。单极性量程为 0～+5V、0～+10V、0～+20V，双极性量程为 -2.5～+2.5V、-5～+5V、-10～+10V。

（3）常用的 A/D 转换芯片 AD574A。目前，常用的 A/D 转换芯片有 8 位的 ADC0801、0804、0808、0809，10 位的 AD7570、AD573、AD575、AD579，12 位的 AD574、AD578、AD5782 等，它们都采用的是逐次逼近的方法。下面重点介绍 AD574A，其是快速 12 位逐次逼近型 A/D 转换器，由美国模拟器件公司生产，28 脚双列直插式标准封装；其内部包括快速 12 位 D/A 转换器、高性能比较器、逐次比较逻辑寄存器、时钟电路、逻辑控制电路及三态输出数据锁存器等；一次转换时间为 25μs，工作电源为 ±15V 和 +5V。

AD574A 内有三态输出数据锁存器，可与 8 位或 16 位微机的数据总线直接相连。与 16 位微机的数据总线相连时，12 位转换结果可一次输出；与 8 位微机的数据总线相连时，转换结果分两次读，先读高 8 位，后读低 4 位和补 0 的其余 4 位。输入模拟电压可以是单极性 0～+10V、0～+20V 或双极性 -5～+5V、-10～+10V。单极性时输出为原码，双极性时输出为偏移二进制码。芯片内部有 10V 基准电压可供外部使用，最大可输出 1.5mA。

AD574A 的内部结构及引脚图如图 2-13 所示。AD574A 各引脚功能介绍如下：

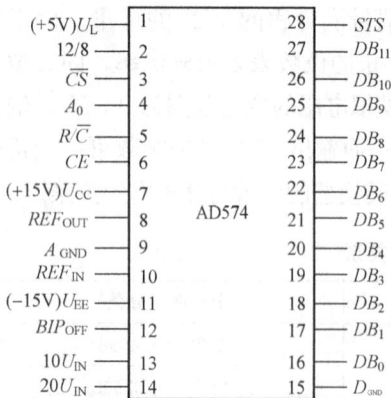

图 2-13 AD574A 引脚图

U_{CC}：电源，+12V 或 +15V。
U_{EE}：电源，-12V 或 -15V。
U_L：逻辑电源，+5V。
REF_{OUT}：输出基准电压，+10V。

REF_{IN}：输入参考电压。

AG：模拟地。

DG：数字地。

$10U_{IN}$：量程为 $0\sim+10V$ 的单极性输入端。

$20U_{IN}$：量程为 $0\sim+20V$ 的单极性输入端。

BIP_{OFF}：双极性偏置输入端，量程为 $-5V\sim+5V$。

$DB_{11}\sim DB_0$：数字量输出。

CE：芯片使能信号。

$\overline{CS}$：片选信号。

$R/\overline{C}$：读转换控制信号。

$12/\overline{8}$：数据输出方式选择信号，高电平时输出 12 位数据，低电平时与 A_0 信号配合输出高 8 位或低 4 位。

输入控制信号 $R/\overline{C}$、$\overline{CS}$ 及 CE 用来控制转换启动及数据输出。当 $R/\overline{C}=1$ 和 $\overline{CS}=0$，CE 输入正脉冲则读出数据。寄存器控制输入信号 A_0 和 $12/\overline{8}$ 用以控制转换数据的长度及输出数据的格式，A_0 可接到系统地址总线的最低位。转换开始时，如 $A_0=0$ 就进行 12 位模/数转换，转换周期为 $25\mu s$；如 $A_0=1$ 就进行 8 位模/数转换，转换周期为 $1\mu s$。

在读数据操作期间，A_0 的状态确定了三态输出数据锁存器的工作情况。$A_0=0$ 时，允许三态输出缓冲器输出转换结果的高 8 位；$A_0=1$ 时，允许三态输出数据锁存器输出转换结果的低 4 位和补 0 的其余 4 位。在读数操作期间不应改变 A_0 的状态，以免损坏输出锁存器。端子 $12/\overline{8}$ 确定输出数据的格式，$12/\sqrt{8}$ 连到数字地时输出为两个 8 位字节，$12/\sqrt{8}$ 连到 $+5V$ 时输出为 12 位数据。

AD574A 的端子 9、13、14 为模拟电压输入端。当输入电压为 $0\sim+10V$ 或 $-5\sim+5V$ 时，由 13 和 9 输入；输入电压为 $0\sim+20V$ 或 $-10\sim+10V$ 时，由 14 和 9 端输入。图 2-14（a）为单极性输入方式，其中端子 12 所连电路作为调整零点之用。如不需调整，可将端子 12 与端子 9 相连。端子 8 与端子 10 之间的 R_2 作为调整满量程之用。图 2-14（b）是双极性输入方式，其中 R_1、R_2 分别用于调整零点和满量程。

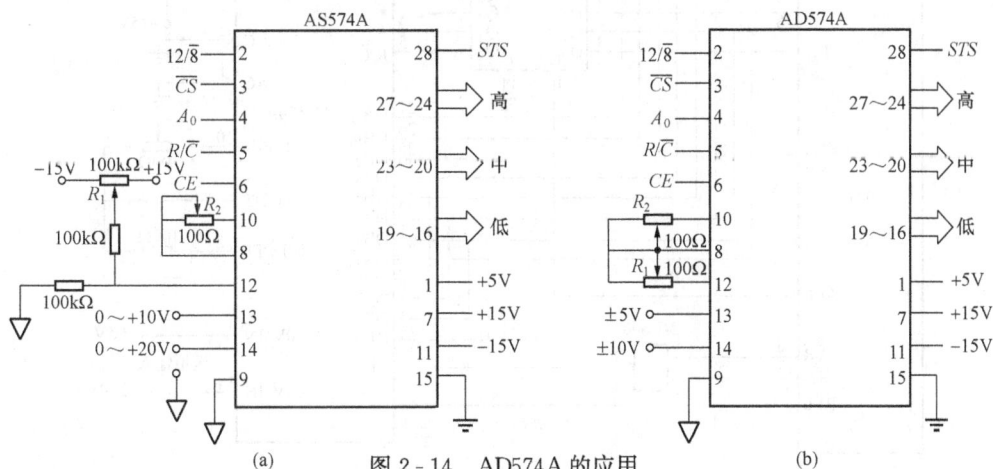

图 2-14 AD574A 的应用

(a) 单极性输入；(b) 双极性输入

AD574A 的控制信号真值表见表 2 - 3。

表 2 - 3 　　　　　　　　　　　　　AD574A 控制信号真值表

CE	$\overline{CS}$	$R/\overline{C}$	$12/\overline{8}$	A_0	操　　作
0	×	×	×	×	无操作
×	1	×	×	×	无操作
1	0	0	×	0	初始化为 12 位转换器
1	0	0	×	1	初始化为 8 位转换器
1	0	1	+5V	×	允许 12 位并行输出
1	0	1	DG（数字地）	0	允许高 8 位输出
1	0	1	DG（数字地）	1	允许低 4 位和补 0 的其余 4 位输出

注　"×"表示取任意值。

(4) A/D 转换器与 CPU 的连接。一般来说，A/D 转换器与 CPU 的连接方式有以下几种：

1) A/D 转换器与 CPU 直接连接。有些 A/D 转换器带有输出数据寄存器和三态门，其数据输出端可和计算机的数据总线相连接。

2) 通过三态门与计算机的数据总线相连。有些 A/D 芯片内部不带有三态门输出锁存器，必须外接锁存器才能与 CPU 相连。虽然有的 A/D 芯片带有输出锁存器，但仍需外加一级锁存器，通过二级锁存器与 CPU 相连。

3) 使用 I/O 接口芯片与 CPU 相连。AD574A 与 8031 型单片机连接电路如图 2 - 15 所示。因为 AD574A 片内有时钟，故无需外加时钟信号。该电路采用双极性输入方式，当 AD574A 与 8031 单片机配合时，由于 AD574A 输出 12 位数码，所以当单片机读取转换结果时，需分两次进行，先高 8 位、后低 4 位。由 $A_0 = 0$ 或 $A_0 = 1$ 来分别控制读取高 8 位或低 4 位。

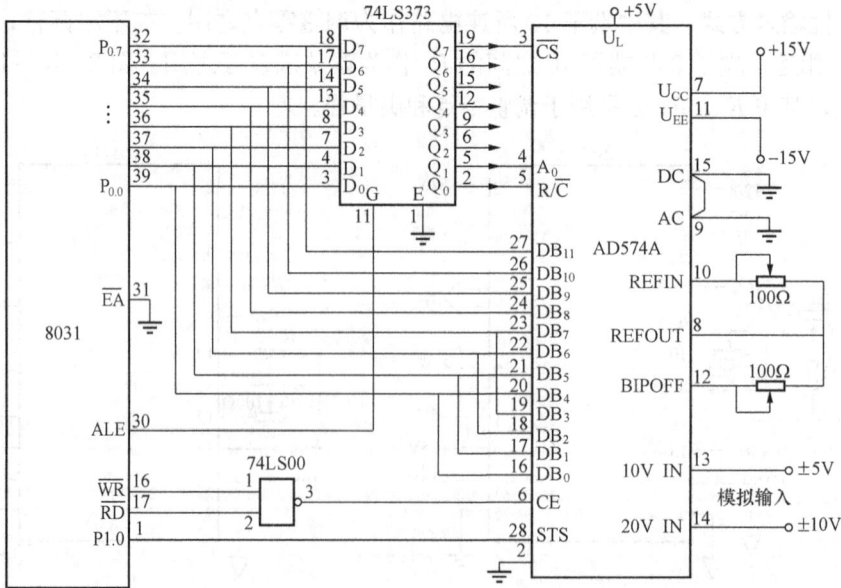

图 2 - 15　AD574A 与 8031 型单片机的连接电路

当 8031 型单片机执行对外部数据存储器的写指令，使 $CE=1$，$\overline{CS}=0$，$R/\overline{C}=0$，$A_0=0$ 时，便启动转换。然后 8031 型单片机通过 $P_{1.0}$ 线不断查询 STS 的状态，当 $STS=0$ 为低电平时，表示转换结束。8031 单片机通过两次读外部数据存储器操作，读取 12 位的转换结果数据。当 $CE=1$，$\overline{CS}=0$，$R/\overline{C}=1$，$A_0=0$ 时，读取高 8 位；$E=1$，$\overline{CS}=0$，$R/\overline{C}=1$，$A_0=1$ 时，读取低 4 位。由图 2-15 可知，AD574A 的 $\overline{CS}$ 与 8031 的锁存地址 A_7 相连，A_0 与 8031 的锁存地址 A1 相连，$R/\overline{C}=0$ 与 A_0 相连，因此，启动 AD574A 的端口地址为××00H。

6. 集成模拟量输入电路

随着大规模集成电路技术的发展，已经有将多路开关、采样保持器和 A/D 转换器等集成于一个芯片上的产品出现。例如 MAX197 就是一种多量程的 12 位数据采集系统（DAS），它包括 8 路模拟量输入通道和一个采样保持器及 12 位 A/D 转换器，仅需一个＋5V 电源，一次转换时间仅为 $6\mu s$。图 2-16 所示为其引脚图。

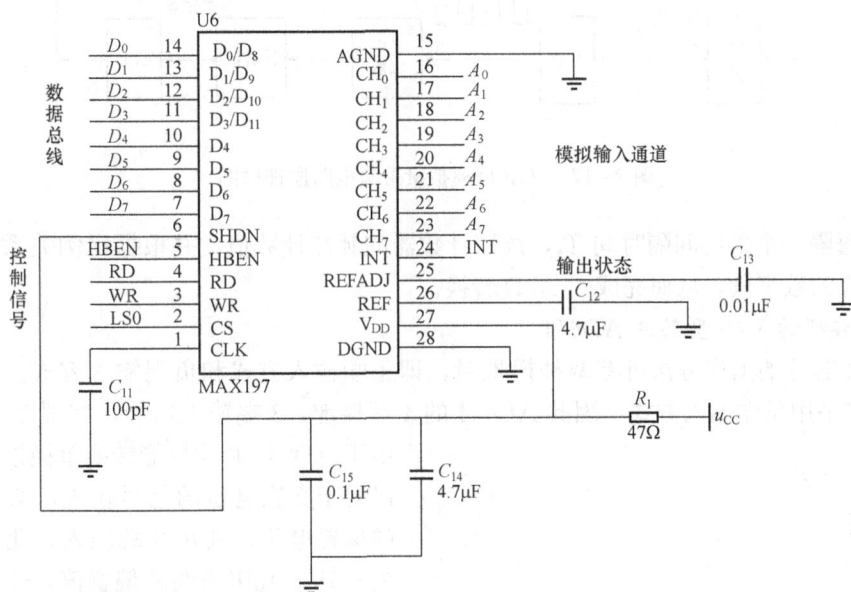

图 2-16　MAX197 型芯片引脚图

MAX197 提供了标准的并行接口——8 位三态数据 I/O 口，可以和大部分单片机直接接口。MAX197 无需外接元器件就可独立完成 A/D 转换功能。它可分为内部采样模式和外部采样模式，采样模式由控制寄存器的 D_5 位决定。在内部采样控制模式（控制位置 0）中，由写脉冲启动采样间隔，经过瞬间的采样间隔，即开始 A/D 转换。在外部采样模式（$D_5=1$）中，由两个写脉冲分别控制采样和 A/D 转换。MAX197 是一种通用 A/D 芯片，可以和多种微机接口，选用 AT89C52 单片机作为主处理器。通过 AT89C52 的 $P_{0.0}\sim P_{0.7}$ 与 MAX197 的 $D_0\sim D_7$ 相连，既用于输入 MAX197 的初始化控制字，也用于读取转换结果数据。用 AT89C52 单片机的 $P_{2.7}$ 作片选信号，则 MAX197 的高位地址为 7FH。选择 MAX197 为软件设置低功耗工作方式，所以置 SHDN 脚为高电平。本文采用外部基准电压，所以 REFDJ 接高电平，而 REF 则接外部输入参考电压。AT89C52 单片机的 $P_{1.1}$ 脚用作判读高、低位数据的选择线，直接与 HBEN 脚相连。MAX197 的 INT 脚可与 AT89C52 的 INT0 相连，以便实现中断，读取转换结果。

三、基于电压—频率变换的模拟量采集电路

由逐次逼近式 A/D 器的变换原理可知，这种 A/D 在变换过程中，CPU 要使采样/保持、多路转换开关及 A/D 转换器三个芯片之间协调好，因此接口电路复杂；而且 A/D 芯片结构较复杂，成本高。目前，有些微机应用系统采用电压—频率变换技术进行模拟量变换。

（一）电压—频率变换型模拟量采集电路原理

电压—频率变换技术（VFC）的原理是将输入的电压模拟量 U_i 线性地变换为数字脉冲式的频率 f_o，输出频率 f_o 与输入电压 u_i 呈线性关系；然后在固定的时间内用计数器对脉冲数目进行计数，供 CPU 读入。V/F 型模拟量采集电路原理图如图 2-17 所示。

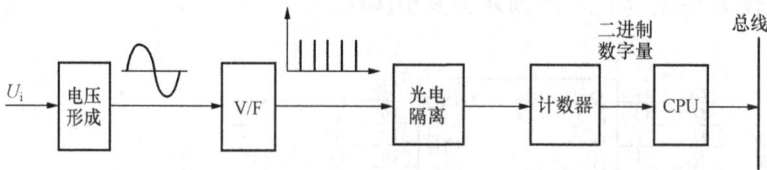

图 2-17　V/F 型模拟量采集电路原理框图

CPU 每隔一个采用间隔时间 T_s，读取计数器的脉冲计数值，并根据比例关系算出输入电压 U_i 对应的数字量，从而完成了 A/D 转换。

（二）典型的 V/F 型芯片 AD654

AD654 芯片的工作方法可有两种模拟量，即正端输入方式和负端输入方式。在自动化装置上大多采用负端输入方式，因此 AD654 的 4 端接地，3 端输入信号，如图 2-18 所示。

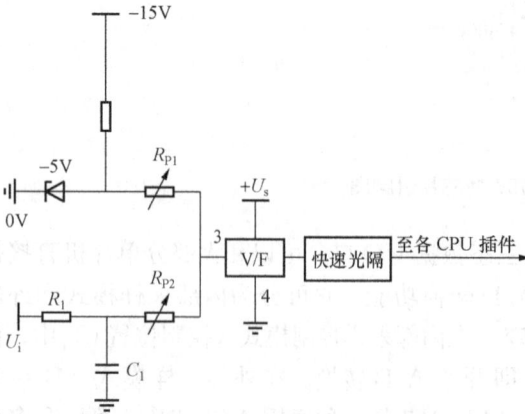

图 2-18　AD654 的原理电路图

由于 AD654 芯片只能转换单极性信号，所以对于交流电压的信号输入，必须有个负的偏置电压，其在 3 端输入，此偏置电压为 -5V。凡用来调整偏置值，使外部输入电压为零时输出频率为 250Hz，从而使交流电压的测量范围控制在 ±5V 的峰值内，这叫零漂调整。各通道的平衡度及刻度比（或比例系数）可用电位器 R_{P2} 来调整。R_1 和 C_1 设计为浪涌吸收回路，滤去随输入电压而来的高频浪涌，不是低通滤波器。快速光隔的作用是使 V/F 芯片所用的电源和微机电源在电气上隔离，从而进一步抑制干扰，提高微机工作的可靠性，也是采用此类模/数转换的优点之一。V/F 的转换特性与输入交流信号的变换关系如图 2-19 所示。

在电压—频率变换系统中，V/F 芯片是其核心。下面通过对常用的 V/F 芯片——AD654 的介绍进一步分析基于电压—频率变换的模拟量输入电路的原理。

当输入电压 $u_i=0$ 时，由于偏置电压 -5V 加在输入端 3 上，输出信号是频率为 250kHz

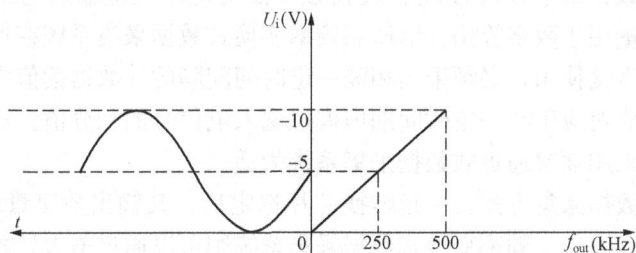

图 2-19　V/F 的转换特性与输入交流信号的变换关系图

的等幅等宽的脉冲波，如图 2-20（a）所示。当输入信号是交流信号时，经 V/F 变换后输出的信号是被 u_i 交变信号调制了的等幅脉冲调频波，如图 2-20（b）所示。由于 VFC 型数据采集电路的工作频率远远高于工频 50Hz，因此就某一瞬间而言，交流信号频率几乎不变，所以 VFC 在这一瞬间变换输出的波形是一连串频率不变的数字脉冲波。可见，V/F 芯片的功能是将输入电压变换成一连串重复频率正比于输入电压的等幅脉冲波。而且，V/F 芯片的中心频率越高，其转换的精度也就越高。

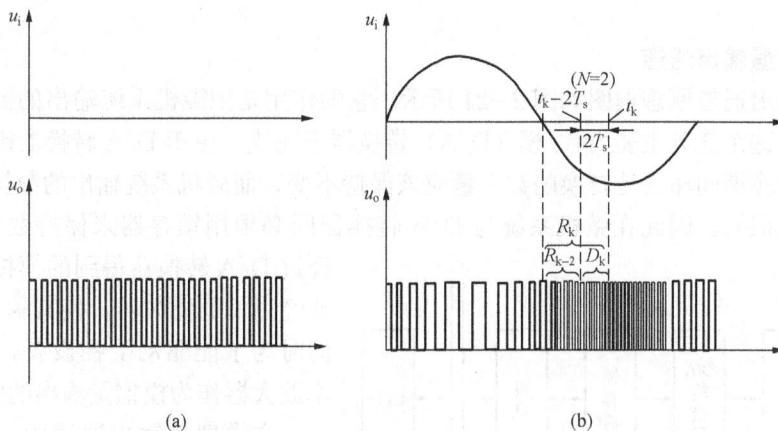

图 2-20　VFC 型数据采集电路的工作原理和计数采样

（a）$U_i=0$；（b）U_i 为正弦信号

AD654 输入模拟信号与输出频率对应关系表见表 2-4。

表 2-4　　　　　　　　　　AD654 输入模拟信号与输出频率对应关系表

叠加偏置后电压信号（V）	驱动电流（mA）	实际信号（V）	输出频率（kHz）
−10	1	−5	500
−5	0.5	0	250
0	0	+5	0

四、逐次逼近式和电压—频率转换式数据采集方式的比较

以上介绍了两种数据采集系统的构成及工作原理，通过分析可以看出两者都具有各自的工作特点，在使用时应根据需要加以选择。这两种数据采集系统的特点，主要体现在以下几个方面：

（1）逐次逼近式数据采集方式的 A/D 转换数字量对应于模拟输入电压信号的瞬时采样值，可直接将此数字量用于数字算法。电压—频率变换式数据采集系统在每一个采样时刻读出的计数器数值不能直接使用，必须采用相隔一定时间间隔的计数器读值之后才能用于各种算法，且此计数器读值对应于在一定时间期内模拟输入电信号的积分值。对于要求动作速度较快的微机型装置应采用逐次逼近式数据采集系统为适。

（2）逐次逼近式数据采集方式，一旦转换芯片选定后，其输出数字量的位数不可变化，即分辨率不能再改变。电压—频率变换式数据采集系统则可以通过增大计算脉冲时间间隔来提高其转换精度或分辨率。

（3）逐次逼近式数据采集方式，对芯片的转换时间有严格的要求，必须满足在一个采样时间间隔内，快速完成数据采集，以留给微机时间去执行软件程序。电压—频率变换式数据采集系统则不存在转换速度的问题，它是利用输入计数器的脉冲计数值来获取模拟输入信号在某一时间内积分值对应的数字量。在使用时应注意到计数芯片的输入脉冲频率不能超出极限计数频率。

（4）逐次逼近式数据采集方式中需要由定时器按规定的采样时刻，定时给采样保持芯片发出采样和保持的脉冲信号；而电压—频率变换式数据采集系统则只需按采样时刻读出计数器的数值。

五、模拟量输出通道

模拟量输出通道原理框图如图 2-21 所示。它的作用是把微机系统输出的数字量转换成模拟量输出，这个任务主要由数/模（D/A）转换器来完成。由于 D/A 转换器需要一定的转换时间，在转换期间输入待转换的数字量应该保持不变，而微机系统输出的数据在数据总线上稳定的时间很短，因此在微机系统与 D/A 转换器间必须用锁存器来保持数字量的稳定。

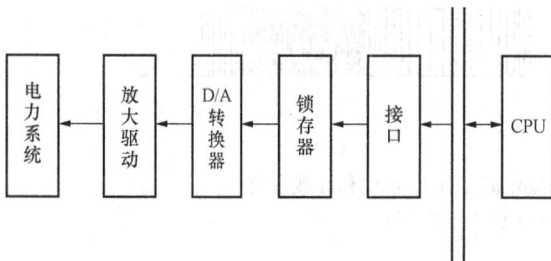

图 2-21 模拟量输出通道原理

经过 D/A 转换器得到的模拟信号，一般要经过低通滤波器，使其输出波形平滑；同时为了能驱动受控设备，可以采用功率放大器作为模拟量输出的驱动电路。

在模拟量输出通道中，常用隔离放大器实现微机系统和被控对象之间的电气隔离。常用的隔离放大器基于三种基本原理，即变压器隔离、光电隔离和电容隔离。

相关知识 采 样 定 理

采样定理即奈奎斯特定理，是模拟量数据采集的理论基础。由于 CPU 只能处理离散的数字信号，而模拟量都是连续变化的物理量，因此要对模拟量信息进行采集，必须将随时间连续变化的模拟信号变成数字信号。

采样是否成功，主要表现在采样信号 $x_s(t)$ 能否真实地反映出原始的模拟量信号中所包含的重要信息。采样定理就是解决这个问题的。

被采样的模拟量信号 $x(t)$ 的频率为 f_0，其波形如图 2-22（a）所示。对其进行采样，图 2-22（b）是对 $x(t)$ 每周采一点，即 $f_s = f_0$，采样后的采样点为一直流量。当 $f_s =$

$1.5f_0$ 时，采样后的采样点为一低频信号，如图 2-22（c）所示。当 $f_s=2f_0$ 时，采样后的采样点为频率为 f_0 的信号，如图 2-22（d）所示。当 $f_s>2f_0$ 时，采样后获得的信号更加真实地代表了输入信号 $x(t)$。当 $f_s<2f_0$，模拟量信号 $x(t)$ 被采样后，将被错误地认为是低频信号，这就是频率的"混叠"现象。因此，当输入的模拟量信号中含有各种频率成分，其最高频率为 $f_{\max}$，为使采样后能不失真地还原出原始的模拟量信号，采样频率必须大于两倍的信号最高频率，即 $f_s>2f_{\max}$，这就是采样定理。实际应用中保证采样频率为信号最高频率的 3～4 倍。

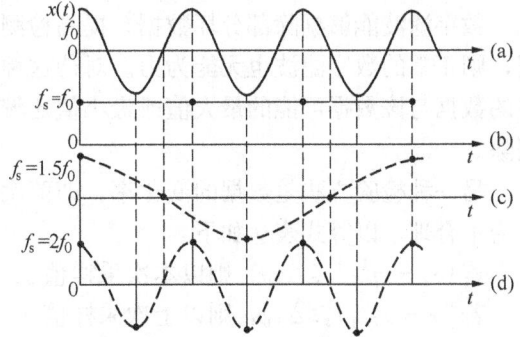

图 2-22　采样定理示意图

第三节　模拟量信息采集的数据预处理

信息采集系统采集的模拟量种类较多，经过 A/D 转换后变成数字量后送至微机，存入指定的存储单元。在存入数据库之前，还需进行一些处理，即前置处理。为保证模拟量信息的准确性、实时性，还需对模拟量信息进行零漂抑制、越限判断等。

一、模拟量信息的前置处理

（一）标度变换

遥测量包括电压、电流、功率等，情况各不相同，但是在经过电压互感器、电流互感器、二次互感器和 A/D 转换，当各遥测量均为其最大额定值时，最终得到的转换后的满量程值却都是相同的全"1"码，然而工作人员需要知道的是其实际物理量的大小。微机系统将接收的各种模拟量变换成实际的物理量，称为标度转换。

以 12 位 A/D 转换为例，转换结果是 12 位，其中 1 位是符号位，其余 11 位是数值，则满量程时转换结果全"1"码为 11111111111B=2047。

被测模拟量的满量程值各不相同，如某电流的满量程值为 1500A，经电量变送器及 A/D 转换后输出的满量程值为 2047。当电流从 -750～750A 变动时，A/D 转换器的输出也从 0～2047 变动，两者呈线性关系，但数值并不相同，差一比例系数 K。A/D 转换后的值需要乘以比例系数后才能等于被测模拟量的实际值，这个系数也称为标度变换系数。一般来讲，若遥测量的实际值为 S，A/D 转换后的值为 D，标度变换系数为 K，则 $S=K*D$，由此可得

$$K = S/D \qquad\qquad (2-5)$$

以遥测量的满量程值来确定系数 K 较为方便。例如，对于 12 位模数转换器，$D=2047$，则 $K=S/2047$。在上例中电流满量程值为 750A，可得

$$K = 1500/2047 = 0.732\ 779\ 677$$

各个遥测量都有相应的标度变换系数，这些系数事先都已确定并存放在内存中的遥测数据区，需要时可以调用。

遥测量经 A/D 转换得到的是二进制数，乘系数后所得的仍是二进制数。如要用十进制

数的形式来显示或打印，还应将二进制数转换为十进制数，简称为二—十转换。

（二）坏数据检测

数字滤波能够剔除部分坏数据，提高检测的准确度，但是如果采集到的数据全部是坏数据，则正常的数字滤波也无能为力。对待这种情况，必须进行合理性检查。例如，将采集进来的数据与该数据可能的最大值或最小值比较，如果超过了就表明该数据不可信，应该予以剔除。

另一种检验方法是数据的变化率，即两次采样值之差的绝对值，若超过某一给定值，就认为不合理，以算式表达如下：

若 $|x_i - x_{i-1}| \leqslant \Delta x_0$，则以本次采样值 x_i 为真实信号；

若 $|x_i - x_{i-1}| \geqslant \Delta x_0$，则以上次采样值 x_{i-1} 为真实信号。

其中，Δx_0 表示相邻两次采样值之差的可能最大变化范围。

（三）数字滤波

虽然在引入 A/D 转换器之前，变送器输出的模拟电压已由低通滤波器进行了滤波，但为进一步提高抗干扰能力，减少干扰误差，在 A/D 转换之后往往需再进行数字滤波。

数字滤波是将输入模拟信号 $x(t)$ 经过采样和 A/D 转换变成数字量后，进行某种数学运算而去掉信号中的无用成分，得到有用成分的数字量 $y(n)$。

数字滤波器通常是指一种程序或算法，其运算过程可用下述线性方程来描述，即

$$y(n) = \sum_{i=0}^{m} a_i x(n-i) + \sum_{j=0}^{m} b_j y(n-j) \tag{2-6}$$

式中　$x(n)$，$y(n)$ ——数字滤波器的输入值和输出值；

　　　a_i，b_j ——数字滤波器的滤波系数。

通过选择滤波器系数 a_i、b_j，可滤除输入信号序列 $x(n)$ 中的某些无用频率成分，使滤波器的输出序列 $y(n)$ 能更明确地反映有效信号的变化特征。

数字滤波有两种类型：非递归型数字滤波和递归型数字滤波。在式（2-6）中，系数 b_j 全部为 0 时，称为非递归型滤波器。此时，数字滤波器输出仅与当前的和过去的输入值有关，而和过去的输出值无关。若系数 b_j 不全部为 0，即过去的输出对现在的输出有直接影响，数字滤波的输出不仅与输入值有关，而且和过去的输出值有关，称为递归型数字滤波。下面介绍几种常用数字滤波器。

1. 差分数字滤波器

差分数字滤波器属非递归型滤波器。设 T_s 为采样周期，$x(nT_s)$ 为 $t=nT_s$ 时的输入采样值，$x(nT_s - KT_s)$ 为前 K 个 T_s 时刻的输入数据，$y(nT_s)$ 为 $t=nT_s$ 时数字滤波器输出，则

$$y(nT_s) = x(nT_s) - x(nT_s - KT_s) \tag{2-7}$$

当为等间隔采样时，式（2-7）可写成

$$y(n) = x(n) - x(n-K) \tag{2-8}$$

可以用图 2-23 来说明差分数字滤波器的工作原理。设输入信号中含有基波，其频率为 f_1，也含有 m 次谐波，其频率为 $f_m = mf_1$，假设 $m=3$，则输入信号 $x(t)$ 可写为

$$x(t) = A_1 \sin 2\pi f_1 t + A_m \sin 2\pi f_m t \tag{2-9}$$

式中　A_1，A_m ——信号基波和 m 次谐波的幅值。

当 KT_s 刚好等于谐波的周期 $T_m = \dfrac{1}{mf_1}$，或者 $\dfrac{1}{mf_1}$ 的 p（$p=1, 2, 3, \cdots$）倍时，则在

$t=nT_s$ 及 $t=nT_s-KT_s$ 两点的采样值中所含该次谐波的幅值相等，故两点的采样值相减后，恰好将该次谐波滤去。此时有

$$KT_s = \frac{p}{mf_1} \qquad (2-10)$$

故滤去的谐波次数为

$$m = \frac{p}{KT_sf_1} \qquad (2-11)$$

由此可见，当 f_1 和 T_s 确定后，能滤掉的谐波最低次数是在 $p=1$ 时计算的 m 值。除此之外，还能滤掉 m 的整倍数次谐波。

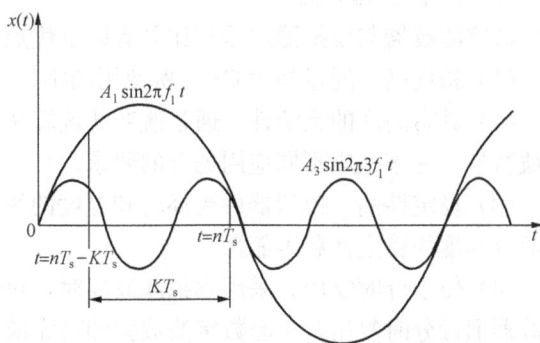

图 2-23　差分数字滤波器滤波工作原理

差分数字滤波器有以下特点：

（1）因任两点采样值中所含的直流成分相同（不考虑衰减），故差分后对应的直流输出为 0，因此，差分数字滤波器能消除直流分量。

（2）当选择 K 值后，差分数字滤波器能滤除 m 次及 m 的整倍数次谐波。当 $m=1$ 时，能消除基波及各次谐波（包括直流），若输入信号中含有直流、基波及基波的整倍数次谐波，则在稳态输入时，滤波器的输出为零。这一特点在继电保护中常被用作增量元件。在电网正常时或故障进入稳态后，滤波器的输出为零，在故障后 KT_s 时间内滤波器有输出，此时输出的是故障后的参数与故障前的参数之差，即故障分量。

2. 加法数字滤波器

加法数字滤波器也属非递归型滤波器，其数学模型就是将差分数字滤波器中的减法运算变为加法运算，其表达式为

$$y(n) = x(n) + x(n-K) \qquad (2-12)$$

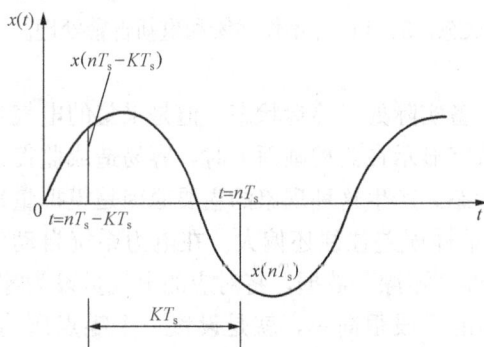

图 2-24　加法数字滤波器工作原理

以图 2-24 为例对加法数字滤波器的工作原理进行说明。设输入信号 $x(t)$ 频率为 f，在 $t=nT_s$ 和 $t=nT_s-KT_s$ 两点采样，若此两点相距为该正弦波的 1/2 周期，则此两点的采样值正好大小相等、符号相反，相加后输出为零，正好消除该次谐波，此时有

$$KT_s = \frac{1}{2f} = \frac{1}{2mf_1} \qquad (2-13)$$

当 $KT_s = \left(p-\frac{1}{2}\right)\frac{1}{2mf_1}$ 时可以消除 m 次谐波，于是有

$$KT_s = \frac{p-\frac{1}{2}}{2mf_1} \qquad (2-14)$$

例如，要消除 3 次谐波时，假设对基波每周波采样 12 点（即 $T_s=\frac{1}{12f_1}$），取 $p=1$，则 $K=2$，即相隔两个采样点的两个采样值相加就可以消除 3 次谐波及 3 的奇数倍数次谐波。

3. 数字滤波器特点

数字滤波器与模拟滤波器相比具有以下优点：

（1）精度高。通过加大 CPU 所使用的字长，可以很容易地提高滤波精度。

（2）具有高度的灵活性。通过改变滤波算法或某些滤波参数，可灵活调整数字滤波器的滤波特性，易于适应不同应用场合的要求。

（3）稳定性高。模拟器件受环境和温度的影响较大，而数字系统受这种影响要小得多，因而有高度的稳定性和可靠性。

（4）便于分时复用。采用模拟滤波器时，每个输入通道都需要装设一个滤波器；而数字滤波器通过分时复用，一套数字滤波器即可完成所有通道的滤波任务，并能保证各个通道的滤波性能之全一致。

二、模拟量信息的数据处理

（一）越限判别及越限呆滞区

电力系统运行时，各种电气参数受约束条件的限制，不能超过一定的限值，如母线的电压不能太低或太高，功率不能太高。对模拟量进行监视过程中当电气量超过一定的范围时，对其进行检查，如超越限值，应进行告警。为此设置告警上限、告警下限判别限值，当模拟量变化超过告警上限值或低于告警下限值时，进行告警并记录。

如果运行参数由于某些原因在限值附近波动时，就会出现越限和复限不断交替，频繁告警，可通过设置"越限呆滞区"来缓解频繁告警。越限呆滞区即给定的一个量值，为上限和上复位限的差值或下复位限和下限的差值。

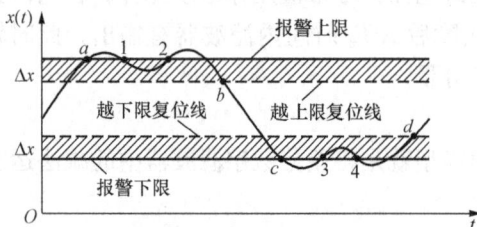

图 2-25　越限呆滞区原理图

如图 2-25 所示，当运行参数超越上限 a 点时，判为越上限，可发出越上限告警信号。此后当运行参数回落到 b 点以下，才判为复限，1、2 两点不作撤警和重新告警处理。同理，c、d 段被判为连续越下限状态，3、4 两点不作撤警和重新告警处理。

（二）零漂抑制

在数据采集过程中，有些测量点对应的一次设备实际处于停运状态，但是采集的电气量却并不为零，而是一个很小的数值。当这样的小数字显示在监控画面上时，容易造成监控人员的视觉误差，误认为对应的一次设备处于投运状态。产生这种现象的主要原因是模拟量采集通道本身存在一定误差，而且在"0"值附近，采样误差往往还偏大。在电力系统自动化领域，通俗地将这种现象称之为"零漂"。消除这种"零漂"数据，将对应的电气量设为零，称为"零漂抑制"。从技术实现的角度，零漂抑制的手段很简单，就是设置一个零点阈值，当采样数据落入零点阈值区域时，自动将采集结果置为"0"。

第四节　常用交流采样算法

一、概述

1. 算法的基本概念

在电力系统自动化系统中，连续型的电压、电流等模拟信号经过离散采样和 A/D 变换成为可用计算机处理的数字量，计算机将对这些数字量（采样值）进行分析、计算得到所需的电流、电压的有效值、相位以及有功功率、无功功率等参量，或者算出它们的序分量，线路和元件的阻抗，或者某次谐波的大小和相位等，并根据这些参数的计算结果以及定值，通过比较判断决定装置的动作行为，也可将数据通过一定的通信方式送到其他系统。完成上述分析计算和比较判断，以实现各种预期功能的方法，就称为算法。因此，算法的主要任务是利用输入信号的采样值快速、准确地计算出所需的各种电气量参数，如电流、电压的幅值和相位等。

2. 衡量算法优劣的标准

在测控装置中，不同的功能和特性由不同的算法来实现。用来衡量各种算法优缺点的主要指标可以归纳为计算精度、计算速度和运算量。

要消除噪声分量的影响，提高参数计算精度，主要有两种基本途径：一是首先采用性能完善的滤波器对输入信号进行滤波处理，然后根据滤波后得到的有效信号进行参数计算；二是将滤波与算法相融合，通过合理设计，使算法本身具有良好的滤波性能。在必要的情况下，再辅以其他简单滤波。算法的计算速度包含有两方面的含义：一是指算法的数据窗长度，即需要采用多少个采样数据才能计算出所需的参数值；二是指算法的计算量，算法越复杂，运算量也越大，在相同的硬件条件下，计算时间也越长。在实际应用中，算法的计算精度与计算速度之间总是相互矛盾的，若要计算结果准确，往往需要利用更多的采样值，即增大算法的数据窗。因此，从某种意义上来说，如何在算法的计算精度和计算速度之间取得合理的平衡，是算法研究的关键，也是对算法进行分析、评价和选择时应考虑的主要因素。

算法研究的实质是如何在算法速度和精度两方面进行权衡。在电力自动化系统中，采用交流采样后，算法成为决定继电保护装置和测控装置性能的重要因素。因此，在选择算法时要从实际需要出发，选择合适的算法，不能追求单一的高精度或单一的高速度。

二、基于正弦函数模型的算法

在实际的电力系统中，由于各种不对称因素及干扰的存在，电流、电压波形并不是理想的 50Hz 正弦波形，而是存在多次谐波，尤其在故障时还会产生衰减直流分量。但对于一些装置或设备要求精度不高时，为了减少计算量，增加计算速度，往往假设电流、电压为纯正弦波。利用正弦函数的特殊性质，根据采样值计算出所需的各种电气参数。但要获得一定的精确度，必需和数字滤波器配合使用。

以电流为例，其瞬时值可表示为

$$i(t) = \sqrt{2}I\sin(\omega t + \varphi_0) \qquad (2-15)$$

式中　I——正弦交流电流的有效值；

　　　ω——正弦交流电流角频率；

　　　φ_0——正弦交流电流初相角。

采用交流采样法采样，设每个周波采样 N 点，n 为采样时刻，则可把式（2-15）离散化为

$$i(n) = \sqrt{2}I\sin\left(n \times \frac{2\pi}{N} + \varphi_0\right) \qquad (2-16)$$

利用三角函数的特殊性质，可以构成多种不同的简单算法，分述如下。

1. 两点乘积算法

利用相差为 π/2 角度的两点互为正余弦的特点，可以构成两点乘积算法。设有相隔 π/2

的两个采样时刻 n_1 和 n_2，且满足

$$n_2 - n_1 = \frac{N}{4}$$

用 i_1 和 i_2 表示这两个时刻的电流采样值，则有

$$i_1 = i(n_1) = \sqrt{2}I\sin\left(n_1 \times \frac{2\pi}{N} + \varphi_0\right) \tag{2-17}$$

$$i_2 = i(n_2) = \sqrt{2}I\sin\left(n_2 \times \frac{2\pi}{N} + \varphi_0\right) = \sqrt{2}I\cos\left(n_1 \times \frac{2\pi}{N} + \varphi_0\right) \tag{2-18}$$

将式（2-17）、式（2-18）平方后相加，可得到

$$I = \sqrt{\frac{i_1^2 + i_2^2}{2}} \tag{2-19}$$

因此，只要取出相隔 1/4 个周波的两个采样点的值，就可按式（2-19）求出所希望的电流有效值。

同理，电压有效值为

$$U = \sqrt{\frac{u_1^2 + u_2^2}{2}} \tag{2-20}$$

式中　U——交流电压有效值；

u_1，u_2——相隔 1/4 周波的两个采样值。

若同时得到 n_1 和 n_2 时刻的电压和电流采样值，计算出电流和电压的有效值后，可以进一步得到视在阻抗值 Z 及其幅角 φ_Z 为

$$Z = \frac{U}{I} = \sqrt{\frac{u_1^2 + u_2^2}{i_1^2 + i_2^2}} \tag{2-21}$$

$$\varphi_Z = \varphi_U - \varphi_I = \tan^{-1}\left(\frac{u_1}{u_2}\right) - \tan^{-1}\left(\frac{i_1}{i_2}\right) \tag{2-22}$$

或直接得到视在阻抗的实部 R 和虚部 X，即

$$R = Z\cos\varphi_Z = \frac{u_1 i_1 + u_2 i_2}{i_1^2 + i_2^2} \tag{2-23}$$

$$X = Z\sin\varphi_Z = \frac{u_1 i_2 - u_2 i_1}{i_1^2 + i_2^2} \tag{2-24}$$

上述算法用了两个角度相隔 $\pi/2$ 的采样值的乘积，因而称为两点乘积算法。该算法本身的数据窗长度为 1/4 周期，对工频 50Hz 来说是 5ms，速度是很快的。这种算法本身对采样频率无特殊要求，但是由于该算法应用于有暂态分量的输入电气量时，必须先经过数字滤波；当被采样的正弦波频率有波动时，会影响两点算法的计算准确度和精度，因此这种算法无法满足监控系统对准确度的要求。

2. 导数算法

利用正（余）弦函数的导数是余（正）弦的特点，可以构成导数算法。这种算法的原理同上述两点乘积算法大同小异，也是利用正、余弦平方和为 1 的特点，把某一时刻的电流值及其导数调整系数后平方相加，以求出电流有效值。

设 t_1 时刻的电流为 $i_1 = \sqrt{2}I\sin(\omega t_1 + \varphi_0)$，则 t_1 时刻电流的导数为

$$i_1' = \sqrt{2}\omega I\cos(\omega t_1 + \varphi_0)$$

于是可求出电流的有效值为

$$I = \sqrt{\frac{i_1^2 + (i_1'/\omega)^2}{2}} \qquad (2-25)$$

同样，可得到电压有效值 U 和阻抗 Z 及其实部 R 和虚部 X 为

$$U = \sqrt{\frac{u_1^2 + (u_1'/\omega)^2}{2}} \qquad (2-26)$$

$$Z = \frac{U}{I} = \sqrt{\frac{u_1^2 + (u_1'/\omega)^2}{i_1^2 + (i_1'/\omega)^2}} = \sqrt{\frac{\omega^2 u_1^2 + u_1'^2}{\omega^2 i_1^2 + i_1'^2}} \qquad (2-27)$$

$$R = \frac{u_1 i_1 + \dfrac{u_1'}{\omega}\dfrac{i_1'}{\omega}}{i_1^2 + (i_1'/\omega)^2} = \frac{\omega^2 u_1 i_1 + u_1' i_1'}{\omega^2 i_1^2 + i_1'^2} \qquad (2-28)$$

$$X = \frac{u_1 \dfrac{i_1'}{\omega} - \dfrac{u_1'}{\omega} i_1}{i_1^2 + (i_1'/\omega)^2} = \frac{\omega u_1 i_1' - \omega u_1' i_1}{\omega^2 i_1^2 + i_1'^2} \qquad (2-29)$$

在用计算机处理时，导数用差分方法来计算，最简单的方法是取 t_1 和 t_2 分别为两个相邻的采样间隔的中间值，如图 2-26 所示。

于是近似有

$$\begin{cases} i_1' = \dfrac{1}{T_s}(i_{n+1} - i_n) \\[2mm] u_1' = \dfrac{1}{T_s}(u_{n+1} - u_n) \end{cases} \qquad (2-30)$$

而 t_1 时刻的电流、电压瞬时值则用平均值代替，即

$$\begin{cases} i_1 = \dfrac{1}{2}(i_{n+1} + i_n) \\[2mm] u_1 = \dfrac{1}{2}(u_{n+1} + u_n) \end{cases} \qquad (2-31)$$

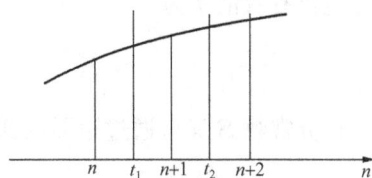

图 2-26　用差分方法近似求导数示意图

导数算法需要的数据窗较短，仅为一个或两个采样间隔，且计算量与两点乘积法大致相似，并不复杂。但由于该算法要用到导数，因此有两方面要求：一是要求数字滤波器有良好的滤去高频分量的能力，因为求导将放大高频分量；二是由于用差分近似求导，要求有较高的采样频率。

3. 二阶导数算法

利用正（余）弦函数的二阶导数仍是正（余）弦的特点，可以构成二阶导数算法。对电流函数 $i_1 = \sqrt{2} I \sin(\omega t_1 + \varphi_0)$ 求二阶导数得到

$$i_1'' = -\sqrt{2}\omega^2 I \cos(\omega t_1 + \varphi_0) \qquad (2-32)$$

于是可求出电流的有效值为

$$I = \sqrt{\frac{(i_1'/\omega)^2 + (i_1''/\omega^2)^2}{2}} \qquad (2-33)$$

电压有效值 U 和阻抗 Z 以及其实部 R 和虚部 X 为

$$U = \sqrt{\frac{(u_1'/\omega)^2 + (u_1''/\omega^2)^2}{2}} \qquad (2-34)$$

$$Z = \frac{U}{I} = \sqrt{\frac{(u_1'/\omega)^2 + (u_1''/\omega^2)^2}{(i_1'/\omega)^2 + (i_1''/\omega^2)^2}} = \sqrt{\frac{\omega^2 u_1'^2 + u_1''^2}{\omega^2 i_1'^2 + i_1''^2}} \tag{2-35}$$

$$R = \frac{u_1 i_1'' - u_1' i_1'}{i_1 i_1'' - i_1'^2} \tag{2-36}$$

$$X = \frac{u_1' i_1 - u_1 i_1'}{i_1 i_1'' - i_1'^2} \tag{2-37}$$

二阶导数算法由于要用差分来代替微分，会带来一些计算上的误差，无法满足监控系统误差小于 0.5% 的要求，因而在监控系统中很少采用。

4. 半周积分算法

利用正弦函数在任意半个周期内绝对值的积分是一常数，并且积分值与初相角无关的特点，可构成半周积分算法，积分常数 S 为

$$S = \int_{t_1}^{t_1+(T/2)} \sqrt{2}I |\sin(\omega t + \varphi_0)| \, dt = \int_0^{T/2} \sqrt{2}I \sin\omega t \, dt = \frac{2\sqrt{2}I}{\omega} \tag{2-38}$$

式中 T——交流电流的周期。

其余变量意义同前。

电流有效值 I 为

$$I = S\frac{\omega}{2\sqrt{2}} \tag{2-39}$$

积分常数 S 又可通过矩形或梯形积分法近似求出为

$$S = \sum_{k=0}^{(N/2)-1} |i_k| T_s \tag{2-40}$$

$$S = \left[\frac{1}{2}|i_0| + \sum_{k=1}^{(N/2)-1} |i_k| + \frac{1}{2}|i_{N/2}|\right] T_s \tag{2-41}$$

式中 i_k——第 k 点电流采样值；

N——每周波的采样点数。

半周积分算法的数据窗长度为半个周期，即 10ms，比前面两种算法都长。但它运算量非常小，把常数归入定值后，半周算法只涉及加减法运算；另外，它有一定的滤除高频分量的能力，因为叠加在基频成分上的、幅度不大的高频分量在半周积分算法中，其对称的正负半周互相抵消，剩余的未被抵消的部分所占的比重就减小了。半周积分算法的缺点是无法抑制直流分量。

由于半周积分算法要用求和代替积分，故也会带来误差。因此，半周积分算法不能满足监控系统测量精度的要求。但在微机保护中，利用其运算量少的特点，可将其作为微机保护的启动算法。必要时可配一个简单的差分滤波器，来抑制电流中的非周期分量。

三、基于周期函数模型的算法

前述几种算法只是对理想情况的电流、电压波形进行粗略的计算。由于故障时的电流、电压波形畸变很大，此时不能再把它们假设为单一频率的正弦函数，而是包含各种分量的周期函数。基于周期函数模型的算法中最常用的是傅氏算法。

傅氏算法的基本思路来自傅里叶级数，即一个周期性函数可以分解为直流分量、基波及各次谐波的无穷级数，如

$$i(t) = \sum_{n=0}^{\infty} \left[b_n \cos(n\omega_1 t) + a_n \sin(n\omega_1 t) \right] \tag{2-42}$$

式中　ω_1——基波角频率；

　　a_n，b_n——各次谐波的正弦项和余弦项的幅值，$n=1$，2，…，n，其中比较特殊的是 a_0、b_0 表示直流分量，a_1、b_1 表示基波分量正、余弦项的幅值。

　　根据傅里叶级数的原理，可以求出 a_n、b_n 分别为

$$a_n = \frac{2}{T} \int_0^T i(t) \sin(n\omega_1 t) \, \mathrm{d}t \tag{2-43}$$

$$b_n = \frac{2}{T} \int_0^T i(t) \cos(n\omega_1 t) \, \mathrm{d}t \tag{2-44}$$

于是基波电流可表示为

$$i_1(t) = b_1 \cos(\omega_1 t) + a_1 \sin(\omega_1 t) \tag{2-45}$$

或

$$i_1(t) = \sqrt{2} I \sin(\omega_1 t + \phi_1) \tag{2-46}$$

所以

$$a_1 = \sqrt{2} I \cos\varphi_0, \quad b_1 = \sqrt{2} I \sin\varphi_0$$

基波电流的有效值及相位角为

$$I = \sqrt{\frac{a_1^2 + b_1^2}{2}} \tag{2-47}$$

$$\phi_1 = \arctan \frac{b_1}{a_1} \tag{2-48}$$

n 次谐波电流可表示为

$$i_n(t) = b_n \cos(n\omega_1 t) + a_n \sin(n\omega_1 t) \tag{2-49}$$

n 谐波电流分量的有效值为

$$I_n = \sqrt{\frac{a_n^2 + b_n^2}{2}} \tag{2-50}$$

其中 a_n、b_n 可用梯形积分法近似求出，即

$$a_n = \frac{1}{N} \left[2 \sum_{k=1}^{N-1} i(k) \sin \frac{2kn\pi}{N} \right] \tag{2-51}$$

$$b_n = \frac{1}{N} \left[i(0) + 2 \sum_{k=1}^{N-1} i(k) \cos \frac{2kn\pi}{N} + i(N) \right] \tag{2-52}$$

对于基波分量，若每周采样 12 点（$N=12$），则式（2-51）和式（2-52）可简化为

$$6a_1 = (i_3 - i_9) + \frac{1}{2}(i_1 + i_5 - i_7 - i_{11}) + \frac{\sqrt{3}}{2}(i_2 + i_4 - i_8 - i_{10}) \tag{2-53}$$

$$6b_1 = \frac{\sqrt{3}}{2}(i_1 - i_5 - i_7 + i_{11}) + \frac{1}{2}(i_0 + i_2 - i_4 - i_8 + i_{10} + i_{12}) - i_6 \tag{2-54}$$

　　一般在微机保护的算法中，为了获得对采样结果分析计算的快速性，在准确度容许的情况下，尽量简化计算方法。例如在式（2-53）和式（2-54）中，常采用 $1-1/8$ 近似代替 $\sqrt{3}/2$。由于乘 $1/2$ 和 $1/8$ 可用移位指令来实现，因此对 a_1、b_1 的计算只剩下加减和移位，计算量很小。这也就是在微机保护中常采用每周采样 12 点的傅氏算法的原因，它可以快速地

计算出基波电流和电压的有效值。

在监控系统中也常采用傅氏算法，但为了保证计算精度，其采样速率往往采用每周波 16 点（或 20 点、24 点）。傅氏算法在谐波分析中也常采用，因为它可以单独计算各次谐波分量。但在采样频率的选取上，应注意采样频率必须大于所要计算的最高次谐波频率的 2 倍。

傅氏算法本身具有一定的滤波作用，在不需要计算谐波时，它能完全滤掉各种整次谐波和纯直流分量；对非整次高频分量和按指数衰减的非周期分量包含的低频分量也有一定的抑制作用。辅以前级差分滤波的傅氏算法精度很高，计算量也不大，是一种很常用的微机保护和监控算法。傅氏算法还有一个很突出的优点，即可同时计算出基波分量向量的实部与虚部（相差一个系数 $\sqrt{2}$），这给功率方向计算提供了很大便利。

利用傅氏算法求出的电流、电压相量的实部和虚部相差一个系数 $\sqrt{2}$，这一突出优点可很方便地计算出有功功率、无功功率。

$$\begin{cases} P = UI\cos(\varphi_u - \varphi_i) = \dfrac{1}{2}\left[a_{n(u)}a_{n(i)} + b_{n(u)}b_{n(i)}\right] \\ Q = UI\sin(\varphi_u - \varphi_i) = \dfrac{1}{2}\left[a_{n(u)}b_{n(i)} - a_{n(i)}b_{n(u)}\right] \end{cases} \tag{2-55}$$

式中　　$a_{n(u)}$，$b_{n(u)}$——正弦交流电压的虚部分量、实部分量；

　　　　$a_{n(i)}$，$b_{n(i)}$——正弦交流电流的虚部分量、实部分量；

　　　　φ_u，φ_i——正弦交流电压、电流波形的初相角。

四、解微分方程算法

解微分方程算法仅适用于计算线路阻抗。它假设被保护线路的分布电容可以忽略。而从故障点到保护安装处的线路可以用电阻和电感串联电路来表示。于是下述微分方程成立。

$$u = R_1 i + L_1 \frac{\mathrm{d}i}{\mathrm{d}t} \tag{2-56}$$

式中　　R_1，L_1——故障点至保护安装处线路段的正序电阻和电感；

　　　　u，i——保护安装处的电压和电流。

对于相间短路故障，式（2-56）中 u 和 i 应取 u_Δ 和 i_Δ。例如 A、B 相间短路时，取 u_{ab}、$i_a - i_b$。对于单相接地短路故障，取相间电压及相电流加零序补偿电流。

式（2-56）中，u、i 和 $\dfrac{\mathrm{d}i}{\mathrm{d}t}$ 都是可以测量、计算的，未知数为 R_1 和 L_1。如果在两个不同的时刻 t_1 和 t_2 分别测量 u、i 和 $\dfrac{\mathrm{d}i}{\mathrm{d}t}$，就可以得到如下线性方程

$$\begin{cases} u_1 = R_1 i_1 + L_1 D_1 \\ u_2 = R_1 i_2 + L_1 D_2 \end{cases} \tag{2-57}$$

式中　　D——$\dfrac{\mathrm{d}i}{\mathrm{d}t}$，下标"1"和"2"分别表示测量时刻 t_1 和 t_2。

则未知数 R_1 和 L_1 为

$$\begin{cases} L_1 = \dfrac{u_1 i_2 - u_2 i_1}{i_2 D_1 - i_1 D_2} \\ R_1 = \dfrac{u_2 D_1 - u_1 D_2}{i_2 D_1 - i_1 D_2} \end{cases} \tag{2-58}$$

导数用差分方法来计算，则有

$$D_1 = \frac{i_{n+1} - i_n}{T_s}, \quad D_2 = \frac{i_{n+2} - i_{n+1}}{T_s}$$

电流、电压则取相邻采样的平均值，即

$$\begin{cases} i_1 = \dfrac{i_n + i_{n+1}}{2} \\ i_2 = \dfrac{i_{n+1} + i_{n+2}}{2} \end{cases}, \quad \begin{cases} u_1 = \dfrac{u_n + u_{n+1}}{2} \\ u_2 = \dfrac{u_{n+1} + u_{n+2}}{2} \end{cases} \tag{2-59}$$

五、均方根值算法

多点采样算法是基于均方根值的算法，其基本思想是根据周期连续函数的有效值定义，将连续函数离散化，由此可以计算出信号的有效值

$$U = \sqrt{\frac{1}{N} \sum_{i=1}^{N} u_i^2} \tag{2-60}$$

$$I = \sqrt{\frac{1}{N} \sum_{i=1}^{N} i_i^2} \tag{2-61}$$

式中　N——每个周期均匀采样的点数；

u_i——第 i 个电压采样值；

i_i——第 i 点电流采样值。

$$P = \frac{1}{N} \sum_{i=1}^{N} u_i i_i \tag{2-62}$$

$$Q = \sqrt{S^2 - P^2} = \sqrt{(UI)^2 - P^2} \tag{2-63}$$

该算法的计算结果是均方根值，其主要优点是不仅对正弦波有效，当采样点数较多时可较准确的测量波形畸变的电量；缺点是若采样点数太多，则运算时间会加长，响应速度会下降。

六、算法的选择

保护装置与监控装置在具体的算法要求和目的上存在许多不同之处。各种算法侧重点不同，有些侧重于计算精度，有些侧重于实时性，在应用时应根据实际要求选取不同的算法。

监控装置算法主要是针对稳态时的信号，需要反映的是正常运行状态的有功功率 P、无功功率 Q、电压 U、电流 I 等物理量，进而计算出功率因数 $\cos\varphi$、有功电能量和无功电能量。而保护装置算法主要针对故障时的信号。相对于监控装置，后者面对更严重的直流分量及衰减的谐波分量等，信号性质的不同必然要求从算法上区别对待。所以保护装置中除了要求计算 U、I、$\cos\varphi$ 等以外，有时还要求计算反映信号特征的其他一些量，如频谱、突变量、负序或零序分量以及谐波分量等。

在算法的要求上，监控装置对准确度要求更高一些，希望计算出的结果尽可能精确；而保护装置则更看重算法的速度和灵敏性，希望在满足一定精度情况下，强调动作的快速性，以便快速切除故障。

监控装置中不仅需要计算电流、电压的有效值，还需要计算有功功率和无功功率等，因此往往采用辅以差分滤波的傅氏算法。

对于保护装置，则需要根据保护对象、保护类型、电压等级等的不同来选择不同的算法。在前面介绍的这些算法中，就基于正弦函数的算法来说，由于算法本身所需的数据窗很

短（最少的只需要 2～3 个采样间隔），计算量很小，因此常用于输入信号中暂态分量不丰富或计算精度要求不高的保护装置中。例如，直接应用于低压电网的电流、电压保护中；或者配备一些简单的差分滤波器（以削弱电流中衰减的直流分量）作为电流速断保护，加速故障时的切除时间。另外，还可作为复杂保护装置中启动元件的算法，如距离保护的电流启动元件就有采用半周积分算法做粗略估算，以判别是否发生故障。但是，如将这类算法用于复杂保护装置，则需配以性能良好的带通滤波器，但将使保护装置总的响应时间加长、计算工作量加大。

全周傅氏算法、最小二乘算法和解微分方程算法都有用于构成高压线路阻抗保护的实例，各有特点。在采用傅氏算法时一般需考虑衰减直流分量造成的计算误差，并采取适当的补偿措施。应用最小二乘算法，在设计、选择拟合模型时要认真考虑在精度和速度两方面合理平衡，否则可能导致精度虽然很高，但响应速度太慢、计算量太大等不可取的局面。解微分方程算法一般不宜单独应用于分布电容不可忽略的较长线路，但若将它配以适当的数字滤波器而构成高压、超高压长距离输电线的距离保护，还是能得到良好效果的。

解微分方程算法只能用于计算线路阻抗，因此多用于线路保护中。全周傅氏算法、最小二乘算法还常应用于元件保护（如发电机、变压器的差动保护等），后备电流、电压保护以及一些相序分量组成的保护中。

除以上经典算法外，近几年来又有一些新算法不断地应用到测控装置数据处理中，如小波分析、神经网络技术等。这方面的详细内容读者可阅读有关文献，由于篇幅所限此处不再详述。

第五节　开关量信息采集与处理

开关量信息采集的硬件系统由输入通道、输出通道和微机系统组成。开关量输入通道的基本功能是将需要的状态信号（如断路器状态、继电保护动作信号等）引入微机系统。输出通道主要是对 CPU 送出的数字信号（如断路器跳闸命令、报警信号等）进行显示、控制或调节。

开关量信息通常由电气设备的辅助触点提供，辅助触点的开合直接反映着该设备的工作状态。提供给测控装置的辅助触点有无源触点和有源触点两类。无源触点无论是在"开"状态，还是"合"状态，触点两端均无电位差。断路器、隔离开关的状态信息的提供就是由无源触点提供的。有源触点在"开"状态时两端有一个直流电压，一些保护信息的提供就是由此类触点提供的。

一、开关量输入信息类型

开关量输入基本原理是将来自被监控对象的各种触点信号，经过电气隔离电路后变为二进制信号。测控装置采集的开关量输入信息主要有三类。

1. 单位置信号

单位置信号主要指被监控对象产生的一些告警信号，如弹簧未储能、断路器 SF_6 泄漏、变压器瓦斯保护告警、保护装置和自动装置的动作或告警信号、交直流屏的告警信号等。

2. 双位置信号

双位置信号就是指一个遥信量由两个相反的状态信号表示，一个来自动合触点，另一个来自动断触点，因此双触点遥信需要用 2 位二进制代码来表示。"10"和"01"为有效代码，分别表示合位和分位，"11"和"00"为无效代码。采用 2 位比特的双位置信号比采用 1 位比特的单位置信号多 1 倍的信息量，增加了信号码元的抗干扰能力，提高了状态信号传输过程中的可靠性，可有效避免单位置信号可能引发的状态信号误判断，从而减少遥信误发概率。

目前，高压/超高压电气间隔的断路器、隔离开关、接地开关的位置信号均采用双位置触点采集；而在中低压系统中出于成本考虑，除了断路器仍采用双位置信号外，隔离开关和接地开关可采用单位置信号，以节省测控装置须配备的开入点数量。

3. 编码信号

编码信号在变电站使用较少，一般仅用于变压器或消弧线圈挡位信号的采集。挡位信息多采用 BCD 编码方式。其中，每位 BCD 码用 4 位二进制信号表示。变压器挡位一般不会超过 19 挡，用 5 个二进制位即可准确表示挡位数，占用 5 个开入量。例如 6 挡、12 挡用 BCD 编码表示分为 00110、10010。

二、开关量信息输入

开关量信息输入通道由电压形成电路、信号调理电路、电气隔离电路、接口电路等组成，如图 2-27 所示。

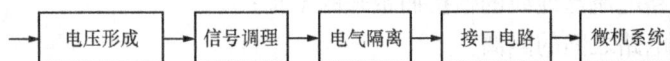

图 2-27　开关量输入通道配置

开关量信号都是成组并行输入（出）微机系统的，每组一般为微型机系统的字节，即 8、16 位或 32 位。对于断路器、隔离开关等开关量的状态，体现在开关量信号的每一位上。

1. 电压形成电路

电压形成电路将现场的开关量信号（无源、有源）转换成微机可接收的逻辑电平信号。

2. 信号调理电路

当开关量作为输入信号，因长线及空间产生干扰信号时，可能会使开关抖动，状态发生错误，为此，需增加滤波、消抖等信号调理环节。图 2-28（a）所示为一典型的滤波消抖电路，滤波电路滤去高频干扰信号，采用施密特触发器达到去抖的目的。图 2-28（b）、（c）所示为未采用及采用滤波消抖后的输入、输出波形，在加入了滤波电路及施密特触发器后，输出消除了干扰信号。

另外，开关量还可采用软件措施消抖，即在软件中增加延时，以避开触点抖动的影响。由于抖动信号的电平宽度较短，而开关量有效信号的电平宽、平稳，可通过测试信号的电平维持宽度来实现消抖功能。

3. 电气隔离电路

由于断路器、隔离开关的辅助触点一般位于一次设备附近，因此，现场开关量与逻辑电路之间要采用电气隔离技术，从而保证：

（1）使低压输入电路与大功率的电源隔离；

（2）外部现场器件与传输线同数字电路隔离，以免计算机受损；

(a)

(b)　　　　　　　　　　　　　　　　　(c)

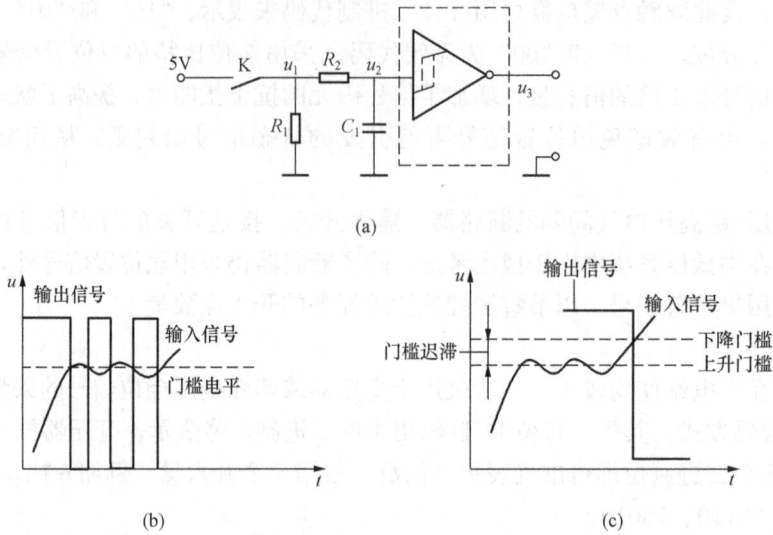

图 2-28　滤波、消抖电路

(a) 消噪声电路；(b) 未采用消噪电路的输出波形；(c) 采用消噪电路的输出波形

（3）限制地回路电流与地线的错接而带来的干扰；

（4）多个输入电路之间的隔离。

常用电气隔离技术有以下几种：

（1）光电耦合器隔离。光电耦合器件是由发光二极管、光敏三极管组成，并集成在一个芯片内，它们之间的绝缘电阻非常大（$10^{11} \sim 10^{13}\,\Omega$），使可能带有电磁干扰的外部回路与微机之间无电的联系。在光电耦合器件中，信息的传递介质为光，但输入和输出都是电信号，由于信息的传递和转换的过程都是在密闭环境下进行，没有电的直接联系，不受电磁信号干扰，且计算机电源和外部电源不共地，所以隔离效果比较好。

利用光电耦合器作为开关量输入计算机的隔离器件，其简单接线原理图如图 2-29 所示。当有输入信号时，开关 K 闭合，二极管导通，发出光束，使光敏三极管饱和，光电隔离导通，于是输出端 U_0 表现一定电位。

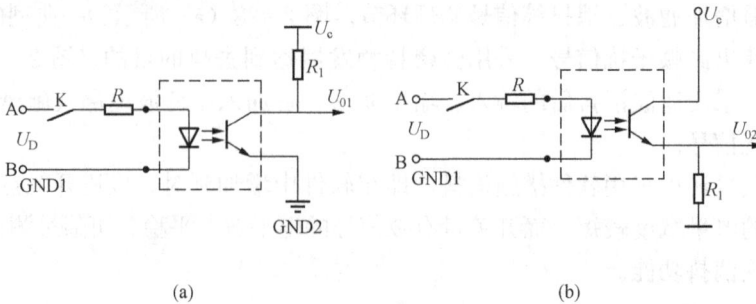

(a)　　　　　　　　　　　　　　　　　(b)

图 2-29　光电耦合器的原理接线图

(a) 输出为低电平；(b) 输出为高电平

（2）继电器隔离。对于现场的断路器、隔离开关、继电器的辅助触点等开关信号，输入至测控装置时，也可通过继电器隔离。其原理接线图如图 2-30 所示。

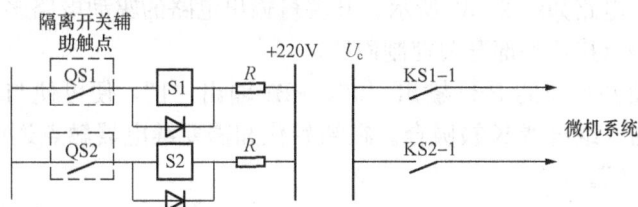

图 2-30　采用继电器隔离的原理接线图

利用现场断路器或隔离开关的辅助触点 QS1、QS2 接通，去启动小信号继电器 KS1、KS2，然后由 KS1、KS2 的触点以 KS1-1、KS2-1 等输入至测控装置，这样做可起到很好的隔离作用。

4. 接口电路

开关量信息的输入接口电路有三种：

(1) 采用三态门芯片，如 74LS240、74LS244、74LS245 等；

(2) 采用并行接口芯片，如 Intel8155、Intel8255 等；

(3) 采用数字多路开关芯片，如 SN74150、SN74151 等。

在方法（1）、（2）中，CPU 可一次直接读取 8 个开关状态量。当开关量较多时，可采用多片三态门芯片或并行接口芯片，也可采用数字多路开关进行扩展。

5. 典型开关量输入电路

从测控装置外部引入的触点，应经光电隔离引入测控系统，如图 2-31 所示。

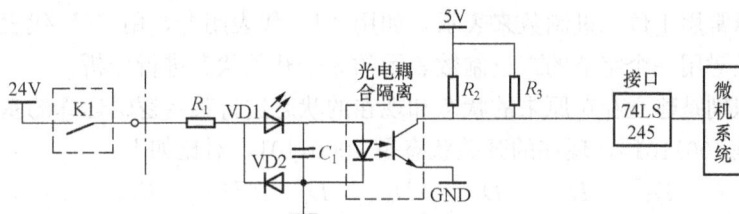

图 2-31　开关量输入典型电路

开关信号进入测控装置时，若开关量数目不多，可采用一对一的方式输入，即一个开关量占一个通道。当开关量数目较多时，可采用矩阵输入方式，这样有 N 个通道就可以输入 $N^2/2$ 个开关量，然后用扫描的方法将矩阵的行与列的键值读入。

三、开关量信息输出

1. 典型配置

开关量输出主要包括保护的跳闸出口、本地和中央信号等。一般采用并行接口的输出来控制继电器触点，一般按组进行，每组输出的开关量的位数与微机的字长相等，经输出接口后，通过输出驱动电路的驱动后用于控制被控对象，如图 2-32 所示。

输出锁存器用于暂存微机系统发出的控制命令，由于 CPU 运算速度快，为保证速度相对较慢的接口电路能及时将数据接收并保持，因此需要用锁存器对数据进行锁存。输出驱动电路主要由隔离电路和出口继电器组成。

2. 典型开关量输出电路

典型开关量输出电路如图 2-33 所示。开关量输出电路的驱动电路多采用继电器，然后再由继电器的辅助触点接通外部开关控制回路。

只要通过软件使并行口的 PB0 输出 "0"，PB1 输出 "1"，便可使与非门 H1 输出低电平，光敏三极管导通，继电器 K 被吸合。在初始化和需要继电器触点返回时，应使 PB0 输出 "1"，PB1 输出 "0"。

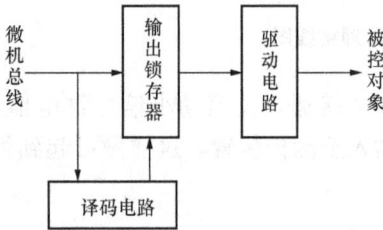

图 2-32 开关量输出通道

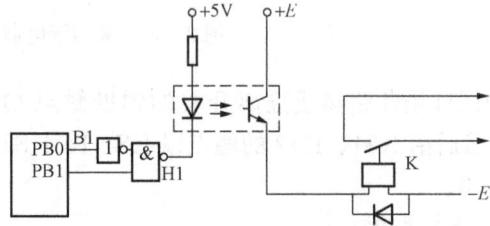

图 2-33 开关量输出电路

设置反相器 B1 和与非门 H1 而不将发光二极管直接同并行口相连，一方面是因为并行口带负荷的能力有限，不足以驱动发光二极管；另一方面采用与非门要满足两个条件才能使继电器动作，增加了抗干扰能力。

四、开关变位识别

开关量信息采集完成后，需进行变位识别，以便根据开关状态的变化进行相应操作，或者将其送去打印，或用来更新显示。因此，开关变位的识别是开关量信息采集中一项十分重要的工作。

开关状态通常用 1 位二进制数来表示，如用 "1" 代表闭合，用 "0" 代表断开。为了简化分析，下面只对用一个字节的二进制数表示的 8 个开关状态进行分析。

开关变位识别是建立在对原来的状态和现在的状态进行某些逻辑运算的基础上，例如原来的开关状态是 10011010，现在的开关状态是 10001101，对比如下：

	D_7	D_6	D_5	D_4	D_3	D_2	D_1	D_0		
原状	1	0	0	1	1	0	1	0	…	A
现状	1	0	0	0	1	1	0	1	…	B

可以看出，D_4 和 D_1 由 1→0，D_2 和 D_0 由 0→1，这是一目了然的。但对于暂时还不具备视觉和思维能力的微机来说却不是那么简单，它必须依靠逻辑运算的结果才能做出判断。

根据逻辑运算的基本知识可知，"异或" 运算的规律是两数相同结果为 "0"，两数相异结果为 "1"。分析一下开关变位的状态可以发现，变位状态的运算正好就是 "异或" 运算。例如将上例两数进行 "异或" 运算，则有

$$
\begin{array}{r}
1\ 0\ 0\ 1\ 1\ 0\ 1\ 0 \cdots \text{A} \\
\oplus\ 1\ 0\ 0\ 0\ 1\ 1\ 0\ 1 \cdots \text{B} \\
\hline
0\ 0\ 0\ 1\ 0\ 1\ 1\ 1 \cdots \text{C}
\end{array}
$$

$$D_4 \qquad D_2\ D_1\ D_0$$

结果是 $D_4 D_2 D_1 D_0$ 变了位，这与人们的观察是一致的，但是到底是由 1→0 还是由 0→1，这

就必须进一步加以分析。

在已经确定变位的开关中，若原来的状态是 1，则必定是由 1→0 的开关。这个结论表明，只要把"异或"的结果（状态 C）与原状（状态 A）进行一次"与"运算，就可以找到由 1→0 对应的开关。

例如：

$$
\begin{array}{c}
\;0\;\;0\;\;0\;\;1\;\;0\;\;1\;\;1\;\;1\;\;\cdots\;\;C \\
\wedge\;1\;\;0\;\;0\;\;1\;\;1\;\;0\;\;1\;\;0\;\;\cdots\;\;A \\
\hline
\;0\;\;0\;\;0\;\;1\;\;0\;\;0\;\;1\;\;0 \\
D_4D_1
\end{array}
$$

可见，$D_4 = D_1 = 1$，这正是由 1→0 的开关。另外，在已经确定变位的开关中，若现在的状态为 1，则必定是由 0→1 的开关。这个结论表明，只要将"异或"的结果和现在的状态进行一次"与"运算，就可找到由 0→1 的开关。

归纳起来可以得到以下结论：

（1）现状⊕原状，若有变位则该位为 1，若无变位则该位为 0；

（2）（现状⊕原状）∧原状，若为 1 则该位由 1→0；

（3）（现状⊕原状）∧现状，若为 1 则该位由 0→1。

以上就是开关变位识别的基本原理。

五、开关动作的检测

为了提高开关量检测的可靠性，除了在硬件方面采取抗干扰措施外，还可采取表决的方式来确定开关的状态，即对一个开关信息连续采样 3 次，然后进行表决处理，就可排除偶然的干扰。表决方式可以用硬件或软件来实现。

表决的算法是：把 3 次采样的开关信息用 A、B、C 三个布尔数表示，从中任取两个进行"与"运算，若其中有两个或两个以上为"1"，则运算结果必定为"1"；反之，若有两个或两个以上为"0"，则运算结果必定为"0"。再根据"或"运算的规则，在 N 个数中只要有一个是"1"，则运算结果必定是"1"；只有当 N 个数全为"0"，结果才是"0"，这称为三取二表决。其可用以下逻辑式表示

$$(A \cdot B) + (B \cdot C) + (C \cdot A) \tag{2-64}$$

六、事件顺序记录

事件顺序记录是指测控装置按事件发生的先后顺序，将重要的状态变化信号记录入库。一条事件顺序记录信息的要素包括事件发生的时间（时标）、事件名称、事件性质。时标的精度取决于测控装置的对时精度。事件顺序记录信息有助于查找变电站内设备故障或事故原因。目前主流测控装置普遍采用了 GPS 对时方式，且 I/O 板的开关信息采样周期均小于 0.5ms，因此满足了测控装置能达到对时精度不大于 1ms，事件顺序记录分辨率不大于 2ms 的时标要求。

事件顺序记录的时间就是发现开关变位的时间。以扫查方式采集变位开关信息时，对开关状态量按组逐一进行扫查。当扫查到某一组发现有开关变位时，除记下开关的序号外，还可立即记下当时的实时时间作为变位的时间标记，即事件顺序记录时间，然后继续扫查下一组。这种读取事件顺序记录时间的方法称为立即记时法。另外一种方法是在扫查各组开关状态时，发现有开关量变位只记下开关的序号，待各组开关全部扫查完毕，最终记下结束时的实时时钟值作为事件顺序记录时间，这可称为最终记时法。显然，最终记时法对于在同一次

扫查中检测到的开关量变位，是使用同一事件顺序记录时间。

对开关量的扫查一般都按定时方式进行，如每隔 T_s 时间扫查一次。设在理想状态下对开关状态的扫查不需花费时间，即扫查全部开关所花费的时间为零，因而从第一次扫查到第二次扫查这一段时间内所发生的开关变位，不论是采用立即记时法或最终记时法，记录的时间相同，即这些开关的变位时间被认为属于同一档次。两个开关的实际变位时间如先后相差大于 T_s，则记录的时间标记必然不会相同。但如先后相差不足 T_s，则记录的时间标记就有可能相同，此时无法按记录的时间标记来分辨其动作先后次序。为了确定事件发生的先后顺序，用以分开各个事件所必需的最小时间间隔，称为事件分辨率。如扫查间隔为 T_s，则在上述理想情况下事件分辨率为 T_s，即不同开关的实际变位时间只要前后相差不小于 T_s，就能保证记录的时间标记不会相同，据此足以分辨出其动作的先后顺序。

第六节　测控单元应用实例

一、模拟量信息采集电路通用设计原则

测控装置引入的交流信号源一般是从电力系统电压互感器和电流互感器二次侧引入的，需将信号源提供的信号变换为测控器件可以接收的信号。因此模拟量信息采样电路的第一个组成部分是电压/电流互感器，其将强电信号转换为 5V/20mA 的弱电信号。由于电压互感器一次侧漆包线老化短路会造成电力系统电压互感器二次回路短路，设计时一般选用电流互感器替代电压互感器。

由于电力系统的模拟量信号中含有高频及噪声等干扰信号，需要对输入信号进行滤波处理。根据 A/D 转换器信号的输入范围，对输入的模拟量信号进行偏置、放大等化处理的电路，称为信号调理电路。这是模拟量数据采集电路的第二个组成部分。

如果单台测控装置要采样多个模拟量，考虑成本和体积因素，通常采用模拟多路开关对外部输入信号进行时分多路采样。模拟量数据采集电路的第三部分为采样/保持和 A/D 转换电路，主要完成模拟信号的量化和编码。

为了控制 A/D 进行模/数转换，读取 A/D 转换的结果，以及控制模拟多路开关进行通道切换，需要设计与 CPU 的接口电路。A/D 转换器与 CPU 的接口方式分为并行和串行两种。并行接口方式是将 A/D 的数据总线与 CPU 的数据总线通过片选和读写信号进行直接访问。串行接口方式是 A/D 转换器采用 12C、SPI 等总线与 CPU 连接，通过相应的串行通信规范对 A/D 转换器进行访问。从测控技术的发展方向来看，串行连接方式具有容易实现隔离，抗干扰能力强等特点，目前许多交流采样通道都采用串口方式与 CPU 进行接口。

为了获取理想的采样精度，需要对完整周期的交流信号进行等间隔采样。由于电网电气量信号的周期是动态变化的，需采用同步技术。一种是软件同步技术，通过软件的方法测量电网频率后，控制定量器输出倍频信号启动 A/D 转换器。另一种是硬件同步技术，通过锁相环电路自动跟随电网电气量并生成倍频信号启动 A/D 转换器。

模拟量信息采集电路设计时需要注意如下方面：

（1）同时采样。为了精确计算功率，必须保证电压、电流同时采样，避免因所采样的电压、电流之间存在一个夹角导致计算出来的功率存在理论误差。

（2）对一个完整周期等间隔采样。就交流信号采样而言，对一个完整周期等间隔采样是

保证采样精度重要条件之一。为了实现交流信号的同步采样，准确测量模拟量原始周期，并生成模拟量周期的等分信号是实现同步采样的关键。

（3）交流采样的实时性。对电力系统自动化而言，测控装置数据采集是有实时性要求的，需根据不同应用的实时性指标要求选择不同性能的 CPU。

（4）抗干扰问题。抗干扰是设计模拟量采样过程通道时需要解决的关键问题之一。由于交流信号经过 RC 滤波器时延迟。工程经验表明，通道中的电容值一般不要大于 2.2nF。测控装置在一次设备附近运行时，由于断路器分合过程中产生幅值很高电磁干扰信号，损坏 CPU，最好在 CPU 接口处设置光电隔离，以提高测控装置系统的抗干扰能力。

二、模拟量信息采集系统实例一

图 2-34 中，ADS8365 同时对三相电压和三相电流进行交流采样，这里以 U_a 和 I_a 采样通道为例，介绍其工作原理。

TV1 和 TA1 是电压和电流互感器，用于接入电力系统二次侧的电压和电流信号。TV1 选用 2mA：10mA 互感器，先用 60kΩ 精密电阻取样，将 120V 电压变换为 2mA 信号，再经过互感器进行 1：10 隔离变换，生成信号侧的 10mA 信号。TA1 选用 5A(1A)：10mA 互感器。根据二次互感器的负载能力，TV1 信号侧选用 50Ω 精密电阻（R_{12}）进行取样，U_a 点交流电压有效值为 0.5V；TA1 信号侧选用 250Ω 精密电阻（R_{22}）进行取样，I_a 点交流电压有效值为 2.5V。

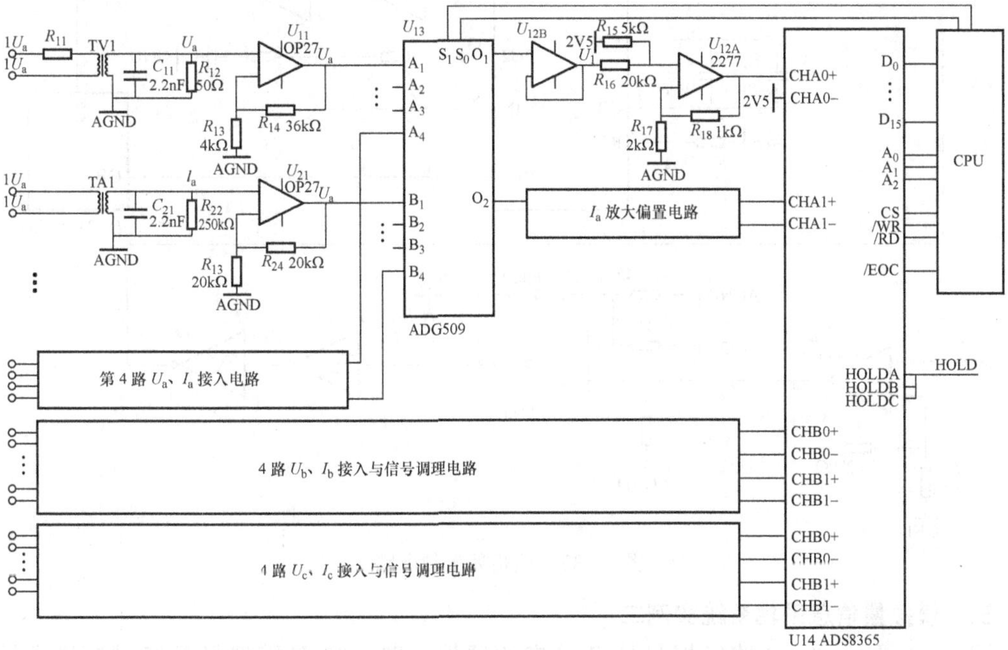

图 2-34 一种典型的交流信号采样通道原理图

U_{11} 和 U_{21} 用于对 U_a 和 I_a 信号进行放大处理，由 U_{11}、R_{13} 和 R_{14} 组成的放大电路的放大倍数为 10，U_a' 点交流电压的有效值为 5V。由 U_{21}、R_{23} 和 R_{24} 组成的放大电路的放大倍数为 2，I_a' 点交流电压的有效值为 5V。

U_{13} 为双 4：1 模拟多路开关，通过模拟多路开关，可以实现 4 路 3 相 4 线检测点的分时测量。U_{12B} 为电压跟随器，U_i 点的电压信号与 U_a' 点的电压相同。由于模拟多路开关内部存在一定内阻，而且阻值不统一，与后面的电阻 R_{16} 参与放大和偏置运算，造成精度校准困难。采用 U_{12B} 后将模拟多路开关与放大电路隔开，避免了这一问题。

U_{12A} 用于将有效值为 5V 的交流信号变换成 0～5V 范围内的信号，接入 A/D 转换器。

运算放大器偏置运算所需的 2.5V 基准电压从 ADS8365 的 REFOUT 管脚引出，并通过双运放电路（U_{15}）电压跟随，提高基准电压源的驱动能力。

ADS8365 采用并行接口方式与 CPU 连接。ADS8365 通过 HOLD 信号启动 6 个通道同时采样，采样完成后 ADS8365 通过 /EOC 向 CPU 提请中断，CPU 响应中断请求读取 AD 转换的结果。

为了实现对完整周期的交流信号进行等间隔采样，采用锁相环倍频电路自动跟随模拟量信号的原始频率，生成倍频信号，用于启动 ADS8365 进行 A/D 转换。图 2-35 为锁相环倍频电路。锁相环倍频电路由正弦波放大电路（U_3）、滞回比较电路（U_4）、D 触发器（U_2）、锁相环电路（U_1）、整形电路（U6A，B，C，D）和分频电路（U_5）等部分组成。

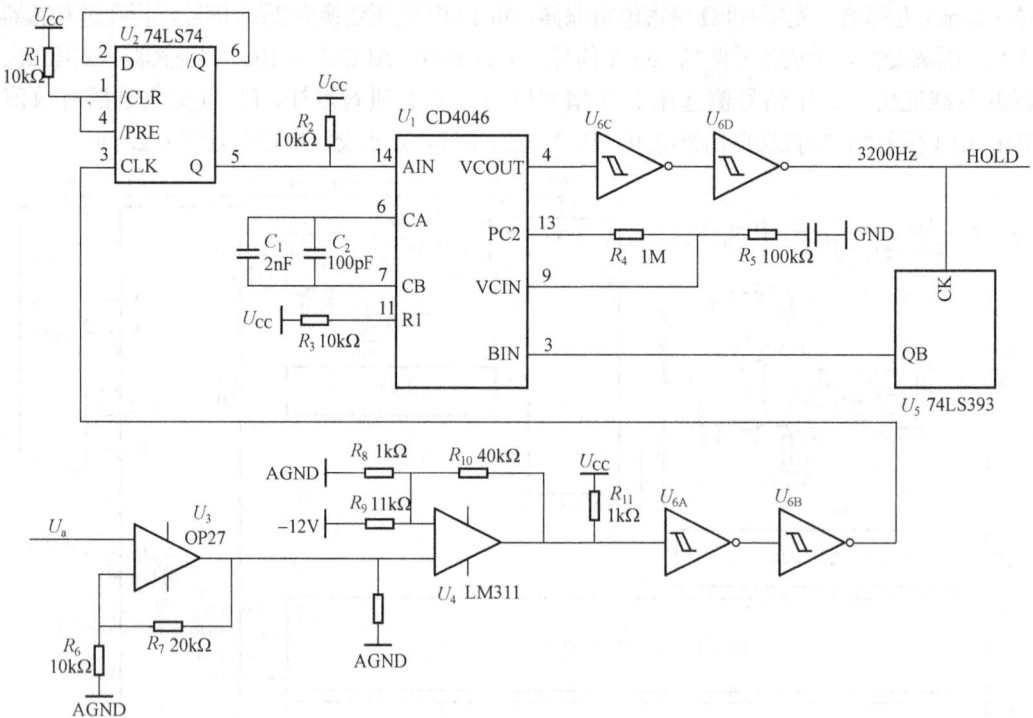

图 2-35　锁相环倍频电路

三、模拟量信息采集系统实例二

图 2-36 所示为 32 路模拟量信息采集的硬件电路。32 路模拟量是经过变送器输出的 -5V～+5V 的直流电压信号，各路信号再经过 RC 低通滤波后进入多路转换开关的输入端。用两片 AD7506 实现 32 路模拟输入量的选择，AD7506 为 16 选 1 的多路转换开关。AD7506 的 16 路输入量的选通地址由地址线信号 AB0～3 提供，由于其芯片使能信号 EN 为高电平有效，因此用 AB4 反相信号控制前 16 路，用 AB4 信号控制后 16 路，这样 AB0～4 可选择 32 路输入量。两片 AD7506 的输出端 OUT 连接在一起，送采样/保持器 LF398 的输入端。采样/保持器需外接一采样电容和调零电路，调节 RPI 可实现调零工作。LF398 的输

出端接 AD574A 的 $10U_{IN}$ 端。AD574A 是逐位比较式 A/D 转换器，由于是瞬时比较，要求在逐位比较过程中，输入信号保持不变，因此在 A/D 转换开始的时间，应使 LF398 处于保持状态。$S/\overline{H}$ 信号可用来控制 LF398 应处的状态。当 $S/\overline{H}=1$ 时，LF398 处于采样（跟随）状态，即输出信号与输入信号接通，C_S 充电；当 $S/\overline{H}=0$ 时，LF398 处于保持状态，断开输入信号，输出信号由 C_S 的电压决定。

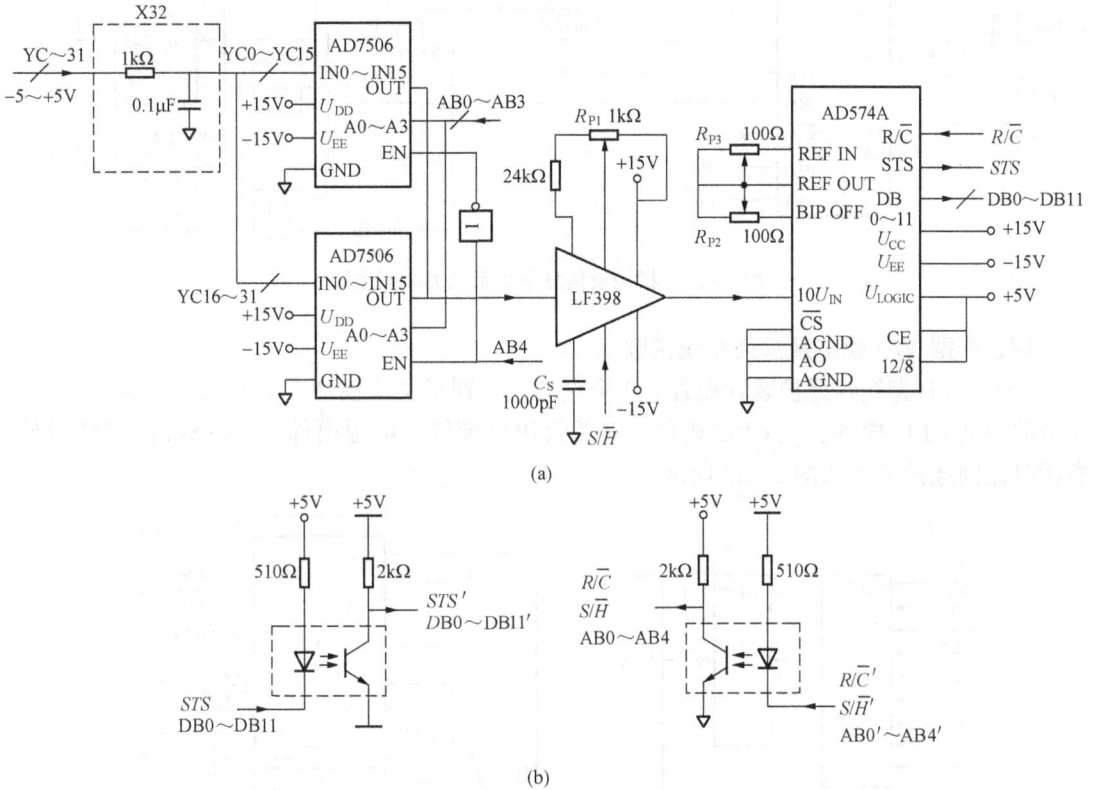

图 2-36 模拟量信息采集通道
(a) 采集电路图；(b) 通道中的光电隔离

根据输入信号变化范围，AD574A 设置成双极性输入量程 -5V～+5V，RP2 和 RP3 实现零漂和增益的调整。图 2-36 中 AD574A 接成独立工作方式，$R/\overline{C}$ 接收一个负脉冲即启动一次 A/D 转换，A/D 转换结束后输出的 12 位偏移二进制码数据从 DB0～DB11 输出。A/D 转换的工作状态由 STS 输出信号表示，$STS=1$ 表示正在转换中，$STS=0$ 表示转换已结束，可读数。此信号可作为 8031 的一个中断源至 $\overline{INT0}$。

在这个电路中，A/D 转换的实现可采用查询方式，也可采用中断方式。查询方式是判断 $\overline{INT0}$ 脚电平的高低来决定何时启动转换、何时读数；中断方式则是先启动转换，转换结束后 STS 的下降沿（负跳变）触发中断，进入中断服务程序，在中断服务程序中读数，或再启动下一次转换。在设置单片机的外部中断时，应置为边沿触发而不是电平触发；否则中断响应后，中断源仍不能消除，这一点值得注意。

模拟量信息采集系统的微机系统如图 2-37 所示。

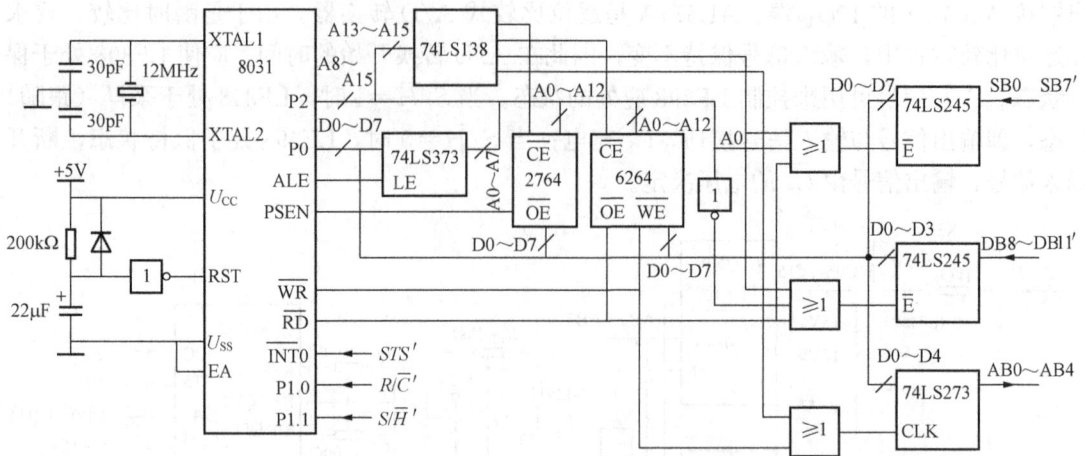

图 2-37　模拟量信息采集系统的微机系统

四、典型 V/F 模拟量采集系统实例

CSL-160B 型线路保护装置配置了六个模件，分别是交流模件、V/F 模数变换模件、专用故障录波 CPU 模件、主 CPU 模件、开关量出口模件、电源模件、人机对话 MMI 模件。各模件之间连接关系如图 2-38 所示。

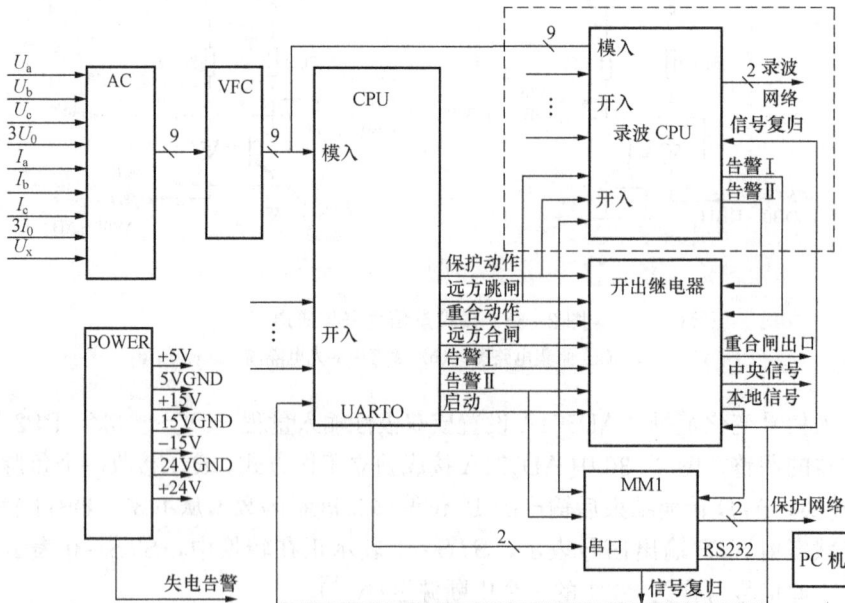

图 2-38　CSL-160B 型线路保护装置模件构成示意图

交流模件是 CSL-160B 的交流电流、交流电压输入模件。由于模数变换回路通常要求输入模拟电压信号的变化范围为±5V 或±10V，但电压互感器、电流互感器二次侧输出电压、电流却并不适用于装置的微型机系统。因此，CSL-160B 中设置了交流模件，用来将电压互感器输出的二次电压、电流互感器输出的二次侧电流的幅值进一步降低，并转换成模数变换回路所允许的交流电压信号。

V/F 模数变换模件用来将交流模件输出的各路模拟量转换成数字量，以便计算机能对各路电流、电压信号进行存储、计算和处理。本模数转换模件共有九路电路结构完全相同的 V/F 变换器，分别将交流插件输出的五路电压和四路电流变换成脉冲频率随输入模拟量幅值大小变化的脉冲量，并经快速光电隔离后送至 CPU 系统中的计数器计数，以实现模数转换。

专用故障录波 CPU 模件用来记录模拟量的采样值、有关开关量的状态值。通过专用录波通信网或公用通信网，可以将录波数据送至公用的专门用于录波的计算机存盘。录波数据可以以数据或图形的方式送至打印机打印。采用这种分散记录的方式，可以减少硬件的重复设置，简化二次电缆。分散记录与集中记录可以互为备用，提高了记录的可靠性。

主 CPU 模件主要用来完成信息的采集与存储、信息处理及信息的传输等任务。开口继电器模件设置有用来作为各出口回路执行元件的各种小型继电器，一般根据其用途不同称为跳闸继电器、信号继电器、告警继电器等。

电源模件用来给该装置的其他模件提供独立的工作电源。电源模件一般采用逆变稳压电源，它输出的直流电源电压稳定，不受系统电压波动的影响，并具有较强的抗干扰能力。电源模件输入的电源电压一般为直流 220V 或 110V，输出的电源电压一般为 +5、±15V 或 ±12V、±24V。其中 +5V 用于 CPU 板，±15V 常用于 A/D 转换各芯片，±24V 常用于开关量的输入及输出。电源插件上一般设置有失电告警继电器，当电源插件输出的电源中断时，失电告警继电器的动断触点闭合，向中央信号回路发"保护失电"告警信号。

五、开关量信息采集系统实例

8 路开关量信息采集电路原理如图 2-39 所示。开关量信号输入回路采用 24V 电压驱动，为了保证光电耦合器件可靠工作，每个采样回路的限流电阻为 3kΩ，工作电流为 8mA。为了直观判断开关设备的辅助触点的工作状态，每个采样回路设计了 1 个发光二极管 VD1 指示辅助触点的分合状态。为了防止工程人员施工时将电源接反，造成光电耦合器件损坏，回路中设计了一个反向连接的二极管 VD11 予以保护。为了抑制开关量过程通道中的干扰信号，输入回路用 R_1、C_1 组成一阶 RC 滤波回路吸收过程通道中的毛刺信号。光耦输出的外部开关量状态送 74LS245 芯片，再与 CPU 连接，CPU 通过片选访问读取该组开关量的状态。

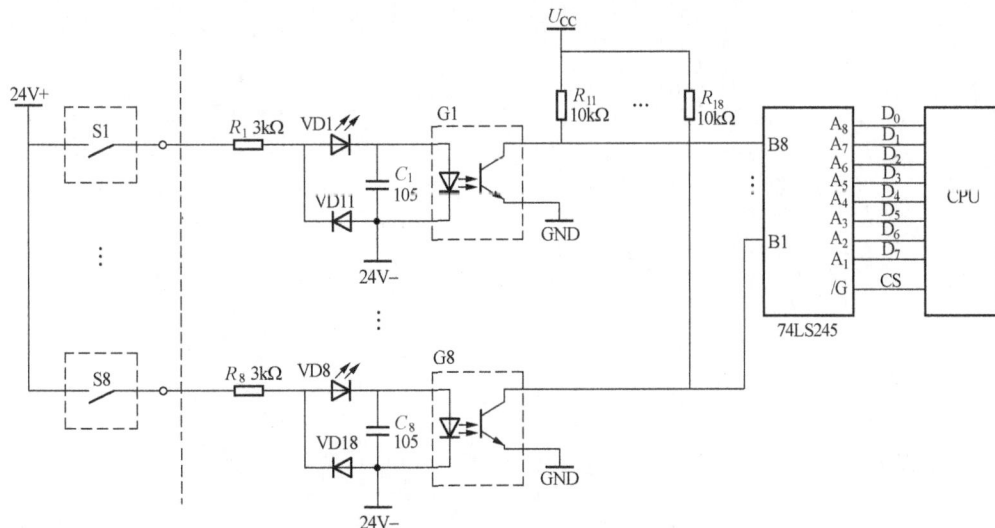

图 2-39　8 路开关量信息采集电路原理图

思 考 题

1. 基本测控装置由哪些模件组成，简述各模件的基本功能。

2. 什么是模拟量？举例说明电力系统中哪些量属于模拟量。

3. 什么是开关量？举例说明电力系统中哪些量属于开关量。

4. 要求测控装置计算 13 次谐波电压，采样频率应最少大于多少？

5. 模拟量信息输入采集的方式有哪些？简述其转换原理与常采用的芯片。

6. 常用交流采样算法有哪些？以工频电压为例论述其计算有效值的原理。

7. 模拟量信息采集的前置处理方式有哪些？

8. 对电力信号 $i(t) = 80\sin\left(\omega t + \dfrac{\pi}{6}\right)$ 进行采样，ω 为工频频率，采样频率为 $600\mathrm{Hz}$，列出一个工频周期的采样序列，分别采用半周积分算法和傅氏算法计算该电力信号的有效值。

第三章　变电站综合自动化系统

第一节　概　　述

变电站是电力生产过程的重要环节，其作用是变换电压、交换功率和汇集、分配电能。变电站中的电气部分通常被分为一次设备和二次设备。属于一次设备的有不同电压等级的电气设备，包括电力变压器、母线、断路器、隔离开关、电压互感器、电流互感器、避雷器等。有些变电站中还由于无功平衡、系统稳定和限制过电压等原因，装有并联电抗器、静止补偿装置、串联补偿装置等一次设备。

为了保证变电站电气设备安全、可靠、经济运行，需建立变电站的监视、测量、控制和保护系统，相关的这些设备称为二次设备。表明变电站中二次设备相互连接关系的电路称为二次回路，或二次系统。

变电站自动化系统是指应用控制技术、信息处理和通信技术，利用计算机软件和硬件系统或自动装置代替人工进行各种运行作业，提高变电站运行、管理水平的一种自动化系统。变电站自动化技术的范畴包括综合自动化技术、远动技术、继电保护技术及变电站其他智能技术等。

一、变电站自动化系统的形成和发展

（一）变电站传统自动化系统阶段

变电站传统自动化系统主要由继电保护、就地监控、远动装置、录波装置等组成。在实际应用中，是按继电保护、远动、就地监控、测量、录波等功能组织的，相应的就有保护屏、控制屏、录波屏、中央信号屏等。每一个一次设备，例如一台变压器、一组电容器等，都与这些屏有关。因而，每个设备的电流互感器的二次侧，都需要分别引到这些屏上；同样，断路器的跳、合闸操作回路，也需要连到保护屏、控制屏、远动屏及其他自动装置屏上。此外，对同一个一次设备，与之相应的各二次设备（屏）之间，保护与远动设备之间都有许多连线，由于各设备安装在不同地点，因而变电站内电缆错综复杂，主要存在以下问题。

1. 安全性、可靠性不高

传统的变电站大多数采用常规的设备，尤其是二次设备中的继电保护和自动装置、远动装置等采用电磁型和晶体管式，结构复杂、可靠性不高，本身又没有故障自诊断的能力，只能靠一年一度的整定值的校验发现问题，或必须等到保护装置发生拒动或误动之后才能发现问题。

2. 电能质量可控性不高

随着国民经济的持续发展，人们生活水平和生活质量的不断提高，家用电器、个人计算机进入各家各户，除各工矿企业外，居民用户对保证供电质量的要求也越来越高。衡量电能质量的主要指标是频率、电压和谐波。各变电站，特别是枢纽变电站应该通过调节变压器分接头位置和控制无功补偿设备进行变电站电压调节，使电压在合格的范围内；但变电站的传

统自动化系统，大多数不具备调压和谐波分析功能。

3. 占地面积大

实现了综合自动化的变电站与传统变电站相比，在一次设备方面，目前没有多大差别，差别较大的是二次设备方面。传统的变电站，二次设备多采用电磁式或晶体管式，体积大、笨重，因此主控室、继电保护室占地面积大。这对于人口众多的我国，特别是对人口密度很大的城市来说，是一个不容忽视的问题。

4. 实时性和可控性较差

要做到电力系统优质、安全、经济运行，人们必须及时掌握系统的运行工况，才能采取一系列的自动控制和调节手段。但传统的变电站不能满足向调度中心及时提供运行参数的要求；一次系统的实际运行工况，由于远动功能不全，一些遥测、遥信无法实时送到调度中心；而且由于参数采集不齐，不准确，变电站本身又缺乏自动控制手段，因此没法进行实时控制，不利于电力系统的安全稳定运行。

5. 维护工作量大

常规的继电保护装置和自动装置多为电磁型或晶体管型，其工作点易受环境温度的影响，因此必须定期检验整定值。由于传统变电站无法实现远方修改继电保护或自动装置的定值，每年校验保护定值的工作量是相当大的。

(二) 变电站微机自动化系统阶段

基于上述传统变电站存在的不足，同时随着计算机技术的发展，变电站都开始采用微机型继电保护装置、微机监控、微机远动、微机录波装置，由此进入了变电站微机自动化阶段。

随着远动技术的发展，出现了以远动终端装置 RTU 为中心的监控系统。它是在增强型 RTU 设备基础上增设了后台监视、测量显示和控制功能，保留了常规电气二次设备。其优点是功能简单，造价较低；缺点是控制和高级应用功能较弱，扩展性能较差。

微机化后的设备体积缩小，可靠性提高。这些微机型的装置尽管功能不一样，其硬件配置都大体相同。除微机系统本身外，无非是对各种模拟量、开关量的数据采集，以及增加输入/输出接口电路，并且装置要采集的量和要控制的对象还有许多是共同的，因而设备重复、数据不共享、通道不共用、电缆依旧错综复杂等问题依然存在。由此，人们自然的提出这样一个问题：在当今的技术条件下，是否应该跳出历史造成的专业框框，从技术管理的综合自动化角度来考虑全微机化的变电站二次部分的优化设计，合理地共享软件资源和硬件资源。

(三) 变电站综合自动化系统阶段

变电站综合自动化系统是将变电站的二次设备（包括测量仪表、信号系统、继电保护、自动装置和远动装置等）经过功能的组合和优化设计，利用先进的计算机技术、现代电子技术、通信技术和信号处理技术，实现对全变电站的一次设备和输、配电线路的自动监视、测量、控制和保护，以及与调度中心进行信息交换等功能的系统。

在二次系统具体装置和功能实现上，变电站综合自动化系统用计算机化的二次设备代替和简化了非计算机设备，数字化的处理和逻辑运算代替了模拟运算和继电器逻辑。相对于变电站传统自动化系统，变电站综合自动化系统增添了变电站主计算机系统和通信控制管理两部分。变电站主计算机系统对整个综合自动化系统进行协调、管理和控制，并向运行人员提供变电站运行的各种数据、接线图、表格等画面，使运行人员可远方控制断路器分、合操作，还提供运行和维护人员对自动化系统进行监控和干预的手段。变电站主计算机系统完成很多过去由运行人员完成的简单、重复和繁琐的工作，如收集、处理、记录、统计变电站运行数据和变电站运行过程中所发生的保护动作（断路器分、合闸）等重要事件；同时，还可按运行人员的操作命令或预先设定来执行各种复杂的工作。通信控制管理作为变电站内部各部分之间、变电站与调度控制中心之间相互交换数据的桥梁，并对这一过程进行协调、管理和控制。

二、变电站综合自动化系统的配置

变电站自动化系统是由基于微电子技术的智能电子装置（IED，Intelligent Electronic Device）和后台控制系统所组成的变电站运行控制系统，包括监控、保护、电能质量自动控制等多个子系统。各子系统往往又由多个 IED 组成。

图 3-1 所示为 110kV 变电站综合自动化系统的基本配置。

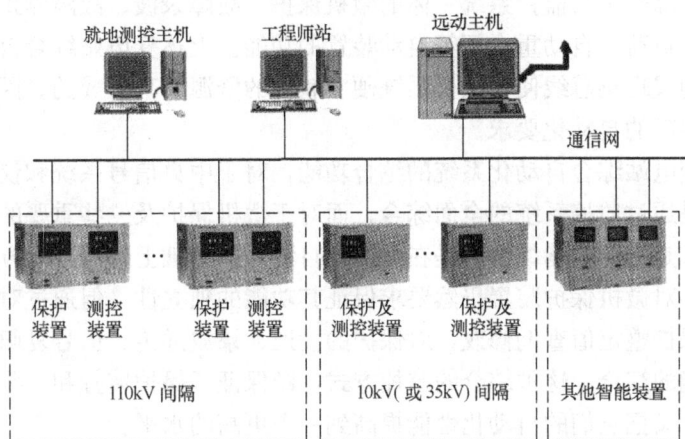

图 3-1 110kV 变电站综合自动化系统的基本配置

图 3-1 中，就地测控主机用于有人值班变电站的就地运行监视与控制，同时具有运行管理的功能。远动主机收集本变电站信息上传至调度端，同时调度端下发的控制、调节命令通过远动主机分送给相应间隔层的测控装置，完成控制或调节任务。工程师站用于软件开发与管理功能，如用于监视全站继保装置的运行状态，收集保护事件记录及报警信息，收集保护装置内的故障录波数据并进行显示和分析等。110kV 线路按间隔分别配置保护装置与测控装置。10kV（或 35kV）线路按间隔分别配置保护及测控综合装置。每一个保护、测控装置或保护测控综合装置都集成了 TCP/IP 协议，具备网络通信的功能。

变电站综合自动化系统中用测控主机代替了变电站中传统的控制屏、中央信号系统和远动屏。在测控主机中，用运行主界面的数字式显示代替了电磁型或晶体管型仪表，用基于计算机技术的数字式保护代替电磁型或晶体管型的继电保护，彻底改变了常规的继电保护装置不能与外界进行数据交换的缺陷。因此，变电站综合自动化系统是自动化技术、计算机技术和通信技术等高科技在变电站技术领域的综合应用。变电站综合自动化系统可以比较齐全地采集到电力系统的数据和信息，利用计算机的高速计算能力和逻辑判断功能，可方便地监视和控制变电站内各种设备的运行和操作。

三、变电站综合自动化系统的基本特征

变电站综合自动化系统是通过监控系统的局域网或现场总线,将微机保护、微机自动装置、微机远动装置采集的模拟量、开关量、脉冲量及一些非电量信号,经过数据处理及功能的重新组合,并按照预定的程序和要求,对变电站实现综合性的监视和调度。因此,变电站综合自动化系统的核心是监控系统,纽带是监控系统的局域通信网络。局域通信网络把微机继电保护、微机自动装置、微机远动功能综合在一起形成了一个具有远方功能的自动监控系统。变电站综合自动化系统最明显的特征表现在以下几个方面。

（一）功能综合化

变电站综合自动化系统是在微机技术、数据通信技术、自动化技术基础上发展起来的,是一个技术密集,多种专业技术相互交叉、相互配合的系统。它综合了变电站内除一次设备和交、直流电源以外的全部二次设备。在变电站综合自动化系统中,监控系统综合了变电站的仪表屏、操作屏、模拟屏、变送器屏、中央信号系统、远动的 RTU 功能及电压和无功补偿自动调节功能;综合了与监控系统一体的微机保护、故障录波、故障测距、小电流接地选线、自动按频率减负荷、自动重合闸等自动装置的功能。上述变电站综合自动化系统的综合功能是通过局域网或现场总线使各微机系统硬、软件的资源共享形成的,因此对微机保护等自动装置提出了更高的自动化要求。

应该指出,变电站综合自动化系统的综合功能,对于中央信号系统和仪表以及设备控制操作的功能综合是通过监控系统的全面综合,而对于微机保护及一些重要的自动装置（如备用电源自动投入）是接口功能综合,是在保证各自独立的基础上,通过远方自动监视与控制而实现的。例如,对微机保护装置仍然要求保证其功能的独立性,但通过对保护状态及动作信息的监视,对保护整定值查询修改,对保护的投退、录波远传、信号复归等远方控制来实现其对外接口功能的综合。这种综合的监控方式,既保证了保护装置和一些重要自动装置的独立性和可靠性,又把它们的自动化性能提高到一个更高的水平。

（二）结构分布、分层化

变电站综合自动化系统是一个分布式系统,其中微机保护、数据采集和控制以及其他智能设备等子系统都是按分布式结构设计的,每个子系统可能有多个 CPU 分别完成不同功能,这样一个由庞大的 CPU 群构成了一个完整的、高度协调的有机综合（集成）系统。这样的综合系统往往有几十个甚至更多的 CPU 同时并列运行,以实现变电站自动化的所有功能。另外,按照变电站物理位置和各子系统功能分工的不同,综合自动化系统的总体结构又按分层原则来组织。典型的分层原则是将变电站自动化系统分为两层,即变电层和间隔层,由此可构成分散（分布）式综合自动化系统。

（三）操作监视屏幕化

变电站实现综合自动化后,不论是有人值班还是无人值班,操作人员可在变电站内,或在主控室、调度室,面对彩色显示器,对变电站的设备和输电线路进行全方位的监视与操作。常规庞大的模拟屏被显示器屏幕上的实时主接线画面取代;常规的在断路器安装处或控制屏进行的跳、合闸操作,被显示器屏幕上的鼠标操作或键盘操作所取代。常规的光字牌报警信号,被显示器屏幕画面闪烁和文字提示或语言报警所取代。通过计算机的显示器屏幕显示器,这行人员可以监视全变电站的实时运行情况和对各开关设备进行操作控制。

变电站常规监控系统如图 3-2 所示，变电站综合自动化系统监控界面如图 3-3 所示。

图 3-2　变电站常规监控系统

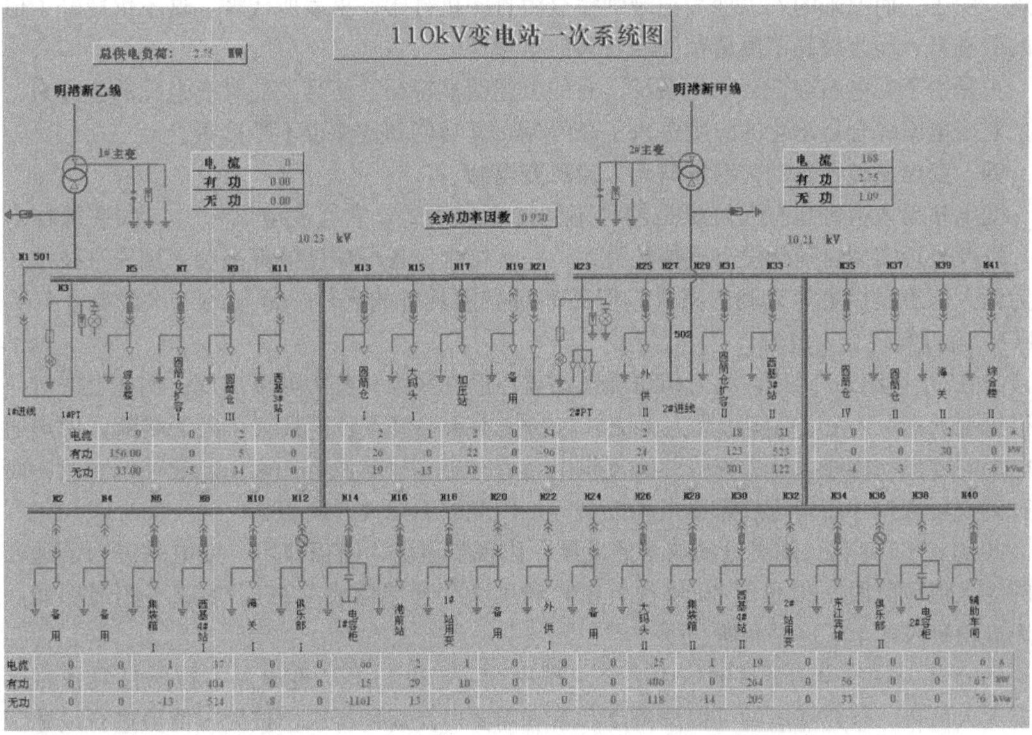

图 3-3　变电站综合自动化系统监控界面

（四）通信系统网络化、光缆化

计算机局域网络技术、现场总线技术及光纤通信技术，在变电站综合自动化系统中得到了普遍应用。因此，变电站综合自动化系统具有较高的抗电磁干扰能力，能够实现高速数据传送、满足实时性要求，易于扩展，可靠性大大提高，而且在很大程度上简化了常规变电站繁杂的各种电缆连接，方便施工。

（五）运行管理智能化

变电站综合自动化系统的智能化不仅表现在常规自动化功能上，如自动报警、自动报表、电压无功自动调节、小接地电流选线、事故判别与处理等方面，还表现在能够在线自诊断，并不断将诊断的结果送往远方的主控端上，这是其区别于常规变电站自动化系统的重要特征。简而言之，常规变电站自动化系统只能监测一次设备，而本身的故障必须靠维护人员去检查发现，而变电站综合自动化系统不仅监测一次设备，还每时每刻检测自身是否有故障，充分体现了智能性。

运行管理智能化极大地简化了变电站二次系统，信息齐全，可以灵活地按功能或间隔形成集中组屏或分散（层）安装的不同的系统组合。进一步说，变电站综合自动化系统打破了传统自动化系统各专业界限和设备划分原则，克服了常规保护装置不能与调度中心通信的缺陷。

（六）测量显示数字化

长期以来，变电站采用指针式仪表作为测量仪器，其准确度低，读数不方便。采用微机监控系统后，彻底改变了原来的测量手段，常规指针式仪表被显示器上的数字显示所代替，直观、明了。而原来的人工抄表记录则完全由打印机打印、报表所代替，这不仅减轻了值班员的劳动量，而且提高了测量精度和管理的科学性。

正是由于变电站综合自动化系统具有的上述明显特征，使其发展具有强劲的生命力。因此，对变电站综合自动化的应用进入了高峰期，其功能和性能也不断完善。

四、变电站综合自动化系统与无人值班变电站

变电站无人值班与有人值班是两种不同的管理模式，它与变电站一、二次系统技术水平，以及是否实现自动化没有直接的关系。一、二次设备可靠性的提高和采用先进技术，可以为无人值班提供更为有利的条件，但并非是必须具备的条件。常规的二次设备，只要有RTU，就可实现无人值班。

早在 20 世纪 50 年代，无人值班变电站就已经在我国一些大城市出现。例如上海对一些不很重要的 35kV 变电站实行无人值班，当初技术条件很落后，只有在出了故障，用户通知供电局时才出动检修人员去查找并修复供电。那时出了故障没有任何信息送往调度所，而且只有到现场查找才能知道故障地点和性质等，因此故障处理时间很长。

20 世纪 60 年代，随着远动技术的发展，出现了遥测、遥信技术，变电站进入了远方监视的无人值班阶段。20 世纪 80 年代后期，利用微处理器构成 RTU，形成了四遥功能，又使无人值班技术上了一个台阶。

1995 年，国家电力调度通信中心要求现有 35kV 和 110kV 变电站，在条件具备时逐步实现无人值班，新建变电站可根据调度和管理需要以及规划要求，按无人值班进行设计。

由以上分析可见，无人值班与变电站综合自动化是不同范畴的问题。变电站采用有人或无人值班是选择哪一种管理模式的问题，而变电站综合自动化是变电站的技术水平问题。然而变电站综合自动化的采用对无人值班的管理模式无疑是一种促进，一种提升，是在更高的技术条件下实行无人值班的管理方式，既提高了无人值班变电站的技术水平，又提高了其可靠性。

第二节　变电站综合自动化系统的功能

变电站综合自动化系统的主要功能包括变电站电气量的采集和电气设备的状态监视、控制和调节。通过变电站综合自动化技术，实现变电站正常运行的监视和操作，保证变电站的正常运行和安全。当发生事故时，由继电保护和故障录波等完成瞬态电气量的采集、监视和控制，并迅速切除故障，完成事故后的恢复操作。

一、微机继电保护功能

变电站综合自动化系统中的微机继电保护主要包括输电线路保护、电力变压器保护、母线保护、电容器保护、小电流接地系统自动选线、自动重合闸。由于继电保护的特殊重要性，综合自动化系统绝不能降低继电保护的可靠性、独立性，因此要求：

（1）继电保护按被保护的电气设备单元（间隔）分别独立设置，直接由相关的电流互感器和电压互感器输入电气量，然后由触点输出，并直接作用于相应断路器的跳闸线圈。

（2）保护装置设有通信接口，供接入站内通信网，在保护动作后向站控层的微机设备提供报告，但继电保护功能完全不依赖通信网。

（3）为避免不必要的硬件重复，以提高整个系统的可靠性和降低造价，特别是对 35kV 及以下一次设备，可以配给保护装置其他一些功能，但应以不因此而降低保护装置的可靠性为前提。

二、测量、监视和控制功能

变电站综合自动化系统应能改变常规监视控制装置不能与外界通信的缺陷，取代常规的测量系统，如变送器、录波器、指针式仪表等；改变常规的操动机构，如操作盘、模拟盘、手动同期及手控无功补偿等装置；取代常规的告警、报警装置，如中央信号系统、光字牌等；取代常规的电磁式和机械式防误闭锁设备；取代常规远动装置等。

1. 实时数据采集与处理

需要采集的模拟量主要有变电站各段母线电压、线路电压、电流、有功功率、无功功率，主变压器的电流、有功功率和无功功率，电容器的电流、无功功率，馈出线的电流、电压、功率、频率、相位、功率因数等，主变压器的油温、直流电源电压、站用变压器的电压等。

需要采集的开关量有变电站断路器位置状态、隔离开关位置状态、继电保护动作状态、同期检测状态、有载调压变压器分接头的位置状态、变电站一次设备运行告警信号、接地信号等。这些状态信号大都采用光电隔离方式输入，或通过"电脑防误闭锁系统"的串行口通信而获得。对于断路器的状态采集，需采用中断输入方式或快速扫描方式。隔离开关位置状态和分接头的位置状态信号，可采用定期查询方式读入计算机进行判断。继电保护动作状态一般取自信号继电器的辅助触点，或以开关量的形式读入计算机。微机继电保护装置大都具有串行通信功能，其保护动作信号可通过串行口或局域网输入计算机，这样可省大量的信号连接电缆，节省了数据采集系统的输入、输出接口量，从而简化了硬件电路。

2. 运行监视功能

所谓运行监视，主要是指对变电站的运行工况和设备状态进行自动监视，即对变电站各种开关量变位情况和各种模拟量进行监视。通过开关量变位监视，可监视变电站中断路器、隔离开关、接地开关、变压器分接头的位置和动作情况，继电保护和自动装置的动作情况以及它们之间的动作顺序等。模拟量的监视分为正常的测量和超过限定值的报警、事故时模拟量变化的追忆等。

当变电站有非正常状态发生和设备异常时，监控系统能及时在当地或远方发出事故音响或语音报警，并在显示器上自动推出报警画面，为运行人员提供分析处理事故的信息，同时可将事故信息进行存储和打印。

对于一个典型的变电站，应报警的参数有：①母线电压报警，即当电压偏差超出允许范围且越限连续累计时间达一定值（如30s）后报警；②线路负荷电流越限报警，即按设备容量及相应允许越限时间来报警；③主变压器过负荷报警，按规程要求分正常过负荷、事故过负荷报警；④系统频率偏差报警，当频率监视点超出允许值时的报警；⑤消弧线圈接地系统中性点位移电压越限及累计时间超出允许值时报警；⑥母线上的进出功率及电能量不平衡越限报警；⑦直流电压越限报警。

报警方式主要有自动推出画面、语音或音响提示、闪光报警、信息操作提示（如控制操作超时）等。

3. 故障录波与测距功能

110kV及以上的重要输电线路距离长、发生故障影响大，发生故障时必须尽快查出故障点，以便缩短维修时间，尽快恢复供电，减少损失。设置故障录波和故障测距是解决此问题的最好途径。

变电站的故障录波和测距可采用两种方法实现：①由微机保护装置兼作故障记录和测距，再将记录和测距结果送监控机存储及打印输出，或直接送调度主站，这种方法可节约投资，减少硬件设备，但故障记录的量有限；②采用专用的微机故障录波器，并且录波器应具有通信功能，可以与监控系统通信。

4. 事件顺序记录与事故追忆功能

事件顺序记录就是对变电站内的继电保护装置、自动装置、断路器等在事故时动作的先后顺序自动记录。记录事件发生的时间应精确到毫秒级。自动记录的报告可在显示器上显示和打印输出。顺序记录的报告对分析事故、评价继电保护装置、自动装置、断路器的动作情况非常有用。

事故追忆是指对变电站内的一些主要模拟量，如线路、主变压器各侧的电流、有功功率、主要母线电压等，在事故前后一段时间内作连续测量记录。通过这一记录可了解系统或某一回路在事故前后所处的工作状态，对于分析和处理事故起到辅助作用。

5. 控制及安全操作闭锁功能

操作人员可通过显示器屏幕对断路器、隔离开关进行分闸、合闸操作；对变压器分接头进行调节控制；对电容器组进行投、切控制，同时要能接受遥控操作命令，进行远方操作；同时所有的操作控制均能就地和远方控制、就地和远方切换相互闭锁、自动和手动相互闭锁。

6. 数据处理与记录功能

除了上述功能外，数据处理和记录也是很重要的环节。历史数据的形成和存储是数据处理的主要内容。此外，为满足继电保护专业和变电站管理的需要，必须进行相关数据统计工作，其内容主要包括：

(1) 主变压器和输电线路有功功率和无功功率的最大值和最小值以及相应的时间；

(2) 定时记录母线电压的最高值和最低值以及相应时间；

(3) 统计断路器的动作次数，统计出断路器切除故障电流和跳闸动作次数的累计数；

(4) 控制操作和修改定值记录。

此外，还应具有打印、自诊断、自恢复和自动切换等功能。

三、自动控制装置的功能

变电站综合自动化系统必须具有保证安全、可靠供电和提高电能质量的自动控制功能。为此，典型的变电站综合自动化系统都配置了相应的自动控制装置，如电压/无功综合控制装置、低频率减负荷控制装置、备用电源自动投入控制装置、小电流接地选线装置等。

1. 电压/无功综合控制装置

变电站电压/无功综合控制是利用有载调压变压器和母线无功补偿电容器及电抗器进行局部的电压及无功补偿的自动调节，使负荷侧母线电压偏差在规定范围以内。在调度（控制）中心直接控制时，变压器的分接头开关调整和电容器组的投切直接接受远方控制；当调度（控制）中心给定电压曲线或无功曲线的情况下，则由变电站综合自动化系统就地进行控制。

2. 低频减负荷控制装置

当电力系统因事故导致有功功率缺额而引起系统频率下降时，低频减负荷装置应能及时自动断开一部分负荷，防止频率进一步降低，以保证电力系统稳定运行和重要负荷的正常工作。当系统频率恢复到正常值之后，被切除的负荷可逐步远方手动恢复或可选择延时分级自动恢复。

3. 备用电源自动投入控制装置

当工作电源因故障不能供电时，备用电源自动投入控制装置应能迅速将备用电源自动投入使用，或将用户切换到备用电源上去。典型的备用电源自动投入装置包括单母线进线备自投、分段断路器备自投、变压器备自投、进线及桥断路器备自投。

4. 小电流接地选线控制装置

110kV 及以下变电站中的变压器常采用中性点不接地系统。随着系统容性电流的不断增大，许多变电站在其母线上安装有消弧补偿装置，属小接地电流系统运行方式。在小接地电流系统中发生单相接地故障时，不影响对负荷的供电，一般情况下，允许继续运行 1～2h。但电网带单相接地故障长期运行，接地电弧以及在非故障相产生的过电压，可能会烧坏电气设备或造成绝缘薄弱点击穿，引起短路，导致跳闸停电。因此，在变电站中应装设小电流接地选线装置，在发生单相接地故障后，选出故障线路并动作于信号，以便运行人员及时采取措施消除故障。

四、数据通信及远动功能

变电站综合自动化的通信功能包括系统内部的现场级通信和自动化系统与上级调度的通信两部分。

（1）变电站综合自动化系统的现场级通信，主要解决自动化系统内部各子系统与上位机（监控主机）和各子系统间的数据和信息交换问题，它们的通信范围是变电站内部。对于集中组屏的变电站综合自动化系统来说，实际是在主控室内部；对于分散安装的变电站自动化系统来说，其通信范围扩大至主控室与子系统的安装地，最大的可能是开关柜间，即通信距离加长了。

（2）变电站综合自动化系统的远动通信，主要是将所采集的模拟量和开关量信息，以及事件顺序记录等远传至调度中心；同时应该能够接收调度中心下达的各种操作、控制、修改定值等命令。

第三节　变电站综合自动化的基本结构

从国内外变电站综合自动化系统的发展历程来看，其结构形式有集中式、分层分布式、分散集中结合式、完全分散（层）分布式；从安装物理位置上来划分，其有集中组屏、分层组屏、分散在一次设备间隔上安装等形式。

一、集中式综合自动化系统

集中式结构的变电站综合自动化系统，是指采用不同档次的计算机，扩展其外围接口电路，集中采集变电站的模拟量、开关量和数字量等信息，集中进行计算与处理，分别完成微机监控、微机保护和一些自动控制等功能。集中结构并非指由一台计算机完成保护、监控等全部功能。多数集中式结构的微机保护、微机监控和与调度等通信的功能也是由不同的计算机完成的，只是每台计算机承担的任务要多一些。例如，监控计算机要承担数据采集、数据处理、开关操作、人机联系等多项任务；担任微机保护的一台计算机，可能要负责几回低压线路的保护等。这种结构形式主要出现在变电站综合自动化系统问世的初期，如图 3-4 所示。这种结构形式的综合自动化系统国内早期的产品较多，如南京自动化研究所的 BJ-2 型、南京自动化设备厂的 WBX-261 型、烟台东方电子信息产业集团的基于 WDF-10 的综合自动化系统、许继电气股份有限公司的 XWJK-1000 型变电站综合自动化系统等。

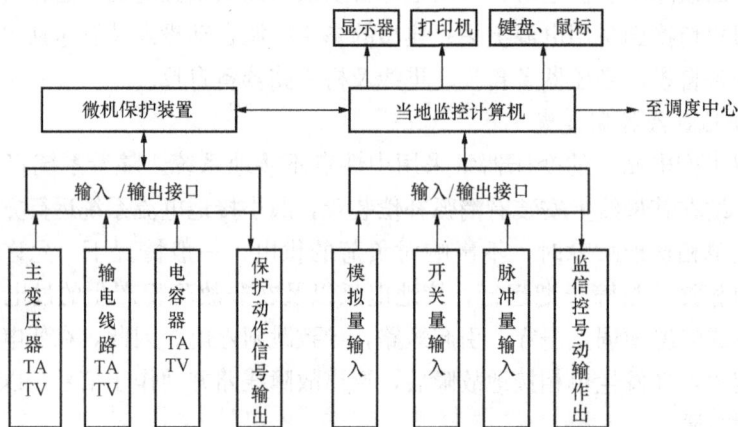

图 3-4　集中式变电站综合自动化系统结构示意图

集中式结构是按变电站的规模配置相应容量、功能的微机保护装置和监控主机及数据采集系统，它们安装在变电站主控室内。主变压器、各种进出线路及站内所有电气设备的运行状态，经电缆传送到主控制室的保护装置或监控计算机上，并与调度中心的主计算机进行数据通信。当地监控计算机完成当地显示、控制和制表打印等功能。集中式变电站综合自动化系统的缺点是：

（1）每台计算机的功能较集中，如果一台计算机出现故障，影响面较大，因此必须采用双机并联运行的结构才能提高其可靠性。

（2）集中式结构，软件复杂，修改工作量大，调试难度大。

（3）组态不灵活，对不同主接线或规模不同的变电站，软、硬件都必须另行设计，工作量大，因此影响了批量生产，不利于推广。

（4）集中式保护与长期以来采用一对一的常规保护相比，不直观，不符合运行和维护人员的习惯，调试和维护不方便，程序设计麻烦。

集中式变电站综合自动化系统，适合于小型变电站的新建或改造。

二、分层分布式综合自动化系统

随着计算机技术、通信网络技术的迅速发展以及它们在变电站自动化综合系统中的应用，变电站综合自动化系统的结构及性能都发生了很大的改变，出现了目前流行的分层分布式结构的变电站综合自动化系统。分层分布式变电站综合自动化系统是以变电站内的电气间隔和元件为对象开发、生产、应用的计算机监控系统。

（一）分层分布式结构

1. 分层式结构

按照国际电工委员会（IEC）推荐的标准，在分层分布式变电站综合自动化系统中，整个变电站的一、二次设备被划分为三层：过程层（process level）、间隔层（bay level）和站控层（station level）。其中，过程层又称为0层或设备层，间隔层又称为1层或单元层，站控层又称为2层或变电站层。

图3-5所示为典型的分层分布式变电站综合自动化系统，每一层分别完成分配各自的功能，且彼此之间利用网络通信技术进行数据信息的交换。

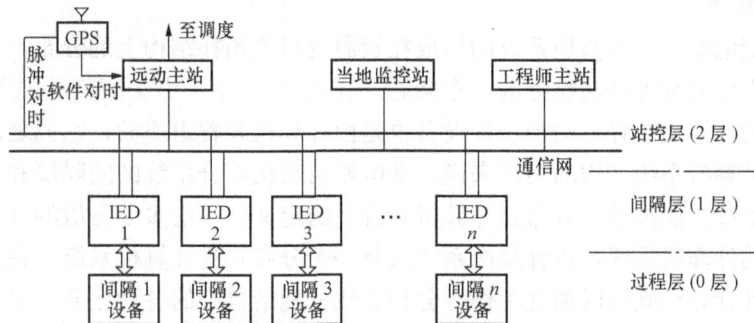

图3-5　分层分布式变电站综合自动化系统结构示意图

（1）过程层。其主要包含变电站内的一次设备，如母线、线路、变压器、电容器、断路器、隔离开关、电流互感器和电压互感器等。过程层是一次设备与二次设备的结合面，其主要功能有三类：①电力运行实时的电气量检测；②运行设备的状态参数检测；③操作控制执行与驱动。

（2）间隔层。间隔层中各智能电子装置（IED）利用电流互感器、电压互感器、变送器、继电器等设备获取过程层各设备的运行信息，如电流、电压、功率、压力、温度等模拟量信息以及断路器、隔离开关等的位置状态，从而实现对过程层进行监视、控制和保护，并与站控层进行信息的交换，完成对过程层设备的遥测、遥信、遥控、遥调等任务。

在变电站综合自动化系统中，为了完成对过程层设备进行监控和保护等任务，设置了各种测控装置、保护装置、保护测控装置、电能计量装置以及各种自动装置等，它们都可看作是IED。

（3）站控层。站控层借助通信网络完成与间隔层之间的信息交换，从而实现对全变电站所有一次设备的当地监控功能以及间隔层设备的监控、变电站各种数据的管理及处理功能。同时，它还经过通信设备（如远动主站），完成与调度中心之间的信息交换，从而实现对变电站的远方监控。

在大型变电站内，站控层的设备要多一些，除了通信网络外，还包括由工业控制计算机构成的监控工作站（1~2个）、远动工作站（1~2个）、工程师工作站等。在中小型的变电站内，站控层的设备要少一些，通常由一台或两台互为备用的计算机完成监控、远动及工程师站的全部功能。

站控层的主要任务为：

1) 通过两级高速网络汇总全站的实时数据信息，不断刷新实时数据库，按时登录历史数据库；

2) 按既定规约将有关数据信息送向调度或控制中心；

3) 接收调度或控制中心有关控制命令并转间隔层、过程层执行；

4) 具有在线可编程的全站操作闭锁控制功能；

5) 具有（或备有）站内当地监控、人机联系功能，如显示、操作、打印、报警，甚至图像、声音等多媒体功能；

6) 具有对间隔层、过程层设备的在线维护、在线组态、在线修改参数的功能；

7) 具有（或备有）变电站故障自动分析和操作培训功能。

2. 分布式结构

分布是指变电站计算机监控系统的构成在资源逻辑或拓扑结构上的分布，主要强调从系统结构的角度来研究和处理功能上的分布问题。在图 3-5 中，由于间隔层的各 IED 是以微处理器为核心的计算机装置，站控层各设备也是由计算机装置组成的，它们之间通过网络相连。因此，从计算机系统结构的角度来说，变电站自动化综合系统的间隔层和站控层构成的是一个计算机系统。而按照"分布式计算机系统"的定义——由多个分散的计算机经互联网络构成的统一的计算机系统，该计算机系统又是一个分布式的计算机系统。在这种结构的计算机系统中，各计算机既可以独立工作，分别完成分配给自己的各种任务，又可以彼此之间相互协调合作，在通信协调的基础上实现系统的全局管理。在分层分布式结构的变电站综合自动化系统中，间隔层和站控层共同构成了分布式的计算机系统，间隔层各 IED 与站控层的各计算机分别完成各自的任务，并且共同协调合作，完成对全变电站的监视、控制等任务。

分布式系统结构的最大特点是，将变电站自动化系统的功能分散给多台计算机来完成。分布式系统一般按功能设计，采用主从 CPU 系统工作方式，多 CPU 系统提高了处理并行多发事件的能力，解决了 CPU 运算处理的瓶颈问题。各功能模块之间采用网络技术或串行方式实现数据通信，选用具有优先级的网络系统较好地解决了数据传输的瓶颈问题，提高了系统的实时性。分布式结构方便系统扩展和维护，局部故障不影响其他模块正常运行。

3. 面向间隔的结构

变电站综合自动化系统"面向间隔"的结构特点主要表现在，间隔层设备的设置是面向电气间隔的，即对应于一次系统的每一个电气间隔，分别布置有一个或多个智能电子装置来实现对该间隔的测量、控制、保护及其他任务。

电气间隔是指发电厂或变电站一次接线中一个完整的电气连接，包括断路器、隔离开关、电流互感器、电压互感器等。根据不同设备的连接情况及其功能的不同，间隔有许多种，如母线设备间隔、母联间隔、出线间隔等。对主变压器来说，以变压器本体为一个电气间隔，各侧断路器各为一个电气间隔。而开关柜等是以柜盘形式存在的，则一般以一个柜盘为电气间隔。

图3-6所示为某变电站综合自动化系统分层结构示意图。图中给出了部分电气间隔划分，以及对应各间隔分别设置相应的保护测控装置。

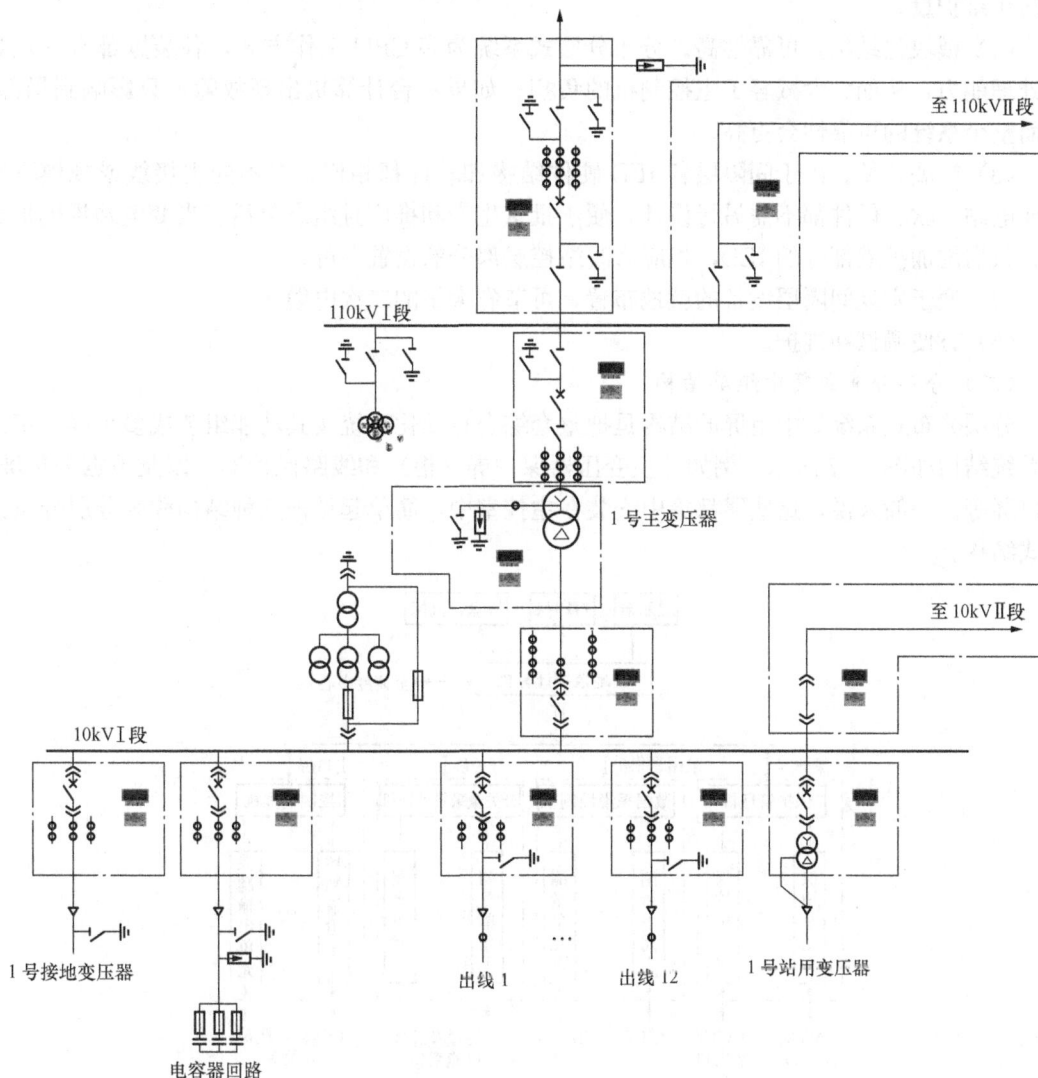

图3-6　变电站综合自动化系统分层结构示意图

4. 组屏及安装方式

组屏及安装方式是指将间隔层各 IED 和站控层各计算机以及通信设备进行组屏和安装的方式。一般情况下，在分层分布式变电站综合自动化系统中，站控层的各主要设备都布置在主控室内。间隔层中的电能计量单元和根据变电站需要而选配的备用电源自动投入装置、故障录波装置等公共单元，均分别组合为独立的一面屏柜或与其他设备组屏，一并安装在主控室内。间隔层中的各个 IED 通常根据变电站的实际情况安装在不同的地方，按照间隔层中 IED 的安装位置，变电站分层分布式综合自动化系统又有不同的结构方式。

5. 分层分布式结构的特点

（1）分层分布式结构配置。遵循功能尽量下放的原则，凡是可以在本间隔层就地完成的功能，绝不依赖通信网。这样的系统结构与集中式系统比较，显著优点是：可靠性高，任一部分设备有故障时，只影响局部；可扩展性和灵活性高；站内二次电缆大大简化，节约投资也简化维护量。

（2）模块化结构，可靠性高。分布分层式系统为多 CPU 工作方式，各装置都有一定数据处理能力，从而大大减轻了主控制机的负担；如果一台计算机出现故障，只影响到局部，因而整个系统的可靠性会更高。

（3）扩展方便。由于间隔层各 IED 硬件结构和软件都相似，对不同主接线或规模不同的变电站，软、硬件都不需另行设计，便于批量生产和推广且组态灵活。当变电站规模扩大时，只需增加扩展部分的 IED，相应修改站控层部分的设置即可。

（4）便于实现间隔层设备的就地布置，可节省大量的二次电缆。

（5）方便调试和维护。

（二）分层分布式集中组屏结构

分层分布式系统集中组屏的结构是把整套综合自动化系统按其功能组装成多个屏（柜），其系统结构如图 3-7 所示。例如，主变压器保护屏（柜）和线路保护屏，以及数据采集屏、出口屏等。一般来说，这些屏都集中安装在主控室中，简单起见把这种结构称为分层分布集中式结构。

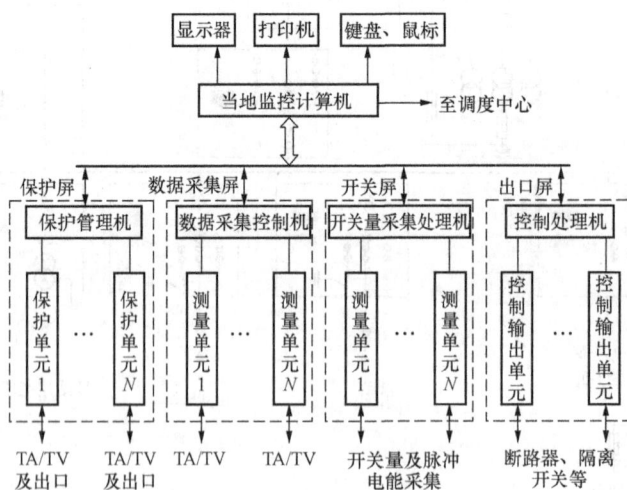

图 3-7　分层分布式集中组屏结构示意图

为了提高变电站综合自动化系统整体的可靠性，图 3-7 所示的系统采用按功能划分的分布式多 CPU 系统，每个功能单元基本上由一个 CPU 组成，也有一个功能单元由多个 CPU 完成的。例如主变压器保护，有主保护和多种后备保护，因此往往由两个及以上 CPU 完成不同的保护功能。这种按功能设计的分散模块化结构具有软件相对简单、调试维护方便、组态灵活、系统整体可靠性高等特点。

由图 3-7 可知，在变电站综合自动化系统的管理上，采取分层（级）管理的模式，即各保护功能单元由保护管理机直接管理。一台保护管理机可以管理多个单元模块，它们之间可以采用总线连接，如 RS-485 总线、CAN 总线等。交流采样由数采控制机负责管理。开关屏和出口屏分别处理开入/开出的信息。保护管理机、数采控制机、控制处理机等是处于单元层的第二层结构。正常运行时，保护管理机监视各保护单元的工作情况，一旦发现某一保护单元本身工作不正常，立即报告监控机和调度中心。如果某一保护单元有保护动作信息，也通过保护管理机将保护动作信息送往监控机，再送往调度中心。调度中心或监控机也可通过保护管理机下达修改保护定值等命令。数采控制机和开关量数据采集控制机则将数采单元和测量单元所采集的数据和开关状态，送往监控机和调度中心，并接受由调度或监控机下达的命令。总之，第二层管理机的作用是可以明显减轻监控机的负担，协助监控机承担对间隔层的管理。

变电站的监控机（或称上位机），通过局部网络与保护管理机、数采控制机、控制处理机通信。在无人值班变电站，监控机主要负责与调度中心的通信，使变电站综合自动化系统具有 RTU 的功能，完成"四遥"任务；而在有人值班的变电站，监控机除了仍然负责与调度中心通信外，还负责人机联系，使综合自动化系统通过监控机完成当地显示、制表打印、开关操作等功能。

（三）分散式与分层分布集中组屏相结合的结构

这种变电站综合自动化系统结构是将配电线路的保护测控装置机箱分散安装在所对应的开关柜上，而将高压线路的保护测控装置机箱、变压器的保护测控装置机箱，均采用集中组屏方式安装在主控室内，如图 3-8 所示。

这种结构的系统是目前国内外最为流行、结构最为合理的、比较先进的一种变电站综合自动化系统。间隔层中各数据采集单元、监控单元和保护单元设计在同一机箱中，并将这种机箱就地分散安装在开关柜上或其他一次设备附近。这样各间隔单元的设备相互独立，仅由站控机通过光纤或电缆网络对它们进行管理和交换信息，将功能分布和物理分散两者有机结合。通常，能在间隔层内完成的功能一般不依赖通信网络，如保护功能本身不依赖于通信网络，这就是分散式结构。

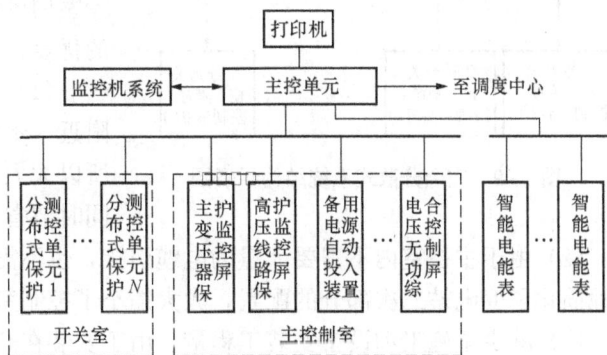

图 3-8　分散式与分层分布集中组屏相结合的变电站综合自动化系统结构示意图

10～35kV 馈线保护测控装置采用分散式安装，即就地安装在 10～35kV 配电室内各对应的开关柜上。各保护测控装置与主控室内的站控层设备之间通过通信电缆交换信息，这样就可节约大量的二次电缆。

高压线路保护和变压器保护、测控装置以及其他自动装置，如备用电源自投入装置和电压/无功综合控制装置等，都采用集中组屏结构。也就是将各装置分类集中安装在控制室内，使这些重要的保护装置处于比较好的工作环境，对可靠性较为有利。

这种安装方式有如下特点：

（1）简化了变电站二次部分的配置，大大缩小了控制室的面积。由于馈线的保护和测控单元分散安装在各开关柜内，因此减少主控室内的保护屏；加上采用综合自动化系统后，常规的控制屏、中央信号屏和站内模拟屏就可以取消，因此使主控室面积大大缩小。

（2）减少了施工和设备安装工作量。由于安装在开关柜的保护和测控单元，在开关柜出厂前已由厂家安装和调试完毕，再加上敷设电缆的数量大大减少，因此现场施工、安装和调试的工期随之缩短。

（3）简化了变电站二次设备之间的连线，节省了大量连接电缆。

（4）分层分散式结构可靠性高，组态灵活，检修方便。由于分散安装，减小了电流互感器的负担。各模块与监控主机通过局域网络或现场总线连接，抗干扰能力强，可靠性高。

三、完全分散式结构

硬件结构为完全分散式的综合自动化系统，是指以变压器、断路器、母线等一次主设备为安装单位，将保护、控制、输入/输出、闭锁等单元就地分散安装在一次主设备的开关柜上，安装在主控制室的主控单元通过现场总线与分散的单元进行通信，主控单元通过网络与监控主机联系。其结构如图 3-9 所示。

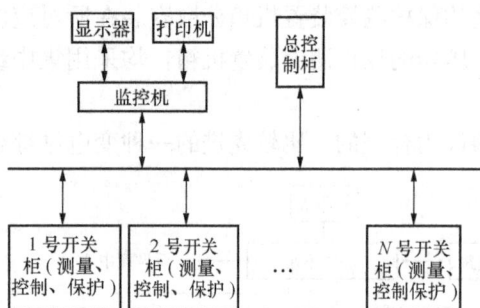

图 3-9 完全分散式系统结构示意图

这种结构方式将间隔层中所有间隔的保护测控装置，包括低压配电线路、高压线路和变压器等，均分散安装在开关柜上或距离一次设备较近的保护小间内，各装置只通过通信与主控室内的站控层设备之间交换信息。这种结构的优点是：

（1）由于各保护测控装置安装在一次设备附近，不需要将大量的二次电缆引入主控室，所以大大简化了变电站二次设备之间的连线，同时节省了大量连接电缆。

（2）由于主控室内不需要大量的电缆引接，也不需要安装许多的保护屏、控制屏等，极大地简化了变电站二次部分的配置，大大缩小了控制室的面积。

（3）减少了施工和设备安装工程量。由于安装在开关柜的保护和测控单元等间隔层设备在开关柜出厂前已由厂家安装和调试完毕，再加上铺设电缆的数量大大减少，因此可有效缩短现场施工、安装和调试的工期。

但是在采用分散式组屏及安装方式时，由于变电站各间隔层保护测控装置及其他自动化装置安装在距离一次设备很近的地方，或可能在户外，因此需解决它们在恶劣环境下长期可靠运行的问题和常规控制、测量与信号的兼容性等问题，对变电站综合自动化系统的硬件设备、通信技术等要求较高。

目前变电站综合自动化系统的功能和结构都在不断地更新发展，完全分散式结构将是今后发展的方向。

第四节 变电站综合自动化系统的站控层

变电站综合自动化系统站控层由数据采集通信系统、数据处理及人机联系系统、远方通信系统和 GPS 时钟同步系统等子系统组成。它负责完成收集站各间隔设备采集的信息，完成分析、处理、显示、报警、记录、控制等功能，完成远方数据通信以及各种自动、手动智能控制等任务，实现变电站的实时监控功能。

一、数据采集通信系统

数据采集通信系统按通信方式可分为串行通信方式和以太网通信方式两种。

（一）串行通信方式

串行通信方式是指间隔单元通过串行通信接口与站控层进行通信的方式。该方式主要有总控模式和前置机模式两种。串行通信方式的数据采集通信子系统，主要由前置机或总控单元、公用信息工作站、串行接口装置、接口转换器等设备组成。

前置机或总控单元要求采用双机配置，一般运行在主备状态，并能实现主备用自动切换。公用信息工作站因其不进行遥测、遥信和遥控信息的传输，只进行保护事件等辅助信息的收集，一般采用单机配置。串行接口有采用串行接口卡和采用终端服务器两种方式。

采用串行接口卡数据采集通信系统如图 3-10 所示。串行接口卡一般插在计算机内或在总控装置内，不能独立工作。该方式的优点价格比较低廉；缺点是一旦某串行接口出现故障，将不能切换到另一前置机或总控单元上的对应串行接口，导致通信中断。

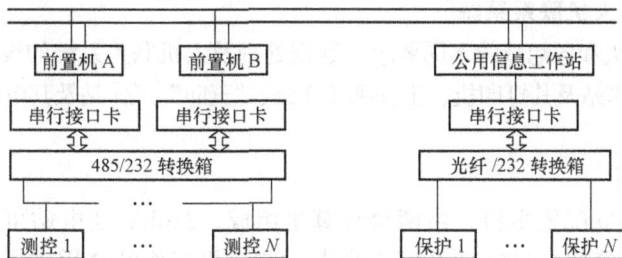

图 3-10 采用串行接口卡的数据通信系统

采用终端服务器的数据采集通信系统如图 3-11 所示。终端服务器是独立的装置，采用网络方式接入交换机，计算机可通过网络访问该装置，并对每个接口进行控制和数据收发，终端服务器要求与前置机一样双机配置。

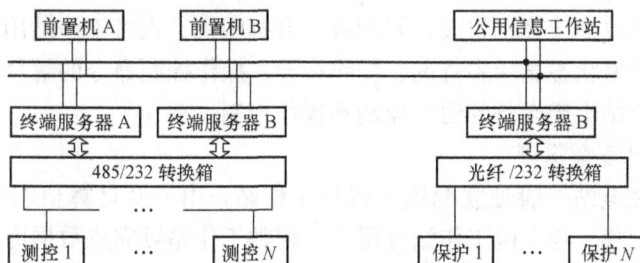

图 3-11 采用终端服务器的数据通信系统

（二）以太网通信方式

以太网通信方式是指间隔单元通过以太网通信接口与站控层进行通信的方式。在采用以太网通信方式的变电站计算机监控系统中，前置机或总控单元方式数据采集及通信仅应用于公用信息工作站对保护、直流等公用辅助信息的采集。

图 3-12 所示为采用以太网的数据通信系统示意图。各测控装置等间隔层设备采用双以太网方式与站控层设备相连，实现站控层设备与间隔层设备的网络连接，直接通过网络进行数据通信。全站监控系统内部网络由双套网络设备组成，按主、备网划分为两个网段。该两个网互为备用，站控层和间隔层所有设备均应至少有两个网络接口，分别接入该两个网络，并能够自动切换。交换机是以太网方式监控系统数据通信的核心设备，因此它必须采用性能稳定、可靠性高的工业级交换机。

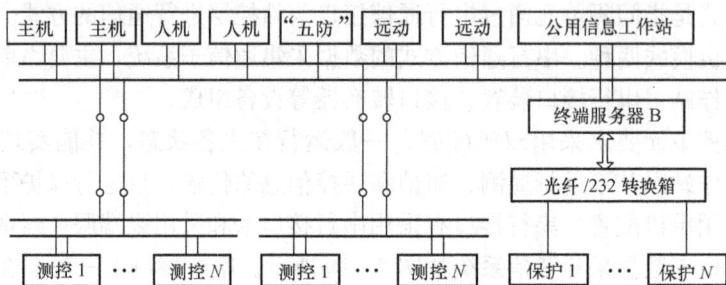

图 3-12　采用以太网的数据通信系统

二、数据处理及人机联系系统

根据不同电压等级和各地域的不同要求，数据处理及人机联系系统的设备配置不完全一致，一般由主机、人机工作站及其打印机、工程师工作站、"五防"工作站及其电脑钥匙等组成。

（一）配置原则

1. 主机配置原则

500kV 变电站独立配置主机，由两套计算机组成。220kV 变电站可与人机工作站合用主机，由两套计算机组成。110kV 及以下变电站与人机工作站合用主机，由一套计算机组成。主机负责数据收集、处理、存储及发送，并负责变电站各种计算及协调处理工作，具有实时数据库、历史数据库、AVQC 等应用软件，管理、存储变电站的全部运行参数、实时数据，协调各种功能部件的运行，满足其他设备的各种数据请求。

2. 人机工作站配置原则

220kV 及以上变电站的人机工作站由两套双屏计算机组成，并配置两台打印机；110kV 及以下变电站由一套单屏计算机组成，并配置一台打印机。人机工作站用于图形显示及报表打印、事件记录、报警状态显示和查询、操作指导、操作控制命令的解释和下达等。通过人机工作站能实现对全站生产设备的运行监测和操作控制。

3. 工程师工作站配置原则

220kV 及以上变电站一般独立配置工程师工作站，由一套计算机组成；110kV 及以下变电站一般不单独配置，与人机工作站合用。工程师工作站可完成数据库的定义、修改、系统运行参数的定义、修改、测点的扩充，系统文件管理，报表的制作、修改，以及网络维护、系统设备故障诊断、保护定值管理等方面的工作。

4. "五防"工作站配置原则

一般不单独配置"五防"工作站，而是与人机工作站或工程师工作站合用。变电站运行人员在操作前通过"五防"工作站进行操作票的生成、每步操作的预演，并根据当前电网运行状态，校核各步操作的正确性。

（二）防误闭锁原理

1. "五防"的内容

（1）防止带负荷分、合隔离开关。

（2）防止误分合断路器、负荷开关、接触器。

（3）防止接地开关处于闭合位置时关合断路器、负荷开关。

（4）防止带电时误合接地开关。

（5）防止误入带电间隔。

2. 微机防误闭锁装置原理

微机防误闭锁是一种利用计算机技术来防止电气误操作的装置，其结构示意图如图 3-13 所示。它主要由三部分组成：①微机模拟盘，在盘上有变电站的主接线及可操作设备的示意图；②电脑钥匙；③机械编码锁。

在微机模拟盘的主机内预先存储了变电站所有要操作设备的操作条件。模拟盘上各模拟元件都有一对触点与主机相连，运行人员要操作时，首先在微机模拟盘上进行预演操作。在操作过程中，计算机根据预先储存好的条件对每一个操作步骤进行判断，若操作正确，则发出操作正确的音响信号；若操作错误，则显示错误操作项的设备编号，并发出报警信号，直至错误项更正为止。预演操作结束后，通过打印机打印出操作票，并通过微机模拟盘上的光电传输口将正确的操

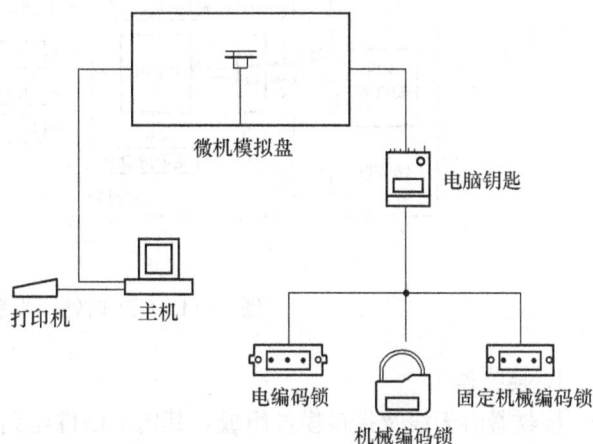

图 3-13 微机防误闭锁装置结构示意图

作程序输入电脑钥匙中。之后，运行人员携带电脑钥匙到现场进行操作。操作时，正确的操作内容将顺序地显示在电脑钥匙的显示屏上，并通过探头检查操作的对象是否正确，若正确则以闪烁方式显示被操作设备的编号，同时开放闭锁回路。每操作一步结束后，就能自动显示下一步的操作内容。若走错间隔，则不能打开机械编码锁；同时，电脑钥匙发出报警信号，提示操作人员。全部操作结束后，电脑钥匙发出音响，提示操作人员关闭电源。

三、GPS 时钟同步系统

在现代电力系统中，对于实现精确控制，并正确分析事件的前因后果，时间的精确性和统一性尤为重要。在变电站综合自动化系统中，断路器的跳闸顺序、继电保护动作顺序需要精确、统一的时间来辨识，为事故分析提供正确的依据。

在变电站综合自动化系统中设有 GPS 授时接收装置，可直接接入主机，接受 GPS 标准授时信号，保证各工作站、I/O 测控单元和时钟同步系统同步。

（一）变电站对时间同步的要求

变电站内系统、装置对时间同步的要求见表3-1。

表3-1 变电站内系统、装置对时间同步要求

序号	名 称	时间同步准确度	序号	名 称	时间同步准确度
1	线路行波故障测距装置	1μs	8	各级调度自动化系统	1ms
2	故障录波器	1ms	9	电能量计费系统	≤0.5s
3	事件顺序记录装置	1ms	10	自动记录仪表	≤0.5s
4	微机保护装置	10ms	11	负荷监控系统	≤0.5s
5	变电站监控系统	1ms	12	调度录音电话	≤0.5s
6	雷电定位系统	1μs	13	各类挂钟	≤0.5s
7	功角测量系统	40μs	14	配电网自动化系统	10ms

（二）GPS时钟同步系统的原理

GPS时钟同步系统由接收器、主时钟、扩展装置等组成，如图3-14所示。

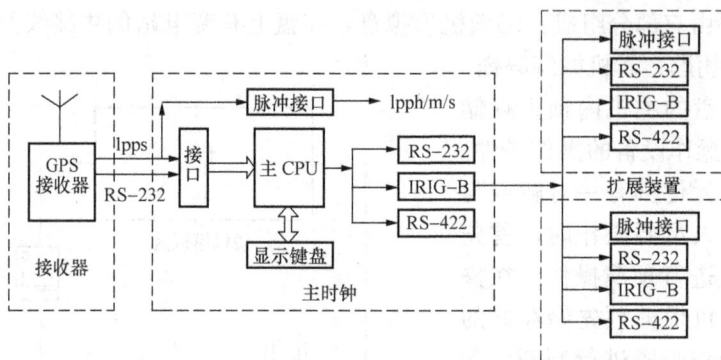

图3-14 GPS时钟同步系统的结构

1. 接收器

接收器由天线及接口模块组成，其内部硬件电路和处理软件对接收到的信号进行解码和处理，从中提取并输出两种时间信号。间隔为1s的脉冲信号1pps，其脉冲前沿与国际标准时间的同步误差不超过1μs。经RS-232串行口输出的与1pps脉冲前沿对应的国际标准时间和日期代码（时、分、秒、年、月、日）。

2. 主时钟

主时钟装置包括时钟信号输入单元、主CPU、时钟信号输出单元。其负责接收时钟接收器发来的标准时钟，并通过各种接口与各站控层及间隔层各设备通信、对时。主CPU负责时钟信号的处理，并建立主时钟内部的时钟。当接收到外部时间基准信号时，主时钟被外部时间基准信号同步；当接收不到外部时间基准信号时，主时钟保持一定的走时准确度，主时钟输出的时间同步信号仍能保证一定的准确度。

3. 扩展装置

当主时钟装置接口数量不足时，须配置扩展装置。由主时钟的IRIG-B码输出的RS-485接口引出，并联连接多个时钟扩展装置。时钟扩展装置接收到IRIG-B码信号后，可采用硬件或软件解码方式进行处理。

第五节　变电站综合自动化系统的间隔层

一、间隔层设备概述

间隔层设备（即 IED）是指按变电站内电气间隔配置，实现对相应电气间隔的测量、监视、控制、保护及其他一些辅助功能的自动化装置。

间隔层设备在设计和配置原则上与电气间隔之间存在密切关系。电气间隔是一个强电概念，通常把断路器或电气元件（如主变压器、母线等）作为电气间隔划分的依据。一个典型高压变电站内主要包括线路间隔、母联（分段）间隔、主变压器间隔、电容（电抗）间隔、站用变压器间隔、母线间隔等。其中，主变压器按其绕组涉及的电压等级可分为高、中、低压间隔和本体间隔。

间隔层设备直接采集和处理现场的原始数据，通过网络传送给站控级后台计算机，同时接收站控层发出的控制操作命令，经过有效性判断、闭锁检测和同步检测后，实现对间隔层装置的操作控制。间隔层也可独立完成对断路器和隔离开关的控制操作。间隔层装置通常安装在各继电器小室，按电气设备间隔配置，各测控装置相对独立，通过通信网互联。

二、间隔层设备分类

在变电站综合自动化系统中，根据具备功能的不同来划分，间隔层设备可分成以下几类。

（1）测控装置。其主要完成对某一电气间隔电气量的测量、控制等任务。

（2）保护装置。其主要完成对某一电气间隔设备的保护任务，如变压器保护装置、断路器保护装置等。

（3）保护测控装置。其是具备测控功能，同时集成微机保护功能的保护测控功能的装置，在国内主要用于 35kV 和 10kV 电气间隔，可降低装置成本并减少二次电缆使用数量。

（4）公用间隔层装置。变电站中有一些公共信号及其测量值（如直流系统故障信号、直流屏交流失压、所用电失压、控制电源故障、合闸电源故障、控制母线故障、通信故障信号、通信电源故障、火灾报警动作信号、保安报警信号等）需要一个或几个公共间隔层装置来进行相关信息的采集和处理。

（5）自动装置。例如备用电源自动投入装置、电压无功控制装置等。

（6）操作切换装置以及其他的智能设备和附属设备。

三、间隔层设备典型结构

目前，出于可靠性、通用性、经济性和可维护性等诸多因素的考虑，我国厂商生产的间隔层设备一般采用模块化的结构设计。不同的产品由相同的功能组件按需要组合配置，这样可实现功能模块的标准化，装置内部各插件做成模块化，相互之间通过内部总线连接，实际应用中可以根据具体应用场合的需要增、减模块，同时软件功能也可灵活配置。

间隔层设备主要由主 CPU 模件、模拟量输入模件、开关量输入模件、开关量输出模件、人机接口模件（MMI）、电源模件及机箱模件组成。间隔层设备的典型结构与测控单元类似，如图 2-2 所示。

为了保证机械强度，提高电磁屏蔽能力和散热效果，测控装置的机箱模件一般采用铝合金材质，机箱高度通常采用 6U 或 4U(1U=44.3mm) 标准，机箱宽度由模件数量的多少决定。机箱正面上安装有液晶显示屏、状态信号指示灯和操作键盘等人机交互界面，如

图 3 - 15 典型间隔层设备机箱模件

图 3-15 所示。机箱内部通常采用插拔组合结构设计，强、弱电回路彼此分开，各 CPU 模件通过母线背板总线进行连接和通信。对于分散安装在开关柜面板上的中低压保护测控合一装置，考虑到一次现场运行环境较为恶劣，机箱设计应进一步提高抗震、防尘、抗电磁干扰等方面的要求。

目前，保护、测控装置基本上按模块化设计。不同的功能模块，其硬件结构基本上是大同小异。其差别主要是指硬件模块化的组合与数量不同，不同的使用场合按不同的模块化组合方式构成；软件不同，因为功能是靠软件来实现，不同的功能用不同的软件。

第六节 变电站电压/无功综合控制系统

电压是衡量电能质量的一个重要指标，保证用户处的电压接近额定值是电力系统运行调整的基本任务之一。长期的研究结果表明，造成电压质量下降的主要原因是系统无功功率不足或无功功率分布不合理，所以电压调整问题主要是无功功率的补偿与分布问题。

各级变电站在电力系统中承担着电压和无功调节的重要任务。电力系统中的中压配电网 6～10kV 最接近用户，因此变电站的 6～10kV 母线的供电质量对用户起着决定性的影响。变电站中一般采用有载调压变压器和无功补偿设备进行电压无功调节。变电站电压/无功综合控制既是指采用有载调压变压器和并联补偿电容器，进行局部的电压和无功自动综合调节。

一、电压/无功综合控制的原理

下面以一个变电站为例，分析在变电站实现的电压/无功综合控制的原理。为简化问题，仅讨论一台双绕组变压器通过一条线路接入上级电源，各用户负荷用综合负荷表示，如图3-16所示。

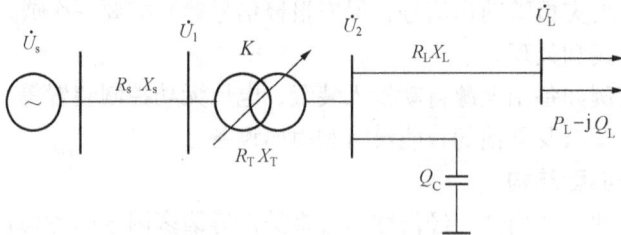

图 3-16 某变电站一次接线图

图 3-16 中，U_s、U_1、U_2、U_L 分别表示系统电压、变压器高压侧电压、变压器低压侧电压和负荷侧电压；K 为变压器变比；Q_C 为补偿电容器发出的无功；$P_L - jQ_L$ 为负载所消耗的功率；R_s、X_s 为电源阻抗；R_T、X_T 为变压器阻抗；R_L、X_L 为馈线阻抗。忽略电压降的横分量时，它们应满足如下关系

$$U_L = U_2 - \Delta U_L$$

$$U_L = U_2 - \frac{P_L R_L + Q_L X_L}{U_L} \tag{3-1}$$

　　由此可见，随着负荷 P_L、Q_L 的变化，变电站到用户的线路电压损耗 ΔU_L 也改变。为了维持用户电压 U_L 不变，必须调节 U_2，以 U_2 的变化来补偿 ΔU_L 的变化。具体有以下两种方法。

　　（一）调整变压器变比 K

　　根据 $U_2 = \dfrac{U_1}{K}$，当负荷增大导致线路电源损耗增加，致使负荷电压 U_L 下降时，可减小变压器变比 K 以提高变压器低压侧电压 U_2，从而提高负荷电压 U_L；当负荷减小致使负荷电压 U_L 升高时，可增加变压器变比 K 以降低负荷电压。

　　当利用有载调压变压器分接头对低压侧进行调节时，不但改变了电压的高低，而且对无功功率也有调节作用。如图 3-16 所示，忽略变压器 R_T 的影响，有

$$U_1 - U_2 = \frac{Q_L X_T}{U_2}$$

则

$$Q_L = \frac{(U_1 - U_2)U_2}{X_T}$$

因为

$$U_1 = KU_2$$

所以

$$Q_L = \frac{(K-1)U_2^2}{X_T} \tag{3-2}$$

　　变压器向系统吸取的无功功率与电压的平方 U_2^2 成正比。变压器负荷为综合负荷，所以当利用有载调压变压器的分接头调大变压器变比 K，降低了低压侧的电压 U_2 时，Q_L 将随之变小，即负荷向系统吸取的无功减少了；当调高 U_2 时，负荷向系统吸取的无功 Q_L 也随之增加。

　　（二）改变补偿电容器组发出的无功功率 Q_C

　　U_s 与 U_2 有如下关系

$$U_2 = U_s - \frac{P_1(R_s + R_T) + Q_1(X_s + X_T)}{U_2} \tag{3-3}$$

　　若投入的电容器补偿容量为 Q_C，则

$$U_2 = U_s - \frac{P_1(R_s + R_T) + (Q_1 - Q_C)(X_s + X_T)}{U_2} \tag{3-4}$$

式中　P_1，Q_1——变压器低压侧的有功功率、无功功率。

　　式（3-4）表明，增大 Q_C 可以降低线路的电压损耗，同样可以提高变压器低压侧 U_2。

　　在变压器低压侧母线上投入并联电容器组，假设投入的电容器组电容量为 C，相应补偿的无功功率为 Q_C，则负荷向系统吸取的无功功率变小，无功功率引起的电压损耗也变小，即变压器负荷侧的电压升高。

$$\Delta U_Q = \frac{(Q_L - Q_C)/U_2}{X_T} \tag{3-5}$$

　　值得注意的是，当系统已处于最小负荷或无功负荷状态时，若不切除已投入的电容器组，将会产生多余的无功功率，电压也会严重升高，超过限制电压。因此，在减负荷时，电容器组应相应退出若干容量，以防止过电压及产生多余的有功损耗。

　　根据以上分析可知，变电站调压的主要手段是采用有载调压变压器和补偿电容器。有载调压变压器可以在带负荷的条件下切换分接头，从而改变变压器的变比，起到调整电压、降低损耗的作用。而合理地配置无功功率补偿设备，可改变网络中无功功率补偿容量，改变网络中的无功潮流，改善功率因数，减少网损和电压损耗，从而改善用户的电压质量。

　　以上两种措施虽然都有调整电压的作用，但其原理、作用和效果是不同的。在利用有载调压变压器分接头进行调压时，调压本身并不产生无功功率，因此在整个系统无功不足的情况下不可能用这种方法来提高全系统的电压水平。而利用补偿电容器进行调压，由于补偿装置本身可产生无功功率，因此这种方式既能弥补系统无功的不足，又可改变网络中的无功分布。然而在系统无功充足但由于无功分布不合理而造成电压质量下降时，这种方式却又是无能为力的。因此只有将两者有机结合起来才有可能达到良好的控制效果。在传统的控制下，这两种控制方式的执行是运行人员根据调度部门下达的电压无功控制计划，结合变电站运行情况进行调整的。这不仅增加了值班人员的劳动强度，而且双参数调整难以达到最优的控制效果。

二、电压/无功综合控制的目标

　　在变电站中，根据系统的运行情况，利用有载调压变压器和并联补偿电容器组进行电压和无功自动综合调节，以保证变压器低压侧母线电压在规定范围内，并遵循无功就地平衡原则，使变电站进线侧功率因数尽可能高的自动控制装置，称为电压/无功综合控制装置（VQC，Synthetic and Automation Control of Voltage and Reactive Power）。

　　电压/无功综合控制的具体调控目标为：

　　（1）维持供电电压在规定范围内；

　　（2）保持电网稳定、无功功率平衡；

　　（3）在电压合格前提下，使电能损耗最小；

　　（4）减少变压器分接开关和并联补偿电容器组的日调节次数。

三、电压/无功综合控制策略

（一）变电站运行状态的监测和识别

　　只有正确地掌握了变电站的运行状态，才能正确地选择无功控制对策，从而达到自动控制的目的。由于变电站电压/无功综合控制装置的控制对象主要是变压器分接头和并联电容组，控制目的是保证主变压器二次电压在允许范围内，且尽可能提高进线的功率因数，故一般选择电压和进线处功率因数（或无功功率）为状态变量。

　　根据状态变量的大小，可将变电站的运行状态划分为九个区域，简称"九区图"，如图3-17所示。纵坐标 U 取变压器低压侧母线电压，横坐标取变压器高压侧母线无功功率（功率因数），构成了电压—无功功率（功率因数）控制模式。U_{max}、U_{min}、$[\cos\varphi]_{max}$、$[\cos\varphi]_{min}$、Q_{min}、Q_{max} 分别是电压的上下限、功率因数的上下限和无功功率的上下限。

　　确定目标电压可采用以下两种方式：

　　（1）根据预测的日负荷曲线，按满足用户对电压的要求确定电压随时间而变化的曲线，将其作为控制的目标电压曲线整定值，通过通信系统输入至微机的存储器中。

　　（2）建立负荷与目标电压的数学模型 $u = f(s)$。微

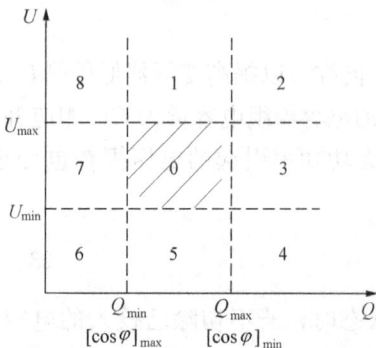

图3-17　电压无功综合控制九区图

机根据实测的负荷，在线实时计算出与该负荷所对应的目标电压，将其作为整定值。

前一种方法容易实现，但当负荷变化规律与预测值有出入时，会影响控制效果；后一种方法适应性强，但要获得所需的数学模型，需进行大量的统计分析工作。

如上所述，在九区域的运行状态中，0 区为电压和功率因数均合格区，其余八个区均为不合格区。电压/无功综合控制系统利用检测到的电压和功率因数，结合当时的运行方式即可确定运行点在运行图中所处的位置，从而确定相应的控制对策。

（二）控制对策的确定

电压/无功综合控制系统实质上是一个多输入多输出的闭环自动控制系统。从控制理论的角度上来说，它又是一个包含电压上下限、功率因数上下限、主变压器分接头断路器调节次数、并联电容器组日投切次数及用户特殊要求等多目标的最优控制问题。尽管该控制问题的目标函数是明确的，但实际中许多因素是难以解析描述的，因此控制规律很难用一个统一的数学模型来表示，目前系统多采用结合工程的实用控制法，现分析如下。

当变电站运行于 0 区域时，电压和功率因数均合格，此时不需要进行调整。

1. 简单越限情况

变电站运行于 1 区域时，电压超过上限而功率因数合格，此时应调整变压器分接头使电压降低。如单独调整变压器分接头无法满足要求时，可考虑强行切除电容器组。

变电站运行于 5 区域时，电压低于下限而功率因数合格，此时应调整变压器分接头使电压升高，直至分接头无法调整（次数限制或挡位限制）。

变电站运行于 3 区域时，功率因数低于下限而电压合格，此时应投入电容器组直至功率因数合格。

变电站运行于 7 区域时，功率因数超过上限而电压合格，此时应切除电容器组直至功率因数合格。

2. 双参数越限情况

变电站运行于 2 区域时，电压超过上限而功率因数低于下限，此时如先投入电容器组，则电压会进一步上升。因此先调整变压器分接头使电压降低，待电压合格后若功率因数仍越限再投入电容器组。

变电站运行于 4 区域时，电压和功率因数同时低于下限，此时如先调整变压器分接头升压，则无功会更加缺乏。因此应先投入电容器组，待功率因数合格后若电压越限再调整变压器分接头使电压升高。

变电站运行于 6 区域时，电压低于下限而功率因数超过上限，此时如先切除电容器组，则电压会进一步下降。因此应先调整变压器分接头使电压升高，待电压合格后若功率因数仍越限再切除电容器组。

变电站运行于 8 区域时，电压和功率因数同时超过上限，此时如先调整变压器分接头降压，则无功会更加过剩。因此应先切除电容器组，待功率因数合格后若电压仍越限再调整变压器分接头使电压降低。

在实际运行过程中，以上要求可根据变电站的具体情况进行调整，如 5 区不调整变压器分接头而代之切除电容器组等。

运行区域的控制策略见表 3 - 2。表中运行状态参数描述约定为："0" 表示状态参数合格，"1" 表示状态参数不合格。

表 3 - 2　　　　　　　　　　　　　　**运行区域的控制策略表**

区域	运行状态	越限状态	控制策略
0	0000	均不越限	不控制
1	0001	电压越上限	降压
2	0011	电压越上限，无功越上限	先降压，再投电容
3	0010	无功越上限	投入电容
4	0110	电压越下限，无功越上限	先投电容，后升压
5	0100	电压越下限	升压
6	1100	电压越下限，无功越下限	先升压，再投电容
7	1000	无功越下限	切除电容
8	1001	电压越上限，无功越下限	先切电容，再降压

（三）电压无功综合控制装置的闭锁

在变电站内，并联电容器通常一组有多台，为了使电容器能得到平均利用，可采用先入先出的轮换方式投切电容器，即每次切除最早投入的电容器，而每次投入的应为最早切除下来的电容器。除此之外，在变压器、电容器联合控制中还需要考虑：

（1）电容器因故障跳开后，未修复前不能再次投入；

（2）电压太低（如低于80%）时，应闭锁调压功能；

（3）变压器过负荷时，应自动闭锁调压功能；

（4）为使调压控制不致过于频繁，要求在控制动作一次之后，有一定的延时，在延时期不作控制操作；

（5）变压器挡位已达到上下限，变压器、电容器日投切次数已达上限；

（6）母线电压太低。

四、电压/无功综合控制的实现方案

目前，电压/无功综合控制的实现方案有以下两种方式。

（一）采用独立的电压/无功综合控制装置

采用独立硬件装置，具有独立的数据采集和控制部件，采样有载调压变压器和并联补偿电容器的数据，通过控制和逻辑运算实现电压和无功自动调节，以保证负荷侧母线电压在规定的范围之内、进线功率因数尽可能高、有功损耗尽可能低。目前利用单片机可以构成电压/无功综合控制装置，完成变电站的电压和无功功率的综合调节。这种装置具有独立的硬件，因此它不受其他设备运行状态的影响，可靠性较高；但却不能与变电站的就地监控装置共享软硬件资源。这种装置适合在电网网架结构尚不太合理、基础自动化水平不高的电网的变电站内使用。

（二）软件电压/无功综合控制系统

在就地监控主机上利用现成的遥测、遥信信息，通过算法，用软件模块控制方式来实现电压/无功自动调节。这种方法可发展为通过调度中心实施全系统电压/无功的综合在线控制，这是保持系统电压正常、提高系统运行可靠性的最佳方案。这种方法的实施条件是电网网架结构合理、基础自动化水平较高，尤其是在实现了综合自动化的变电站内更易得到实施。

五、电压/无功综合控制方式

前面已经提到，变电站中对电压/无功的综合控制，主要是自动调节有载调压变压器的分接头位置和自动控制无功补偿设备的投、切或控制其运行工况。在实际应用中，其控制方式有如下三种。

（一）集中控制方式

集中控制方式是指在调度中心对各个变电站的主变压器的分接头位置和无功补偿设备进行统一的控制。理论上，这种控制方式是维持系统电压正常，实现无功优化控制，提高系统运行可靠性和经济性的最佳方案。但它要求调度中心必须具有符合实际的电压和无功实时优化控制软件，而且各变电站要有可靠性高的通信通道，最好要具有智能执行单元。但目前我国变电站的基础自动化水平层次不一的情况下，实现全系统的集中优化控制有较大的难度。

（二）分散控制方式

这是当前我国进行电压/无功调节控制的主要方式。分散控制是指在各个变电站中自动调节有载调压变压器的分接头位置或其他调压设备，以控制地区的电压和无功功率在规定的范围内。分散控制是在各变电站独立进行的，它可以实现局部地区的优化，对提高变电站供电范围内的电压质量和降低局部网络和变压器的电能损耗，减少值班员的操作是很有意义的。

（三）关联分散控制方式

众所周知，电力系统是个复杂的互联系统，其潮流是互相关联的。电压水平是电力系统稳定运行的一个重要因素，在电力系统运行调度中，往往需要监视并控制某些中枢点电压和无功功率，使其维持在一个给定的范围内。如何维持这些中枢点的电压，有多种调控方法需要选择。各个变电站也有各自的优化控制方案选择问题，同时还必须考虑许多实际问题。例如，某 220kV 变电站要使其中 110kV 侧母线电压调整至规定范围内，方法有多种，如调整分接头位置或投、切补偿电容器，都可以改变 110kV 的母线电压。采用何种调节措施，这必须通过判断和综合分析比较变电站的运行方式、运行参数、分接头当前的位置，以及各组电容器的投、切历史以及低压侧母线的电压水平、负载情况等诸多因数后，才能选择最好的调节决策进行调节。这些调节方案的判断、决策，如果集中由调度中心的计算机负责，则必然造成软件复杂，而且不可能对各变电站因地制宜地考虑得那么细致。因此，最好的控制方法是采用关联分散控制的方式。

所谓关联分散控制，是指电力系统正常运行时，由分散安装在各变电站的分散控制装置或控制软件进行自动调控，调控范围和定值是从整个系统的安全、稳定和经济运行出发，事先由电压/无功优化程序计算好的，而在系统负荷变化较大或紧急情况或系统运行方式发生大的变动时，可由调度中心直接操作控制，或由调度中心修改下属变电站所应维持的母线电压和无功功率的定值，以满足系统运行方式变化后新的要求。

关联分散控制最大的优点是：①在系统正常运行时，各关联分散控制器自动执行对各受控变电站的电压/无功调节，做到责任分散、控制分散、危险分散；②紧急情况下，执行应急任务，因而可以从根本上提高全系统的可靠性和经济性。为达此目的，这就要求执行关联分散控制任务的装置，除了要具有齐全的对受控站的分析、判断和控制功能外，还必须具有强的通信能力和手段。在正常运行情况下，能把控制结果向调度报告。系统需要时，能接受上级调度下达的命令，自动修改和调整整定值或停止执行自己的控制规律，而作为调度下达调控命令的智能执行单元。对调度中心而言，必须具备应急控制程序。

六、电压/无功控制软件流程

（一）VQC 软件的功能

VQC（电压/无功控制）软件，简单地说，就是在监控系统的后台计算机上用软件方法实现就地 VQC 功能。VQC 软件的功能如下。

1. 多功能模块处理

在一个复杂的具有多台变压器的变电站里，每台主变压器和每一段母线都可能独立运行，也可能并列运行。因此，VQC 的调节与控制应能适用各种运行方式下的调节。

2. 电压与无功的上下限值动态变化

对应于不同的高峰和低谷时段，电压与无功的上下限值应不同，以适应逆调压和无功功率调节的要求。

3. 调节方式的多样性

由于变电站中有时变压器或电容器组需要停运检修，因此考虑 VQC 调节时，调节方式应设置"只调电压"或"只调电容器"。对于控制策略中出现的矛盾，应能"智能"变化。例如，有时电容器组已经全部投入或退出运行，但已无电容器可调，应能"智能"地改为有载分接头的相应调节。VQC 还应设置"只监视不控制"方式，以适应运行需要，相当于只投入运行、不投连接片的保护运行方式。

4. 实现远方控制 VQC

就地 VQC 应能接受调度端的控制，实现投退某个电容器组或有载调节变压器的分接头。

5. 闭锁条件

（1）保护闭锁。在对变压器有载调压分接头开关和电容器组监视控制过程中，若监测到系统及变压器、母线、电容器发生故障和异常的保护信号，应立即闭锁 VQC 的调节。

（2）遥测闭锁。当遥测值超过 VQC 要求的范围时，闭锁 VQC。

（3）遥信闭锁。当变电站主接线运行方式改变时，闭锁 VQC。

（4）其他闭锁。VQC 的 TV 断线，主变压器调压控制器、电容器组的控制回路断线或异常时，闭锁 VQC。

6. 相关信号上送调度

VQC 应适应无人值班变电站的需要，把一些必要的信号（如 VQC 调节闭锁、调节拒动、调节动作信号）上送调度端以便于远方管理。

7. 并列运行、拒动、滑挡等

在变压器并列运行时，VQC 应使并列的变压器有载分接头开关同步操作。母线并列时对应的软件模块也应做并列的相应处理；主变压器有载分接头开关拒动、滑挡时应立即停止调节，并发出拒动和滑挡的信号上送调度，多次拒动、滑挡时应闭锁相应操作。

8. 登录操作

每一次调节都应有相应的记录，包括对象、动作类型、时间、调节结果等。

（二）VQC 程序流程图

根据上述功能要求编制的 VQC 程序流程图如图 3-18 所示。

"读入参数"是从监控系统后台机的数据库读出，数据库的数据是通过遥测、遥信已采集好的，经过串行通信传送到后台机的数据，包括主变压器、电容器等在内的变电站全面的数据和信息。

"参数初始化"是指控制策略制定的电压/无功的上下限及其他有关整定参数，它应能根据调度端的要求相应变化。

"闭锁条件存在否"是指检测遥信、遥测和保护闭锁条件是否存在，即检测这些闭锁条件的输入开关量是否为"1"。

"产生调节方案"就是根据已有数据计算和逻辑判断产生调节控制策略，即上面描述过的控制策略之一。

图3-18给出的仅仅是 VQC 主程序的流程图，尚有许多子模块的程序未列出，这里不再详述。

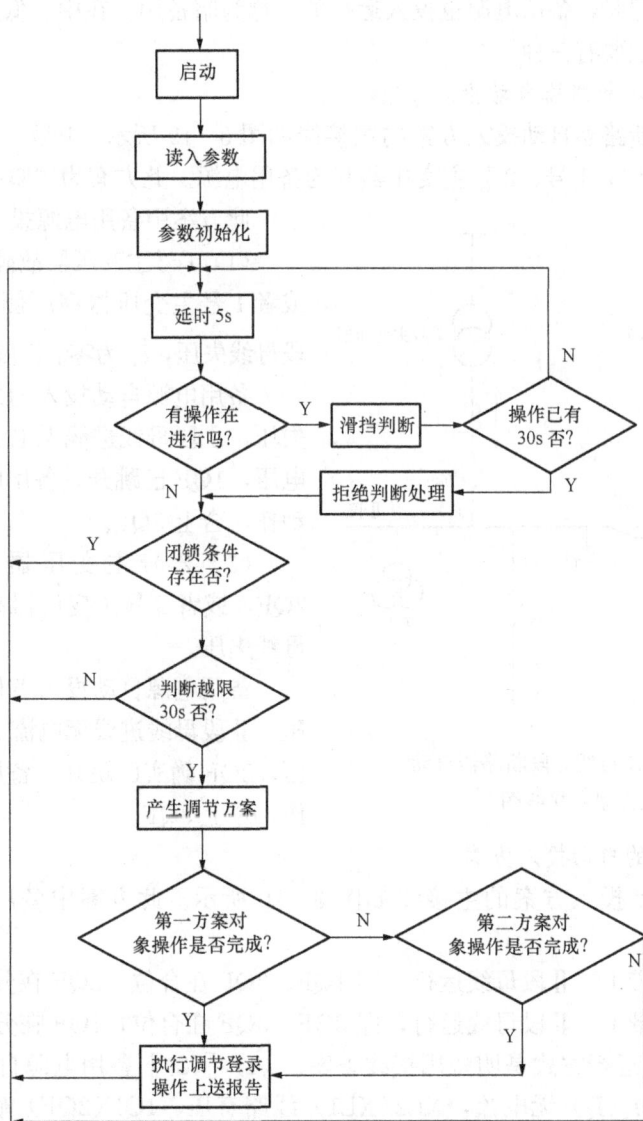

图 3-18　VQC 主程序流程图

第七节　变电站备用电源自动投入装置

备用电源自动投入装置是指电力系统故障或其他原因导致工作电源断开后，能迅速将备用电源或备用设备或其他正常工作的电源自动投入工作，迅速恢复供电的一种自动控制装置。备用电源自动投入是保证电力系统连续可靠供电的重要措施，是变电站综合自动化系统的基本功能之一。

一、备用电源配置方案

备用电源自动投入装置主要用于 110kV 以下的中、低压电力系统中。备用电源的配置有明备用和暗备用两种方式。系统正常运行时，备用电源不工作、处于备用状态的，称为明备用。系统正常运行时，备用电源也投入运行的，称为暗备用。在中、低压电力系统中，备用电源的接线方案主要有三种。

1. 低压母线分段断路器自动投入方案

低压母线分段断路器自动投入方案的主接线如图 3-19 所示。1 号、2 号主变压器同时运行，而 3QF 断开时，1 号、2 号主变压器互为备用电源。此方案为"暗备用"接线方案。

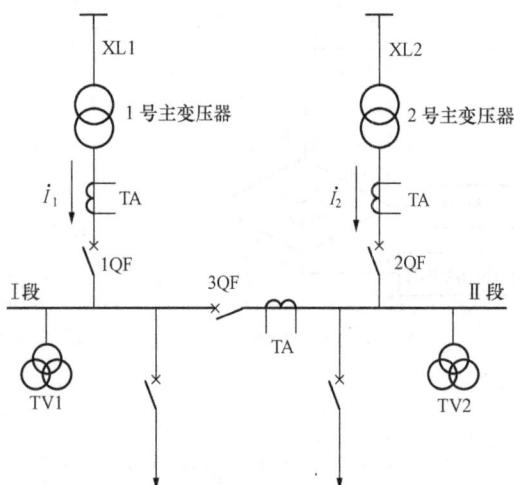

图 3-19　低压母线分段断路器自动
投入方案主接线图

此方案中备用电源投入有两种方式。

（1）1 号主变压器故障，保护跳开 1QF，或者 1 号主变压器高压侧失压，都会引起 I 段母线失压，i_1 为零。II 段母线有电压。

备用电源自动投入的条件是：I 段母线失压，I 段母线进线无电流 I_1，II 段母线有电压，1QF 已跳开，备用电源自动投入装置动作，合上 3QF。

（2）2 号主变压器故障，保护跳开 2QF，或者 2 号主变压器高压侧失压，II 段母线失压。

备用电源自动投入条件是：II 段母线失压、II 段母线进线无电流 I_2、I 段母线有电压，2QF 确实已跳开，备用电源自动装置动作，合上 3QF。

2. 内桥断路器的自动投入方案

内桥断路器自动投入方案的主接线如图 3-20 所示。此方案中备用电源投入有四种方式。

（1）XL1 进线带 I、II 段母线运行，即 1QF、3QF 在合位，2QF 在分位。

（2）XL2 进线带 I、II 段母线运行，即 2QF、3QF 在合位，1QF 在分位。

（1）、（2）两种运行方式是明备用接线方案。（1）[（2）]备用电源自动投入的条件是：I（II）母线失压、I_1（I_2）无电流，XL2（XL1）线路有压、1QF（2QF）确实已跳开时，合 2QF（1QF）。

（3）如果两段母线分列运行，即桥断路器 3QF 在分位，而 1QF、2QF 在合位，分别为方式三和方式四，这时 XL1 和 XL2 互为备用电源，是暗备用接线方案。此两种暗备用方案与低压母线分段断路器自动投入方案及其运行方式完全相同。

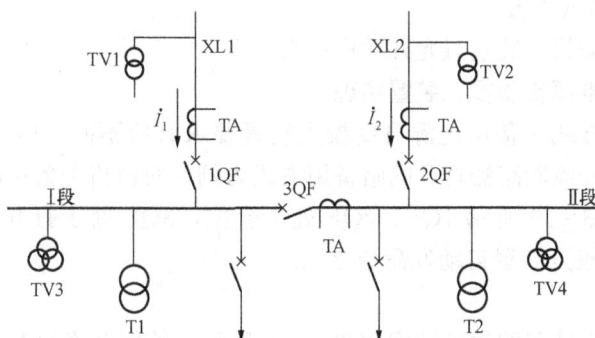

图 3-20　内桥断路器的自动投入方案主接线图

3. 线路备用自动投入方案

线路备自动投入方案接线图如图 3-21 所示。该接线为单母线接线形式，一般在农网配电系统、小型化变电站或在厂用电系统中使用。

该接线方案是明备用接线方式。XL1 和 XL2 中只有一个断路器在分位，另一个在合位，因此当母线失压，备用线路有压，$I_1(I_2)$ 无流时，即可跳开 1QF(2QF)，合上 2QF(1QF)。该备用方案的自动投入条件是：母线失压，线路 XL2 有压，I_1 无流，1QF 确实已跳开，再合上 2QF；或母线无压，I_2 无流，线路 XL1 有压，2QF 确实已跳开，再合上 1QF。

二、备用电源自动投入装置的基本要求

上述多种备用电源自动投入方案均有相同的特点。

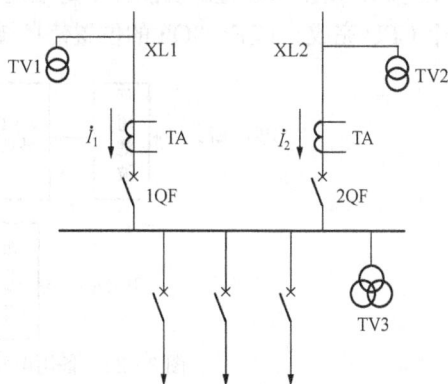

图 3-21　线路备用自动投入方案主接线图

（1）工作电源确实断开后，备用电源才投入。工作电源失压后，无论其进线断路器是否跳开，即使已测定其进线电流为零，但还是要先断开该断路器，并确认是已跳开后，才能投入备用电源。这是为了防止备用电源投入到故障元件上。

（2）备用电源自动投入切除工作电源断路器必须经延时。经延时切除工作电源进线断路器是为了躲过工作母线引出线故障造成的母线电压下降，因此延时时限应大于最长的外部故障切除时间。但是在有的情况下，可以不经延时直接跳开工作电源进线断路器，以加速合上备用电源。

（3）手动跳开工作电源时，备用电源自动投入装置不应动作。工作电源进线断路器的合后触点作为备用电源自动投入装置的输入开关量，在就地或遥控跳断路器时，其合后触点断开，备用电源自动投入装置自动退出。

（4）应具有闭锁备用电源自动投入装置的功能。每套备用电源自动投入装置均应设置有闭锁备用电源自动投入的逻辑回路，以防止备用电源投到故障的元件上，造成事故扩大的严重后果。

（5）备用电源不满足有压条件时，备用电源自动投入装置不应动作。

（6）工作母线失压时还必须检查工作电源无流，才能启动备用电源自动投入，以防止 TV 二次侧三相断线造成误投。

（7）备用电源自动投入装置只允许动作一次。

三、微机型备用电源自动投入装置实现

虽然不同的一次接线对备用电源自动投入装置要求有所不同，但其实现的基本原理相同。下面以低压母线分段断路器打开的暗备用方式为例，对微机型备用电源自动投入装置的实现进行说明。如图 3-19 所示 1QF、2QF 处于合位，3QF 处于打开状态，1QF 跳开后，3QF 由备用电源自动投入装置自动发命令合上。

1. 典型硬件结构

备用电源自动投入装置的硬件结构如图 3-22 所示。外部电流和电压输入经互感器隔离变换后，由低通滤波器输入至 A/D 转换器，经过 CPU 采样和数据处理后，由逻辑程序完成各种预定的功能。

由于备用电源自动投入装置对采样速度要求不高，因此采用较简单的单 CPU 系统。由于备用电源自动投入装置的功能并不是很复杂，为简单起见，采样、逻辑功能及人机接口均由同一个 CPU 完成。1QF～3QF 的位置信息属开关量信息，开关量输入、输出应经光电隔离。

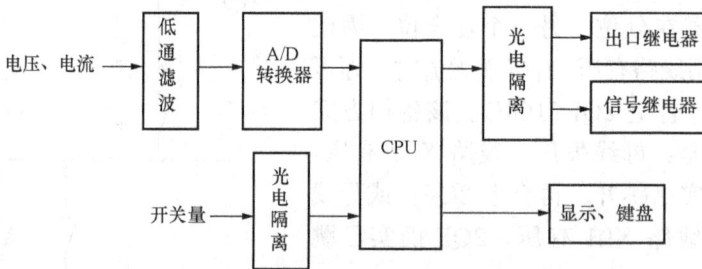

图 3-22　备用电源自动投入装置硬件结构示意图

2. 典型动作逻辑

下面介绍备用电源自动投入装置的动作过程。微机型备用电源自动投入装置的动作逻辑如图 3-23、图 3-24 所示。当 1 号变压器故障时，变压器保护动作经 H1 使 1QF 跳闸；I 段工作母线故障时，1 号变压器后备保护动作经 H1 使 1QF 跳闸；I 段工作母线出线故障而没有被出线断路器断开时，同样经 H1 使 1QF 跳闸。1QF 跳闸后，在确认已跳开、备用母线有电压的情况下，Y11 动作，3QF 合上。

备用电源自动投入装置为了保证正确动作且只动作一次，在逻辑中设计了类似自动重合闸装置的充电过程（10～15s）。只有在充电完成后，装置才进入工作状态。要使装置进入工作状态，必需要使时间元件 t3 充足电，这样才能为 Y11 动作准备好条件。

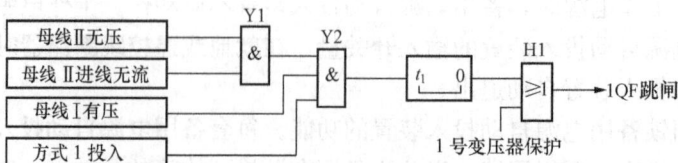

图 3-23　2QF 跳闸动作逻辑示意图

　　微机型备用电源自动投入装置的放电功能，就是在有些条件下要取消装置的动作能力，实现装置的闭锁，如在图 3-24 中，当 3QF 处于合位时，或当Ⅰ段母线、Ⅱ段母线均无压时，t3 禁止充电。

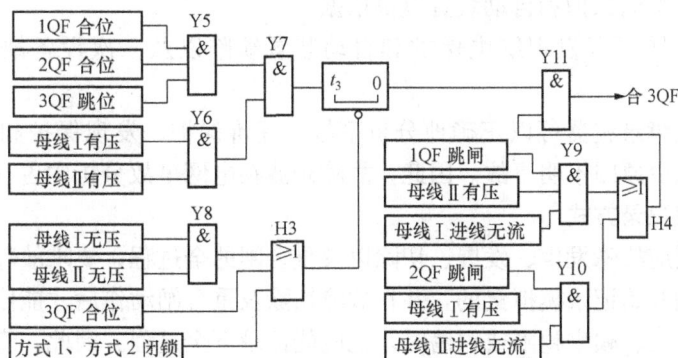

图 3-24　3QF 合闸动作逻辑示意图

相关知识 **备用电源自动投入的"充放电"**

　　只允许动作一次是备用电源自动投入装置的基本要求之一。微机型备用电源自动投入装置可以通过逻辑判断来实现只动作一次的要求，但为了便于理解，在阐述备用电源自动投入装置逻辑程序时广泛用电容器"充放电"来模拟这种功能。备用电源自动投入装置满足启动的逻辑条件，应理解为"充电"条件满足；延时启动的时间应理解为"充电"时间到后就完成了全部准备工作；当备用电源自动投入装置动作后或者任何一个闭锁及退出备用电源自动投入电源条件存在时，立即瞬时完成"放电"。"放电"就是模拟闭锁备用电源自动投入装置。"放电"后就不会发生备用电源自动投入装置第二次动作。

第八节　变电站微机故障录波

　　故障录波器对保证电力系统安全运行有十分重要的作用。当电网中发生故障时，故障录波器可以记录下故障全过程中线路上的三相电流、零序电流的波形和有效值，母线上三相电压、零序电压的波形和有效值，并形成故障分析报告，给出此种故障的故障类型；可以查看电流和电压的幅值与相位、本侧保护的动作时间以及线路两侧高频保护收发信机发信和停信的时间、断路器分合时间等；当线路两侧装有自动重合闸时，还可以看出线路两侧自动重合闸动作的全过程。

一、故障录波器的主要作用

　　（1）正确分析事故原因并研究对策。通过故障录波器的数据可正确、清楚地了解系统的情况，及时处理事故。录取的故障过程波形图，可以正确反映故障类型、相别、故障电流和电压的数值以及断路器跳合闸时间和重合闸是否成功等情况，从而可以分析并确定出事故的原因，研究有效的对策，也为及时处理事故提供了可靠的依据。

　　（2）根据录取的波形图，可以正确评价继电保护和自动装置工作的正确性。

　　（3）根据录波图中示出的零序电流值，可以较正确地给出故障地点范围，便于查找故障点。

（4）分析研究振荡规律。从录波图可以清楚地说明系统振荡的发生、失步、同步振荡、异步振荡和再同步全过程，以及振荡周期、电流和电压等参数，从而可为防止系统发生振荡提供对策，为改进继电保护和自动装置提供依据。

（5）分析录波图可以发现继电保护和自动装置缺陷以及一次设备缺陷，可及时消除隐患。

总之，利用故障录波器可以正确地分析事故，评价保护，发现保护和断路器存在的问题，最大限度地减少原因不明事故。因此，故障录波在电网事故分析中占有重要的地位。

二、故障录波记录方式

为了清晰的反应故障发生、发展、切除以及重合闸的全过程，要求故障录波装置从故障发生前的某个时刻开始记录模拟量的，并在故障切除及重合闸动作后才能停止录波；在电力系统出现长期的电压、频率越限或振荡时，也应能记录下全过程。因此，模拟量的采样方式随着故障发生发展的不同阶段而不同，故障录波器的数据记录采用分时段记录方式，如图3-25所示。

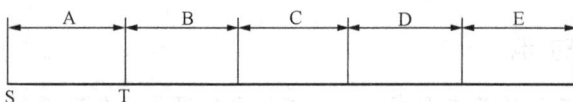

图3-25　录波数据记录时段顺序

系统大扰动开始时刻 $t=0$s，各时段的记录时间、采样速率均可人工设定，按图3-25所示顺序执行。采样方式和记录时间具体规定见表3-3，记录方式见表3-4。

表3-3　　　　　　　　　　　　　　　采样方式和记录时间

A时段	B时段	C时段	D时段	E时段
系统大扰动开始前的状态数据，输出高速原始记录波形，记录时间不少于0.04s	系统大扰动开始后初期的状态数据，输出高速原始记录波形，记录时间不小于0.1s	系统动态过程中期数据，输出低速记录波形，记录时间不小于1s	系统动态过程后期数据，输出低速记录波形，记录时间不小于20s	系统长过程的动态数据，输出低速记录波形，可以记录长时间低电压、低频率或振荡的情况，记录时间大于10min

表3-4　　　　　　　　　　　　　　记　录　方　式

第一次启动	符合任一启动条件时，由S时刻开始按ABCDE顺序执行
重复启动	在已经启动的过程中有开关量或突变量输出时，若在B时段，则由T时刻开始沿BCDE时段重复执行；否则应由S时刻开始沿ABCDE重复执行
自动终止条件	所有启动量全部复归
特殊记录方式	如果出现长期低电压、频率越限或振荡，而记录已进入E时段后，则立即转入D时段记录

三、故障录波器启动方式

微机故障录波器正常情况下只用于数据采集，只有当它的启动元件动作时才进行录波。除高频信号外，所有信号均可作为启动量，任一路输入信号满足定值给出的启动条件，均可启动录波。为了保证故障录波器可靠动作，要求其具有良好的灵敏度。

通常故障录波器采用如下的启动方式：

（1）突变量启动判据。突变量启动的实质是故障分量启动，可选 ΔU_A、ΔU_B、ΔU_C、ΔU_L、ΔU_0、ΔI_0、ΔI_a、ΔI_b、ΔI_c 中的部分作为启动量，并与整定突变量值进行比较。

（2）零序电流启动判据。在 110kV 以上的大电流接地系统中，大多数为接地故障，采用主变压器中性点零序电流 $3I_0$ 启动录波，启动值为 $3I_0 \geqslant 10\%I_N$。

（3）正序、负序、零序电压启动判据。电力行业规定，正序电压越限启动值为 $110\%U_N \leqslant U_1 \leqslant 90\%U_N$，负序电压启动值为 $U_2 \geqslant 3\%U_N$，零序电压启动子值为 $U_0 \geqslant 2\%U_N$。

（4）频率越限与变化率变化启动判据。故障时频率下降且变化率较快，启动值为 $49.5\text{Hz} \leqslant f \leqslant 50.5\text{Hz}$，$\dfrac{\mathrm{d}f}{\mathrm{d}t} \geqslant 0.01\text{Hz}$。

（5）外部启动判据。一种是继电保护的跳闸动作信号启动，一种是调度来的启动命令，这两种启动均为开关量启动。

四、微机故障录波器结构

根据数据采集单元和分析管理单元在装置中不同安排方式，微机故障录波器主要分为两种结构模式，即分散式结构和集中式结构。

1. 分散式结构的故障录波器

分散式结构是指数据采集单元和分析管理单元为独立的装置，如图 3-26 所示。图中数据采集单元可分散安装到开关柜或保护小室内，也可集中组屏。各个数据采集单元通过专用的录波数据传输网，联到主控制室一台分析管理专用计算机或变电站综合自动化系统中的工程师站上。硬件上，各数据采集单元结构是相同的，只是根据采集通道的不同有多种机箱结构，每个数据采集单元工作独立，互相之间没有联系，但均与分析管理单元相联系。

分散式结构的优点有：

（1）模拟量和开关量的信号调理部分全部置于各数据采集单元机箱内部，结构紧凑，方便安装在继电屏柜内；

（2）多个数据采集单元通过以太网或者现场总线和分析管理单元相联，采样通道可以灵活配置。

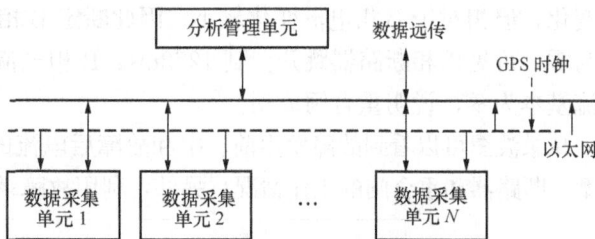

图 3-26　分散式结构的故障录波器

2. 集中式结构的故障录波器

集中式结构是指数据采集和分析管理在一个装置内实现。数据采集单元由各采集卡及它们对应的隔离变送电路构成，分析管理单元由工控主机及其相关电路构成。装置采用工控主机板，内插模拟量采集卡、数字量采集卡、I/O 接口卡等，各采集卡都拥有独立的 CPU，与工控主机构成多 CPU 系统。模拟量采集卡负责所有模拟量的采集和分析判断，数字量采集卡专门采集开关量信息，各 CPU 通过总线与工控主机板相连。

集中式结构的优点有：

（1）模拟量、开关量分别处理后再送至 CPU 插件、提高了抗干扰能力，易实现多 CPU 结构；

（2）多 CPU 结构提高了装置的可靠性，某个 CPU 的损坏不会影响到别的 CPU；

（3）总线不外引，提高了抗干扰能力。

五、微机故障录波实例

YS-88A 型微机故障录波测距器是目前国内应用较为广泛的录波器，其原理图如图 3-27 所示。它采用的是集中式结构。该装置采用了高速数字信号处理器，实现了高速度高精度的数据采集及处理，数据采集精度可达到 16bit，采样速度最高达到每秒 10 000 点，具有独特的智能变速功能，解决了高速记录与有限缓冲区之间的矛盾。实时的硬盘缓冲区技术及数据自动更新技术，使得完全依靠系统内存，在采集速度达到 10 000 点/s 时，可以连续记录这样的故障：故障开始—故障切除—故障恢复（重合）。采用分时多任务系统的实时信号处理技术，使用一块工控主机板同时完成了数据记录存储、录波分析、测距、通信、巡检、显示等功能，具有计算机通信组网技术和管理系统，具备全面的启动判据，记录电气量齐全，可以兼有实时监测功能。使用 WATCH-DOG 技术和巡检功能，使得录波器工作稳定可靠。该装置适用于 220kV 及以上的变电站和发电厂等场合。

图 3-28 所示为某变电站某一线路发生单相接地短路故障时 YS-88A 的录波图。录波图的清单上可以包含录波的文件名称、录波时间、故障前后各相电流、零序电流或各项电压、零序电压有效值。

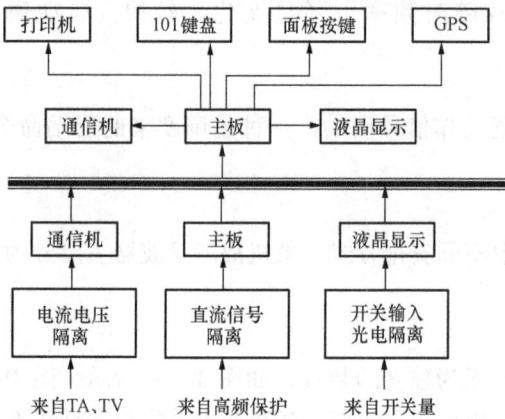

图 3-27　YS-88A 型微机故障录波
测距器的原理图

从录波图可见，在故障发生时刻，B 相电流增大，且出现了零序电流，A、C 相电流有些变化，但相对于 B 相电流变化较小，因此断定 B 相发生了接地短路。在 70ms 时，B 相电流为零，可见该相断路器跳开。到 1272ms，B 相电流恢复，A、B、C 三相电流对称，零序电流基本为零，说明重合闸成功。

从录波图可以看到故障发生前、中和故障后电流的变化情况，从而可以分析短路的性质、类型、断路器和重合闸的工作情况。另外，利用故障录波器的软件还可以给出故障分析报告。

文件名称：D：\ DATA \ 0373D481.100
录波时间：2003—07—03　13：48：02　780ms
故障前后有效值：

	A	B	C	O
−40ms	1.64A	1.61A	1.64A	0.13A
−20ms	1.64A	1.62A	1.65A	0.14A
0ms	2.51A	12.27A	1.94A	8.92A
20ms	3.24A	8.49A	2.20A	14.00A
40ms	3.89A	21.22A	2.84A	15.35A
60ms	3.14A	10.49A	1.75A	6.58A
80ms	1.74A	0.01A	1.71A	1.14A
100ms	1.72A	0.01A	1.67A	1.11A
140ms	1.69A	0.01A	1.65A	1.10A

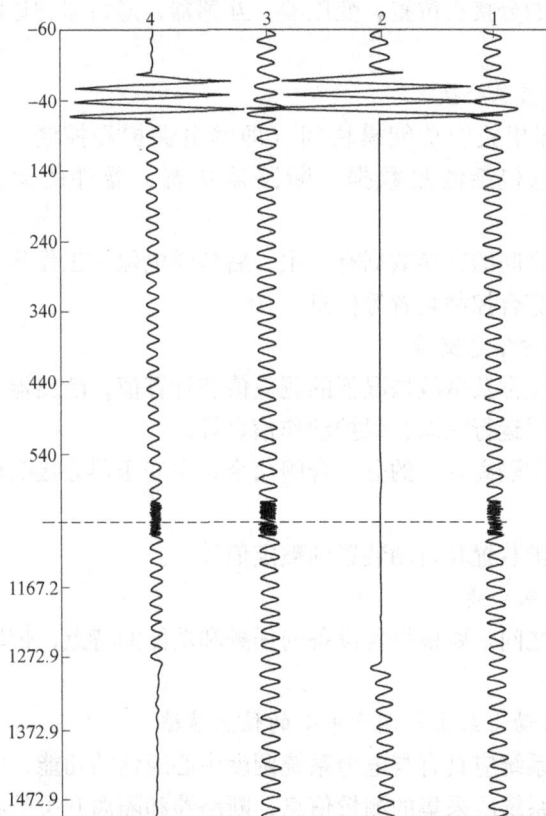

图 3 - 28　　YS-88A 型微机故障录波测距器的录波实例图

第九节　变电站综合自动化系统的数据通信系统

在变电站综合自动化系统中，数据通信是一个重要环节，其主要任务体现在两个方面。一方面是完成综合自动化系统内部各子系统或各种功能模块间的信息交换。这是由于变电站综合自动化系统实质上是分级分布式的多台微机组成的控制系统，各个子系统又由各个智能模块组成，因此必须通过内部数据通信，实现各子系统内部和各子系统之间的信息交换和实现信息共享。另一方面是完成变电站与调度中心的通信任务。因为综合自动化系统中各环节的信息要及时上报调度中心，如采集到的测量信息、断路器和隔离开关的分合状态信息、继电保护的动作信息等。同时，综合自动化系统也要接收和执行调度中心下达的各种操作和调控命令。

一、变电站综合自动化系统的信息传输内容

（一）变电站综合自动化系统内的信息传输

在具有站控层、间隔层、过程层的分层分布式变电站综合自动化系统中，需要传输的信息有如下几种。

1. 现场一次设备与间隔层设备间的信息传输

间隔层设备大多需要从现场一次设备的电压、电流互感器采集正常运行情况和事故情况下的电压值和电流值，采集设备的状态信息和故障诊断信息。这些信息主要包括：断路器、

隔离开关位置、变压器的分接头位置，变压器、互感器、避雷器的诊断信息以及断路器操作信息。

2. 间隔层设备间的信息交换

在一个间隔层内部相关的功能模块间（即继电保护和控制、监视、测量之间）进行信息交换。这类信息包括测量数据、断路器状态、器件的运行状态、同步采样信息等。

同时，不同间隔层之间的交换数据有：主、后备继电保护工作状态、互锁状态，相关保护动作闭锁，电压无功综合控制装置等信息。

3. 间隔层与站控层的信息交换

测量及状态信息：正常及事故情况下的测量值和计算值，断路器、隔离开关、主变压器分接开关位置、各间隔层运行状态、保护动作信息等。

操作信息：断路器和隔离开关的分、合闸命令，主变压器分接头位置的调节，自动装置的投入与退出等。

参数信息：微机保护装置和自动装置的整定值等。

4. 站控层内部的信息交换

站控层的不同设备之间，要根据各设备的任务和功能的特点，传输所需的测量信息、状态信息和操作命令等。

（二）变电站综合自动化系统与调度中心的信息传输

变电站综合自动化系统应具有与电力系统调度中心通信的功能，尤其在无人值班变电站中，不仅将综合自动化系统所采集的测量信息、断路器和隔离开关的状态信息以及继电保护动作信息等要传送给调度中心，同时能接收上级调度数据和控制命令。变电站向调度中心传送的信息通常称为"上行信息"，而由调度中心向变电站发送的信息常称为"下行信息"。主要传送的信息见表 3-5。

表 3-5　　　　变电站综合自动化系统主要传输的信息

变电站综合自动化系统与调度中心的信息传输	遥测信息	主变压器有功功率、有功电能、电流、温度等；35kV 线路的有功功率、有功电能、电流，联络线的双向有功电能，各级母线电压；站用变压器低压侧电压，直流母线电压；消弧线圈电流；主变压器的分接头位置等
	遥信信息	断路器位置信号，断路器控制回路断线信号；各种保护信号，如主保护信号、重合闸动作信号，母线保护动作信号，主变压器保护动作信号等；各种事故信号，如变压器冷气系统故障信号，继电保护、故障录波装置故障总信号，遥控操作电源、UPS 电源等消失信号等；小电流接地系统接地信号
	遥控信息	断路器及隔离开关；可电控的主变压器中性点接地开关；高频自发信启动；距离保护闭锁复归
	遥调信息	有载调压主变压器分接头位置调节；消弧线圈抽头位置调节

续表

变电站综合自动化系统的内部信息传输	微机保护的信息	接受监控系统的查询；向监控系统传送事件报告，如跳闸时间、跳闸元件、相别、故障距离、录波数据；向监控系统传送自检报告；校对时钟；修改保护定值；接受投退保护命令；保护信号的远方复归信号
	自动装置的信息	小电流接地系统接地选线；母线和接地线路、接地时间、谐振信息、开口三角形电压；BZT 的信息；VQC 的信息
	微机监控系统的信息	故障录波、故障测距等的远方传送，保护定值远方监视、切换、修改，温度、压力、消防、站用电系统等

二、变电站综合自动化系统通信的传输信息时间

不同特性和类型的信息要求传送的时间差异很大，按响应速度变电站传输的信息可分为：

（1）经常传输的监视信息，如母线电压、有功功率、频率，有功电能、无功电能，断路器开合的状态信息，继电保护、自动装置的工作状态等。

（2）突发事件产生的信息，如事故时断路器的位置信号（传输优先级最高），控制命令、升降命令（不固定，时间间隔较长），故障时的录波启动（不必立即传送，待事故处理完再送即可）等。

各层次之间和每层内部传输信息时间：

（1）过程层和间隔层之间为 1～100ms。

（2）间隔层各个模块间为 1～100ms。

（3）间隔层的各个间隔单元之间为 1～100ms。

（4）间隔层和站控层之间为 10～1000ms。

（5）站控层的各个设备之间为不小于 1000ms。

（6）变电站和调度中心之间不小于 1000ms。

三、变电站综合自动化系统通信的数据流方式

变电站综合自动化系统的上行信息数据流流向是从过程层→间隔层→站控层和远方控制中心，下行信息则相反。图 3-29 为变电站综合自动化系统通信的数据流模型。

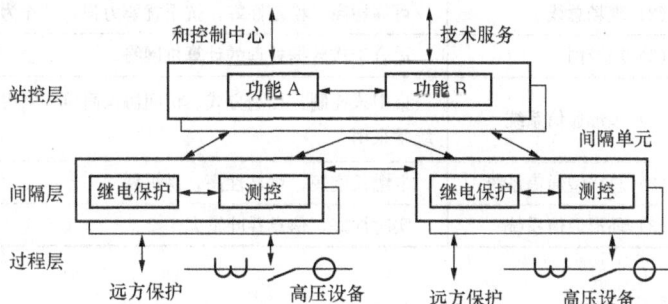

图 3-29　变电站综合自动化系统通信的数据流模型

1. 过程层与间隔层的连接

目前，过程层与间隔层间常采用二次电缆连接，将一次设备的模拟量和开关量送到间隔

层的测控单元，并将相应的控制命令发送至一次设备。在具有过程层的变电站监控系统中，间隔层测控单元也可通过串行口 RS-232/422/485 以星形形式或通过现场总线网、以太网与过程层的装置通信。过程层与间隔层中继电保护、测量控制单元等 IED 的通信，根据模拟量采样率的不同，分别使用 10M 或 100M 以太网。

2. 间隔层设备之间的连接

间隔层的测控单元、继电保护和自动装置等 IED 之间，以及各间隔层单元之间，可通过串口 RS-485、现场总线或以太网通信，传输介质一般为双绞线、电缆或光纤。

3. 间隔层与站控层的连接

间隔层测控单元可以直接上网与后台系统或控制中心通信，也可通过站控层的主单元相互通信。主单元兼作远动数据处理及通信装置时，一方面通过站内通信网络采集间隔层设备的信息；另一方面将信息传送至远方控制中心和后台系统，同时接收上层的控制、调节命令并发到指定的间隔层单元。

测控单元直接上站控层网络和主单元不兼作远动数据处理及通信装置的模式中，站控层后台主机和远动数据处理及通信装置所需数据均直接来自测控单元或主单元，远动数据处理及通信装置和电力数据网络通信装置将收到的数据上传到各级调度，后台主机将来自主单元或测控单元的数据进行相关处理后存入数据库，传输介质可以是电缆或光纤。

4. 站控层的通信连接

站控层各设备之间通过站控层网络进行通信，常采用以太网，也可采用现场总线网或光纤环网。

四、变电站综合自动化系统的通信技术

数据通信是计算机技术和通信技术相结合的产物，是各类计算机网络的基础，变电站综合自动化系统的发展与通信技术密不可分。目前，在变电站综合自动化系统信息传输中主要使用的传输介质有双绞线、同轴电缆和光纤等；而与远方调度中心通信的系统中还可采用音频电缆、光缆、电力线载波等。变电站综合自动化系统采用的通信技术见表 3-6。

表 3-6　　　　　变电站综合自动化系统采用的通信技术

通信形式	(1) 串行通信	通信简单，成本低，可实现微机保护、自动装置与监控系统的相互通信
	(2) 现场总线	可靠性高，稳定性好，抗干扰能力强，可作为现场级测控网络
	(3) 局域网	适合于作数据处理的计算机网络
通信系统结构	(1) 星形通信系统	集中式控制，控制方式、访问协议简单，采用循环式规约的通信系统常采用
	(2) 总线型通信系统	电缆长度短，可靠性高，易扩展
	(3) 环形通信系统	实时性好，信息吞吐量大

（一）串行通信

在变电站综合自动化系统中，特别是微机保护、自动装置与监控系统相互通信电路中，大量使用串行通信。串行通信在数据传输规约"开放系统互联（OSI，Open System Interconnection）参考模型"的七层结构中属于物理层，常用的串行标准接口有 RS-232 和 RS-485。在设计串行通信接口时，主要考虑的问题是串行标准通信接口、传输介质、电平转换等问题。

1. 物理接口标准 RS-232

RS-232 是美国电子工业协会（EIA，Electronic Industries Association）制定的物理接口标准，也是目前数据通信与网络中应用最广泛的一种标准。其中 RS 是推荐标准（Recommend Standard）的英文缩写，232 是该标准的标识符。RS-232C 是 RS-232 标准的第三版，经修改后定名为 RS-232D。由于 RS-232C 与 RS-232D 相差不大，通常被称为 RS-232 标准。RS-232 标准接口是在终端设备和数据传输设备间，以串行二进制数据交换方式传输数据所用的最通常的接口。

（1）RS-232 接口标准。RS-232 提出了数据终端设备（DTE，Data Terminal Equipment）和数据通信设备（DCE，Data Communication Equipment）之间串行传送数据的接口规范，即对接口的机械特性、电气特性、功能特性做了规定。

1）功能特性。RS-232 的信号线可分为四类：数据线、控制线、定时线和地线。控制总线的主要功能是为了 DTE 和 DCE 间的互相联系，并表示它们的工作状态。定时线一般在同步通信方式时使用。见表 3-7，在 25 根引线中，20 根用作信号线，3 根（11、18、25）未定义用途，2 根（9、10）作为备用。

2）机械特性。在机械特性方面，早期的计算机规定多选择 DB25 的结构，作为其标准连接器，现在更多的是 9 针连接器 DB9。

3）电气特性。RS-232 采用负逻辑方式工作，即在发送端数据线上，逻辑"1"的电平值为 $-5\sim-15V$，逻辑"0"的电平值为 $+5\sim+15V$；在接收端 $-3V\sim-15V$ 规定为"1"，$+3V\sim+15V$ 规定为"0"。$-3\sim3V$ 为不能确定逻辑状态过渡区。

噪声容限为 $+3\sim+5V$ 及 $-3\sim-5V$。

常规传输距离 $\leqslant15m$。

电容负荷为 $\leqslant2500pF$。

波特率 $\leqslant20kbps$（常采用速率为 300、600、1200、2400、4800、9600bps）。

接收器输入阻抗：$3\sim7k\Omega$。

驱动器输出阻抗：$\leqslant300\Omega$。

连接方式：采用不平衡的单端连接方式，发送端与接收端共地。

表 3-7　　　　　　　　　　25 针 RS-232C 接口信号功能表

引脚号	线路代号	信号名	缩写	方向
1	AA	保护地	PGND	
2	BA	发送数据	TXD	DTE→DCE
3	BB	接收数据	RXD	DCE→DTE
4	CA	请求发送	RTS	DTE→DCE
5	CB	清除发送	CTS	DCE→DTE
6	CC	数据装置准备好	DSR	DCE→DTE
7	AB	信号地	SGND	
8	CF	数据载波检测	DCD	DCE→DTE
9		备用（为测试保留）		

续表

引脚号	线路代号	信号名	缩写	方向
10		备用（为测试保留）		
11		未定义		
12	SCF	辅助信道载波检测	SDCD	DCE→DTE
13	SCB	辅助信道清除发送	SCTS	DCE→DTE
14	SBA	辅助信道发送数据	STXD	DTE→DCE
15	DB	终端发送器时钟（DCE源）	TTC	DCE→DTE
16	SBB	辅助信道接收数据	SRXD	DCE→DTE
17	DD	Modem 接收器时钟	MRC	DCE→DTE
18		未定义		
19	SCA	辅助信道请求发送	SRTS	DTE→DCE
20	CD	数据终端准备好	DTR	DTE→DCE
21	CG	信号质量检测	SQD	DCE→DTE
22	CE	振铃指示	RI	DCE→DTE
23	CH/CI	数据信号速率选择	DSRS	DTE→DCE
24	DA	终端发送器时钟（DTE源）	TTC	DTE→DCE
25		未定义		

由于大部分设备内部使用 TTL 电平，因此常利用专门的线路驱动器和线路接收器（如 MC1488、MC1489、MAX232 等芯片）来完成 RS-232 和 TTL 电平间的转换。RS-232C 标准中对驱动能力、电压范围、输入/输出特性等电气特性都做了详细的规定，读者在设计时可详细查阅 EIA 发布的标准文本。

（2）RS-232 标准接口的应用。RS-232 通信端口是每台计算机上的必要配置，通常有 COM1 与 COM2 两个端口。以前的计算机将 COM1 以 9 引脚的接头接出，而以 25 引脚的接头将 COM2 接出。新一代的计算机均以 9 引脚的接头接出所有的 RS-232 通信端口。计算机上的 RS-232 均是凸头，即使是 25 引脚也是凸头。一般个人计算机上的 RS-232 外形如图 3-30 所示。

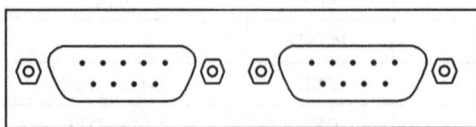

图 3-30　RS-232 的外形图

（3）RS-232 标准接口的连接。串行通信接口主要解决的是数据终端设备（DTE）和数据传输设备（DCE）之间的通信。这里的数据终端设备（DTE）一般可认为是 RTU、计量表、图像设备、计算机等。数据传输设备（DCE）一般指可直接发送和接收数据的通信设备。调制解调器就是一般 DCE 的一种。

9 针 RS-232 接口常用引脚名称和功能见表 3-8。

表 3 - 8		9 针 RS-232 接口常用引脚的信号名称和功能
引脚号	信号名称	说 明
1	载波检查 CD	调制解调器通知计算机有载波被检测到
2	接收数据 RXD	接收数据
3	发送数据 TXD	发送数据
4	数据终端准备好 DTR	计算机通知调制解调器可以进行传输
5	信号地线 GND	地线
6	数据设备准备好 DSR	调制解调器通知计算机一切准备就绪
7	请求发送 RTS	计算机要求调制解调制解调器将数据送出
8	允许发送 CTS	调制解调器通知计算机可送出数据
9	振铃指示 RI	调制解调器通知计算机有电话打进

当使用 9 针 RS-232 与调制解调器进行连接时，只需用调制解调器上所附的 RS-232 连接线将计算机上的 RS-232 与调制解调器上的 D 型接头连接起来就可以了，如图 3 - 31 所示。

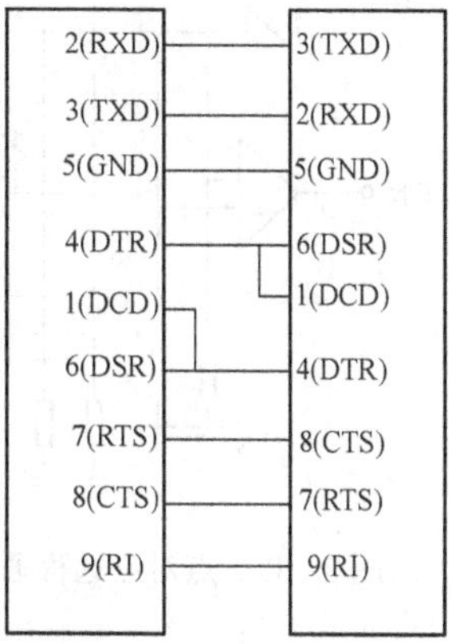

目前各种档次的计算机在工程现场中已得到广泛的应用，计算机软件资源丰富，人机交互方便。因此，以一台计算机作为上层机，以多台性价优廉的单片机系统（如 MCS-51）作为底层机而构成主从分布式计算机系统。

计算机和单片机之间的串行通信接口需要完成电平移位、转换和信号反向任务。计算机内部装有异步通信适配板，其主要器件为 8250UART 芯片。它使 PC 机有能力与其具有标准 RS-232 串行通信接口的计算机或仪器设备通信，而 MCS-51 单片机本身具有全双工的串行口。因此，只要配一些驱动、隔离

图 3 - 31 RS-232 接线方式

电路就可以构成一个分布式系统。图 3 - 32 所示为利用 MAX232A 芯片实现计算机与单片机之间的串行通信的接口电路。MAX232 包含两路接收和驱动器和一个电源电压变换器，可以将输入的＋5V 电源电压变换成 RS-232 的输出电平。

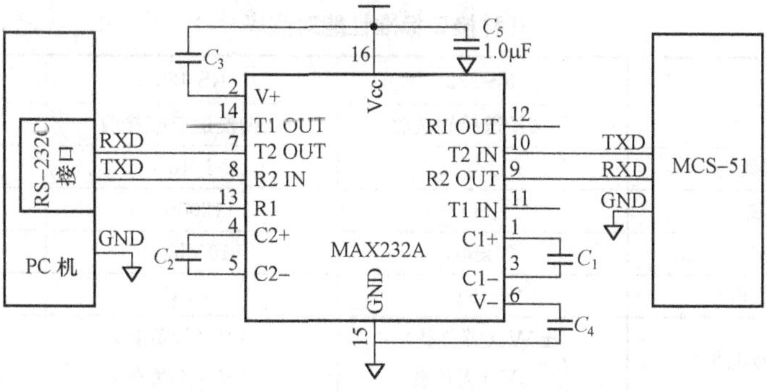

图 3 - 32 计算机与单片机之间的接口电路

这种方案的接口电路很简单，有关的技术问题主要通过软件来解决，数据的发送与接收可采用查询方式。

（4）RS-232 标准接口的特点。RS-232 采用的是单端驱动和单端接收电路，特点是：传送每种信号只用一根信号线，而它们的地线是使用一根公用的信号地线。这种电路是传送数据的最简单方法，因此得到广泛应用。但是 RS-232 也存在一些不足，表现在以下几方面：

1）数据传输速率局限于 20kbps；

2）理论传输距离局限于 15m；

3）每个信号只有一根信号线，接收和发送仅有一根公用地线，易受噪声干扰；

4）接口使用不平衡的发送器和接收器，可能在各信号成分间产生干扰。

2. RS-485 物理接口标准

RS-485 适用于多个点之间共用一对线路进行总线式联网，用于多站互连非常方便，在点对点远程通信时，其电气连接如图 3-33 所示。

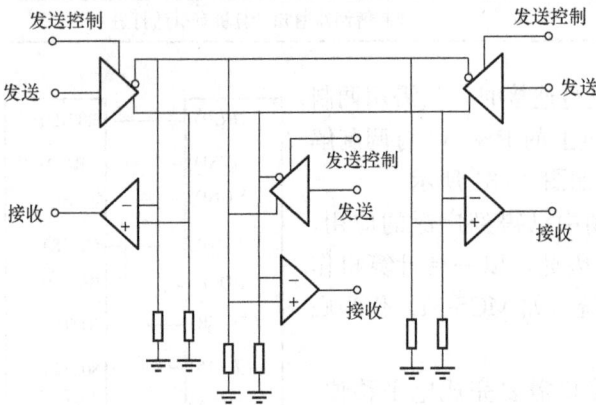

图 3-33 点对点远程通信时 RS-485 的电气连接图

在 RS-485 互联中，某一时刻两个站中，只有一个站能接收数据，因此其通信只能是半双工的，且其发送电路必须由使能端加以控制。

使用 RS-485，可节约昂贵的信号线，同时可高速远距离传送。它的传输速率达到 10Mbps，传送距离可达 1.2km。因此，在变电站综合自动化系统中，各个测量单元、自动装置和保护单元中，常配有 RS-485 总线接口，以便联网构成分布式系统。

由于 RS-232 与 RS-485 均属串行通信接口，一般在使用 RS-485 时除了可以使用 RS-232 与 RS-485 转换器之外，还可以使用 RS-485 专用适配卡。由于 RS-232 与 RS-485 的信号标准电位不同，不管是转换器或适配卡都有相关的芯片来进行这两个接口的标准电位转换。

3. 串行通信物理接口标准比较

表 3-9 列出了常用的 RS-232、RS-422、RS-485 串行通信接口的主要性能参数。

表 3-9 几种接口标准性能对照表

标　准	RS-232	RS-422	RS-485
工作模式	单端发送单端接收	双端发送双端接收	双端发送双端接收
驱动器/接收器数目	1/1	1/10	1/32
最大传输距离	15m	1200m	1200m
最大数据传输速率	20kbps	10Mbps	10Mbps
驱动器输出（最大电压）	±15V	±6V	±12V
驱动器输出（信号电平）	±5V（带负载） ±15V（无负载）	±2V（带负载） ±6V（无负载）	±1.5V（带负载） ±15V（无负载）
驱动器负载阻抗	3～7kΩ	100Ω	54Ω
接收器输入电压范围	±15V	±12V	−7～12V
接收器输入灵敏度	±3V	±200mV	±200mV

（二）局域网络技术

局域网（Local Area Network）是一种在小区域内使各种数据通信设备互联在一起的通信网络，是计算机网络的一种。它是利用通信设备和线路，将功能不同的、独立的多个计算机系统互联起来，通过网络软件实现网络中资源共享和信息交换的系统。

单片机技术和局域网络技术的发展，为变电站综合自动化系统的结构向分散式发展创造了有利的条件。分散式综合自动化系统在可适应性、可扩展性和可维护性等方面优于集中式的系统。局域网络为分散式的系统提供通信介质、传输控制和通信功能的手段。

目前局域网技术在变电站综合自动化系统中的应用日趋广泛，应用较多的局域网有以太网（Ethernet）、令牌总线网（ARCnet）、令牌环网（Token Ring）以及光纤分布式数据接口 FDDI 等。局域网中的网络设备主要包括中继器、网桥、集线器、交换机、路由器和网关等。在变电站综合自动化系统中常用的网络设备有集线器、交换机和路由器。

表 3 - 10 所列为几种主要局域网的性能特性对照。

表 3 - 10　　　　　　　　　　　　几种主要局域网性能对照表

网　　络	访问方法	数据速率	差错控制
以太网	CSMA/CD	1～10Mb/s	无
快速以太网	CSMA/CD	100Mb/s	无
千兆以太网	CSMA/CD	1Gb/s	无
令牌环网	令牌传递	4～16Mb/s	有
令牌总线网	令牌传递	4～16Mb/s	有
FDDI	令牌传递	100Mb/s	有

（三）现场总线技术

在变电站综合自动化系统中，微机保护、微机监控和其他微机型的自控装置间的通信，大多数通过 RS-422/RS-485 通信接口相连，实现监控系统与微机保护和自动装置间的相互交换数据和状态信息。这与变电站原来的二次系统相比，已有很大的优越性，可节省大量连接电缆，接线简单、可靠。

然而，在变电站综合自动化系统中，采用 RS-422/RS-485 通信接口，虽然可实现多个节点（设备）间的互联，但连接的节点数一般不超过 32 个，在变电站规模稍大时，便满足不了综合自动化系统的要求；其次，采用 RS-422/485 通信接口，其通信方式多为查询方式，即由主计算机问，保护单元或自控装置答，通信效率低，难以满足较高的实时性要求；再者，使用 RS-422/485 通信接口，整个通信网上只能有一个主节点对通信进行管理和控制，其余皆为从节点，受主节点管理和控制，这样主节点便成为系统的瓶颈，一旦主节点出现故障，整个系统的通信便无法进行；另外，对 RS-422/485 接口的通信规约缺乏统一标准，使不同厂家生产的设备很难互联，给用户带来不便。

在变电站综合自动化系统中，也有采用计算机局域网的，但这些局域网适合于一般作数据处理的计算机网络，其传输容量大，但实时性不高。

基于上述原因，国际上在 20 世纪 80 年代中期就提出了现场总线，并制定了相应的标准。现场总线是应用在生产现场，在微机化测量控制设备间实现数字式、双向传输、串行多节点的通信系统，也被称为开放式、数字化、多点通信的底层控制网络。它在制造业、流程工业，特别是在变电站的分层分布式综合自动化系统中具有广泛的应用前景。变电站的自动化设备采用面向对象的微机化产品后，现场总线必然会得到大量应用。

现场总线与一般的计算机局域网有些相似之处，但也有不少差别。局域网适合于一般作数据处理的计算机网络，而现场总线是作为现场测控网络，要求方便地适应多个输入、输出及各种类型的数据（突发性数据和周期性数据）的传输，要求通信的周期性、实时性、可确定性，并适应工业现场的恶劣环境。现场总线除了具有局域网的一些优点外，最主要的是它满足了工业过程控制所要求的现场设备通信的要求，且提供了互换操作，使不同厂家的设备可互联也可互换，并可统一组态，使所组成的系统的适应性更广泛。另外，现场总线的开放性，使用户可方便地实现数据共享。

比较著名的现场总线有，德国制定的过程现场总线 PROFIBUS（Process Field Bus）标准，由现场总线基金会提出的 FF（Field bus Foundation），美国 ECHELON 公司推出的 LonWorks，德国 Rosch 公司推出的 CAN（Controller Area Network）总线等。我国的 CSC-2000 变电站综合自动化系统采用 LonWorks 现场总线。

几种现场总线的主要性能比较见表 3 - 11。

表 3 - 11　　　　　　　　　　　　几种现场总线主要性能比较

总线类型	传输速率	传输距离	总线类型	传输速率	传输距离
Profibus	500kB/s	1.2km	CAN	1MB/s	10km
FF	31.25～2.5MB	500m～1.9km	Bitbus	62.5kB/s～2.4MB/s	30m～1.2km
LonWorks	1.25MB/s	130m	SDS	125kB/s	500m

五、变电站综合自动化系统的通信规约

在变电站综合自动化系统的通信系统中，为了确保通信双方能有效、可靠地进行数据传输，在发送和接收之间要有一定的约定，即通信规约。

目前，在变电站自动化系统的应用领域，国际电工委员会（IEC）公布了变电站继电保护装置的通信规约 IEC 60870-5-103；此外，还公布了 IEC 60870-5-101 规约和 IEC 60870-5-104 规约用于远动的通信标准。我国也都有了对应的国家标准。IEC 60870-5-103 规约已在继电保护装置中广泛地采用。IEC 60870-5-104 规约已被多个国际知名保护自动化公司应用到变电站自动化系统，成为变电站自动化系统站内局域网事实上的通信规约标准。

IEC 制定的变电站通信网络和系统标准 IEC 61850，对变电站自动化系统的通信网络和通信规约都作了严格的规定。我国将会完全等同采用 IEC 61850 标准，目前处于推广应用过程中。

第十节 变电站综合自动化系统的配置与应用

在前面介绍变电站综合自动化系统的基本概念、基本功能、数据通信的基础上，本节结合 CSC-2000 变电站综合自动化系统和 CBZ-8000 变电站自动化系统的实例进行讨论，以便进一步全面掌握变电站综合自动化的有关内容。

一、变电站综合自动化系统的配置原则

（一）站控层的主要工作站

站控层一般主要由操作员工作站（监控主机）、"五防"主机、远动主站及工程师工作站组成，对于事故分析处理指导和培训等专家系统，以及用户要求的其他功能的工作站则可根据需要增减。

操作员工作站是变电站内的主要人机交互界面，它收集、处理、显示和记录间隔层设备采集的信息，并根据操作人员的命令向间隔层设备下发控制命令，从而完成对变电站内所有设备的监视和控制。

"五防"主机的主要功能是对遥控命令进行防误闭锁检查，自动开出操作票，确保遥控命令的正确性。此外，"五防"主机通常还提供编码电磁锁具，确保手动操作的正确性。

远动主站主要完成变电站与远方控制中心之间的通信，实现远方控制中心对变电站的远程监控。它提供多种通信接口，如 LonWorks、以太网、RS-232/485，并可根据需要扩展；支持多种常用的通信规约，如 IEC 60870-5-101、IEC 60870-5-104、DL 451—1991（部颁 CDT）等，并可根据要求增加新的规约；与各种常用 GPS 接收机通信，实现对变电站间隔层装置的 GPS 对时。

工程师站供专业技术人员使用。其主要功能有：监视、查询和记录保护设备的运行信息和告警、事故信息以及历史记录，查询、设定和修改保护设备的定值，查询、记录和分析保护设备的分散录波数据，用户权限管理和装置运行状态统计，完成应用程序的修改和开发，修改数据库的参数和参数结构等。

（二）网络层

网络层主要是采用适当的通信方式，完成站控层和间隔层之间的通信，可选用屏蔽双绞线、光纤或其他通信介质联网。

（三）间隔层

间隔层是继电保护、测控装置层。它对相关设备进行保护、测量和控制。各间隔单元保留应急手动操作跳、合手段，各间隔单元互相独立、互不影响。间隔层在站内按间隔分布式配置。

二、CSC-2000 变电站综合自动化系统

（一）CSC-2000 的组成

CSC-2000 变电站综合自动化系统是一个分层分布式综合自动化系统。整个系统分成两个层次，即站控层和间隔层，如图 3-34 所示。

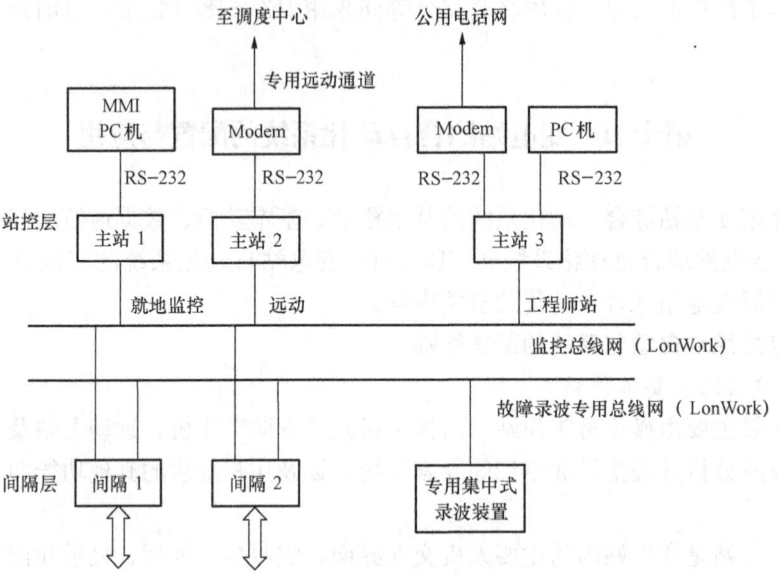

图 3-34　CSC-2000 变电站综合自动化系统组成框图

　　CSC-2000 变电站综合自动化系统的站控层作为调度、运行及专业人员的人机交互窗口，以图形显示、报表打印、语音报警等各种方式对系统运行状况进行实时监视、对可控装置进行控制调节等，完成调度中心的"四遥"功能。

　　CSC-2000 适应各种不同的硬件配置，当系统规模较小时，监控系统甚至可以安装在一台 PC 机上；当系统规模较大时，监控系统则可以由多台 PC 机及一体化工控机主站组成。

　　CSC-2000 的站控层作为调度、运行及专业人员的人机交互窗口，以图形显示、报表打印、语音报警等各种方式对系统运行状况进行实时监视、可控装置的控制调节等，完成调度中心的"四遥"功能。

　　CSC-2000 的间隔层设备布置和配备按照电气单元来实施，集中组屏于主控室，也有部分变电站按照电气设备的布置按保护小室来实施。每一个电气单元由一个测控装置完成本电气间隔的所有测控功能，具体为：220kV、110kV 的测控装置按断路器配置，每台断路器配置 1 台测控装置，主变压器各侧及本体各配置一台测控装置；220kV、110、35kV 按每段母线单独配置 1 台测控装置，每台站用变压器配置 1 台测控装置，直流和站用电各配置 1～2 台测控装置，全站一般还配置 1～2 台公用测控装置。

　　CSC-2000 采用 LonWorks 现场总线为基本测控网络。图 3-34 中有两个独立的、波特率均为 78kbps 的双绞线总线网，一个是监控主网，另一个是故障录波专用网。图下部是各间隔层节点，它们通过常规二次电缆同设备连接。图上部是站控层设备，包括主站 1～3。总线型网所有节点往网上的连接方式都是一样的，但从功能可以分成间隔层和站控层两层。间隔层直接同设备连接；而站控层则通过通信网与各间隔层通信，收集由各间隔层节点采集的各种信息和事件报文，以下达控制命令。

　　站控层除了通用设备（如 PC 机和 Modem）外，专用设备就是图 3-34 中所示的主站。主站 1 和主站 2 是完全相同的，称监控主站。主站 3 是工程师站，它有两个 LonWorks 接口，用于分别接至录波专用网和监控网；就地 PC 机的主要用途是迅速地将分散在各保护装置中的录波插件的记录数据存盘。此外，在需要时工程师还可以利用该 PC 机和配套软件工具进行多种工作。例如，录波数据的波形显示和分析计算，与监控网和录波网上任一元件通信等。如果工程师在利用就地 PC 机进行任何工作时，有录波装置启动，PC 机将立即自动退出正在执行的程序而进入在线工况，准备接收数据。

由图 3 - 34 可见，CSC-2000 站控层是分布式结构的，就地和远方监控相对独立。一个损坏时，不影响另一个工作，它们共享网上所有信息。对于重要的站，可能要求经过不同的通道，送往不同地点的上级部门，此时只要在网上再设一个远动主站接点，灵活方便。同样，为了提高可靠性，也可以设置两个就地监控主站，互为备用。

CSC-2000 采用 LonWorks 现场总线为基本测控网络。

（二）CSC-2000 的主要特点

（1）典型的分层、分布式系统。间隔层设备按对象（变电站一次设备）分散式布置，以两层（站控层、间隔层）结构构成，功能齐全、配置灵活。在功能分配上，采用能够下放的尽量下放的原则，凡是可以在本间隔就地完成的功能绝不依赖通信网。

（2）继电保护功能相对独立。由于继电保护的特殊重要性，综合自动化系统绝不能降低继电保护的可靠性，因而系统继电保护按被保护的电气设备单元（间隔）分别独立设置，直接由相关的电流互感器、电压互感器输入电气量，动作后由触点输出，直接操作相应断路器的跳闸线圈。保护装置设有通信接口，接入站内通信网以便在保护动作后向站控层的微机提供报告等，但保护功能完全不依赖通信网。

（3）可靠性高。用分层分布式的系统是提高全站工作可靠性的重要因素，特别是 CSC-2000 将重要的功能如继电保护、备用自投等都在相应间隔设置了专用的独立的装置，完全不依赖站内通信网。从而在任何情况下杜绝了"大乱"的可能性，即使发生了站内通信网完全瘫痪，各间隔都仍能保证上述重要功能的不间断执行。

（4）灵活性好。分布式结构本身决定了 CSC-2000 扩展方便、灵活。在站控层的微机设备，采用了软件分层技术，分成开发层和应用层软件。开发层不会因使用场合不同而需要做任何修改。应用层则提供了各种方便的软件工具，对于不同的变电站，可方便的由用户自己设置。人机对话采用微软的 Windows 环境，界面友好，画面美观。

CSC-2000 变电站综合自动化系统适用于 35～500kV 各种电压等级变电站，可根据不同电压等级而选择不同的配置方案，参见图 3 - 35 和图 3 - 36。

三、CBZ-8000 变电站综合自动化系统

CBZ-8000 变电站综合自动化系统适用于 35～500kV 各种电压等级变电站或开关站。CBZ-8000 采用分层分布式结构，保证了系统组态的灵活性和功能配置的方便性。CBZ-8000 整体上分为站控层和间隔层两层，站控层和间隔层之间通过通信网络相连。CBZ-8000 在设计时充分地考虑了电力系统信息化的要求，设计了与 MIS 系统和继电保护信息管理系统等多种信息化系统的接口，提供变电站全面的信息服务支持。CBZ-8000 组成如图 3 - 37 所示。当 CBZ-8000 用于 500kV 变电站时，重要设备要求按双重化配置。为了便于运行维护，需配置专用的工程师工作站。

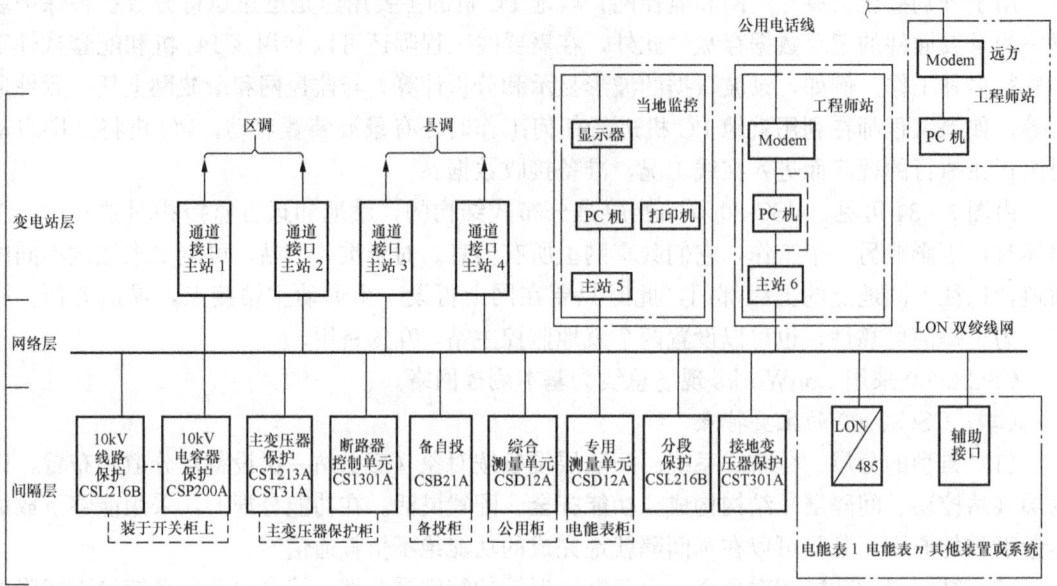

图 3 - 35　110kV 变电站 CSC-2000 的典型配置图

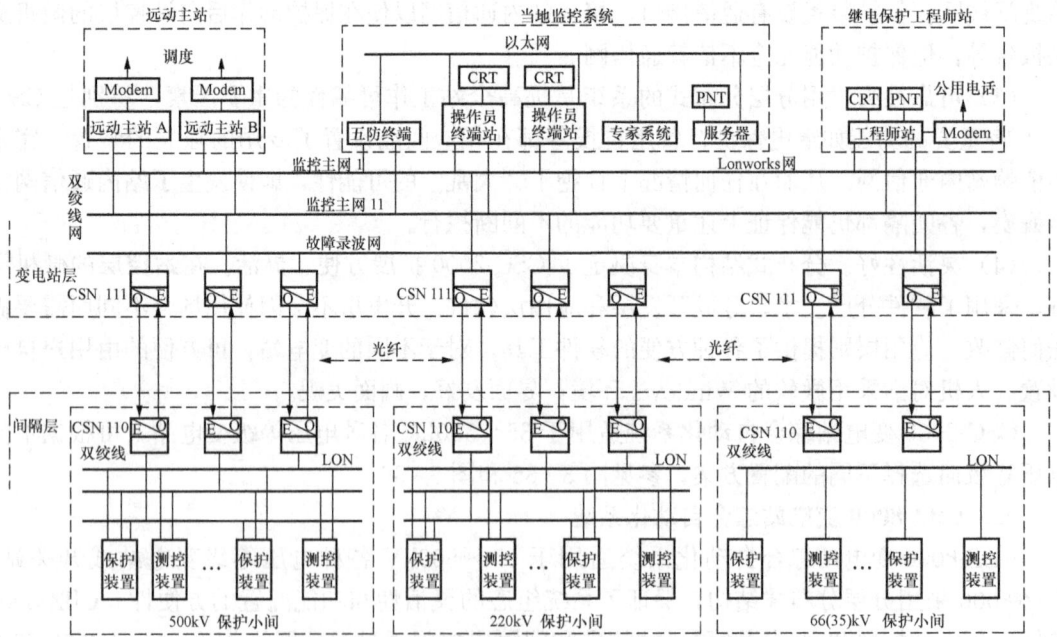

图 3 - 36　500kV 变电站 CSC-2000 的典型配置图

（一）系统配置

1. 站控层

站控层设备包括操作员站、远动主站、继保工程师站、微机"五防"系统网络接口，预留大型电气设备在线监测与诊断系统和遥视系统的网络接口。

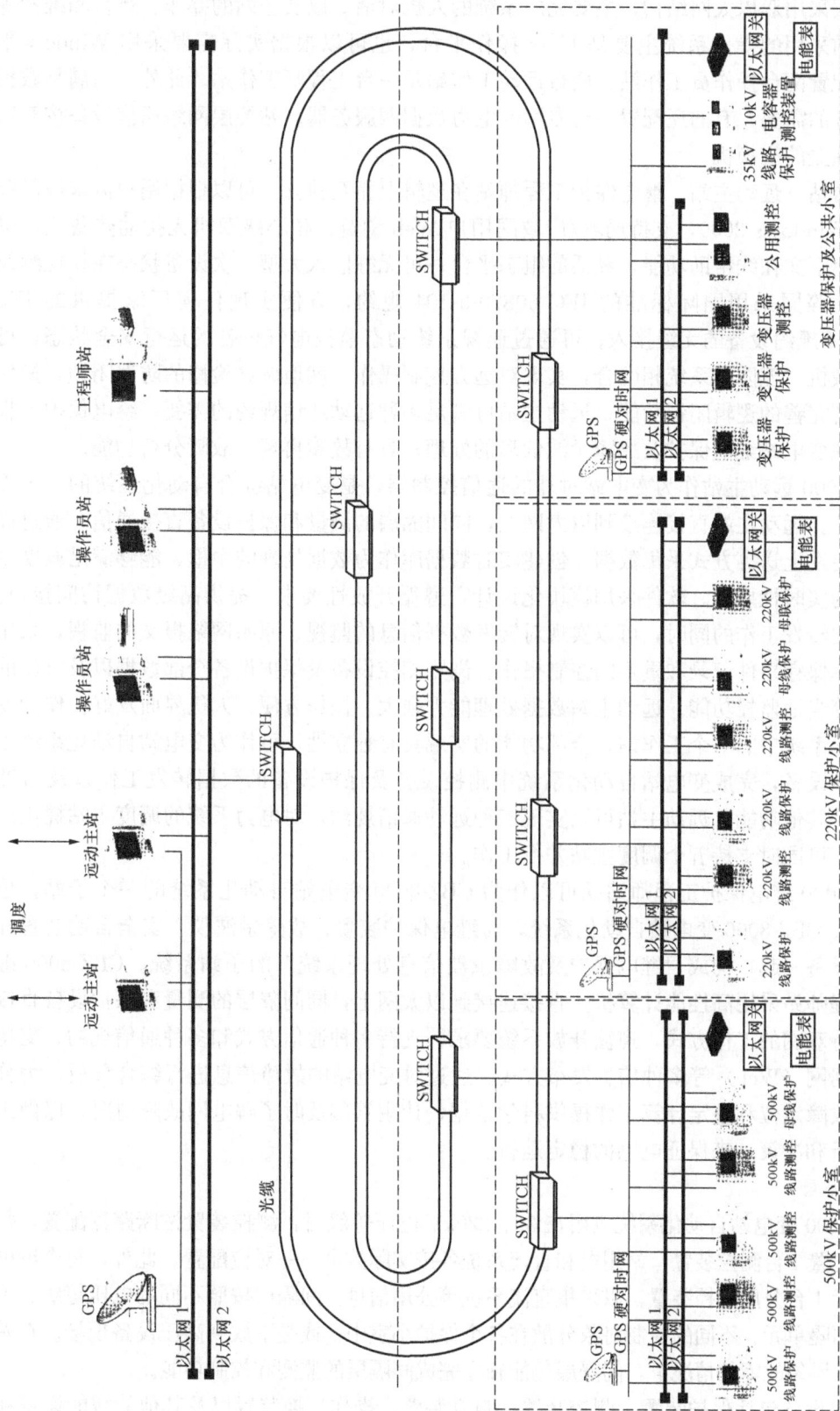

图 3-37 CBZ-8000 变电站综合自动化系统组成框图

站控层采用双以太网结构，主要完成系统的人机对话.以及全站的操作、运行和维护等功能。目前采用的操作系统主要是 Unix 操作平台，也可以根据实际需要采用 Window 平台。一般配置两台操作员工作站、两台远动工作站及一台工程师工作站。此外，为满足数据网传输业务的需要，有的还配置一台专用的电力数据网服务器。站控层网络通信设备按双网配置两台独立的交换机。

操作员站、远动主站、继电保护工程师站在逻辑上相互独立，可以根据用户需求按需配制；支持 Windows 2000，支持局域/广域网用户 Web 浏览；核心级双机无扰动热备用；提供完善的上下文在线帮助功能，灵活的组态平台；可无缝嵌入大型一次设备状态在线检测及诊断系统；等同采用国际标准的 IEC 60870-5-104 规约，方便实现任何厂家提供的 IEC 60870-5-104 规约设备的无缝接入；可通过遥视系统动态监视电气设备的运行安全状态；可与专设的微机"五防"系统相配合，实现对远方控制操作、就地调试检修的防误闭锁，操作员站也具备完善的逻辑闭锁功能；远动主站可满足多种远动通信规约的需要；继电保护工程师站可实现变电站继电保护及故障录波信息的处理；具有故障再现、故障分析功能。

CBZ-8000 远动主站作为变电站对外的通信控制器，是变电站综合自动化系统的一个重要组成部分。远动主站直接连接到以太网上，同间隔层的测量和保护设备直接通信，通过周期扫描和突发上送等方式采集数据，创建实时数据库作为数据处理的中枢，能够满足调度主站对数据的实时性要求。软件采用模块化设计，遵循开放性要求，提供高级数据访问接口。在完成数据转发工作的同时，可以实现对转发数据信息的监视、原始网络报文的监视，采用历史数据库保存事件记录和重要的控制操作、浏览测控设备及保护设备全部数据以及方便的调试手段等当地监控功能。远动主站数据处理能力强大、操作方便、人机界面友好。作为变电站自动化系统中的一个工作站，全部功能的实现具有独立性，可作为变电站自动化系统中唯一的主站设备，完成变电站自动化系统中测控设备及保护设备的数据转发工作以及 GPS 全站对时等其他功能。远动主站可以实现多种远动通信规约，对电力系统的调度主站提供广泛的支持，可同时支持五个调度主站并行工作。

CBZ-8000 继电保护工程师站既可以作为 CBZ-8000 变电站自动化系统的一个子站，也可以独立于 CBZ-8000 变电站自动化系统，与继电保护装置、故障录波仪、安全自动装置和相关网络设备一起，构成"继电保护及故障录波信息处理系统"的子站系统。CBZ-8000 继电保护工程师站采用高性能计算机，直接连接到以太网上，同间隔层的测量和保护设备直接通信，支持双网的工作方式，遵循开放系统要求，支持多种通信方式和多种通信规约，支持专线、数据网（Web）等多种信息发布方式。通过对变电站的故障信息进行综合分析，为分析事故、故障定位和整定计算工作提供科学依据；让主管部及时了解电网故障情况，以做出正确的分析和决策，来保证电网的稳定运行。

2. 间隔层

CBZ-8000 变电站自动化系统应用在 35、220kV 电压等级时，测控装置按断路器配置，每台断路器配置 1 台测控装置，站用电和直流系统各按实际数量一一对应配置。此外，每个继电器室各配置 1 台公用测控装置，以采集直流系统等公用信息。间隔层按照不同的电压等级、不同的电气间隔单元、不同的控制对象分散在各个保护小室中，或是下放到高压设备现场。在站控层或通信网络故障的情况下，间隔层仍能独立完成间隔层的监测和控制功能。

间隔层设备包括保护装置、测控装置、自动装置、操作切换装置以及其他的智能设备和附属设备。人机接口采用大屏幕彩色液晶。机箱内部通信使用总线，能方便实现数据共享、自检和互检，同时减少各部分的关联性，提高了装置的整体可靠性。装置单元管理机以串行通信或网络通信方式与变电站监控系统相联，并可通过变电站监控系统对保护装置所具有的功能实施全遥控操作。

（二）通信网络

GBZ-8000 应用在 220kV 及以上电压等级的变电站时，采用光纤自愈环形以太网；应用在 110kV 及以下电压等级的变电站时，采用星形以太网。

CBZ-8000 采用光纤自愈环型以太网作为变电站自动化系统通信网络的主干网络。经各项参数对比分证明，该通信网络在通信实时性、高效性、可靠性、信息长距离传输和网络布线简洁性方面都达到了最优，具备了一个高可靠性变电站通信网络必须具有的容错、高速、适于远距离传输、出现故障恢复时间短等特点，代表了当今变电站自动化系统通信网络发展的方向。

光纤自愈环网的自愈原理就是将所有的设备的信息分布在信号流向相反的两个环上，正常时只有主环在工作，备环处于备份状态，当环上某处光纤断裂或某节点发生故障时，与故障点最近的两个环网节点通过改变数据流的发送和接收方向，在主环和备环上自动环回，这时，环网仍然是一个闭环，通信链路保持畅通。故障点链路恢复后，备环回到备份状态。这种自愈型环网极大地提高了通信的可靠性。图 3 - 38 所示为光纤自愈环网的构成示意图。

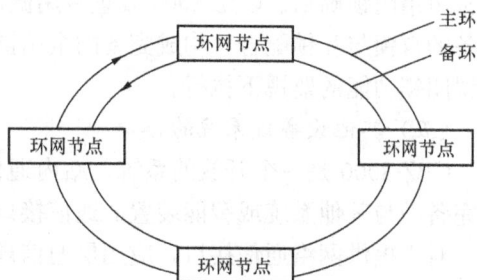

图 3 - 38　光纤自愈环网的构成

光纤自愈环形以太网的优点如下：

（1）高可靠的光纤通信。高压、超高压变电站一般占地规模大，为了减少主控室的占地面积，简化变电站二次设备的互连线，提高二次设备的可靠性，节约控制电缆，减小电流互感器和电压互感器二次负载，提出了分层、分布式系统结构和面向对象的变电站自动化系统设计思想，系统采用间隔层设备下放保护小室的方式。但这种方式带来的最大的问题就是变电站现场的干扰问题，变电站现场存在着强的电磁干扰、射频干扰和地电位差等多种干扰。由于继电保护小室的设备信息上送要经过长距离的传输，这些干扰都直接威胁着变电站自动化系统通信的可靠性以及数据传输的容量、速度和传输距离，如果采用传统的通信网络在信息的可靠性方面已经得不到保证。该系统采用光纤自愈双环网，解决了传统通信中存在的问题。

（2）容错的网络。变电站自动化系统出于可靠性方面的考虑，是不允许出现通信中断的。即使出现通信中断，也必须在规定的时间内恢复。否则将影响系统的安全运行，严重的情况会造成灾难性的后果。因此容错网络在构建变电站网络拓扑结构时成为必需。这样，在容错网络中，一旦主通信网络出现中断或异常，备份的通信网络将立即代替主通信网络，使出现故障的网段或装置自动从网中隔离，不至于影响整个网络的运行；当故障的网段或装置故障恢复后，主通信网络自动恢复并且备份网络自动退出运行处于备份状态。

在网络容错功能设计上，一般说来，单一的网络是难以完成容错通信的。经过对各种网络拓扑结构性能的对比分析，证明最适合的网络容错拓扑结构为光纤自愈式环网通信网络。

　　另外，当环上某处光纤断裂或某节点发生故障时，与故障点最近的两个环网节点在自动环回的同时，主动向操作员站上送网络动作切换信息，操作员站在监控画面上通过网络着色的方式，向运行人员提示故障网段，方便通信网络故障查找和恢复。

　　（三）站内通信规约

　　CBZ-8000 变电站综合自动化系统分为站控层和间隔层，站控层与间隔层之间采用以太网通信。通信网络传输层采用开放性好的 TCP/IP 协议，应用层采用国际标准的 IEC 60870-5-103 规约和 IEC 60870-5-104 规约。IEC 60870-5-104 规约用于远动、就地监控主站与 IED 设备间的通信，IEC 60870-5-103 规约仅用于继电保护工程师站与 IED 过程层的通信。

　　（四）微机"五防"接口

　　CBZ-8000 变电站综合自动化系统提供开放的专用微机"五防"装置接口，系统通过专用的微机"五防"装置，完成对全站操作的闭锁确认。当在"五防"主站上进行操作时，由"五防"主机向监控主机申请执行确认；当在监控主站上进行操作时，由监控主机向"五防"主机申请闭锁确认；当从调度端通过远动主站进行操作时，由远动主机通过网络向"五防"主机申请闭锁确认。CBZ-8000 设置专用微机"五防"装置，与站控层的逻辑闭锁和间隔层设备的自锁与互锁配合，构成完备的全站操作三级防误闭锁控制，保证系统任何操作都是在防误闭锁功能的监视下执行。

　　（五）其他设备或系统的接口

　　CBZ-8000 是一个开放的系统，站内通信规约在严格采用国际标准规约的同时，也提供了完备的与其他系统或智能装置的通信接口。

　　对于提供网络通信接口，应用层通信规约严格等同采用 IEC 60870-5-104 规约的系统或智能装置，可以直接接入 CBZ-8000。

　　对于提供标准 RS-232/485 通信接口的系统或智能装置，通过 CBZ-8000 配套的规约转换器接入系统，如图 3-39 所示。

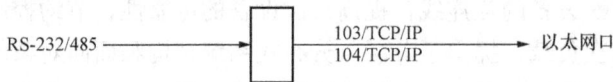

RS-232/485 ——→ [ ] —— 103/TCP/IP —— 104/TCP/IP ——→ 以太网口

图 3-39　规约转换功能示意图

　　（六）主要特点

　　（1）整个系统采用面向对象的设计原则，由站控层和间隔层两层构成，不设总控单元，简化系统结构。

　　（2）系统主干网络采用光纤自愈环型以太网，站控层与间隔层设备之间直接采用以太网通讯，实现了平衡高速无瓶颈数据传输。

　　（3）测控单元采用模块化结构，满足集中组屏式安装和全分散式安装的要求。

思　考　题

1. 什么是变电站综合自动化系统？简述其基本功能。
2. 变电站综合自动化系统有哪几种结构形式？

3. 什么是分层分布式变电站综合自动化系统？各个分层的内容是什么？

4. "五防"系统如何实现防误操作？

5. 论述电压/无功综合控制的"九区图"原理与控制策略。

6. 备用电源自动投入装置的作用是什么？以单母线分段接线方式为例，简述其动作原理。

7. 变电站综合自动化系统的数据通信技术有哪些？

8. 什么是故障录波？什么是事件顺序记录？什么是事故追忆？

9. 综合分析图 3 - 40 所示变电站综合自动化系统。

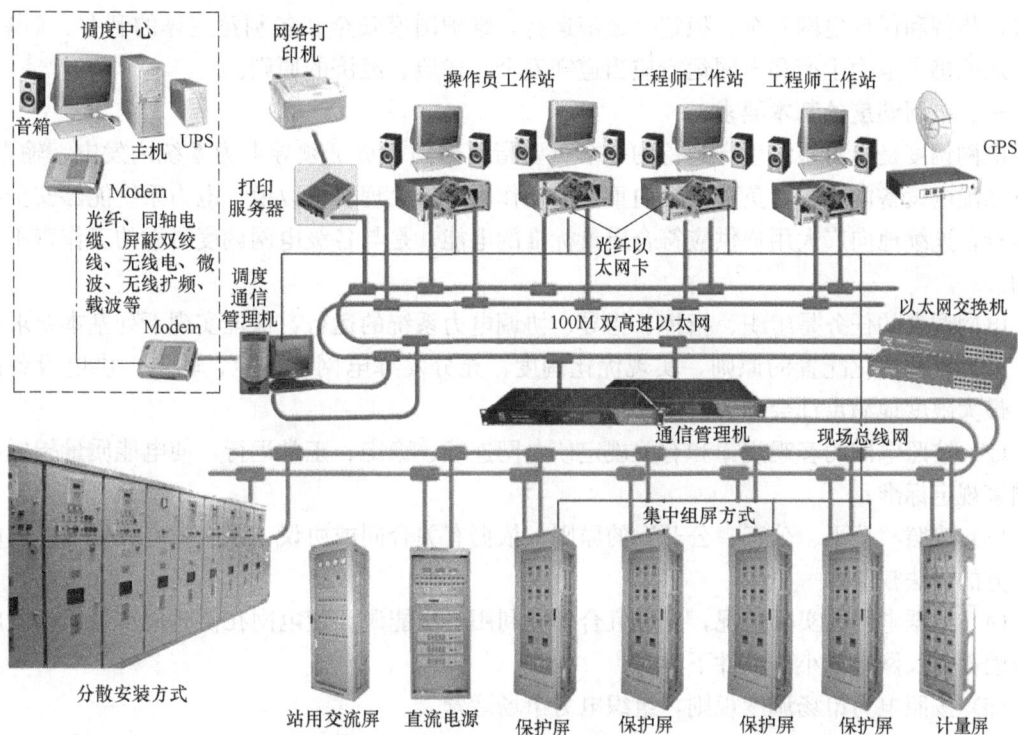

图 3 - 40　思考题 9 图

第四章　电网调度自动化

第一节　电网调度的分层控制

《中华人民共和国电力法》（简称《电力法》）规定，电网运行实行统一调度、分级管理；分级调度机构对各自管辖范围内的电网进行调度，依靠法律、经济、技术并辅以必要的行政手段，指挥和保证电网安全、稳定、经济运行，维护国家安全和各利益主体的利益。《电力法》还明确了电力生产和电网运行应当遵守安全、优质、经济的原则。

一、电网调度的基本要求

电网调度是电力系统生产运行的一个重要指挥部门，负责领导电力系统内发电、输电、变电和配电设备的运行，负责系统内重要的操作和事故处理。可以说，电力系统能够安全经济运行，连续地向广大用户供应符合质量标准的电能，是与各级电网调度所做的工作密不可分的。

电网调度的任务是组织、指挥、指导、协调电力系统的运行，保证实现下列基本要求：

（1）资源优化配置的原则，实现优化调度，充分发挥电网的发电、输电、供电设备能力，最大限度地满足社会和人民生活用电的需求；

（2）按照电网的客观规律和有关规定使电网连续、稳定、正常运行，使电能质量指标符合国家规定标准；

（3）按照"公平、公正、公开"的原则，依据有关合同或协议，保护发电、供电、用电等各方的合法权益；

（4）根据电网的实际情况，充分且合理地利用一次能源，使电网在供电成本最低或发电能源消耗率及网损最小的条件下运行；

（5）按照电力市场调度规则，组织电力市场运营。

二、电网调度运行管理

1. 分层调度控制与集中调度控制

从理论上讲，对电力系统可以实行集中调度控制，也可以实行分层调度控制。所谓集中调度控制就是把电力系统内所有发电厂和变电站的信息都集中在一个调度控制中心，由一个调度控制中心对整个电力系统进行调度控制。从经济上看，由于电力系统的设备在地理位置上分布很广，通过远距离通道把所有的信息传输并集中到一个地点，投资和运行费都是比较高的。从技术上看，把数量很大的信息集中在一个调度中心，使得调度中心的规模巨大，计算机系统复杂；此外，调度值班人员不可能全部顾及和处理。从数据传输的可靠性看，传输距离越远，受干扰的几率就越大，数据出现错误的几率也就越大。

鉴于集中调度控制的缺点，目前世界各国的大型电力系统都是采用分层调度控制。IEC标准提出的典型分层结构，就将电力系统调度中心分为主调度中心、区域调度中心和地区调度中心，相当于中国的大区电网调度中心、省级电网调度中心和地（市）级电网调度中心。分层调度控制将全电力系统的监视控制任务分配给属于不同层次的调度中心，下一层调度除完成本层次的调度控制任务外，还接受上一级调度组织的调度命令并向上层调度传递所需信息。分层调度控制可以克服集中控制的缺点，其优点主要有：

（1）便于协调调度控制。电力系统调度控制任务有全局性的，也有局部性的，但大都属于局部性的。分层调度控制下，大量的局部性调度控制任务由下层相应的调度机构完成，而全系统性或跨地区的调度控制可以由上层相应的调度机构完成。这种方式便于协调电力系统的调度与控制。同时，电力系统不断扩大，运行信息大量增加，分层调度控制各层次的调度控制中心，根据各自分担的调度控制任务采集和处理相应的信息，可以大大地提高信息传输和处理的效能。

（2）提高系统可靠性。采用分层调度控制方式，每一个调度控制中心或调度所都有一套相应的调度自动化系统收集自己管辖范围内的电力系统运行状态信息，完成所分工的调度任务。当某一调度所的调度自动化系统出现故障或停运时，只影响它分工的那一部分，而其他调度控制中心的调度自动化系统仍然照常工作，这就提高了整个系统的可靠性。

（3）改善系统响应。电力系统调度控制的实时性是很重要的，事故处理、负荷调度、不正常运行状态的改善和消除都必须在一定时间内完成。采用分层调度控制方式使不少调度控制任务由不同层次的调度自动化系统并行处理，从而加快了处理速度，改善了整个系统的响应时间。

在实施分层调度控制时，合理确定分层数和每层的功能，对保证电力系统的可靠、灵活运行是很重要的。

2. 我国电网的分层调度

我国的电力体制目前已实现厂网分开，成立了国家电网公司、南方电网公司和五大发电集团（华能、大唐、华电、国电、中电投）。国家电网公司管辖五个大电网以及一些省网，并且在大网之间通过联络线进行能量交换。南方电网公司目前管辖着广东、广西、云南、贵州等省网。

《电网调度管理条例》明确，我国现行电网运行调度机构分为五级，即国家调度机构，跨省、自治区、直辖市调度机构，省、自治区、直辖市调度机构，省辖市级调度机构，县级调度机构。以国家电网公司系统而论，五级调度机构分别是：国家电力调度中心（简称国调），大区级电网调度中心（简称网调）、省级电网调度中心（简称省调）、地（市）级电网调度中心（简称地调）和县级电网调度中心（简称县调）。大区级电网调度中心，有东北、华北、华东、华中、西北电网调度中心。

如图 4-1 所示，电网调度管理实行分级管理的体系，奠定了电网分层控制的模式。各级调度中心是各级电网控制中心，信息分层采集，逐级传送，命令也按层次逐级下达，各级调度都规定了相应的职责。以上各级调度之间实现数据通信，并逐步联成网络，构成对电力系统的运行实行分层控制的调度自动化系统。因此，我国电网调度的基本原则是统一调度、分级管理、分层控制。

在实行厂、网分开，竞价上网和市场化取向的电力体制下，发电厂与电网公司实现了产权分离，发电企业不再由电网公司管理，但发电厂仍必须遵守统一调度的原则。所有并网电厂必须与相应的电网调度中心签订并网调度协议，以确保整个电网的安全、优质、经济运行。

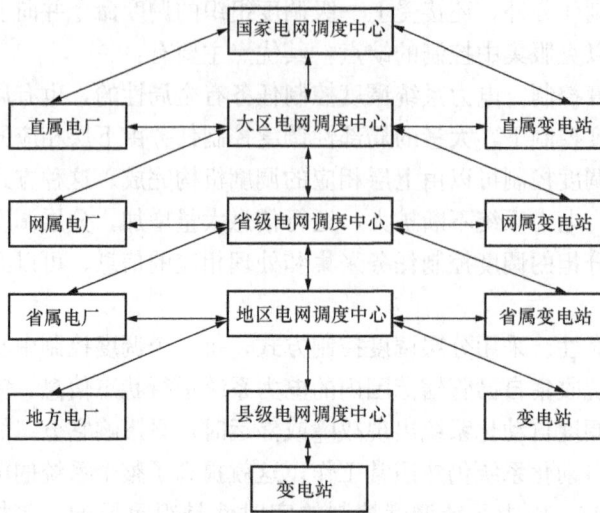

图 4-1　国家电网公司电网调度机构分级体系

三、各级电网调度职责

1. 国家电网调度中心

国调通过计算机数据通信网与各网调相连，协调和确定大区电网间的联络线潮流和运行方式，监视、统计和分析全国电网运行情况。其主要开展以下工作：

（1）监视大区电网的重要测点工况及全国电网运行概况，对全国电网运行情况进行统计分析。

（2）进行大区互联系统的潮流、稳定、短路电流及经济运行等分析。

（3）开展中、长期安全经济运行分析，并提出对策。

2. 大区电网调度中心

网调按统一调度、分级管理的原则，负责超高压电网的安全运行并按规定的发用电计划及监控原则进行管理，提高电能质量和经济运行水平。其主要开展以下工作：

（1）实现电网的数据收集和监控、经济调度和安全分析。

（2）进行负荷预计，制定开停机计划和水火电经济调度的日分配计划。

（3）省（市）间和有关大区电网间供受电量计划的编制和分析。

（4）进行潮流、稳定、短路电流的经济运行分析计算。

（5）进行大区电网继电保护定值计算及其调整试验。

3. 省级电网调度中心

省调按统一调度、分级管理的原则，负责省网的安全运行并按照规定的发电计划、供电计划和监控原则进行管理，提高电能质量和经济运行水平。其主要开展以下工作。

（1）实现电网的数据收集和监控。对电网中开关设备状态、电压水平、功率进行采集计算，进行控制和经济调度。

（2）进行负荷预测，制定开停机计划和水、火电经济调度的日分配计划，编制地区间和省间有关电网的供受电量的计划。

（3）进行潮流、稳定、短路电流的经济运行分析计算。

（4）进行省网内继电保护定值计算及其调整试验。

4. 地区级电网调度中心

（1）实现对所辖地区电网的数据采集和安全监控。

（2）实施所辖有关站点远方操作，调压变压器分接头调节、补偿电容器投切等。

（3）对所辖地区的用电进行负荷管理。

5. 县级电网调度中心

（1）根据不同类型实现不同程度的数据采集和安全监视功能。

（2）有条件的县调可实现机组启停、断路器远方操作和电容器投切。

（3）有条件的可实现负荷控制。

（4）向上级调度传输必要的实时信息。

四、电网调度的基本工作

根据电力生产的基本任务和电网调度的工作任务，电网调度的几项基本工作如下。

1. 预测负荷

准确的负荷预测以及据此做出的发电计划，是保证系统频率合格的关键。要求预测月、日最大、最小负荷，并要考虑节日、天气等各种因素对负荷的影响。另外调度要考虑到季节的变化，人民生活和生产活动的规律来做好负荷预测。

2. 编制和执行电力系统运行方式

电力系统运行方式的编制可分年、季、月、周、日和节假日等正常运行方式，以及事故、检修和试验等特殊运行方式。

（1）电网正常运行方式。能充分满足用户对质量合格电能的需求，电网中所有设备不出现过负荷和过电压问题，所有输电线路的传输功率都在稳定极限以内，有符合规定的有功及无功功率备用容量，继电保护及安全自动装置配置得当且整定正确，系统运行符合经济性要求，电网结构合理，有较高的可靠性、稳定性和抗事故能力。

（2）电网事故运行方式。该方式多是针对电网运行上的薄弱环节，按可能发生的影响较大的事故编制的。此时，电网运行的可靠性下降，因此要求其持续时间应尽量缩短。研究电网事故后的状态并编制出相应的运行方式，可以指导各级调度人员和运行人员正确处理事故，减少电网事故损失和对用户的影响，并可事先采取各种措施。

（3）电网特殊运行方式。当主要设备检修和继电保护装置校验时，会引起电网运行情况的较大变化，应事先编制好相应的运行方式，并制定提高电网安全稳定的措施。

电力系统运行方式的主要内容有：制定发电计划，制定检修安排，做好能源平衡，制定系统接线方式，进行潮流计算和安全分析。

3. 倒闸操作

电力系统中的输电线路，凡涉及两个以上单位的，都必须由调度指挥进行倒闸操作。母线上倒闸操作涉及发电和输电，变压器中性点接地开关多合一个少合一个与系统零序保护有关，这些必须由调度统一考虑和决定。

4. 事故处理

随着我国电力事业的发展，电网规模越来越大，大型电力系统发生故障，如不能及时有效地控制和处理，将可能造成系统稳定破坏、电网瓦解、重大设备损坏和大面积停电，并给社会带来灾难性的后果。因此，必须正确地迅速处理事故，尽快恢复正常供电。

国家电力监管委员会发布的《电力生产事故调查暂行规定》将电力事故分为人身事故、电网事故,同时规定了事故调查的相关原则。

5. 经济调度

应不断调整各发电厂有功和无功功率,以实现电网经济运行。在洪水季节水电站应当满发,用火电调峰。此外,在一天的负荷变化中调整开停机组,在已开的机组中,按照等微增率来安排机组输出功率。

第二节 电力系统运行状态

由于电力负荷始终是变动的,而且系统故障具有不可预见性,为了有效地控制电力系统,需要将电力系统的运行状态进行分类,以便在不同运行状态时对电力系统实行控制。电力系统的运行状态可以用一组包含电力系统状态变量(如各节点的电压幅值和相位角)、运行参数(如各节点的注入有功功率)和结构参数(网络连接和元件参数)的微分方程组描述。目前,电力系统运行状态尚没有严格定义,一般将其分为正常状态、警戒状态、紧急状态、崩溃状态和恢复状态,后四种运行状态均属于非正常状态。

一、电力系统运行状态的数学模型

电力系统正常运行时,运行参数在允许的上、下限值之内。如果有一个或几个运行参数在允许的上、下限之外时,电力系统就处于不正常运行状态了。电力系统正常运行状态可用数学式描述,即

$$f_{\min} \leqslant f \leqslant f_{\max} \tag{4-1}$$

$$U_{i.\min} \leqslant U_i \leqslant U_{i.\max} \tag{4-2}$$

$$\begin{cases} P_{Gi.\min} \leqslant P_{Gi} \leqslant P_{Gi.\max} \\ Q_{i.\min} \leqslant Q_i \leqslant Q_{i.\max} \\ S_{ij.\min} \leqslant S_{ij} \leqslant S_{ij.\max} \end{cases} \tag{4-3}$$

式中　f，$f_{\max}$，$f_{\min}$——系统频率及其上、下限值;

U_i，$U_{i.\max}$，$U_{i.\min}$——母线 i 的电压及其上、下限值;

P_{Gi}，$P_{Gi.\max}$，$P_{Gi.\min}$——第 i 台发电机有功功率及其上、下限值;

Q_i，$Q_{i.\max}$，$Q_{i.\min}$——第 i 个无功电源无功功率及其上、下限值;

S_{ij}，$S_{ij.\max}$，$S_{ij.\min}$——节点 i 和 j 之间线路或变压器的功率潮流及其上、下限值;

i，j——发电机组或电压节点的序号。

如果式(4-1)、式(4-3)成立,则电力系统运行正常;否则就不正常。式(4-1)～式(4-3)也称为电力系统运行的不等式约束条件。

式(4-1)、式(4-2)是通过调节系统内有功和无功输入功率使之与系统内所消耗的有功和无功功率保持平衡实现的,将其用数学式描述为

$$\sum_{i=1}^{n} P_{Gi} = \sum_{j=1}^{m} P_{Lj} + \sum_{k=1}^{l} P_{sk} \tag{4-4}$$

$$\sum_{i=1}^{n} Q_i = \sum_{j=1}^{m} Q_{Lj} + \sum_{k=1}^{l} Q_{sk} \tag{4-5}$$

式中　P_{Gi}，Q_i——系统内第 i 个电源发出的有功功率和无功功率;

n，m——系统内电源、负荷的数量；

P_{Lj}，Q_{Lj}——系统第 j 个负荷在频率满足式（4-1）、电压满足式（4-2）时所消耗的有功功率和无功功率；

P_{sk}，Q_{sk}——系统内第 k 个输、配电设备在满足式（4-1）和式（4-2）时的有功功率和无功功率损耗。

式（4-4）说明，系统内所有电源发出的有功功率总和等于系统内所有负荷和输配电设备在系统频率运行在允许范围之内时消耗的有功功率总和时，系统频率就在允许的上、下限之内；否则，就会高出上限值或低于下限值。式（4-5）说明，系统内所有无功电源发出的无功功率总和等于系统内所有负荷和输、配电设备在系统电压 U_i 运行在允许范围（即满足式（4-2）时所消耗的无功功率总和时，系统电压就在允许的上、下限值之内；否则，就会高出上限值或低于下限值。因此，式（4-4）和式（4-5）也被称为等式约束条件。显然，式（4-4）与式（4-1）是一致的，式（4-5）与式（4-2）是一致的。

二、电力系统运行状态的转换

电力系统的运行状态及其相应转换关系如图4-2所示。

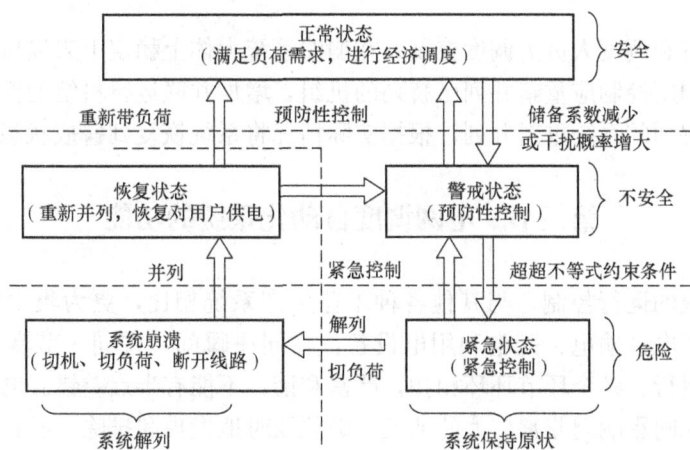

图 4-2　电力系统运行状态及其相应转换关系

1. 正常运行状态

正常运行状态时，系统满足所有的约束条件，即有功功率和无功功率都保持平衡，电压、频率均在正常的范围内，各种电气设备都在规定的限额内运行，同时还有足够的备用裕度，因而可以承受各种预计的扰动（如一条输电线或一台发电机断开等），而不产生任何有害的后果（如设备过载等）。

2. 警戒状态

电力系统受到严重的扰动或者一系列小扰动（如负荷持续升高等）逐步积累，使电力系统总的备用裕度减少、安全水平降低后，就可能进入警戒状态。在警戒状态下，各种约束条件也能满足，但随时都有可能由于一个偶然故障或渐进性的负荷增加，使某些不等式约束条件被破坏，而校正越限时会导致丢失负荷。因而处于警戒状态的电力系统是欠安全的，应及时采取预防性控制措施，使电力系统恢复到正常状态。

3. 紧急状态

处于正常状态或警戒状态的电力系统，如果受到严重干扰（如短路和大容量机组被切除），使运行极限被破坏，就进入了紧急状态。这时系统频率、电压和某些线路潮流都可能严重越限，这时系统中的发电机组仍然可继续同步运行。紧急状态下的电力系统是危险的，如不及时采取有效的控制，系统可能失去稳定，导致大量发电机组跳闸或甩掉大量负荷，使等式约束条件也遭破坏。这时电网调度控制应尽快消除故障的影响，采取紧急控制措施，争取使电力系统恢复到警戒状态或正常状态。

4. 崩溃状态

在紧急状态下，如果不能及时消除故障和采取适当的控制措施，或者措施不得力，电力系统可能失去稳定。在这种情况下，为了不使事故进一步扩大并保证对部分重要负荷供电，自动解列装置可能动作，调度人员也可以进行调度控制，将一个并联运行的电力系统解列成几部分，这时电力系统进入了崩溃状态。系统崩溃时，在一般情况下，解列成的各个子系统中等式约束条件和不等式约束条件均不能成立。一些子系统由于电源功率不足，不得不切除大量负荷；而另一些子系统可能由于电源功率大大超过负荷而不得不让部分发电机组解列。

5. 恢复状态

通过自动装置和调度人员的调度控制，在崩溃系统大体上稳定下来以后，可使系统进入恢复状态。这时调度控制应重新并列已解列的机组，增加并联运行机组的输出功率，恢复对用户供电，将已解列的系统重新并列，根据实际情况将系统恢复到警戒状态或正常状态。

第三节　电网调度自动化系统的功能

现代电力系统的运行控制，与其他各种工业生产系统相比，更为集中统一，也更为复杂。各种发电、变电、输电、配电和用电设备，在同一瞬间，按同一节奏，遵循统一的规律，有条不紊地运行。各个环节环环相扣，严密和谐，不能有半点差错。电力系统一旦发生事故，就会在一瞬间影响到非常广大的地区，必须及时地发现和排除。所有这一切，都决定了现代电力系统必须要有一个强有力的、拥有各种现代化手段的、能够保证电力系统安全经济运行的调度中心。

一、概述

电力系统运行的可靠性及电能质量与电力系统的自动化水平有密切的联系。从电力系统的运行状态来看，为了电力系统的安全经济运行，各种继电保护和自动装置组成了信息就地处理的自动化系统，其特点是能对电力系统的情况作出快速的反应。例如高压输电线上发生短路故障时，继电保护能够快速而及时地切除故障，保证系统稳定。又如在电力系统正常运行时，同步发电机的励磁自动调节系统可以保证系统的电压质量和无功功率的平衡，在故障时可以提高系统的稳定水平。但由于信息就地处理的自动化系统获得的信息是局部的，因而不能以全局的角度来处理问题。如频率及有功功率自动调节装置，虽然可以跟踪负荷的变化，但不能实现有功功率的经济分配。另外，信息就地处理自动装置一般只能"事后"处理出现的事件，不能"事先"从全局的角度对系统的安全性作出全面而精确的评价，因而有其局限性。

从现代电力系统的运行要求来看，仅依靠信息就地处理的自动化系统还不能保证电力系统的安全、优质、经济运行，所以需实现调度自动化。

电网调度自动化系统是综合利用电子计算机、远动和远程通信技术，在对全系统运行信息进行信息采集、分析的基础上，由计算机监控作出纵观全局的明智判断和控制决策，实现电力系统调度管理自动化，有效地帮助电力系统调度员完成调度任务。

电网调度实现自动化带来的优势主要体现在：

（1）安全。利用显示器可随时监视电网运行状况，向调度员提供有关负荷与发电情况，电压、电流及功率潮流，电网频率及稳定极限等信息。在电网运行条件出现重要偏差时，及时自动告警，并指明或同时启动纠偏措施。当发生事故（如解列）时，可以给出显示，并指出解列处所，使事故得到及时处理，有助于防止事故扩大，减少停电损失。

（2）提高运行质量。实现自动发电控制，可以自动维持频率合格以及联络线功率为事先安排的预定值；实现无功/电压自动调节，可显著提高全电网的电压质量。

（3）经济。实现在线经济调度，可以合理利用一次能源，降低全系统发电成本和电网损耗。

（4）运行记录自动化。自动记录电网的正常运行情况、事故运行情况和事故的顺序事件记录，有助于减轻运行人员的重复劳动，还可用于事故分析。

在电力系统自动化技术的未来发展中，电网调度自动化系统可以与火电厂自动化、水电厂自动化、变电站综合自动化、配电自动化及前述各种自动装置进行协调、融汇和整合，实现更高层次的电力系统综合自动化。

二、电网调度自动化系统的分类和功能

1. 分类

根据各个电网的具体情况不同，可以采用不同规格、不同档次、不同功能的电网调度自动化系统。根据功能的不同可将电网调度自动化系统分为三种档次。

（1）监视控制与数据采集系统。最基本的一种电网调度自动化系统称为监视控制与数据采集系统（SCADA，Supervisory Control and Data Acquisition）。一般地，县级电网和配电系统调度选用 SCADA 系统。

（2）SCADA+AGC/EDC。是在 SCADA 的基础上，增加自动发电控制（AGC，Automatic Generation Control）、经济调度控制（EDC，Ecnomical Dispatching Control）等功能，从而使该系统在 SCADA 系统功能的前提下，进一步实现了调整功能。其可以保证有功需求平衡，保持电网频率在规定范围内运行；在安全运行的前提下，对所辖电网范围内的机组负荷进行经济分配，从而使全系统的发电成本最小。

（3）能量管理系统。功能最为完善的一种调度自动化系统被称为能量管理系统（EMS，Energy Management System）。较大省级电力系统或跨省电网调度中心，应当选用 EMS。EMS 除了具有 SCADA、AGC、EDC 功能外，还具有状态估计、网络拓扑、网络化简、事故预想、安全分析和调度员培训模拟等一系列高级应用软件（PAS）。EMS 的功能和结构框图如图 4-3 所示。

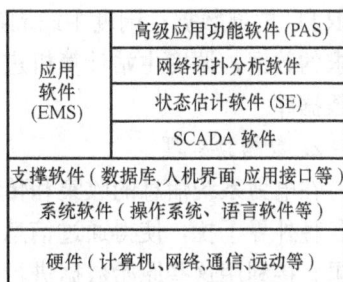

应用软件（EMS）	高级应用功能软件（PAS）
	网络拓扑分析软件
	状态估计软件（SE）
	SCADA 软件
支撑软件（数据库、人机界面、应用接口等）	
系统软件（操作系统、语言软件等）	
硬件（计算机、网络、通信、远动等）	

图 4-3　EMS 的功能和结构框图

EMS 并没有一个确切的功能目录，随着新技术、新要求的出现，加入到这个系统中的功能还会不断增加。

2. 功能

电网调度自动化系统主要有以下功能：

（1）监视控制与数据采集功能（SCADA）。

（2）状态估计功能（State Estimation）。

（3）网络拓扑分析功能（Network Topology Analysis）。

（4）负荷预测功能（Load Forecast）。

（5）自动电压控制功能（Automatic Voltage Control）。

（6）自动发电控制功能（AGC）。

（7）自动稳定控制（Automatic Stability Control）。

（8）安全分析功能（Security Analysis）。

（9）潮流优化功能（Load Flow Optimum）。

（10）经济调度功能（EDC）。

（11）调度员仿真培训功能（DTS, Dispatcher Training Simulator）。

随着电力系统规模的不断扩大，电网结构更加复杂，系统的安全性尤为重要。为了保证电力系统能够安全运行，调度自动化系统不能仅限于对系统正常运行状态下的安全监控，还应该对系统在实时状态下以及预测其未来状态下的安全水平进行分析和判断，并及时而正确地作出控制决策，这就是电网调度的安全分析工作。安全分析是在实现状态估计和网络拓扑分析的基础上进行在线潮流计算得出的。

三、监视控制与数据采集

监视控制与数据采集是电网调度自动化系统应有的基本功能，它完成电力系统实时数据的采集和对电力系统运行状态的监控。"监视"是对电力系统运行信息的采集、处理、显示、告警和打印，以及对电力系统异常或事故的自动识别。"控制"是指通过人机联系设备对断路器、隔离开关等设备进行远方操作的开环性控制。下面介绍 SCADA 系统的主要功能。

1. 数据采集

数据采集的主要任务是与各厂站端自动化系统及 RTU 交换信息，它是调度端远动和计算机内处理远动信息的软件功能的集合。它具有调度端远动通信装置和厂、站端自动化系统、RTU 交换信息功能，调度端远动处理厂、站 RTU 或主机送来的信息，调度端远动和主机交换信息等功能。

SCADA 进行数据采集的过程为：厂、站内部 RTU 或综合远动装置扫描并快速更新厂、站 RTU 内部数据；调度主站周期查询厂、站 RTU；厂、站 RTU 向调度主站计算机传送所要求的数据；调度主站计算机进行校验数据、检错、纠错；将数据转换成标准形式并送入主机数据库。

2. 数据预处理

在电力系统信息的收集和传输过程中，由于测量装置和传输设备的误差以及传输过程中的各种外界干扰，使得通过信息传输系统传送过来的数据具有不同程度的误差和不可靠性。如果直接利用这些原始数据进行电力系统监视和控制，就有可能做出错误的判断和决策。因此，由信息传输系统直接送来的信息被存入数据库以前，必须对这些数据进行合理性检查和可信性校验及处理等。

数据的预处理有些可在厂、站端进行，大量的数据预处理工作都在主控端由状态估计等软件模块进行。

3．信息显示和越限报警

信息显示的方法有模拟盘和彩色监视器。用彩色监视器显示时画面分成背景画面和实时部分，背景画面是"死"的，实时数据是"活"的。画面上变化的数据与实时数据库通过指针相连，数据库内的数据变化时，画面上的数据也对应发生变化。

常用的画面有厂站接线单线图、系统接线图、表格（包括运行值表）、曲线（用于显示频率、电压、电流等随时间的变化过程）、棒图/饼图（直观显示运行值、备用值等靠近程度）、目录（画面、打印表格或各项任务启停执行等画面的目录检索）。

调度端将电力系统运行的动态参数和设备状态进行显示，供调度员监视系统的运行状态用。当运行参数越限或设备状态发生非预定变化时及时向调度员告警。对电力系统监视的内容一般有：

（1）电能质量监视。监视系统的运行频率、各选定点的电压值，观察系统是否运行在给定频率和电压范围内。

（2）安全限制监视。监视系统的频率和各选定点的功率、电压、电流、水位等是否在允许范围内。

（3）开关状态监视。监视断路器、隔离开关当前的开合状态，检查是否有非计划动作。

（4）停电监视。监视线路和母线的停电状况。

（5）计划执行情况监视。监视地区用电、电厂输出功率、区域交换功率等是否超计划值。

（6）设备状态监视。监视各电厂机炉的启、停、备用、检修和各变压器的运行或检修情况。

（7）保护和自动装置监视。监视系统主要设备的保护动作情况和自动装置的动作情况。

报警的方式很多，可使画面的某处闪光、变色，也可发出音响；有的在画面固定处出现报警信息（厂站、设备号、画面号、报警性质）；有的自动推出报警画面，调度员可对报警进行确认。

4．遥控遥调操作

调度员利用计算机进行远方断路器倒闸操作及远方模拟量调节时，为了避免误操作采取两方面措施。一方面通过返信校验法检查命令是否正确。当厂站RTU收到控制命令并不立即执行，而是在当地先校核一下命令是否合理，如果命令正确，RTU将返校信息送回主站，主站将发出的信息和回收的信息进行比较，当两者一致时再发出执行命令。RTU执行了遥控命令后再发回确认执行信息。另一方面，在画面上开窗口或者在另一屏上显示操作提示信息，按此提示信息一步一步地操作；每步操作结果都在画面上用闪光、变色、变形等给出反应，不符合操作顺序或操作有错则拒绝执行。

5．数据储存和记录

监控系统能对系统运行过程中的各类信息进行储存与记录。对正常运行的模拟量，按照给定的时间间隔进行记录，对各类事件和各种操作进行记录。在以上数据记录的基础上，为满足继电保护专业和变电站管理的需要，进行数据统计。

6. 事件顺序记录和事故追忆

事件顺序记录（SOE，Sequence of Events）和事故追忆（PDR，Post Disturbance Review）主要用于记录系统发生异常情况和事故发生的顺序，以便事故后分析事故用。

（1）事件顺序记录。电力系统发生事故后，运行人员从遥信中能及时了解开关设备和继电保护的状态改变情况。此外，为了分析系统事故还应掌握其动作的先后顺序。将发生事故时各种开关设备、继电保护、自动装置的状态变化信号按时间顺序排队，并进行记录，这就是事件顺序记录。事件顺序记录主要用来提供时间标记，表明什么事件在何时发生，因而记录的内容除开关设备号及其状态外，还应包括确切的动作时间。

事件顺序记录与遥信变位密切相关。遥信变位采集时如发现有变位遥信就立即进行事件顺序记录，记下当时的时间并进行相应处理，如确定变位的开关设备号、更新遥信数据区内容等。变位遥信开关设备号、状态及其动作时间等被存入内存中的事件顺序记录区，在适当时候就发往主站。

不同厂站之间事件顺序记录时，主站应召唤各 RTU 的记录并进行分辨。RTU 的时间基值或时钟必须一致并十分精确，不同厂站 RTU 的时间同步是靠主站发出的时间信息码实现的，也可以由各厂站接收广播时间码来实现同步。目前更多地用 GPS 来实现时钟同步。

（2）事故追忆。为了分析事故，要求在一些重要开关设备发生事故跳闸时，不仅把事故瞬间及事故以后，而且包括事故发生前一段时间内的有关遥测量记录下来送往调度端，这种功能称为事故追忆。

事故追忆功能用于记录电力系统事故前后的量测数据和状态数据，保留事故前和事故后若干数据采集周期的部分重要实时数据或全部量测值，如频率、中枢点电压、主干线潮流等。主站系统软件将部分重要量测量记入追忆缓冲存储器，当正常数据追忆缓冲区满时，新来数据覆盖最老数据。当电力系统发生事故时，状态量的变化和量测值越限可引起事故追忆动作（数据冻结），再记录一段时间的量测数据。事故追忆数据可以存储在磁盘上，事后可以在单线图上"实时"再现一次事故过程。

四、网络拓扑分析

网络拓扑分析的基本功能是，根据开关设备的开合状态（遥信信息）和电网一次接线图来确定网络的拓扑关系，即节点—支路的连通关系，为其他的电力系统分析、应用做好准备。

在网络拓扑分析之前需要进行网络建模。网络建模是将电力网络的物理特性用数学模型来描述，以便用计算机进行分析。电网的数学模型包括发电机组、变压器、导线、电容器、负荷、断路器等。网络建模用于建立和修改网络数据库，为其他应用（如状态估计、潮流计算等）定义电网的网络结构。

网络模型分为物理模型和数学模型。物理模型（节点模型）是对网络的原始描述。数学模型是随开关设备状态变化，与网络方程联系在一起，用于网络分析计算的模型。

网络拓扑分析根据开关设备状态和电网元件关系，将网络物理模型转化为计算用数学模型，运用堆栈原理，搜索网络图的树枝，来判断支路的连通状态，划分电网中的各拓扑岛。当电网解列时，网络拓扑分析可以给出各子系统的拓扑结构。此外，利用网络拓扑结果可以标识电网元件的带电状态，进行网络的跟踪着色，用直观形象的方式表示网络元件的运行状态和网络接线的连通性。EMS 中的网络拓扑分析可以用于实时模式或研究模式，由开关变位事件驱动或召唤启动。

网络拓扑分析是其他高级应用软件的基础，网络拓扑软件应可靠、方便、快速。

图 4-4 所示为一个简单的网络拓扑物理模型，包括三个厂站（STA、STB、STC），各厂站间有 4 条线路（LNAB1、LNAB2、LNAC、LNBC）相连。厂站 STA 有 9 个开关 CBA1~CBA9，2 台机组（UNA1、UNA2），1 个负荷（LDA）和 8 个节点（DNA1~DNA8）。厂站 STB 有 4 个开关（CBB1~CBB9），1 个负荷 LDB 和 4 个节点 NDB1~NDB4。厂站 STC 有一台变压器（XFC），在变压器左侧有 5 个开关（CBC1~CBC5），1 个负荷（LDC）和 6 个节点（NDC1~NDC6）；在变压器右侧有 1 个开关（CBC6），1 台机组（UNC）。

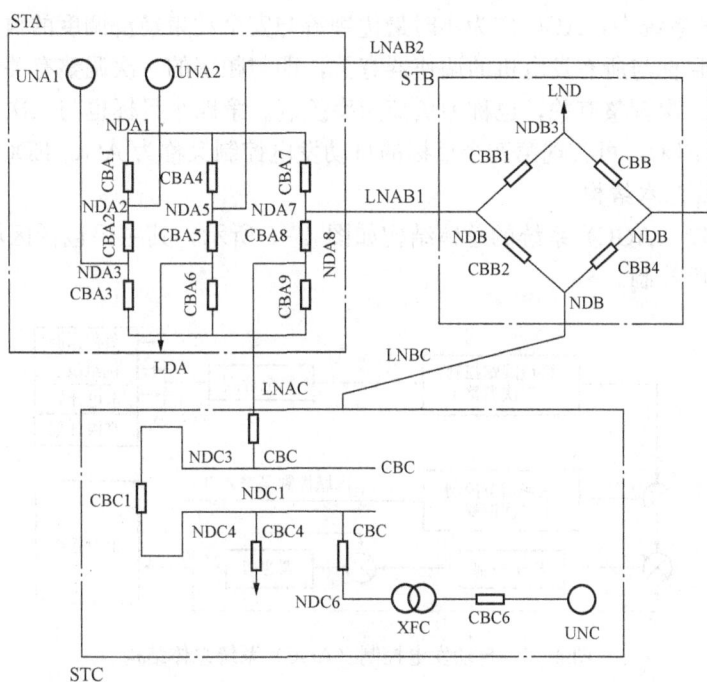

图 4-4 网络拓扑物理模型

当该网络中所有的开关设备都闭合时，图 4-4 所示网络拓扑分析的结果为图 4-5 所示的 4 条母线计算模型。

五、自动发电控制

电力系统的有功计划功率和系统的实际负荷总是存在一定的差距，自动发电控制就是通过监测电厂有功功率和系统负荷之间的差值，自动地调控调频机组的有功功率，以满足用户不断变化的用电需要，达到有功功率的发供平衡，从而保持系统频率稳定，使

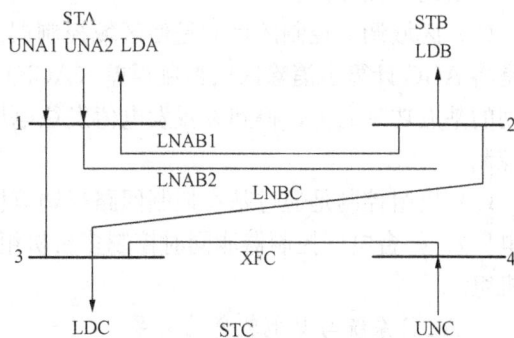

图 4-5 网络计算模型

整个系统处于经济的运行状态。AGC 系统的基本功能主要是负荷频率控制和经济调度。

自动发电控制（AGC）系统从 SCADA 系统获得实时测量数据，计算出各电厂或各机组的控制命令，再通过 SCADA 送到各电厂的电厂控制器，由电厂控制器调节机组功率，使之跟踪 AGC 的控制命令，这是一个典型的闭环控制系统。

1. AGC 基本控制目标

从电网经济运行与安全稳定运行的角度看，AGC 的基本控制目标是：

（1）调整全电网发电功率与全电网负荷平衡；

（2）调整电网频率偏差到零，保持电网频率为额定值；

（3）在各控制区域内分配全网发电功率，使区域间联络线潮流与计划值相等；

（4）在本区域发电厂之间分配发电功率，使区域运行成本最小；

（5）在 EMS 系统中，AGC 作为实时最优潮流与安全约束经济调度的执行环节。

上述第一个目标与所有发电机的调速器有关，即与频率的一次调整有关。第二个和第三个目标与频率的二次调整有关，也称为负荷频率控制。第四个目标也与二次调整有关，又称为经济调度功能 EDC，可实现第四个目标的自动发电控制又称为 AGC/EDC。

2. AGC 系统基本结构

自动发电控制（AGC）系统的总体结构如图 4-6 所示，其主要包括区域跟踪控制、区域调节控制、机组控制。

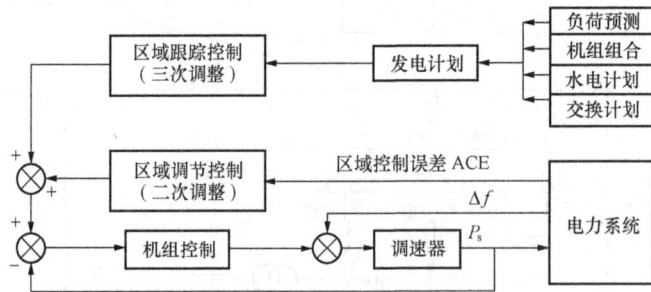

图 4-6　自动发电控制（AGC）系统总体结构

（1）区域跟踪控制的目的是按计划提供发电基点功率，落实发电计划、平衡因作息制度而造成的大幅度负荷变化。它与负荷预测、机组经济组合、水电计划及交换功率计划有关，担负主要调峰任务。

（2）区域调节控制的目的是使区域控制误差（ACE）调到零，这是 AGC 的核心。其功能是将 AGC 计算出消除区域控制误差（ACE）的各机组需增减的调节功率，加到机组跟踪计划的基点功率之上，得到设置发电值发往电厂控制器，最终完成对调频机组输出功率的闭环控制。

（3）机组控制是通过基本控制回路来调节机组以控制误差为零。在许多情况下（特别是水电厂），一台电厂控制器能同时控制多台机组，AGC 的信号送到电厂控制器后，再分到各台机组。

3. AGC 系统与其他软件的关系

AGC 是 EMS 的有机组成部分，需要在其他应用软件的支持下工作，如负荷预测、机组组合、发电计划、区域交换功率计划、状态估计等，如图 4-7 所示。

AGC 所需的负荷预测不仅是短期的，还需要超短期的。超短期负荷预测与发电计划相结合，以达到尽可能密切的调峰跟踪。状态估计可以每 10min 向 AGC 提供各机组和联络线交接点的运行参数，使 AGC 做到电网处于合理优化运行方式。如果状态估计发现有线路潮流过负荷，则启动实时安全约束调度软件，提出解除过负荷的措施，以改变发电厂发电功率限值的方式送给 AGC，由下一个周期开始 AGC 将自动进行解除支路过负荷的调整。

发电计划是 EMS 中发电级的核心应用软件，它向 AGC 提供基点功率值，对电力系统经济调度起着关键作用。

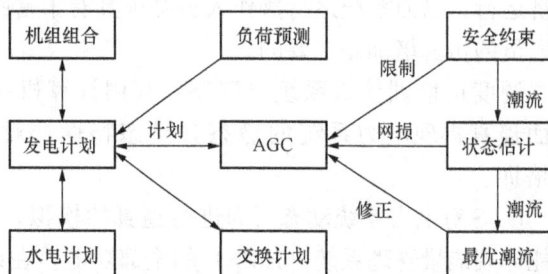

图 4-7　自动发电控制（AGC）系统在
其他应用软件支持下工作

六、自动电压控制

自动电压控制（AVC）系统是指在正常运行情况下，通过实时监视电网无功/电压情况，进行在线优化计算，分层调节控制电网无功电源及变压器分接头，调度变电站自动化系统对接入同一电压等级电网的、各节点的无功补偿可控设备实施实时的最优闭环控制，满足全网安全电压约束条件下的优化无功潮流运行，达到电压优质和网损最小。从本质上说，自动电压控制的目标就是通过对电网无功分布的重新调整，保证电网运行在一个更安全、更经济的状态。

电力系统的电压及无功功率控制通常采用分层分区控制的原则，按空间和时间将电压控制分为三个等级。

1. 一级电压控制

一级电压控制设置在发电厂、用户或各供电点，通常是快速反应的闭环控制。例如，同步电机的无功功率控制、静止无功补偿器的控制，以及快速自动投切电容器和电抗器等。由负荷波动、电网切换和事故引起的快速电压变化，通常是由一级电压控制进行调整的。变压器有载分接开关自动切换装置也属于就地的一级电压控制设备，但其响应速度慢，通常为几十秒至几分钟，主要用于在负荷变化缓慢但幅度大时维持电压质量。

2. 二级电压控制

二级电压控制设置在系统枢纽点，用于协调一个区域内各就地一级控制设备的工作。例如，改变发电机或 SVC 的电压调节定值、投切电容器和电抗器、切负荷，以及必要时闭锁变压器有载分接开关切换等。这类控制也是自动闭环进行的。二级电压控制系统除了将上述实时控制命令从控制中心送到执行地点外，还可以将各种电压安全监视信息送给有关值班人员。

3. 三级电压控制

三级电压控制设置在系统调度中心，目的在于发现电压稳定性的劣化和采取必要的措施。这类控制主要是协调各二级控制系统，指导值班人员进行干预。除安全监视和控制外，经济问题主要在三级控制考虑，通常要求按安全和经济准则优化运行状态。

七、调度员培训仿真系统

随着电力工业的飞速发展，电力系统对运行的安全可靠性提出了愈来愈高的要求；同时现代化生活和生产使得用户对供电质量及可靠性也提出了更高的要求，为保证电网的安全、经济运行，电力系统运行操作人员必须具有丰富的知识、经验和能力。因此对电厂和电网运行人员的仿真培训是必要的。

调度员培训仿真系统（DTS）利用计算机模拟实际电力系统的运行特性，采用人机界面逼真再现电力系统的静态和动态特性，对调度员、运行支持及决策人员进行演示和培训。

DTS对电力系统动态行为进行逼真的模拟，严格模拟调度室中人机会话操作过程，并且能体现能量管理系统（EMS）的全部功能。在线运行DTS可以取得更好的培训效果。因此，DTS应可以共享SCADA系统的实时数据和历史数据，而且保持环境一致，即数据采集、发电计划、网络分析等采用与控制中心相同的画面及信息，使学员与调度员面对的环境完全一致。

DTS不仅能使得调度员在真实的操作环境中，对其所在电网及相邻电网的特性和薄弱环节有深入的了解，掌握保证电能质量和预防出重大事故的能力，积累迅速正确地判断和处理各种故障的经验；另外，还可以对运行支持人员、规划和决策人员、软硬件研发人员和控制中心设计人员等进行培训。下面介绍DTS的主要功能。

1. 正常情况下的培训

正常情况下的基本操作培训包括倒闸操作、变压器分接头的调节、发电机的投切及输出功率调节、负荷的投切与增减、系统的并列与解列等。正常情况下的基本训练包括对负荷频率控制、经济调度、系统状态监视，调度员潮流等工具的使用，警报显示的处理等。

2. 紧急状态下的事故处理培训

在紧急状态下（如联络线投切、发电机紧急事故、事故甩负荷、线路单重或多重故障、保护误动或拒动、振荡状态及系统解列等），对调度员处理事故能力是一种严重的考验。DTS能使控制人员达到技术和心理上的真实感，是培训调度员处理严重事故的有效工具。通过事故状态下的培训，可以增强调度员在紧急状态下处理事故的信心，增长有关动态或解列运行状态下有关技术特性方面的知识，以及有关处理事故时所需工具和操作步骤等方面的知识。

3. 事故后电力系统的恢复操作培训

如重新安排有功、无功输出功率，调整负荷及并网等一系列操作处理，使系统在最短时间内恢复正常。

4. 预防性操作及操作后的分析评价

DTS可对系统或学员操作中潜在的静态、动态不安全性进行评价，并能图示预防控制的方法和结果。此外，还能对学员的处理过程及系统状态利用快照形式记录下来，培训结束后可再现其过程，从而对其操作进行分析和评价，制定出最佳的操作规程，使学员熟练地运用正确的规程对系统进行正确的操作。

5. 进行继电保护和自动装置研究

利用DTS还能进行电力系统运行方式以及继电保护和安全自动装置的整定配置研究。

第四节　电力系统状态估计

一、电力系统状态估计的必要性

电力系统的状态是由电力系统的运行结构和运行参数来表征的。电力系统的运行结构是指在某一时间断面电力系统的运行接线方式，特点是几乎完全是由人工按计划决定的。但是，当电力系统的运行结构发生了非计划改变（如因故障跳开断路器）时，如果远动的遥信没有正确反映情况，就导致现调度计算机中的电力系统运行接线与实际情况不相符。电力系统的运行参数可以由远动系统送到调度主站，这些参数随着电力系统负荷的不断变化而变化，这些数据称为实时数据。

SCADA 系统收集了全网的实时数据，存储到实时 SCADA 数据库中。而 SCADA 实时数据库存在下列明显缺点：

（1）数据不齐全。为了使收集的数据齐全，必须在电力系统的所有厂站都设置 RTU，并采集电力系统中所有节点和支路的运行参数。这将使 RTU 的数量，远动通道和变送器的数量大大增加，因此就有一些节点或支路的运行参数不能被量测到而造成数据收集不全。

（2）数据不精确。数据采集和传送的每个环节（如 TA、TV、A/D 转换等）都会产生误差，这些误差有时使相关的数据变得相互矛盾。

（3）受干扰时会出现不良数据。干扰总是存在的，尽管已经采取了滤波和抗干扰编码等措施，减少了出现错误的次数，但个别错误数据的出现仍不能避免。这里所说的错误数据不是误差，而是完全不合道理的数据。

（4）数据不和谐。数据不和谐是指数据相互之间不符合建立数学模型以及所依据的电路定律。导致数据不和谐的原因有两方面：一是前述各项误差所致；二是各项数据并非是同一时刻采样得到，这种数据的不和谐影响了各种高级应用软件的计算分析。

由于 SACDA 实时数据存在上述缺点，因而必须找到一种合适的方法把不齐全的数据填平补齐，不精确的数据"去粗取精"，同时找出错误的数据"去伪存真"，使整个数据系统和谐严密，质量和可靠性得到提高，这种方法就是状态估计。

电力系统状态估计，就是对电力系统的某一时间断面的遥测量和遥信信息进行实时处理，自动排除偶然出现的错误数据和信息，提高实时数据的精确度，补足缺少的数据和信息，从而获得表征电力系统运行状态的完整而准确的信息。

电力系统状态估计程序输入的是低精度、不完整、不和谐、偶尔还有不良数据的"生数据"，而输出的则是精度高、完整、和谐和可靠的数据。由这样的数据组成的数据库，称为"可靠数据库"。电网调度自动化系统的高级应用软件，都以可靠数据库的数据为基础，因此状态估计有时被誉为应用软件的"心脏"，可见这一功能的重要程度。图 4-8 所示为状态估计在电网调度自动化系统中的作用示意图。

二、状态估计基本原理

1. 状态估计数学模型

状态估计的数学模型是基于反映网络结构、线路参数、状态变量和实时量测之间相互关系的量测方程。

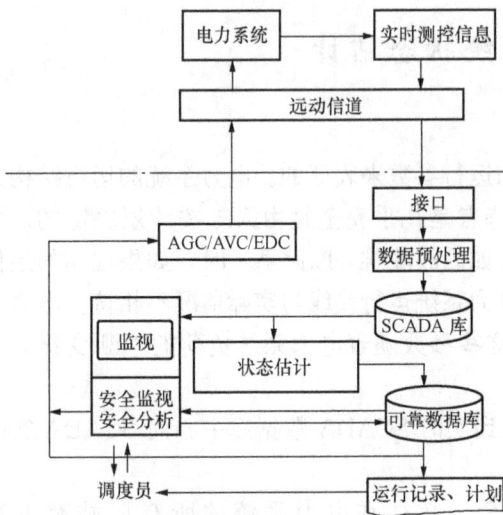

图 4-8　状态估计在电网调度
自动化系统中的作用

量测量包括线路功率、线路电流、节点功率，节点电流和节点电压等。状态量包括节点电压幅值和相角。

对于某个状态量 x 进行测量时，一般假设仪表的量测值 z 与 x 之间是函数关系，即 $z = h(x)$。任何测量都有误差，则状态估计的量测方程为

$$z = h(x) + v \qquad (4-6)$$

式中　z——仪表的量测值；

　　　v——仪表的量测误差。

求解状态量 x 时，大多使用极大似然估计，即求解的状态量 x 使量测值 z 被观测到的可能性最大。一般使用加权最小二乘法准则来求解状态变量的估计值 $\hat{x}$，并假设量测量服从正态分布。量测值 z 给定以后，状态估计量 $\hat{x}$ 是使量测量加权残差平方和达到最小的 x 值，即

$$J(\hat{x}) = \min \sum_{i=1}^{k} (z - \hat{z})^2 = \min \sum_{i=1}^{k} \left[z - h(\hat{x}) \right]^2 \qquad (4-7)$$

对目标函数求导并取为零，则有

$$\frac{\partial J(\hat{x})}{\partial x} = 0 \qquad (4-8)$$

即可求解出估计量 $\hat{x}$。

2. 电力系统状态估计算法

(1) 测量的冗余度。状态估计算法必须建立在实时测量系统有较大冗余度的基础之上。对那些不随时间而变化的量，为消除测量数据的误差，常用的方法就是多次重复测量。测量的次数越多，它们的平均值就越接近真值。

但在电力系统中不能采用上述方法，因为电力系统运行参数属于时变参数。消除或减少时变参数测量误差，必须利用一次采样得到的一组有多余的测量值。这里的关键是"多余"，多余的越多，估计得越准；但同时也会造成在测点及通道上的投资越多，所以要适可而止。一般要求是

测量系统的冗余度 = 系统独立测量数 / 系统状态变量数 = (1.5 ~ 3.0)

电力系统的状态变量是指表征电力系统特征所需最小数目的变量，一般取各节点电压幅值及其相位角为状态变量。若有 N 个节点，则有 $2N$ 个状态变量。由于可以设某一节点电压相位角为零，所以其未知的状态变量数为 $2N-1$。

(2) 目标函数。实际电力系统中通常有成百上千个节点，状态估计方程可用矩阵形式表示为

$$\boldsymbol{Z} = \boldsymbol{H}(\hat{x}) + \boldsymbol{V} \qquad (4-9)$$

式中　$\boldsymbol{Z}$——量测量列向量，维数为 m；

$\hat{x}$——状态向量，若母线数为 k，则 $\hat{x}$ 的维数为 $2k$，即每个节点有电压幅值和相角；

$H(\hat{x})$——量测函数方程，其数目与量测向量一致，m 维；

V——量测误差，m 维。

按最小二乘法准则建立目标函数，即

$$J(\hat{x}) = [Z - H(\hat{x})]^{\mathrm{T}} R^{-1} [Z - H(\hat{x})] \qquad (4-10)$$

式中　R^{-1}——$m \times m$ 维对角阵，其对角元素为量测的加权因子，可采用量测方差的倒数。

$H(\hat{x})$ 是 x 的非线性向量，不能直接计算 $\hat{x}$，可采用迭代算法求解。在给定了测量向量 Z 之后，即可求出估计量 $\hat{x}$。

三、状态估计步骤

状态估计可分为以下四个步骤。

（1）假定数学模型。在假定没有结构误差、参数误差和不良数据的条件下，确定计算所用的数学方法。可选用的数学方法有加权最小二乘法、快速分解法、正交化法和混合法等。目前在电力系统中用的较多的是加权最小二乘法。最小二乘法是将目标函数 J 定义为，实际测量值与按设定的数学模型计算出来的对应值之差的平方和，当目标函数 J 有最小值时，求得的状态变量值即为最佳估计值。如果再考虑到各量测设备精度的不同，可令目标函数中对应测量精度较高的测量值乘以较高的"权值"，以使其对估计的结果发挥较大的影响；相反，对应测量精度较低的测量值，则乘以较低的"权值"，使其对估计的结果影响小一些，这就是加权最小二乘法。状态变量一般取各母线电压幅值和相位角，测量值选取母线注入功率、支路功率和母线电压数值。

（2）状态估计计算。根据所选定的数学方法，计算出使"残差"最小的状态变量估计值。所谓残差，就是各量测值与计算的相应估计值之差。

（3）检测。检查是否有不良量测值混入或有结构错误信息，如果没有，此次状态估计即告完成；如果有，转入下一步。

（4）识别。识别又称辨识（Indentification），是确定具体的不良数据或网络结构错误信息的过程。在除去或修正已识别出来的不良量测值和结构错误后，重新进行第二次状态估计计算，这样反复迭代估计，直至没有不良数据或结构错误为止。

图 4-9 所示为状态估计的四个步骤及相互关系。

不良数据的检测与识别是很重要的，否则状态估计将无法投入在线实际应用。当有不良数据出现时，必然会使目标函数 J 大大偏离正常值，这种现象可以用来发现不良数据。为此可把状态估计值代入目标函数中，求出目标函数的值，如果大于某一门槛值，即可认为存在不良数据。

发现存在不良数据后要寻找不良数据。对于单个不良数据的情况，一个最简单的方法就是逐

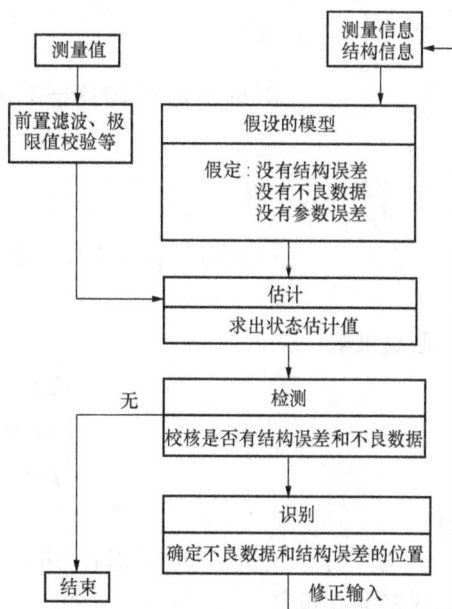

图 4-9　状态估计四个步骤及相互关系

个试探。例如把第一个测量值去掉，重新估计，若正好这个测量值是不良数据，去掉后再检查 J 值时就会变为合格；如是正常数据，去掉后的 J 值肯定还是不合格，这时就把第一个测量值补回，再去掉第二个测量值……如此逐个搜索，一定会找到不良数据，但比较耗时。至于存在多个相关不良数据的辨识就要复杂多了，目前还没有特别有效的辨识办法。

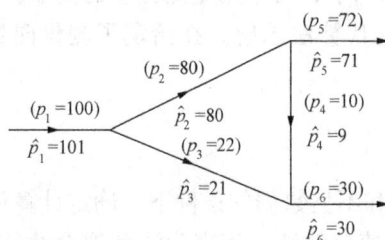

图 4-10 无结构错误和坏数据时的正常估计示意图

【例 4-1】 已知某系统各支路有功功率 p_i 的测量值如图 4-10 所示，忽略线路功率损耗，采用最小二乘法求各支路有功功率的最佳估计值 $\hat{p}_i$。

解 估计后的各 $\hat{p}_i$ 值应是和谐的，即应满足下列方程

$$\begin{cases} \hat{p}_1 = \hat{p}_2 + \hat{p}_3 \\ \hat{p}_2 = \hat{p}_4 + \hat{p}_5 \\ \hat{p}_6 = \hat{p}_3 + \hat{p}_4 \end{cases}$$

这组方程就是网络的数学模型。

（1）认为无结构错误和坏数据时的正常估计。

目标函数

$$\begin{aligned} J &= (\hat{p}_1 - 100)^2 + (\hat{p}_2 - 80)^2 + (\hat{p}_3 - 22)^2 + (\hat{p}_4 - 10)^2 + (\hat{p}_5 - 72)^2 + (\hat{p}_6 - 30)^2 \\ &= (\hat{p}_2 + \hat{p}_3 - 100)^2 + (\hat{p}_2 - 80)^2 + (\hat{p}_3 - 22)^2 + (\hat{p}_4 - 10)^2 \\ &\quad + (\hat{p}_2 - \hat{p}_4 - 72)^2 + (\hat{p}_3 + \hat{p}_4 - 30)^2 \end{aligned}$$

求 J 的最小值，令 $\dfrac{\partial J}{\partial \hat{p}_2} = 0$，得

$$2(\hat{p}_2 + \hat{p}_3 - 100) + 2(\hat{p}_2 - 80) + 2(\hat{p}_2 - \hat{p}_4 - 72) = 0$$
$$3\hat{p}_2 + \hat{p}_3 - \hat{p}_4 = 252$$

令 $\dfrac{\partial J}{\partial \hat{p}_3} = 0$，得

$$2(\hat{p}_2 + \hat{p}_3 - 100) + 2(\hat{p}_3 - 22) + 2(\hat{p}_3 + \hat{p}_4 - 30) = 0$$
$$\hat{p}_2 + 3\hat{p}_3 + \hat{p}_4 = 152$$

令 $\dfrac{\partial J}{\partial \hat{p}_4} = 0$，得

$$-2(\hat{p}_2 - \hat{p}_4 - 72) + 2(\hat{p}_4 - 10) + 2(\hat{p}_3 + \hat{p}_4 - 30) = 0$$
$$\hat{p}_2 - \hat{p}_3 - 3\hat{p}_4 = 32$$

联立求解

$$\begin{cases} 3\hat{p}_2 + \hat{p}_3 - \hat{p}_4 = 252 \\ \hat{p}_2 + 3\hat{p}_3 + \hat{p}_4 = 152 \\ \hat{p}_2 - \hat{p}_3 - 3\hat{p}_4 = 112 \end{cases}$$

解得

$$\hat{p}_2 = 80, \quad \hat{p}_3 = 21, \quad \hat{p}_4 = 9, \quad \hat{p}_1 = 101, \quad \hat{p}_5 = 71, \quad \hat{p}_6 = 30$$

残差平方和为

$$J = (101 - 100)^2 + (80 - 80)^2 + (21 - 22)^2 + (9 - 10)^2 + (71 - 72)^2 + (30 - 30)^2 = 4$$

$$测量冗余度 = \frac{6}{3} = 2.0$$

（2）减少支路功率测点，增加节点电压测点重新估
计。如图 4 - 11 所示，支路阻抗为 $S_2 = 7 + \mathrm{j}15\Omega$，$S_3 = 6 + \mathrm{j}10\Omega$，增加了三个测点 $Q_2 = 40$，$U_1 = 120$，$U_2 = 110$，减少了 p_4、p_6 两个测点。

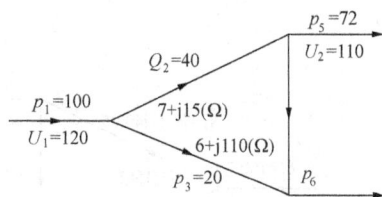

图 4 - 11　增加节点电压量测点后的系统示意图

网络数学模型为

$$\begin{cases} \hat{p}_1 = \hat{p}_2 + \hat{p}_3 \\ \hat{p}_2 = \hat{p}_4 + \hat{p}_5 \\ \hat{p}_6 = \hat{p}_3 + \hat{p}_4 \\ \hat{U}_2 = \hat{U}_1 - \dfrac{\hat{P}_2 R_2 + \hat{Q}_2 X_2}{U_1} \end{cases}$$

其中，U_1 为参考电压不再估计。

目标函数为

$$J = (\hat{p}_2 + \hat{p}_3 - 100)^2 + (\hat{p}_2 - 80)^2 + (Q_2 - 40)^2 + (\hat{p}_3 - 22)^2$$
$$+ (\hat{p}_5 - 72)^2 + \left(U_1 - \frac{7\hat{P}_2 + 15\hat{Q}_2}{U_1} - 110 \right)^2$$

令 $\dfrac{\partial J}{\partial \hat{p}_2} = 0$，得

$$2(\hat{p}_2 + \hat{p}_3 - 100) + 2(\hat{p}_2 - 80) + 2\left(120 - \frac{7\hat{P}_2 + 15\hat{Q}_2}{120} - 110 \right)\left(\frac{-7}{120} \right) = 0$$
$$2.003\hat{p}_2 + \hat{p}_3 + 0.007\hat{Q}_2 = 180.6$$

令 $\dfrac{\partial J}{\partial \hat{p}_3} = 0$，得

$$2(\hat{p}_2 + \hat{p}_3 - 100) + 2(\hat{p}_3 - 22) = 0$$
$$\hat{p}_2 + 2\hat{p}_3 = 122$$

令 $\dfrac{\partial J}{\partial \hat{p}_5} = 0$，得

$$2(\hat{p}_5 - 72) = 0$$
$$\hat{P}_5 = 72$$

令 $\dfrac{\partial J}{\partial \hat{Q}_2} = 0$，得

$$0.007\hat{p}_2 + 1.016\hat{Q}_2 = 41.25$$

联立求解

$$\begin{cases} 2.0003\hat{p}_2 + \hat{p}_3 + 0.007\hat{Q}_2 = 180.6 \\ \hat{p}_2 + 2\hat{p}_3 = 122 \\ 0.007\hat{p}_2 + 1.016\hat{Q}_2 = 41.25 \end{cases}$$

解得

$$\hat{p}_2 = 79.4, \quad \hat{p}_3 = 21.3, \quad \hat{p}_1 = 100.7, \quad \hat{p}_4 = 7.4, \quad \hat{p}_5 = 72, \quad \hat{p}_6 = 28.7$$
$$\hat{Q}_2 = 40.05, \quad \hat{U}_2 = 110.36$$

此时，状态估计的结果如图 4 - 12 所示。

（3）出现偶尔不良数据时。设 $\hat{p}_5 = 72$ 在传输中因干扰出现错误变为 400，如图 4 - 13 所示。

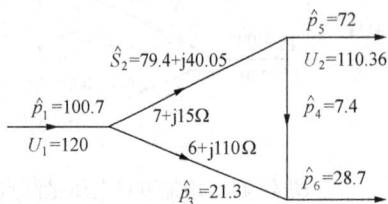

图 4 - 12　增加节点电压量测点
后的估计结果图

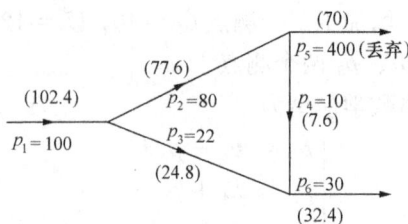

图 4 - 13　出现偶尔不良数
据时示意图

1）可先用合理性检查将其丢弃，该数据空缺，在冗余度 $= \dfrac{5}{3} = 1.67$ 时，仍然可进行状态估计。目标函数为

$$J = (\hat{p}_1 - 100)^2 + (\hat{p}_2 - 80)^2 + (\hat{p}_3 - 22)^2 + (\hat{p}_4 - 10)^2 + (\hat{p}_6 - 30)^2$$

令 $\dfrac{\partial J}{\partial \hat{p}_2} = 0$，得

$$2\hat{p}_2 + \hat{p}_3 = 180$$

令 $\dfrac{\partial J}{\partial \hat{p}_3} = 0$，得

$$\hat{p}_2 + 3\hat{p}_3 = 152$$

令 $\dfrac{\partial J}{\partial \hat{p}_4} = 0$，得

$$2\hat{p}_4 + \hat{p}_3 = 40$$

解得

$$\hat{p}_2 = 77.6, \quad \hat{p}_3 = 24.8, \quad \hat{p}_4 = 7.6, \quad \hat{p}_5 = \hat{p}_2 - \hat{p}_4 = 70$$

残差平方和为

$$J = 2.4^2 + 2.4^2 + 2.8^2 + 2.4^2 + 2.4^2 = 30.88$$

虽然残差稍大些，但不全数据补齐了。由于数据缺失一项，冗余度有所降低，估计的精度亦有所降低。

2）若不能用合理性检查排除，先采用检测方法。目标函数为

$$J = (\hat{p}_2 + \hat{p}_3 - 100)^2 + (\hat{p}_2 - 80)^2 + (\hat{p}_3 - 22)^2 + (\hat{p}_4 - 10)^2$$
$$+ (\hat{p}_2 - \hat{p}_4 - 400)^2 + (\hat{p}_3 + \hat{p}_4 - 30)^2$$

令 $\dfrac{\partial J}{\partial \hat{p}_2} = 0$，得

$$3\hat{p}_2 + \hat{p}_3 - \hat{p}_4 = 580$$

令 $\dfrac{\partial J}{\partial \hat{p}_3} = 0$，得

$$\hat{p}_2 + 3\hat{p}_3 + \hat{p}_4 = 152$$

令 $\dfrac{\partial J}{\partial \hat{p}_4} = 0$，得

$$\hat{p}_2 + \hat{p}_4 + \hat{p}_3 = 440$$

解得

$$\hat{p}_2 = 327, \quad \hat{p}_3 = -144, \quad \hat{p}_4 = 257$$

残差平方和为

$$J = (183-100)^2 + (327-80)^2 + (-144-22)^2 + (257-10)^2$$
$$+ (40-400)^2 + (113-30)^2 = 272\,252$$

可见，残差太大了，混入了坏数据，结果如图4-14所示。

3）用逐个排除法进行识别。先丢弃 $\hat{p}_1 = 100$，则目标函数为

$$J = (\hat{p}_2 - 80)^2 + (\hat{p}_3 - 22)^2 + (\hat{p}_4 - 10)^2$$
$$+ (\hat{p}_2 - \hat{p}_4 - 400)^2 + (\hat{p}_3 + \hat{p}_4 - 30)^2$$

令 $\dfrac{\partial J}{\partial \hat{p}_2} = 0$，得

$$2\hat{p}_2 - \hat{p}_4 = 480$$

令 $\dfrac{\partial J}{\partial \hat{p}_3} = 0$，得

$$\hat{p}_4 + 2\hat{p}_3 = 52$$

令 $\dfrac{\partial J}{\partial \hat{p}_4} = 0$，得

$$\hat{p}_2 + \hat{p}_4 + \hat{p}_3 = 440$$

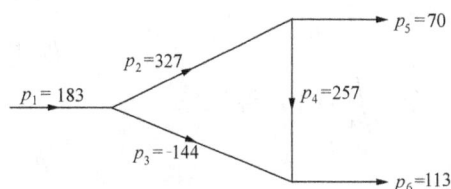

图 4-14　出现偶然错误数据时未丢弃不合理数据的估计结果示意图

解得

$$\hat{p}_2 = 327, \quad \hat{p}_3 = -61, \quad \hat{p}_4 = 174$$

残差平方和为

$$J = (266-100)^2 + (327-80)^2 + (-61-22)^2 + (174-10)^2$$
$$+ (153-72)^2 + (113-30)^2 = 135\,800$$

可见，残差仍太大。

丢弃 p_1 时的估计结果示意图如图4-15所示。此时应将 $\hat{p}_1 = 100$ 补回，再丢弃 $\hat{p}_1 = 80$，重新进行估计，逐次循环。总之，只要没把真正的坏数据丢弃掉，残差就不会下降到合埋的门槛值。在进行第5次试探，将 $\hat{p}_5 = 400$ 丢弃掉时，残差突然下降到30.88的较低值，这说明坏数据就是 $\hat{p}_5 = 400$，而估计的 $\hat{p}_5 = 70$ 是比较可靠的。

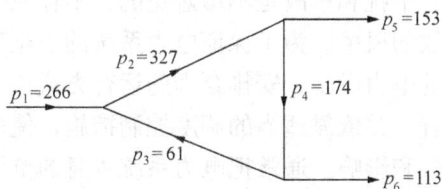

图 4-15　丢弃 p_1 时的估计结果示意图

4）出现结构性错误时。如图4-16所示，若 p_2 支路已断开，相应线路遥测数据 p_2 应为零，但因误差变为2，而遥信数据有误，调度端仍认为 p_2 支路是连通的，前述方程仍被认为是正确的，即

$$\begin{cases} \hat{p}_1 = \hat{p}_2 + \hat{p}_3 \\ \hat{p}_2 = \hat{p}_4 + \hat{p}_5 \\ \hat{p}_6 = \hat{p}_3 + \hat{p}_4 \end{cases}$$

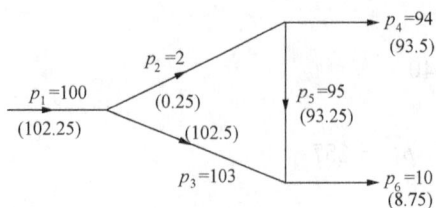

图 4-16　出现结构信息错误时的示意图

此时，目标函数为

$$J = (\hat{p}_2 + \hat{p}_3 - 100)^2 + (\hat{p}_2 - 2)^2$$
$$+ (\hat{p}_3 - 103)^2 + [\hat{p}_4 - (-95)]^2$$
$$+ (\hat{p}_2 - \hat{p}_4 - 94)^2 + (\hat{p}_3 + \hat{p}_4 - 10)^2$$

令 $\dfrac{\partial J}{\partial \hat{p}_2} = 0$，得

$$3\hat{p}_2 + \hat{p}_3 - \hat{p}_4 = 196$$

令 $\dfrac{\partial J}{\partial \hat{p}_3} = 0$，得

$$\hat{p}_2 + 3\hat{p}_3 + \hat{p}_4 = 213$$

令 $\dfrac{\partial J}{\partial \hat{p}_4} = 0$，得

$$\hat{p}_2 + \hat{p}_3 + \hat{p}_4 = 91$$

解得

$$\hat{p}_2 = 0.25, \quad \hat{p}_3 = 102, \quad \hat{p}_4 = -93.25$$

残差平方和为

$$J = 0.25^2 + 1.75^2 + 1^2 + 1.75^2 + 0.5^2 + 1.75^2 = 10.5$$

可见，通过估计数据趋近真实，$p_2 \approx 0$，可以发现该支路可能已断开。

本例只有 3 个节点，用手工计算尚可。实际的电力系统有几十至几百个节点，必须采用计算机编程进行矩阵运算。

第五节　安全分析与安全控制

电力系统的安全性是指电力系统在运行中承受故障扰动的能力，主要包括两方面内容：①电力系统突然发生扰动时不间断地向用户提供电力和电量的能力；②电力系统的整体性，即电力系统维持联合运行的能力。

在实际运行中，一般用安全储备系数和干扰出现的概率确定一个电力系统当前的安全水平。一个电力系统运行的安全水平与事故概率、系统的安全储备（包括有功备用、无功备用、线路的安全储备能力）等因素有关，同时备用容量能否发挥作用与电力系统的运行方式有密切关系。因此，充足的备用、合理的电力系统运行结构以及较高的设备完好率，是提高电力系统安全水平的物质基础，只有在此基础上调度人员的调度指挥和调度自动化才是有效的。

电力系统在运行中始终把安全作为最重要的目标，就是要避免发生事故，保证电力系统能以质量合格的电能对用户连续供电。在电力系统中，干扰和事故是不可避免的，不存在一个绝对安全的电力系统，重要的是要尽量减少发生事故的概率。为了保证电力系统的安全稳定运行，一次系统应建立合理的电网结构、配备完善的电力设施、安排合理的运行方式；二次系统应配备性能完善的继电保护系统和自动控制装置，并依靠适当的调度控制措施，使事故得到及时处理，尽量减少事故的范围及所带来的损失和影响。通常把电力系统本身的抗干扰能力，继电保护、自动装置的作用，以及调度运行人员的正确控制操作，称为电力系统安全运行的"三道防线"。通常设置"三道防线"来确保电力系统在遇到各种事故时的安全稳定运行：

第一道防线：快速可靠的继电保护，有效的预防性控制措施，确保电网在发生常见的单一故障时保持电网稳定运行和电网的正常供电。

第二道防线：采用稳定控制及切机、切负荷等紧急控制措施，确保电网在发生概率较低的严重故障时能继续保持稳定运行。

第三道防线：设置失步解列、频率及电压紧急控制装置，当电网遇到概率很低的多重严重事故而稳定破坏时，依靠这些装置防止事故扩大，防止大面积停电。

一、安全稳定的标准

电力系统中的扰动可分为小扰动和大扰动两类。

（一）小扰动下的安全稳定标准

小扰动是指由于负荷正常波动、功率及潮流控制、变压器分接头调整和联络线功率突然波动等引起的系统扰动。电力系统在承受小扰动时应保持静态稳定并留有一定储备。

电力系统的静态稳定储备标准为：

（1）在正常运行方式下，对不同的电力系统，按功角判据计算的静态稳定储备系数 K_P 应为 15%～20%，按无功电压判据计算的静态稳定储备系数 K_Q 为 10%～15%。

（2）在事故后运行方式和特殊运行方式下，K_P 不得低于 10%，K_Q 不得低于 8%。

（二）大扰动下的安全稳定标准

大扰动是指系统元件短路、切换操作和其他较大的功率或阻抗变化引起的系统扰动。电力系统承受大扰动能力的安全稳定标准分为三级。

1. 第 I 级标准

第 I 级标准是指保持系统稳定运行和电网的正常供电。扰动类型为出现概率较高的单一故障，又称为第 I 类大扰动。

正常运行方式下的电力系统承受第 I 类大扰动时，保护装置、断路器及重合闸装置正确动作，不采取稳定控制措施，必须保持电力系统稳定运行和电网的正常供电，其他元件不超过规定的事故过负荷能力，不发生连锁跳闸。

但对发电厂送出线路的三相故障，直流送出线路的单极故障，或两级电压电磁环网中高一级电压线路故障或无故障断开，必要时可采用切机或发电机快速减输出功率等措施。

第 I 类大扰动是指下述单一元件故障：

（1）任何线路单相瞬时接地故障、重合闸成功；

（2）同级电压双回线或多回线及环网，任一回线单相永久故障且重合不成功，以及无故障相断开不重合；

（3）同级电压的双回线或多回线及环网，任一回线三相故障断开不重合；

（4）任一发电机跳闸或失磁；

（5）受端系统任一台变压器故障退出运行；

（6）任一回交流联络线故障或无故障断开不重合；

（7）直流输电线路单极故障；

（8）任一大负荷突然投入/切除。

2. 第 II 级标准

第 II 级标准是指保持系统稳定运行，但允许损失部分负荷。扰动类型为出现概率较低的单重故障，又称为第Ⅱ类大扰动。

正常运行方式下的电力系统承受第Ⅱ类大扰动时，保护装置、断路器及重合闸装置正确动作，应能保持稳定运行，必要时允许采取切机和切负荷等稳定控制措施。

第Ⅱ类大扰动是指下述较严重的故障：

(1) 单回线单相永久性故障重合不成功及无故障三相断开不重合；

(2) 任一段母线故障；

(3) 同杆双回线的异名两相同时发生单相接地故障重合不成功，三回线三相同时跳开；

(4) 直流输电线路双极故障。

3. 第Ⅲ级标准

第Ⅲ级标准是指当系统不能保持稳定时，必须防止系统崩溃并尽量减少负荷损失。扰动类型为出现概率很低的多重严重故障，又称为第Ⅲ类大扰动。

电力系统因承受第Ⅲ类大扰动导致稳定破坏时，必须采取措施。防止系统崩溃，避免造成长时间大面积停电和对最重要用户的灾害性停电，使负荷损失尽可能减少到最小，电力系统应尽快恢复正常运行。

第Ⅲ类大扰动是指以下情况：

(1) 故障时断路器拒动；

(2) 故障时继电保护装置、自动装置误动或拒动；

(3) 自动调节装置失灵；

(4) 多重故障；

(5) 失去大容量发电厂；

(6) 其他偶然因素。

二、安全控制的过程

电力系统安全分析与安全控制。其可以分为以下几个层次。

(1) 安全监视。安全监视是 SCADA 系统的主要功能，是对电力系统的实时运行参数（频率、电压和功率潮流等）以及断路器、隔离开关等的状态进行监视；当出现参数越限和开关变位时即进行报警，由运行人员进行适当的调整和操作。

(2) 安全分析。安全分析是在安全监视的基础上，对电力系统的运行状态做出安全评价。也就是，对各种可能发生的假想事故进行快速的计算分析，如发现不安全的状态，则由运行人员根据显示出的分析结果进行必要的调整控制，以改善系统运行水平。

安全分析包括静态安全分析和动态安全分析。

(3) 安全控制。安全控制是指在电力系统各种运行状态下，为保证电力系统安全运行所进行的调节、校正和控制。

三、安全分析

(一) 静态安全分析

判断系统发生预想事故后电压是否越限和线路是否过负荷的分析，称为静态安全分析。

一个正常运行的电网常常存在许多的危险因素，要使调度运行人员预先清楚地了解到这些危险并非易事，目前可以应用的有效工具就是在线静态安全分析程序。通过静态安全分析可以发现当前是否处于警戒状态。静态安全分析是对一组可能发生的假想故障进行在线的计算分析，校核这些故障发生后电力系统运行方式的安全性，判断出各种故障对电力系统安全运行的危害程度。

1. 预想故障分析

预想故障分析可分为故障定义、故障筛选和故障分析三部分。

（1）故障定义。故障定义是由软件根据电网结构和运行方式等定义的预想故障集合，该集合的元素可以由调度员根据需要进行修改。

一个运行中的电力系统，假想其中任意一个主要元件损坏或任意一台开关跳闸，都是一次故障。预想故障集合主要包括以下各种故障：

1）单一线路开断；

2）两条以上线路同时开断；

3）变电站回路开断；

4）发电机回路开断；

5）负荷出线开断；

6）上述各种情况的组合。

（2）故障筛选。故障筛选是对预想故障集合中故障的按发生概率和对电力系统危害的严重程度进行排序，形成故障顺序表。故障筛选的意义在于可以只选择少数对电力系统安全运行影响较大的事故进行详细分析和计算，因而可以大大节约计算时间，加快安全分析进程，提高安全分析的实时性。

（3）故障分析。故障分析是将故障顺序表中的预想故障进行快速潮流计算，自动确定出那些引起支路潮流过载、电压越限以及对电力系统安全运行构成的威胁的预想事故。计算时依据的网络模型，除了假定的开断元件外，其他部分则与当前运行系统完全相同。各节点的注入功率采用经过状态估计处理得到的当前值。每次计算的结果用预先确定的安全约束条件进行校核，如果某一故障使约束条件不能满足，则向运行人员发出报警（即宣布进入警戒状态）并显示出分析结果；也可提供一些可行的矫正措施（如重新分配各发电机组输出功率、对负荷进行适当控制等），供调度人员选择实施，消除安全隐患。

2. 计算方法

预想故障分析一般采用快速解法，采用的算法有直流潮流法、P-Q 分解法和等值网络法等，下面进行简要说明。

（1）直流潮流法。直流潮流法的特点是将电力系统的交流潮流（有功功率和无功功率）用等值的直流电流代替，用直流电路的解法来分析电力系统的有功潮流，不考虑无功分布对有功的影响。由于实时安全分析时采用的是半小时或一小时后的预测负荷进行计算，所以算法也没有必要很准确。直流潮流法的突出优点是计算速度快，这一点对于在线安全分析是十分重要的；缺点是计算精度差，因此有被其他方法取代的趋势。目前直流法仍旧是最成熟和应用最广泛的一种方法。

（2）P-Q 分解法。P-Q 分解法占用计算机的内存少，计算速度快，精度比较高，所以不仅在离线的计算中占主导地位，而且也适应实时分析的需要。与直流潮流法相比，P-Q 分解法不仅可以解出在预想故障下各联络线的潮流分布，用于估计是否过负荷；而且还能求出各节点的电压幅值，用于估计是否过电压。

（3）等值网络法。现代的大型电力系统规模庞大，往往由成百个节点和线路组成。在实时分析中需要储存大量的网络参数和实时数据，并进行大量的计算。这样不仅要求调度计算机容量巨大，而且每次分析的时间较长，达不到预防性控制的实时性要求。为此，人们根据一定的标准和运行经验，把一个大系统分为几部分，视不同情况进行等值处理，以减少计算机储存容量和提高运算速度。

安全分析的重点是系统中较为薄弱的负荷中心。而远离负荷中心的局部网络在安全分析中所起的作用较小，因此在安全分析中可以把系统分为两部分：待研究系统和外部系统。待研究系统就是指感兴趣的区域，也就是要求详细计算模拟的电网部分；而外部系统则指不需要详细计算的部分。安全分析时要保留"待研究系统"的网络结构，而将"外部系统"化简为少量的节点和支路。实践经验表明，外部系统的节点数和线路数远多于待研究系统，所以等值网络法可以大大降低安全分析中导纳矩阵的阶数和状态变量的维数，从而使计算过程大为简化。

（二）动态安全分析

判断系统发生预想事故后系统是否失去稳定性的分析称为动态安全分析。

稳定性事故是涉及电力系统全局的重大事故。正常运行中的电力系统是否会因为一个突然发生的事故而导致失去稳定，是电力系统分析的一个主要方面。校核假想事故后电力系统是否能保持稳定运行的离线稳定计算，一般采用数值积分法，逐时段地求解描述电力系统运行状态的微分方程组，得到动态过程中状态变量随时间变化的规律，并用此来判别电力系统的稳定性。这种方法的缺点是计算工作量很大，无法满足实施预防性控制的实时性要求。因此要寻找一种快速的稳定性判别方法。到目前为止，还没有很成熟的算法。

四、安全控制的类型

（一）正常运行状态（包括警戒状态）的安全控制

为了保证电力系统正常运行的安全性，首先在编制运行方式时就要进行安全校核；其次，在实际运行中要对电力系统进行不间断的严密监视，对电力系统的运行参数（如频率、电压和线路潮流等）不断地进行调整，始终使电力系统保持在尽可能的最佳状态；再次，还要对可能发生的假想事故进行后果模拟分析；最后，当确认当前属警戒状态时，可对运行中的电力系统进行预防性的安全校正。电力系统正常运行状态安全控制示意图如图 4-17 所示。

1. 安全监视

正常运行时，对电力系统进行监控由调度自动化系统的 SCADA 系统完成。SCADA 系统监控不断变化着的电力系统运行状态，如发电机输出功率、母线电压、线路潮流、系统频率和系统间交换功率等，当参数越限时发出警报，使调度人员能迅速判明情况，及时采取必要的调控措施来消除越限现象。此外，自动发电控制和无功/电压控制（AVC），也是正常运行时安全监控的重要方面。

2. 运行方式安全校核

编制运行方式是各级调度中心的一项重要工作内容。运行方式编制得是否合理直接影响系统运行的经济性和安全性。运行方式的编制是根据预测的负荷曲线做出的。对运行方式进行安全校核，就是用计算机根据负荷、气象、检修等运行条件的变化，并假定一系列事故条件，对未来某时刻的运行方式进行安全校核计算。其内容包括过负荷校核、电压异常校核、短路容量校核、备用容量校核、稳定裕度校核、频率异常校核、继电保护整定值校核等。如果校核结果不能满足安全条件，则要修改计划中的该运行方式，重新进行校核计算，直到满足各项约束条件，找到最佳运行方式为止。安全校核的选择时刻，一般应包括晚间高峰负荷时刻、上午高峰负荷时刻和夜间最小负荷时刻等典型时刻。通过安全校核计算，还要给出系统运行的若干安全界限，如系统最小旋转备用输出功率、最小冷备用输出功率（在短时间内能够发挥作用的发电输出功率），母线电压极限，输电线路两端电压相位角的安全界限以及通过线路或变压器等元件的功率潮流安全界限等。在确定这些安全界限时，都要留有一定的裕度。

3. 安全分析

对可能发生的假想事故进行分析，由电网调度自动化系统中的安全分析模块完成。电网调度自动化系统可以定时地（如 5min）或按调度人员要求随时启动该模块，也可以在电网结构有变化（即运行方式改变）或某些参数越限时自动启动安全分析程序，并将分析结果显示出来。

4. 预防性控制

针对可能发生的假想事故会导致不安全状态所采取的调整控制措施，称为预防性安全控制。如果预防性控制需要较大地改变现有运行方式，对系统运行的经济性很不利（如改变机组的启停方式等），则需由调度人员根据具体情况做出决断；也可以不采取任何行动，但应当加强监视，做好各种应对预案。

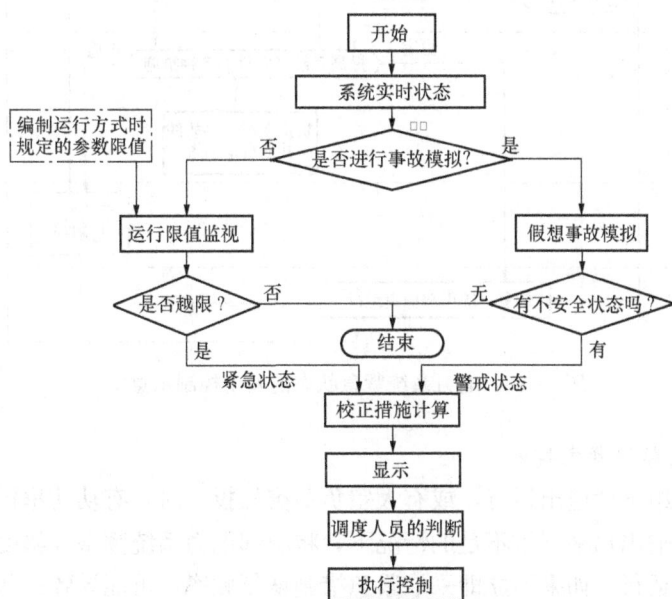

图 4-17　电力系统正常运行状态安全控制示意图

（二）紧急状态时的安全控制

紧急状态时的安全控制的目的是，迅速抑制事故及电力系统异常状态的发展和扩大，尽量缩小故障延续时间及其对电力系统其他非故障部分的影响。紧急状态的安全控制可分为三个阶段。

（1）第一阶段，控制目标是事故发生后快速而有选择地切除故障。这主要由继电保护装置和自动装置完成，目前最快可在一个周波内切除故障。

（2）第二阶段，控制目标是防止事故扩大和保持系统稳定，这需要采取各种提高系统稳定性的措施。

（3）第三阶段，在上述努力均无效的情况下，将电力系统在适当点解列。

图4-18所示为电力系统紧急状态时的安全控制示意图。图中将上述内容划分成五个小阶段表示。

在紧急状态中的电力系统可能出现各种"险情"，如频率、电压大幅度下降，线路和变压器严重地过负荷，系统发生振荡和失去稳定等。如果不能迅速采取有效措施消除这些险情，系统将会崩溃瓦解，发生大面积停电，造成巨大的经济损失。以下分几个方面对紧急状态时的安全控制加以叙述。

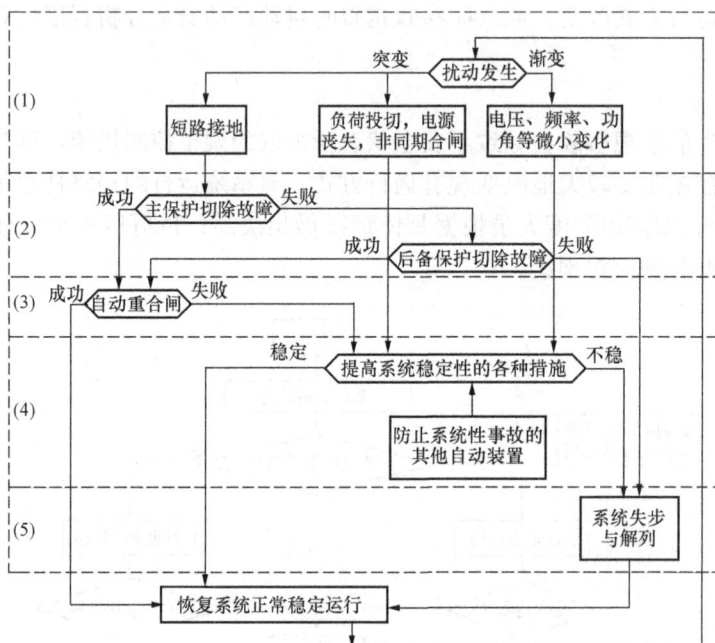

图4-18　电力系统紧急状态的安全控制示意图

1. 电力系统的频率紧急控制

当系统内大机组突然退出运行，或有大宗负荷突然投入时，有功功率供需关系就突然遭到破坏，在发电厂输出功率严重不足的情况下，将引起电力系统频率大幅度急剧下降，威胁到电力系统的安全运行。如果不立即采取紧急措施恢复频率，可能导致一些发电机低频切机动作，形成输出功率不足和频率下降的恶性循环，最终引起系统频率崩溃和全系统瓦解，导致大面积用户被迫停电。

在频率大幅度下降时，应当立即采取的紧急控制措施有以下几项：

（1）即增加具有旋转备用容量的发电机组的有功功率。

（2）将调相运行的发电机组改为发电运行。

（3）将抽水蓄能电站的抽水机组改为发电运行。

（4）迅速启动备用机组。水轮发电机可由低频自启动装置启动，用自同期法可在40s内将发电机与系统并列并带满负荷。燃气轮机组则可在几分钟内投入系统运行。

（5）由低频减负荷装置根据频率降低的程度，自动分几轮切除不重要的负荷。

（6）可将发电厂内一台（或几台）机组与系统解列，专门带厂用电及部分重要用户，以避免频率继续下降使整个发电厂瓦解，同时还有利于恢复阶段的操作迅速进行。

（7）还可采用短时间内降低电压5％～8％的办法。利用负荷的"电压效应"自动减少负荷，以缓和有功功率的供求不平衡，抑制频率的下降。

2. 电力系统的电压紧急控制

当无功电源被突然切除，或者无功电源不足的系统中无功负荷缓慢但是持续地增加到一定程度时，就有可能使电压大幅度下降到低于极限电压，以致发生所谓电压崩溃现象。

从电压下降到发生电压崩溃可能有几十秒到几分钟的时间，在这个时间内可以采取如下一些紧急措施：

（1）加大发电机励磁电流，增加发电机的无功功率，甚至可以在短时间里允许发电机电流过载15％；

（2）增加调相机的励磁电流，增大调相机的无功功率；

（3）投入并联电容，调节静止补偿器使其发挥最大无功功率；

（4）迅速调节有载调压变压器分接头用以维持电压；

（5）启动备用机组；

（6）在上述方法均无效时，可将电压最低点的负荷切除。

3. 电力系统的过负荷紧急控制

当多条平行供电线路中有一条因故障而切除，其他线路就可能过负荷。系统联络线则可能由于一个系统突然丢失比较多电源而过负荷。过负荷可能超过稳定极限而使系统失去稳定。变压器的过负荷会大大影响其使用寿命甚至烧毁。线路、开关等接头部分也会因过负荷造成的过热而损坏。许多著名的电力系统大事故，最初的起因也多半是线路过负荷。可见过负荷会引起严重的后果，必须及时予以控制。

对过负荷的安全控制不同于传统的过负荷保护。过负荷保护属于元件保护，主要是保护过负荷的输变电设备本身免于因长期发热可能造成的毁坏，并不考虑该元件切除后对系统运行引起的不利后果，更没有考虑针对切除后果的措施。这种单纯的过负荷保护往往会引起更严重的系统事故。过负荷安全控制是以保护系统安全为前提，用切除部分电源或负荷的方法，消除某些元件的过负荷。

线路可以承受一个短时间的过负荷，这段时间可作为进行控制的整定时间。变压器过负荷控制方法简单，当变压器过负荷时，直接跳开低压侧的部分负荷出线开关，切除部分负荷即可解除变压器过负荷；也可按各出线重要程度分成几级切除。

4. 电力系统的紧急稳定控制

电力系统发生故障后，由于处理不及时将使故障延续较长，导致电力系统稳定的破坏和引起电力系统振荡；或者由于发电机突然失磁、电源间的非同期合闸等原因引起系统振荡。当电力系统发生振荡时，各电源间联络线上的功率、电流和某些节点的电压均会呈现周期性的剧烈变化。电压振荡最强烈处被称为系统振荡中心。系统稳定性破坏和振荡是一种严重的系统性事故，将会严重影响用户的正常用电，损坏电气、机械设备，并导致系统瓦解。为此，必须采取紧急稳定控制尽快平息振荡，恢复稳定运行。

紧急稳定控制的具体控制措施有快速励磁、快关汽门、电气制动、切除部分发电机组、切除部分负荷和自动失步解列等。执行这些措施的装置被统称为电力系统安全自动装置。

（1）快速励磁。电力系统的发电机上都装有自动励磁调节装置。系统发生故障时，随着电压的突然变化，励磁调节装置将使励磁系统的输出电压，在故障后的暂态过程中维持恒定值。所以，快速强行励磁系统能在系统故障时，向发电机的转子回路送出较正常额定值大的励磁电流，抵消故障电流在发电机内产生的去磁效应，维持暂态过程中的电动势，增加对转子的制动作用，有效地保证系统的暂态稳定性。故障时的强行励磁还可维持发电机母线电压，向系统输送尽可能多的无功功率，有利于继电保护的正确动作，还有利于维持发电机邻近地区的正常供电，避免电压崩溃。

电力系统稳定器（PSS）对抑制振荡改善电力系统稳定性有很大作用，它最初是为抑制系统低频振荡研制的。当发电机电压出现偏差后，励磁调节装置本来应该进行负反馈调整，但是由于励磁系统具有滞后作用，调整信号在相位上出现了滞后，导致相位反转，结果负反馈变成了正反馈，使电压偏差反而加大，这样通过调节器的反复循环反馈就产生了低频振荡。为了克服上述相位上的滞后现象，可以在励磁调节装置中引入一个附加的控制信号，使它产生一个相位上领先的附加转子电流分量，用以抵消原有转子电流的滞后效应，这就是PSS装置的基本原理。PSS装置不仅能使系统低频振荡基本得以克服，而且还大大改善了系统的动态调整过程，有效地提高了系统静态稳定功率极限，使其达到相当于发电机电抗为零时的功率极限值。

（2）快关汽门。在系统发生故障的瞬间，由于发电机输出的电磁功率下降，而原动机输入的原动功率来不及变化，于是就产生了过剩功率，使发电机转速升高，导致发电机功角逐渐增大，最终将导致失步。快关汽门是减少功率过剩的有效措施。当快关装置启动以后，当即操纵中压汽缸的中间汽门快速关闭，然后再逐渐打开，这样可以达到短期内减少原动功率的目的。

（3）电气制动。为了减少故障切除后的功率过剩，可以在发电机端并联制动电阻，在出线短路时投入，以吸收过剩功率，这就是电气制动或称电阻制动。

制动电阻应分成若干组，并根据故障严重程度，分别投入不同电阻值的制动电阻。制动电阻一般在故障切除后立即投入，制动0.5～1s后即予切除。

因为水电厂调节阀门及水流的惯性较大，使它不能像火电厂那样采用快关汽门的方法来提高系统稳定性，因而一些大型水电厂将电气制动作为提高暂态稳定性的重要措施。

（4）切除部分发电机组。对于水轮发电机，这种切机措施是很有效的，因为水轮发电机在切除后能很快重新启动，在故障消除后可以立即重新投入系统，恢复正常供电。切机会使系统频率短时下降，因而要相应地切去部分负荷。

（5）切除部分负荷。在线路跳开的同时可以联切一部分次要负荷。联切信号可由线路断路器的辅助触发点发出。切除负荷的数值事先由计算机通过暂态计算确定，通过远动通道发给有关厂站。一般在短路故障切除0.5s内切去负荷，然后在大约15min内分级将这些负荷重新投入。这种快速卸荷与低频减负荷不同，是为了防止系统失步而设置的。

（6）远方跳闸。在电力系统中，当远距离输送的功率大，系统连接又薄弱时，无论是电源方还是负载方发生故障，故障侧切除发电机或部分负荷都会造成两侧频率差，因此在切除发电机或部分负荷的同时，利用远方跳闸装置使对侧切除适当容量的负荷或发电机，以保证系统的稳定。

（7）再同步。当以上防止系统失步的措施均没奏效，系统已经失步后，则应尽力通过减少原动机输入功率，切除部分发电机或受端切除部分负荷的方法，使系统在经过短时间的异步运行后重新恢复同步运行，这称为再同步。

（8）解列。再同步的努力无效，最后的办法就是在适当的地点将系统解列。在事故消除后，经过调整，再把各部分并列起来，恢复正常的运行方式。

DL 755—2001《电力系统安全稳定导则》中规定，运行中的电力系统必须在适当地点设置解列点，并装设自动解列装置，当电力系统发生稳定破坏时，能够有计划地将系统迅速而合理地解列为功率尽可能平衡且各自保持同步运行的两个或几个部分，可防止系统长时间不能拉入同步而造成系统瓦解扩大事故。

解列点的选择应遵循的原则：尽量保持解列后的子系统的功率平衡，防止频率、电压急剧变化；适当考虑操作方便，易于恢复，具有良好的远动通信条件。

总之，现代电力系统非常复杂，其中任何一个元件的特性将影响整个系统。反之，该元件的行为也受整个系统的约束。各项为改善稳定性而采取的控制措施，必须从全局出发，分工协调，才能达到合理的控制效果。

（三）恢复状态时的安全控制

电力系统发生较为严重的事故时，紧急状态安全控制的结果可能将系统解列成几个较小的系统，同时有一部分电源、负荷或线路被切除，这就是系统的崩溃状态。电力系统恢复状态时的安全控制就是将已崩溃的系统重新恢复到正常状态或警戒状态。

重大事故后的电力系统恢复过程是一个有序的协调过程。恢复状态的安全控制首先要使各独立运行部分的频率和电压都正常，消除各元件的过负荷状态，然后再将各解列部分重新并列，并逐个恢复停电用户的供电。

第六节 电网调度自动化系统的构成

实现电网调度自动化系统的设备可以统称为硬件，这是相对于各种功能程序软件而言的。电网调度自动化系统由主站端、信道设备和厂站端三部分构成，其典型的系统构成如图4-19所示。

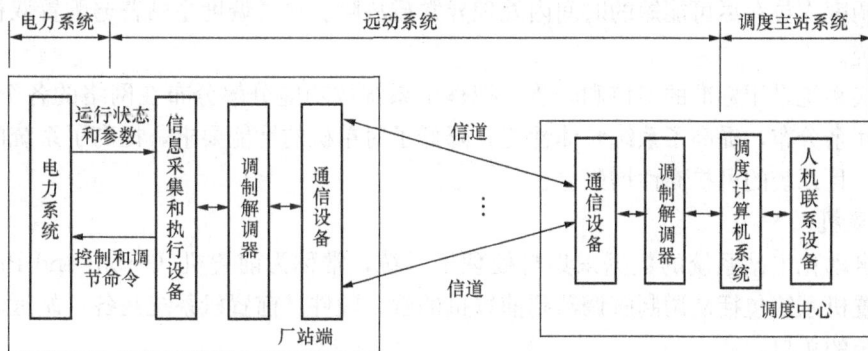

图4-19 电网调度自动化系统构成

调度主站系统的核心是计算机系统，要在调度中心对电力系统实行调度控制，就必须掌握表征电力系统运行状态的运行参数，采集电力系统的运行结构和运行参数等信息，然后由远动系统采集的信息送到安装在调度中心的通信设备，再送到调度计算机进行处理。

一、调度系统主站端

调度主站端是指调度计算机系统，它是电网调度自动化系统的一个子系统，完成信息处理和加工任务，是整个调度自动化的核心。调度计算机系统主要由计算机硬件、软件和专用接口组成。

1. 分布式结构

电网调度自动化系统目前多采用客户—服务器分布式网络结构。分布式系统是把系统的各项功能分散到多台计算机中去，各台计算机之间用局域网相连并通过局域网高速交换数据。人机联系的处理机也以工作站方式接在局域网上。服务器中装有网络操作系统、通信软件、数据库管理软件等，用来管理网络共享资源和网络通信，并为网络中的各工作站提供各种网络服务，包括提供数据和程序等。客户是一种单用户工作站，除具有计算机硬件和网络适配器外，也有自己的操作系统、用户界面、数据库访问工具和网络通信软件等。工作站可以和其他工作站通信和共享服务器提供的资源，如共享打印机、数据库和各种应用软件，不需要网络服务时，工作站就作为一台普通微机使用，处理用户本地事务。

分布式调度系统采用标准的接口和介质，建立局域计算机网络，把整个系统按功能分布在网络的各个计算机节点上，降低了对单机的性能要求，系统的整体性能得到大幅度提高。因此，目前配电调度主站普遍采用了分布式的计算机网络系统作为支持系统。大规模的配电调度主站的计算机系统，可能有几十台工作站，多台服务器；最小规模的配电调度主站，仅由前置服务机及人机界面两台计算机组成。

调度主站的网络结构，一般采用单机单网或从提高配电调度主站的可靠性考虑采用双机双网结构。所谓单机单网是指配电调度主站完成相应功能的计算机为一台、网络采用一个局域网络；双机双网是指完成相应功能的计算机采用冗余配置，网络也采用冗余配置。典型的客户服务器分布式系统配置示意图如图 4-20 所示。

单机单网系统当一台设备出现故障时，调度主站的运行被迫中断，因此可靠性不高。该模式的主站往往用在对可靠性要求不高的系统中，或所管理的电网规模较小。一般重要的电网对可靠性要求很高，要求配电调度主站为 $7\times24h$ 稳定运行，当电力系统出现故障或异常，调度主站调度人员在尽可能短的时间内处理异常或故障。这类调度主站普遍配置双机双网的计算机系统。

分布式系统采用标准的接口和介质，把整个系统按功能分解分布在网络的各个节点上，数据实现冗余分布，提高了系统整体性能，降低了对单机的性能要求，提高了系统的安全性和可靠性，且系统的可扩充性增强。

2. 前置机

调度自动化主站系统的数据采集与处理子系统，常称为前置机（Front-end Processor）系统。前置机系统包括从调制解调器到前置机的软、硬件。前置机系统是各厂站远动信息进入主站系统的关口。

接收多个 RTU 的远动信息是前置机的主要功能。由于系统中的 RTU 可能是不同厂家、不同型号的产品。RTU 发送远动信息时，可能采用不同的规约，因此前置机在设计通信软件时，应该使前置机的通信口能够绑定不同的规约。

(a)

(b)

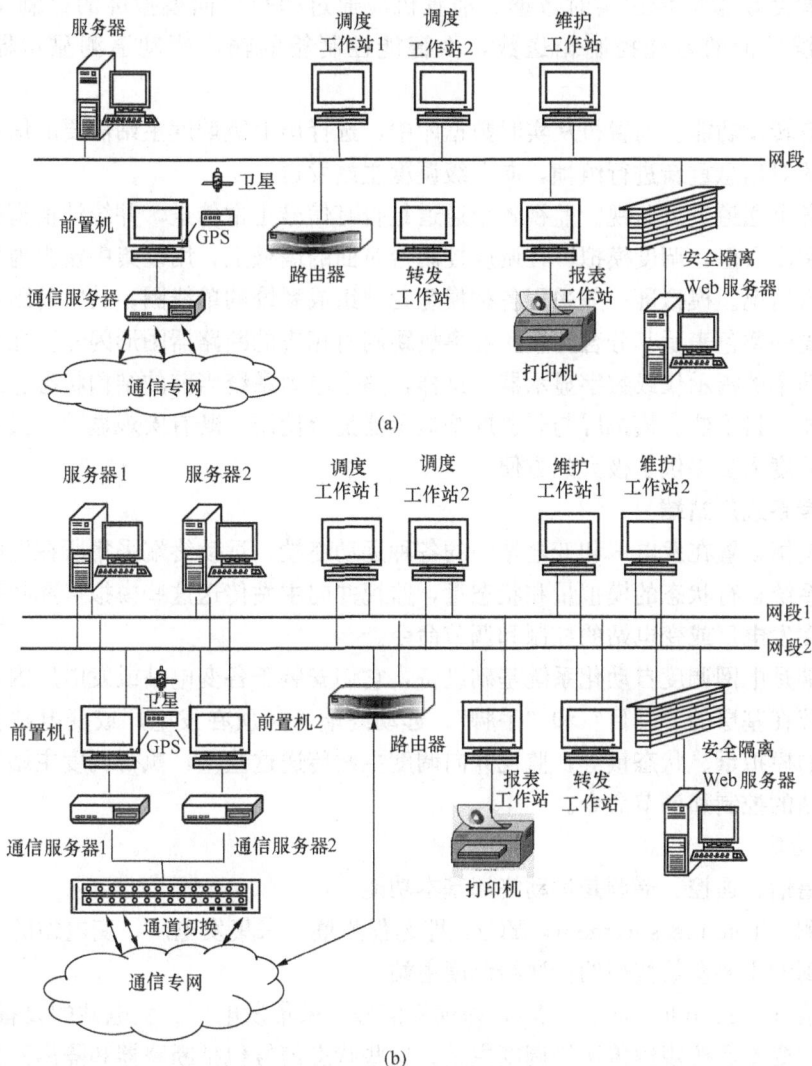

图 4-20　客户—服务器分布式系统配置示意图

前置机的主要功能有：

（1）对接收数据的预处理。对遥测值的滤波处理、越限检查和遥测归零处理。对状态量进行变位判别，并对变位次数进行统计。当变位为事故变位时，完成对相关遥测量的事故追忆。

（2）向后台机传送信息。前置机预处理后的数据要向后台机传送，由后台机作进一步处理。前置机可以采用有开关变位或遥测值的变化超过设定的死区时，再向后台机送数的处理方法，以便减轻后台机的处理负担。

（3）下发命令。接收后台机的遥控、遥调命令，并通过下行通道向终端设备发送，向下发送电度冻结命令。前置机接收标准时钟或主机时钟，并以此为标准向远动终端发送校时命令，实现系统时钟的统一。

（4）向调度模拟屏传送实时数据。前置机应通过串行口向模拟屏的控制主机送数或直接向模拟屏后面的智能控制箱送数，由智能控制箱的输出驱动遥测显示器和遥信指示灯。

（5）具有转发功能。前置机从实时数据库中，选择出上级调度主站需要的信息，并按规定的转发规约对信息重新进行组帧，向上级调度主站发送。

（6）对各个通道进行监视。监视各个通道是否有信号正常传送，并统计信道的误码率。

在各级调度所里，调度模拟屏在调度控制台对面的墙壁上，用以集中宏观地显示整个电力系统的运行情况。模拟屏一般采用各种模型元件组成系统的单线图。其中的断路器、隔离开关是用灯光的颜色表示其分合位置，在事故跳闸时相应的断路器图形闪光。在各线上还镶嵌有电流或功率的指示仪或数字显示器。这样，整个电力系统当前的结构状态、运行参数及潮流分布都能一目了然。模拟屏与彩色屏幕显示器配合使用，既有宏观显示，又有局部的详细显示，给调度人员提供了极大的方便。

二、调度系统厂站端

厂站端是指设置在发电厂和变电站中的各种远动终端，远动终端采集所在发电厂或变电站表征电力系统运行状态的模拟量和状态量，监视并向主站传送这些模拟量和状态量，执行主站发往所在发电厂或变电站的控制和调节命令。

远动终端是电网调度自动化系统基础设备，它们安装于各变电站或发电厂内，是电网调度自动化系统在基层的"耳目"和"手脚"。远动终端采集所在发电厂或变电站表征电力系统运行状态的模拟量、状态量等，监视并向调度主站传送这些量，执行调度主站发往所在发电厂或变电站的控制和调节命令。

1. 基本功能

遥测、遥信、遥控、遥调是远动终端基本功能。

（1）遥测（Tele-measurement，YC），即远程测量。采集发电厂、变电站的各种运行参数，将采集到的主要参数按规约传送给调度主站。

（2）遥信（Tele-indication，YX），即远程信号。采集发电厂、变电站的设备状态信号，将采集到的主要参数按规约传送给调度主站。这些状态信号包括断路器和隔离开关的合闸或分闸状态，主要设备的保护继电器动作状态，自动装置的动作状态，以及一些运行状态信号、发电机组开或停的状态信号、远动及通信设备的运行状态信号等。

（3）遥控（Tele-command，YK），即远程命令。根据接收到的调度命令，执行改变运行设备状态的命令，如发电机组的启停命令，断路器的分合命令、并联电容器和电抗器的投切命令等。

（4）遥调（Tele-adjusting，YT），即远程调节。根据接收到的调度命令，执行改变运行设备参数的命令，如改变发电机有功功率和励磁电流的设定值，改变变压器分接头的位置等。通常，一台 RTU 可以实现对几个或十几个设备的远方调节。

（5）数据通信。按预定通信规约的规定，自动循环（或按调度端要求）地向调度端发送所采集的本厂站数据，并接收调度端下达的各种命令。

（6）其他功能。就地功能：就地功能是指通过自身或连接的显示、记录设备，就地实现对电网的监视和控制的能力。对有人值班的较大站点，如果配有监视器、打印机等，可完成显示、报表打印功能，越限告警功能，事件顺序记录功能，对时功能，转发功能等。

自诊断功能：该功能反映了装置的可维护能力。程序出错死机时自行恢复功能，自动监视主、备通信信道及切换功能，个别插件损坏诊断报告等功能。

2. 结构

早期的微机化远动终端多为单 CPU 结构，即所有的数据处理由一个 CPU 完成，它负责管理其他各模块，各种功能的扩展，如模拟量采集、开关量采集通过输入/输出口实现。图 4-21 是单 CPU 结构的远动终端硬件基本构成框图。

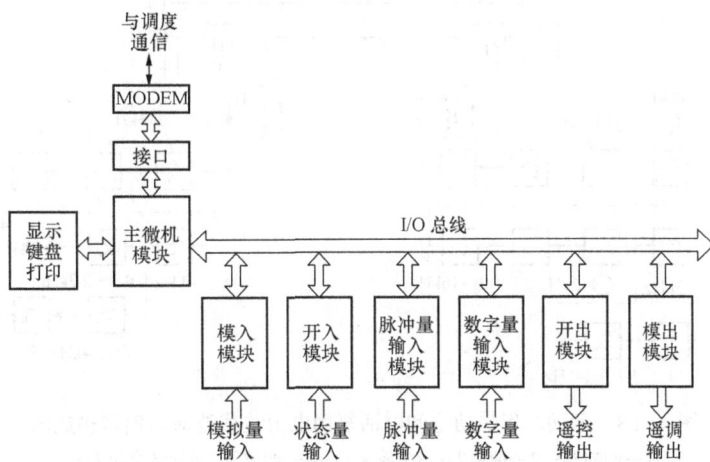

图 4-21 单 CPU 结构的 RTU 基本框图

较大厂站采集和处理数据较多，单 CPU 结构难以胜任，此时可采用图 4-22 所示的多 CPU 结构。所谓多 CPU 是指多个 CPU 分工协作共同完成信息采集和执行功能的一种远动终端。

这种远动终端由一个主控系统和多个子系统组成，主控系统和每个子系统都带有 CPU。子系统中的 CPU 负责子系统范围内的数据采集或执行命令，并与主控系统的 CPU 通信，主控系统的 CPU 负责管理各子系统，并与主站通信以及人机联系。采用多个 CPU 构成远动终端，有利于提高采集和处理远动信息的能力。

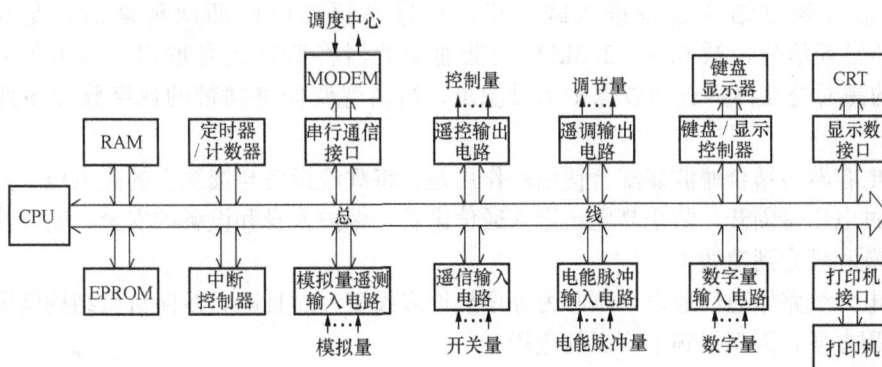

图 4-22 多 CPU 结构的 RTU 基本框图

三、远动通信信道

电网调度自动化系统的通信信道有多种，可分为有线信道和无线信道两大类。目前应用的有电力线载波通信、光纤通信、微波中继通信、光缆通信、卫星通信等。

（一）电力线载波通信信道

电力线载波通信是利用载波信号经电力线传送信息，是电力系统特有的一种通信方式。图 4-23 所示为远动、保护信号与电话复用的电力线载波通信信道构成示意图。

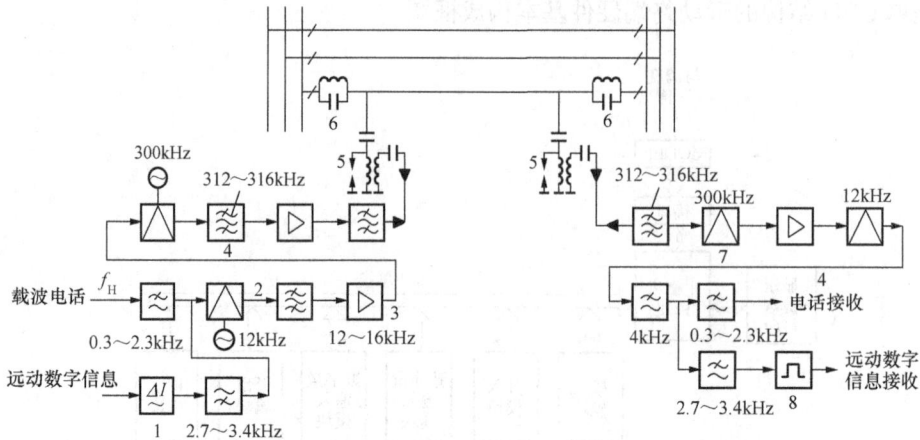

图 4-23　远动、保护信号和电话复用电力线载波通信信道构成图
1—调制器；2—调幅器；3—放大器；4—滤波器；5—结合设备；
6—高频阻波器；7—解调器；8—数字信息恢复

电力线载波信道为了复用信道，通常规定话音占用 0.3～2.3kHz 的音频段，而远动或保护信号则占用 2.7～3.4kHz 音频段。二元制数字信号先经调制器转换成 2.7～3.4kHz 的正弦波数字调频信号，然后与话音共同送入电力载波机。这个合并后的信号还要经过两次调制，第一次用中频（如 12kHz）做导频；第二次用高频（40～500kHz）做载频；再经功率放大、滤波等环节；最后经结合设备将信号送到高压输电线上。结合设备还用于隔离高电压。

高频阻波器 6 是一个 L-C 谐振电路，它对 40～500kHz 的高频信号具有较大的阻抗，可以阻止高频信号流入母线；但对 50Hz 的工频电流则阻抗很小，可以通行无阻。在接收端，载波信号经过结合设备进入载波机，经过高频和中频两次解调后，变成 0.3～3.4kHz 的音频信号，被 0.3～2.3kHz 的低通滤波器将话音信号取出，而另外被 2.7～3.4kHz 的高通滤波器将远动或保护信号滤出，再由解调器将携带的数字脉冲序列信息还原出来。

耦合电容器与结合滤波器配合使用的作用是，将载波设备与馈线上的高电压、操作过电压及雷电过电压等隔开，防止高电压进入通信设备，保护人身和设备的安全，同时使高频载波信号能顺利耦合到馈线上。

利用电力线路做通信通道，不必另外增加许多投资，而且电力线路机械结构坚固、运行可靠、使用方便，因而得到了广泛的应用。

（二）光纤通信信道

光纤通信就是以光波为载体、以光导纤维作为传输媒质，将信号从一处传输到另一处的一种通信手段。光纤通信是目前认为最有前途的一种有线通信方式。目前光纤通信技术已经成熟，并已在电力系统中得到越来越广泛的应用。与其他通信技术相比，光纤通信有以下显著优点：

(1) 传输频带很宽，通信容量大；

(2) 传输衰耗小，适合长距离传输；

(3) 体积小，重量轻，柔性好，可挠性强，敷设方便；

(4) 输入与输出之间电气隔离好，具有较强的抗电磁干扰能力；

(5) 抗腐蚀，耐酸碱，可以直埋地下；

(6) 保密性好，无漏信号和串音干扰。

当然光纤通信也有缺点，如强度不如金属线，连接比较困难，需要使用光纤连接器，分路和耦合不方便，弯曲半径不宜太小等。

1. 光纤通信信道的构成和工作原理

光纤通信主要由电端机、光端机和光缆三部分组成，如图4-24所示。目前光纤通信波长是微米波，频率可达 $1014MHz$，这样宽的频率范围是任何目前所知的其他通信方法所不可比拟的。各种模拟和数字信号，先经过电端机变成数字信号，再送到光端机变成光信号。光端机由光发送器和光接收器组成。光发送器有两类：一类是用半导体激光器（LD）作光源，用于大容量长距离光纤通信系统；另一类是以发光二极管（LED）作光源，用于短距离光纤通信系统。光发送器接收电端机输出信号的调制而变换为光信号。在接收端，接收器用光电二极管（PIN）或雪崩光电二极管（APD）来检测光信号，并将其转化为电信号后再送到电端机的接收部分。

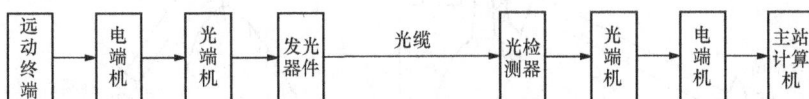

图4-24 光纤通信系统结构示意图

2. 光纤和光缆

光纤是一种工作在光频段的介质波导，通常由双层的同心圆柱体组成。光纤中心部分称纤芯，作用是传导光波。纤芯以外部分称包层，作用是将光波封闭在光纤中，同时增加光纤的机械强度；另外还能减少由于纤芯表面介质不连续而产生的散射损耗。

根据材料和结构的不同，光纤又分单模光纤和多模光纤。单模光纤只传输单一电磁场模式，传输容量大，但价格贵。多模光纤能同时传输多种模式，虽然容量稍小，但价格较低。目前应用较多的是多模光纤。

实际通信线路中，都将光纤制成各种结构形式的光缆。光缆基本结构是由光纤芯线、护套和加强部件组成。光缆既可以敷设于地下，也可以架空敷设。在电力系统中，架空地线复合光缆（OPGW）最为经济实用。OPGW的结构是将高质量的光缆放在架空地线多股导体中央的硬质气密铝管中。OPGW具有架空地线和通信线的双重功能，随着输电线路的建立，通信线路也建成了，且性能好、运行可靠、极少损坏，可以最有效地实现长距离、大容量信息传输，适于作为电力系统干线通信。

（三）微波中继通信与卫星通信信道

1. 微波中继通信

波长为 0.001~1.0m、频率为 300MHz~300GHz 的无线电波称为微波。微波基本上沿直线传播。由于地球表面是个球面，所以每 40~50km 就要设置一个中继站，以接力的方式将信号一站站地传送下去，微波传递信号的这种方式称为微波中继通信。

微波中继通信的优点是：

（1）微波频段的频带很宽，可以容纳数量很多的无线电频道且不致互相干扰；

（2）微波收发信机的通频带可以做得很宽，用一套设备可作多路通信；

（3）不易受干扰，通信稳定；

（4）方向性强，保密性好，每千米话路成本比有线通信低。

因此，微波中继通信适合做电力系统通信网的主干线通信。但其设备比较复杂，技术水平要求较高。

图 4-25 所示为微波中继通信系统的结构。电话、数据等信号首先送入终端机，终端机再把这个复用信号送到信道机调制成微波，经过波导管馈线，由抛物面天线向空间辐射电波。在中继站中，用中继机把在传播中损耗了的信号加以放大，再向下一个中继站转发。在收信侧，利用信道机解调成多路信号，再用终端机进一步对每一话路进行解调。最后分别取出电话、数据信号送给交换机、记录器或相联的计算机系统。

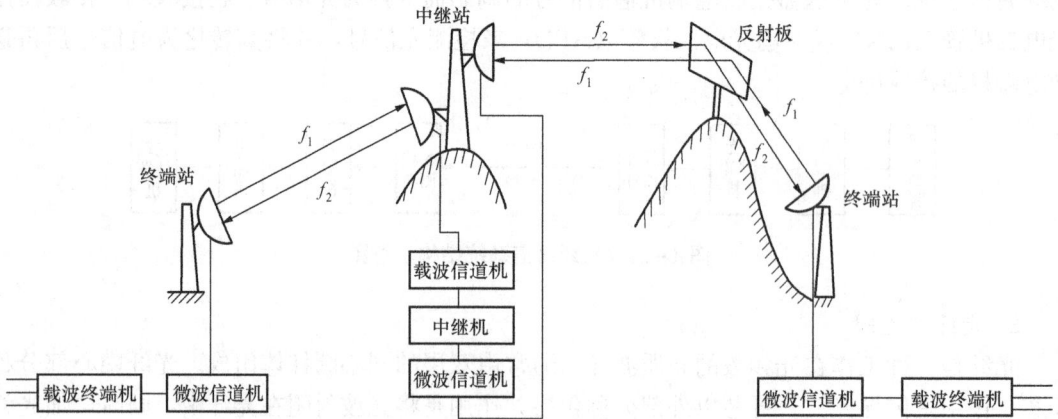

图 4-25　微波中继通信系统的结构示意图

目前我国采用 2GHz 频段作为电力系统通信的主干线，8GHz 频段用于分支线，11GHz 频段用于近距离的局部系统。

2. 卫星通信

卫星通信也属于微波中继通信，只是中继站是设在地球的同步卫星上。与一般微波通信相比，卫星通信不受地形和距离的限制，通信容量大，不受大气层骚动的影响，通信可靠性高。卫星通信使用的频率上行（地球—卫星）为 5925~6425MHz，下行为 3700~4200MHz。

（四）特高频（超短波）无线通信信道

波长为 1~10mm、频率为 30~300MHz 的无线电波称为特高频，特高频以视距范围的空间波形式传输，因多采用定向天线，故受气候影响较小，也不易干扰其他设备或受其他通信干扰。国家无线电管理委员会已颁发了民用电台频率表，并专门给电力部门划分了可用频段。现在已有许多市、县供电局采用无线电通信方式，作为调度自动化系统中负荷控制的信道。这样的通信系统具有结构简单、方便灵活。建设速度快和投资较少等优点，投入运行后都收到了很好的效果。

电力系统的各种通信方式比较见表 4-1。

表 4-1　　　　　　　　　　　　　　电力系统远动通信方式

类别	通信方式	常用频段（Hz）	常用开通路数	应用范围
无线通信	数字微波通信	2000M 6000M	480	干线
	模拟微波通信	2000～11 000M	120	干线
	小微波	2000～11 000M 150M	24、60	短程干线
	特高频	400M	1、3、12	供电部门流动通信
	卫星	＞1000M ＞1000M	24	远程干线
	散射	30～60M 60～100M	12	远程干线
电力载波通信	电力线载波	40～500k	1	电力调度通信
	绝缘地线载波	10～40k	1、3	电力调度通信、检修通信
有线通信	明线载波	＜150k	3、12	短程通信
	架空与地下电缆	音频	根据芯线对数决定	短程通信
	对称电缆载波	12～252k	12、60	短程通信
	小同轴电缆	60～4188k	300	短、长途干线
	数字光缆		32/120/480	短、长途干线
	模拟光缆	＜200k	6、12	短距离通信

第七节　远动系统信息传送原理

在远动技术术语中，调度中心和厂站称为主站（Master Station）和子站（Controlled Station）。主站也称控制站（Controlling Station），它对子站实现远程监控；子站也称受控站。调度自动化系统通过远动系统实现信息的传送。

一、数字通信系统模型

远动系统中由子站终端设备实现厂、站现场的各类信息的采集和处理，并将各类信息按照特定的规约进行组帧，对组帧的信息按照信道进行二进制编码，发送至通道，通道信息通过调制进入信道。在主站端前置机的通道接收到已解调的通道信息按照信道编码进行解析，得到信息字并进行解帧，从而得到现场上送主站的各类信息。主站下发命令的过程和上行信息的传递类似。

传输数字信号的通信系统，称为数字通信系统。远动系统中传送的各种远动信息，在进入远动信道之前，已经由远动装置全部转换为二进制的数字信号，所以传输远动信息的传输系统属数字通信系统。图 4 - 26 所示为远动系统上行信息传递模型。下面结合远动信息中上行信息的传送加以说明。

1. 信源

信源是通信信息的来源。远动设备的信源为终端设备采集的各类数字量，是存储在远动终端各类需上送的信息的集合，是离散的数字量，用 S 表示。

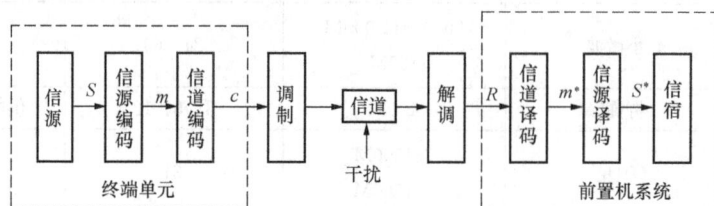

图 4 - 26　远动系统上行信息传递模型

2. 信源编码

信源编码是对从信源取出的信息进行编码。在远动系统的终端设备中信源编码是指对从存储器中得到的各类数字信息进行组帧。它是信息发送到信道的缓冲区。它是二进制的数字信息序列，记为 m。序列中的每一位 "1" 或 "0" 称为 1 位码元。

3. 信道编码

信道编码的作用是，按照一定的规则在信息序列 m 中添加一些冗余码元，将信息序列 m 变成较原来更长的二进制数字序列 c，称其为码字。信源编码产生的信息序列 m 不具有抗干扰能力，所以通过信道编码提高信息序列 m 的抗干扰能力，也就是提高数字信号传输的可靠性。信道编码也称差错控制编码。

4. 调制

调制的作用是将用数字序列表示的码字 C，转换成适合于在信道中传输的信号形式，送入信道。远动系统中，常采用数字调频或数字调相的方法，将码字 C 中的 "0" 或 "1" 码元，转换成两种不同频率或两种不同相位的正弦交流信号。

5. 信道

信道是传输信号的通道。远动系统信道包括复用电力线载波信道、微波信道、光纤信道等。

6. 解调

解调的作用是把从信道接收到的两种不同频率或两种不同相位的正弦交流信号，还原成数字序列。解调后输出的数字序列称为接收码字，记为 R。如果发送码字 C 在信道中受到干扰，接收码字 R 和发送码字 C 将不相同。

7. 信道译码

前置机系统的信道，根据信道编码规则对接收码字进行译码校验，达到检出或纠正接收码字 R 中错误码元的目的。

8. 信宿

前置机系统从信道译码的缓冲区得到码字，对码字进行解帧，可得到现场传送的各类信息。在电网调度自动化系统中，调度模拟屏上的遥测、遥信或 CRT 显示器等都是信宿，而当调度员发出遥控命令时，被控对象就是信宿。

二、数字通信的质量指标

电力系统调度自动化中信息传输系统的质量指标主要有传输速率（或响应时间）、误码率（或信息传输质量）和可用率（或可靠性）三种。

1. 传输速率

传输速率通常以码元传输速率来衡量。码元传输速率定义为每秒传输码元的个数，单位为波特，常用符号"B"表示。例如，每秒钟传输 600 个码元，码元传输速率即为 600Bps。码元传输速率也称为码元速率和波特率，它仅表征每秒传送码元的个数，并未表明是二元制的码元，还是哪一种多元制的码元。

数字通信中的传输速率也可以用信息传输速率来表征。信息传输速率定义为每秒钟传输的信息量，单位为 bit/s（比特/秒）。比特在信息论中是衡量信息的单位，信息传输速率又称为信息速率或比特速率。

2. 误码率

尽管目前广泛应用较不易受干扰的二元制数字传输系统，但仍不可避免地会受到干扰，引起误码。通常以传输的码元中发生差错码元的概率作为传输质量的一个指标，称为误码率。其表达式为

$$误码率 = \frac{差错码元数}{传输总码元数} \tag{4-11}$$

一般要求误码率不大于 1×10^{-5}，即平均传输 100 000 个二元制码出现 1 个误码。

3. 可用率

信息传输系统的运行时间指整个系统保证基本功能正常的持续时间。

三、数字信号的调制与解调

基带信号的波形是一系列方形波形，这种信号在带通型信道传输时会产生失真，传输距离越远，速度越高，这种失真现象越严重，可能使接收端无法识别。为了解决失真问题，需要将基带数字信号波形转换为适合于信道传输的正弦波波形。这种正弦波信号携带了原基带信号的数字信息，通过信道传输到接收端后，再将携带的数字信息提取出来，称为数字信号的调制与解调。

1. 信号调制

携带数字信息的正弦波称为载波，一个正弦电压信号可表示为

$$u(t) = U_m \sin(\omega t + \varphi)$$

其中，振幅 U_m、角频率 ω、相位角 φ 是确定一个正弦波的三个参量。将基带数字信号作为离散数字信号来改变正弦载波参量，称为信号调制。信号调制根据改变正弦载波参量，分为幅移键控（ASK，Amplitude Shift Keying）、频移键控（FSK，Frequency Shift Keying）和

相移键控（PSK，Phase Shift Keying），又称为数字调幅、数字调频和数字调相等。图 4-27 所示为三种调制方式的调制信号波形示意图。

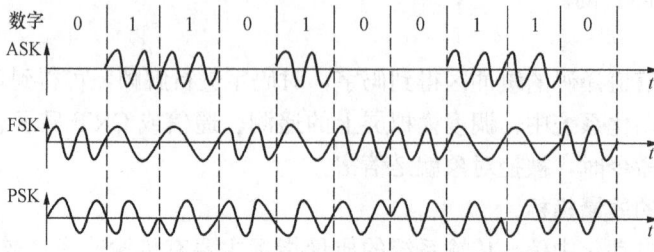

图 4-27　三种调制方式的调制信号波形图

（1）幅移键控。用数字基带信号控制载波幅度，称为幅移键控（ASK）。二进制幅移键控中，"1" 码对应正弦波的振 U_{m1}，"0" 码对应正弦波的某一定值幅度 U_{m2}，正弦波的振幅随码元不同而变化，频率和相位保持不变。图 4-28 中用振幅为 "0" 来代表码元 "0"，用振幅为某一定值代表码元 "1"。

（2）频移键控。用数字基带信号控制载波频率，称为频移键控（FSK）。二进制频移键控中，码元 "1" 对应载波频率 f_1，码元 "0" 对应载波频率 f_2，取 $f_1=f_0+\Delta f$、$f_2=f_0-\Delta f$，f_0 称中心载频，Δf 为频差，振幅和相位保持不变，使正弦波的频率随码元不同而变化。

（3）相移键控。用数字基带信号控制载波的相位角，称为相移键控（PSK）。二进制相移键控分为绝对调相和相对调相，如果码元 "1" 对应载波相角度 π，码元 "0" 对应载波相角度 0，称为二元绝对调相。用相邻两个波形相位变化量 $\Delta\omega$ 来代表不同码元，如果码元 "1" 对应载波相位变化 $\Delta\omega=\pi$，码元 "0" 对应载波相位变化量 $\Delta\omega=0$，称为二元相对调相。图 4-28 所示为二元绝对调相和二元相对调相调制波形示意图。

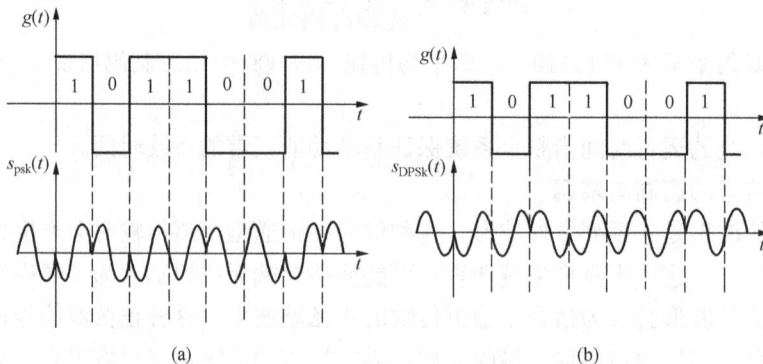

图 4-28　二进制频移键控相示意图
(a) 绝对调相；(b) 相对调相

实际应用中，调幅波由于较易受通道电平波动和噪声的影响，抗干扰能力不强，因此较少采用；而频移键控和相移键控应用更为广泛。

2. 信号解调

信号解调是信号调制的逆过程，即从调制的信号中分离出基带信号。各种不同的调制波，采用不同的解调电路。例如，常用的二进制频移键控解调方法有相干解调、零点检测法等。下面以零点检测解调法为例介绍信号解调原理。

信号调频是以两个不同的频率 f_1、f_2 来分别代表码元 "1"、"0"，可以用检查单位时间内调制波（正弦波）与时间轴的零交点数方法鉴别这两种不同的频率，这就是零点检测法。正弦信号在单位时间内经过零点的次数可用来衡量频率的高低，频率高的，过零的交点数多；频率低的，过零的交点数少。用不同的过零交点数产生两种不同的电压，以代表 "1"与 "0"，就实现了解调，这就是零点检测法的原理，如图 4-29 所示。接收到的频移键控信号 SF(t)，经过带通滤波器，得到调制信号频带内的信号［见图 4-29（a）］，即滤除了高频和低频信号。然后经放大限幅环节，得到方波信号［见图 4-29（b）］，再经微分环节，输出上跳、下跳微分脉冲［见图 4-29（c）］。经全波整流电路后，变成单一极性的尖脉冲序列［见图 4-29（d）］，尖脉冲数就是频移键控信号的过零交点数，其疏密程度不同完全反映出输入频率是不同的。用图 4-29（d）所示波形的单极性脉冲去触发脉冲展宽器，就得到一系列等幅、等宽的矩形脉冲序列［见图 4-29（e）］。最后用低通滤波器滤除其中的高频成分，就得到其中的直流分量［见图 4-29（f）］。直流分量波形中对应频移键控中较高频率 f_1 的是较高电平，而对应频移键控中较低频率 f_2 的是较低电平。判决门可用直流电压最大值和最小值的平均数做判决门槛，大于此值者判为 "1"，小于此值者判为 "0"，这样就恢复了原来的基带数字信号。

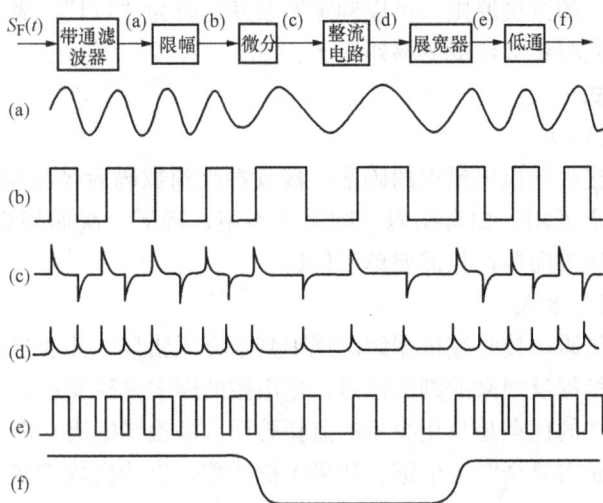

图 4-29　零交点检测法原理框图
(a) 调制信号频带内的信号波形图；(b) 方波信号波形图；(c) 微分脉冲波形图；
(d) 尖脉冲波形图；(e) 矩形脉冲波形图；(f) 直流分量波形图

第八节　远动通信差错控制技术

一、差错控制技术

差错控制技术就是采用有效的编码方法对要传输的信息进行编码，并按约定的规则附上若干码元校验码作为信息编码的一部分，接收端则按约定的规则对所收到的码进行检验。当然，这种具有检错能力的码是付出了"代价"的，即在有效信息位后面添加了若干位冗余的校验位，这就降低了编码效率。

在信息传输过程中会出现各种干扰，可能使传输的二元数字信号发生差错，如将"1"变为"0"或将"0"变为"1"，使接收端得到错误的信息。要提高数据传输质量，可从硬件和软件两方面采取措施。硬件方面的措施需投入大量资金，如采用性能更好的通信方式和信道，采取多种屏蔽措施，甚至移动线路避开或远离干扰源等，但这样也不能完全避免干扰。而在软件方面采取措施，既经济又易实现，这就是差错控制技术，又称为抗干扰编码。

设要传送一个2状态的开关位置信息，用"0"表示断开，用"1"表示闭合。若传送中发生差错，将表示开关闭合的"1"错成了"0"，接收端只能以收到的"0"错误地判读开关已"断开"，完全不可能发觉这种错误。

如果增加一个"校验位"，如用重复码方式（即校验位是信息位的重复），改用"11"表示开关闭合，"00"表示开关断开。设传输中又将"11"错成了"10"或"01"（只错一位的概率远大于2位皆错的概率），接收端至少知道收到的码是错的，可不必采信（丢弃）。这种码就使接收端有了检错能力，但却不能纠正错误。

如果再增加一位校验位，仍用重复的方式，用"111"代表开关闭合，用"000"代表开关断开，设传送时又将"111"错成"110"、"101"或"011"，接收端首先知道这是错码，然后根据"像谁是谁"的判决原则，可以判定原始发送码为"111"，表示开关已经闭合，从而纠正了错误。但如同时错2位就不易纠正了。

二、差错控制方式

（一）循环传送检错法

发送端发出可被接收端检出错误的码字，接收端收到数码后经检错译码判定有无错码，如无错码，则该组码字可用；如有错码，则丢弃不用，待下一次循环送来该信息无错再使用。循环传送检错法比较简单，只需要单工信道。

（二）反馈重传纠错方式

发送端发出可检错码，接收端根据编码规则判断有无错误，并通过反馈信道把判决结果告诉发送端，发送端根据反馈来的判决信号，把出错的码字重新发送，直到接收到正确的判决信号为止。这种方式的优点是只用少量的监督码元（即检错编码）即实现了纠错，译码器原理比较简单；缺点是需要全双工信道，如果干扰严重，重传次数增多，会影响通信的连贯性，降低了传输效率。

（三）信息反馈对比法

接收端把收到的数据信息原封不动地通过反馈信道回送给发送端，由发送端将其与刚才所发送信息进行对比，如两者不一致，则将原来的发送信息再重发一次，直到返回信息与原发信息一致时为止。采用这种方式的电路较简单，不需要纠错、检错译码器；缺点是需要双工信道。遥控返送校核常采用这种方式来确保遥控对象的正确，防止"张冠李戴"，误控别的对象。

（四）前向纠错方式

发送端发送的必须是能被检错和纠错的纠错码，接收端收到数据信息后不仅能自动发现错误，并能指出是第几位错了，然后将其"取反"（即将"1"改为"0"或取反），即纠正了错误。这种方式只需单向信道即可，但编码比只有检错能力的检错码复杂得多。

（五）混合纠错方式

它是上述各种方式的综合。发送端发送纠错码，接收端收到后先检查错误情况，如果在码的纠错能力以内，即自动纠错并使用；若错误位数多，超过了码本身的纠错能力，则通过反馈信道要求发送端重发该信息。

三、差错控制常用编码技术

差错控制编码的实质是在传输的信息码元之外附加校验码，使码元之间具有某种相关性。校验码又称监督码、冗余码、保护码等。

（一）基础知识

一个完整码字由信息位和校验位组成。按照对码字校验位产生的方法，将码字分为分组码和卷积码。如果一个码字的校验码元仅与该码字的信息码元有关，而与其他码字的信息码无关，这类码字称为分组码。分组码又分为线性分组码和非线性分组码。如果校验位与信息位之间的关系是线性关系则称为线性分组码；否则称为非线性分组码。本组信息的校验码元，不仅与本组的信息码元有关，而且也和前后若干组码的信息码元有关系，这类码字称为卷积码。

分组码是将信息序列划分为 k 个位一段，按照一定的规则产生 r 个校验位，组成的码长为 $n=k+r$ 的码字，因此，每一个码字的校验位只和本组信息校验位有关，而与其他码字无关。分组码码字按结构分为循环码和非循环码。

在通信过程中，由信息发送端发送的按照编码规则编制的码字，称为许用码字，其他码字称为禁用码字。

（二）线性分组码基本运算

因为信息是二进制形式，用"1"或"0"表示，运算的对象就是"1"或"0"，信道编码是在二元域中进行的，所以实现编译码过程中的各种加法、乘法都应遵守模2运算规则。

（1）模2加法运算规则：$0+0=0$，$0+1=1$，$1+0=1$，$1+1=0$。

（2）模2乘法运算规则：$0 \cdot 0=0$，$0 \cdot 1=0$，$1 \cdot 0=0$，$1 \cdot 1=1$。

（三）常用校验码

常用的校验码构成方式有奇偶校验码、方阵码、线性分组码和循环码等。

1. 奇偶校验码

奇偶校验是最简单的校验码构成方式，仅在信息码元后附加一个奇（偶）校验码元，使合成码字中"1"的数量成奇（偶）数。当接收端接收到信息序列后，运用一定的计算规则进行运算，从而判断有无出错。下面举例说明之。

（1）奇校验。有效信息为1011001，附加奇校验位"1"，合成发送码字为10110011（5个"1"）。接收端若收到数码为10100011，发现码元"1"的个数为4（非奇数），即判为出错。

（2）偶校验。有效信息为1011001，附加偶校验位"0"，合成发送码字为10110010（4个"1"）。接收端若收到数码为10110011，发现码元"1"的个数为5（非偶数），即判为出错。

显然，奇偶校验码可发现 1 位（或奇数个）错码；若 2 位（或偶数个）码元同时出错，则不能被发现。可见采用奇偶校验码漏检情况较多，没有纠错能力。

2. 方阵码

方阵码又称水平垂直奇（偶）校验码，以方阵的形式发送和接收信息，同时进行水平方向和垂直方向的奇（偶）校验。

把多个信息码字排列成一个方阵，每个码字构成方阵的一行，在每一行的最后按奇偶校验规则增加 1 位水平校验码，按行检测每行的奇数个错，对行实行校验。然后按列的方向每列增加 1 位垂直校验码（包括行校验位的列），按列检测每列的奇数个错，对列实行校验，构成水平垂直奇偶校验码。

表 4-2 所示为将信息组成 5 行 8 列，并附加水平、垂直两种偶校验的方阵码示例。发送时按列的次序进行（先发送第 1 列），信道中传送的序列为 110011 001111 … 010100 010010，接收时仍将收到的码元按顺序排成方阵，逐行、逐列地检查是否符合偶校验规则。这种从水平和垂直两个方向进行（奇）偶检验的方式，检错能力提高了，使漏检率大为降低。

表 4-2   **方 阵 码 示 例**

5行信息码元	8位信息码元并附加第9列水平偶校验列									说 明
	①	②	③	④	⑤	⑥	⑦	⑧	⑨	
①	1	0	1	0	1	1	0	0	0	同时发生 4 位错误且刚好在纵、横对应的位置上，如表中第 1 个字符的第 1 和第 3 码元和第 4 个字符的第 1 和第 3 码元同时出错，则不能检出
②	1	0	1	1	0	1	0	1	1	
③	0	1	1	0	1	1	0	0	0	
④	0	1	0	0	1	0	1	1	0	
⑤	1	1	0	1	1	0	1	0	1	
附加垂直偶校验行	1	1	1	0	0	1	0	0	0	

3. 线性分组码

以 k 个码元表示的一个信息组和用编码器按一定规则加 r 个校验码元组成长为 $n=k+r$ 的码元组，称为码字。一个 n 位长的码字由 k 位信息码元和 r 位校验码元组成，表示为 (n, k)。在 (n, k) 分组码中，若每一个监督码元是由监督位和信息位之间线性方程组联系，这种 (n, k) 分组码称为线性分组码。

现以 $(7, 4)$ 分组码为例来介绍线性分组码。设其码字为 $C = [c_6 c_5 c_4 c_3 c_2 c_1 c_0]$，其中前 4 位是信息码元，后 3 位是校验码元，可用下列线性方程组来描述该分组码产生的校验码元。

$$\begin{cases} c_2 = c_6 + c_5 + c_4 \\ c_1 = c_6 + c_5 + c_3 \\ c_0 = c_6 + c_4 + c_3 \end{cases} \qquad (4-12)$$

显然，这式 $(4-12)$ 中 3 个方程是线性无关的，经计算可得 $(7, 4)$ 码的全部码字，见表 4-3。

表 4 - 3 (7，4) 码的码字表

序号	码字		序号	码字	
	信息码元	校验码元		信息码元	校验码元
0	0000	000	8	1000	111
1	0001	011	9	1001	100
2	0010	101	10	1010	010
3	0011	110	11	1011	001
4	0100	110	12	1100	001
5	0101	101	13	1101	010
6	0110	011	14	1110	100
7	0111	000	15	1111	111

(7，4) 线性分组码共有 16 种正确的组合称为"许用码字"，除此之外的任何组合称为"禁用码字"。接收端将接收到的数字序列与由"许用码字"组成的"码字典"顺序比较，如果发现是禁用码字，就判为错码。常采用"最大似然译码原则"纠错，即收到的数字序列与哪一个许用码字的距离最小，就将其纠正为这个许用码字。

例如，已知信息 $(c_6 c_5 c_4 c_3) = (1010)$，根据式 (4 - 12) 可得 $(c_2 c_1 c_0) = (010)$，构成码字 1010010。

式 (4 - 12) 所示的 (7，4) 码的三个校验方程可改写为

$$\begin{cases} 1 \cdot c_6 + 1 \cdot c_5 + 1 \cdot c_4 + 0 \cdot c_3 + 1 \cdot c_2 + 0 \cdot c_1 + 0 \cdot c_0 = 0 \\ 1 \cdot c_6 + 1 \cdot c_5 + 0 \cdot c_4 + 1 \cdot c_3 + 0 \cdot c_2 + 1 \cdot c_1 + 0 \cdot c_0 = 0 \\ 1 \cdot c_6 + 0 \cdot c_5 + 1 \cdot c_4 + 1 \cdot c_3 + 0 \cdot c_2 + 0 \cdot c_1 + 1 \cdot c_0 = 0 \end{cases} \quad (4 - 13)$$

式 (4 - 13) 用矩阵形式表示为

$$\begin{bmatrix} 1110100 \\ 1101010 \\ 1011001 \end{bmatrix} [c_6 c_5 c_4 c_3 c_2 c_1 c_0]^T = \begin{bmatrix} 0 \\ 0 \\ 0 \end{bmatrix}$$

简记为

$$\boldsymbol{HC}^T = 0^T \quad (4 - 14)$$

$$\boldsymbol{H} = \begin{bmatrix} 1110100 \\ 1101010 \\ 1011001 \end{bmatrix}$$

$\boldsymbol{H}$ 称为校验阵，为 $r \times n$ 阶矩阵，一旦 $\boldsymbol{H}$ 给定，信息位和校验位之间的关系也确定了。$\boldsymbol{H}$ 矩阵每行之间是彼此线性无关的。$\boldsymbol{HC}^T = 0^T$ 说明 $\boldsymbol{H}$ 矩阵与码字的转置乘积必为零，可以用来作为判断接收码字 C 是否出错的依据。

也可以写成 $\boldsymbol{H} = [\boldsymbol{PI}_r]$ 形式的矩阵称为典型监督矩阵。

$$H = \begin{bmatrix} 1110 & 100 \\ 1101 & 010 \\ 1011 & 001 \end{bmatrix} = [PI_r] \quad (4 - 15)$$

其中 $\boldsymbol{P}$ 为 $r \times k$ 阶矩阵，$\boldsymbol{I}_r$ 为 $r \times r$ 阶单位矩阵。

4. 循环码

循环码是一种常用的校验码，是线性分组码中的一个重要子类。它有严格的代数结构，用代数方法可以找出许多编码效率高、检错纠错能力强的循环码。由于循环码的编码和检错方法简单，而且具有许多有效的纠错方法，所以得到了广泛的应用。

循环码除了具有线性分组码的封闭性之外，还具有循环性。循环性是指循环码组中的任意许用码字（全 "0" 除外）循环左移或循环右移后所得的码字仍然为该循环码字的一个许用码字。

(n, k) 线性分组码采用码多项式表示，n 元序列表示的一个码字，$c = (c_{n-1}c_{n-2}\cdots c_0)$ $c_i \in \{0,1\}, i = 0,1,\cdots,n-1$，用次数小于 n 的多项式表示为

$$c(x) = c_{n-1}x^{n-1} + c_{n-2}x^{n-2} + \cdots + c_1x + c_0 \tag{4-16}$$

循环码校验的原理对于一个长度位 k 的二进制信息码元 $M(x)$。发送装置将产生一个 r 位的码监督码序列 $R(x)$，附加在 k 位的信息码元序列后，组成总长度为 n 位（$n=k+r$）的循环码序列 $C(x)$，可以被某个预定的生成多项式 $G(x)$ 整除，同时将码 $C(x)$ 作为一帧信息发送出去。接收装置对接收到的 n 位码元的帧，除以同样的生成多项式 $G(x)$，当无余数时，则认为没有错误。

循环码的编码方法可归纳如下：

（1）由信息码得出对应的信息多项式

$$M(x) = c_1x^{k-1} + c_2x^{k-2} + \cdots + c_{k-1}x^1 + c_kx^0 \tag{4-17}$$

其中，系数 c_1，c_2，$\cdots$，c_k 是待编码的二进制序列。

（2）选择作为除数的生成多项式 $G(x)$。

（3）将信息码多项式 $M(x)$ 乘以 x^r，得 $M(x) \times x^r$，若循环码的码数 16 位，则 $r=15$。$M(x) \times x^r$ 运算实际上是把信息码的后面加上 r 个 "0"，使 $M(x)$ 的幂提高 r 次。

（4）进行运算得余项

$$R(x) = \frac{M(x) \times x^r}{G(x)} \tag{4-18}$$

（5）将信息码多项式 $M(x) \times x^r$ 和余项 $R(x)$ 构成循环码 $C(x)$ 系列，即

$$C(x) = M(x) \times x^r + R(x) \tag{4-19}$$

其中，$R(x)$ 称为循环冗余值。

由上述方法构成得循环码多项式 $C(x)$ 能被生成多项式 $G(x)$ 整除。

显然，为了实现传输和接收过程的差错控制，循环码发生器必须根据待发送的信息 $M(x)$ 和选定的生成多项式 $G(x)$，计算出循环冗余值 $R(x)$，附加在信息字段后面，一起发送出去；接收时，将数据和循环码字节一起接收，并给同一个 $G(x)$ 除，如果不能整除，则说明传输过程出错。

循环码字符的计算可以用软件实现，也可以用硬件实现。

[例 4-2] 计算 $(7，3)$ 码中信息码为 (101) 的校验码。

解 （1）M$=(101)$，则信息多项式为

$$M(x) = 1 \times x^2 + 0 \times x^1 + 1 \times x^0 = x^2 + 1$$

（2）$M(x) \times x^r = (x^2 + 1)x^4 = x^6 + x^4$

（3）$G(x)$ 是 $x^n+1=x^7+1$ 的一个因式，$G(x)$ 为 4 阶，进行因式分解得

$$x^7 + 1 = (x+1)(x^3 + x + 1)(x^3 + x^2 + 1)$$

则有

$$G(x) = x^4 + x^2 + x + 1$$

注意：因式分解时右侧各项展开以后合并同类项是相应系数的模 2 加法运算，在以下的除法中亦同样，所有的多项式运算均如此。

（4）采用 $G(x) = x^4 + x^2 + x + 1$ 做除法，有

$$\frac{x^6 + x^4}{x^4 + x^2 + x + 1} = x^2$$

余式 $R(x) = x^3 + x^2$。

（5）由余式 $R(x) = 1 \cdot x^3 + 1 \cdot x^2 + 0 \cdot x + 0 \cdot 1$，得到校验码为 (1100)。

第九节 远 动 通 信 规 约

在电网调度自动化系统中，调度主站与各厂站端的数据通信是非常重要环节。为保证数据通信正常有序地进行，双方必须遵守一些共同的约定，称为通信规约或远动规约。

目前在电网监控系统中，国内主要采用两类通信规约：循环式通信规约（CDT，Cyclic Digital Transmission）和问答式通信规约（Polling）。

一、循环式通信规约

循环式通信规约（CDT）是一种以厂站端为主动端，自发不断循环向主站上报现场数据的数据传输规约。厂站端与主站的远动通信中，在循环传送方式下，厂站端终端单元无论采集到的数据是否变化，都以一定的周期周而复始地向主站传送，厂站端终端单元独占整个通道。主站也可向厂站端终端单元传送遥控、遥调、时钟对时等信息。

按循环式通信工作时，厂站端终端单元享有发送信息的主动权，调度中心与各厂站端终端单元采用放射性线路相连；各厂站端终端单元将采集并编码的信息循环不息地传送给调度中心，调度中心如发现有错即丢弃不用，等待下一循环该项新数据传来。由调度中心发给厂站端的各种信息，由下行通信信道传送到各厂站，不是循环发送。

（一）CDT 规约传送信息类型

CDT 规约规定主站与厂站端可传送下列信息：

（1）遥信；

（2）遥测；

（3）事件顺序记录；

（4）电能脉冲计数值；

（5）遥控命令；

（6）设定命令；

（7）升降命令；

（8）对时；

（9）广播命令；

（10）复归命令。

（二）CDT 规约特点

（1）发送端（厂站端）按预先约定，周期性地不断地向调度端发送信息。

（2）信息以帧为单位，按信息重要程度不同，分为 A、B、C、D、E 帧五种。

（3）每帧长度可变，多种帧类别循环传送，上帧与下帧相连，信道永无休闲地循环传送。

（4）信息按重要性和实时性的不同，规定有不同的优先级和循环更新时间。遥信变位优先传送，重要遥测量更新循环时间较短。

（5）区分循环量、随机量和插入量，采用不同形式传送，以满足电网调度自动化系统对信息实时性和可靠性的不同要求。

（三）信息优先传送顺序

主站与厂站端之间传送的远动信息很多，为了满足国家规定的电网数据采集与监控系统的技术条件，以及远动终端的技术条件的要求和指标，信息按重要性不同采用不同的优先级和循环时间。

1. 厂站端到调度主站信息的优先级排列顺序和传送时间要求

（1）厂站端时钟返回信息及遥控返回信息随时插入传送。

（2）变位遥信、子站端工作状态变化信息插入传送，要求在 1s 内送到主站。

（3）重要遥测量安排在 A 帧传送，循环时间不大于 3s。

（4）次要遥测量安排在 B 帧传送，循环时间一般不大于 6s。

（5）一般遥测量安排在 C 帧传送，循环时间一般不大于 20s。

（6）遥信状态信息，包含子站端工作状态信息，安排在 D_1 帧定时传送，循环时间为几分到几十分钟。

（7）电能脉冲计数值安排在 D_2 帧定时传送，循环时间为几分到几十分钟。

（8）事件顺序记录安排在 E 帧以帧插入方式传送。

2. 主站到子站端信息命令的优先级排列顺序

（1）设置变电站端时钟校正值，设置变电站端时钟。

（2）遥控选择、执行、撤消命令，升降选择、执行、撤消命令，设定命令。

（3）广播命令。

（4）复归命令。

（四）CDT 规约的信息组织结构

在 CDT 规约中，帧结构如图 4 - 30 所示。每一帧均由同步字开头，由同步字、控制字和信息字组成。向通道发码时，首先发送同步字，然后发送控制字和信息字。每个字为 6 个字节，组成信息字的数量 n 依实际需要设定，因此帧长度是可变的。

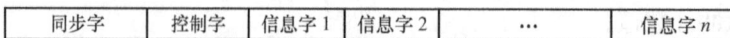

| 同步字 | 控制字 | 信息字 1 | 信息字 2 | ... | 信息字 n |

图 4 - 30　循环式远动规约帧结构

（1）同步字。同步字是一帧开始的标志。同步字不会与后面的控制字或信息字相同。在 CDT 规约中采用 3 组 EB90H 共 48 位，如图 4 - 31 所示。

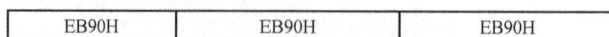

| EB90H | EB90H | EB90H |

图 4 - 31　同步字结构

（2）控制字。控制字用来说明本帧有无信息的有关情况，共 6 个字节 48 位，如图 4-32 所示。规约中对每个字节的内容都有明确规定。

控制字节	帧类别	帧长	源地址	目的地址	监督字节

图 4-32　控制字字节含义

E	L	S	D	0	0	0	1

图 4-33　控制字节定义

控制字的第 1 字节是控制字节，共 8 位，后 4 位固定取 0001，前 4 位用来说明控制字中第 2～5 字节，如图 4-33 所示。

• E 为扩展位。当 E＝0 时，控制字中帧类别字节的代码取本规约已定义的帧类别，规约已定义了 18 种帧类别，见表 4-4；当 E＝1 时，表示帧类别代码可根据需要另行定义，以满足扩展功能的要求。

• L 为帧长定义位。L＝0，本帧无信息字，$n＝0$；L＝1，本帧有信息字，信息字的个数等于控制字中信息字数 n 字节的值，$n \leqslant 256$，各帧 n 不相同。

• S 为源站址定义位。上行信息中，S＝1 表示源站地址字节有内容，为子站号；下行信息中，S＝1 表示源站地址有内容，为主站号。

• D 为目的站址定义位。上行信息中，D＝1 表示目的站地址字节有内容，为主站号；下行信息中，D＝1 表示目的站地址字节有内容，为到达子站号。当 D＝0 时，相应目的站地址应为 FFH（即 11111111），表示是广播命令，所有子站同时接收并执行广播命令。

表 4-4　　　　　　　　　　　　帧类别代号及其定义

帧类别代号	定义		帧类别代号	定义	
	上行 E＝0	下行 E＝0		上行 E＝0	下行 E＝0
61H	重要遥测（A 帧）	遥控选择	57H		设定命令
C2H	次要遥测（B 帧）	遥控执行	7AH		设置时钟
B3H	一般遥测（C 帧）	遥控撤销	0BH		设置时钟校正值
F4H	遥信状态（D₁ 帧）	升降选择	4CH		召唤子站时钟
85H	电能脉冲计数值（D₂ 帧）	升降执行	3DH		复归命令
26H	时间顺序记录（E 帧）	升降撤销	9EH		广播命令

（3）信息字。信息字是承载远动信息的实体，每个信息字由 $B_n \sim B_{n+5}$ 6 个字节组成，第 1 字节为功能码字节，第 2～5 字节为信息数据字节，第 6 字节为校验码字节，其通用格式如图 4-34 所示。

功能码	信息数据	校验码

图 4-34　信息字结构

功能码最多有 256 个（00～FF），规定了信息的用途或同一用途中不同对象的编号。功能码分配见表 4-5。

表 4 - 5　　　　　　　　　　　功 能 码 分 配 表

功能码代号	字数	用　途	信息位数	容量（路）
00H～7FH	128	遥测	16	256
80H～81H	2	事件顺序记录	64	4096
82H～83H		备用		
84H～85H	2	子站时钟反送	64	1
826H～89H	4	总加遥测	16	8
8AH	1	频率	16	2
8BH	1	复归命令（下行）	16	16
8CH	1	广播命令（下行）	16	16
8DH～92H	6	水位	24	6
93H～9FH		备用		
A0H～DFH	64	电能脉冲计数值	32	64
E0H	1	遥控选择（下行）	32	256
E1H	1	遥控反校	32	256
E2H	1	遥控执行（下行）	32	256
E3H	1	遥控撤销（下行）	32	256
E4H	1	升降选择（下行）	32	256
E5H	1	升降反校	32	256
E6H	1	升降执行（下行）	32	256
E7H	1	升降撤销（下行）	32	256
E8H	1	设定命令（下行）	32	256
E9H	1	备用		
EAH	1	备用		
EBH	1	备用		
ECH	1	子站状态信息	8	1
EDH	1	设置时钟校正值（下行）	32	1
EEH～EFH	2	设置时钟（下行）	64	1
FOH～FFH	16	遥信	32	512

（五）CDT 规约的信息传送规则

无论采用何种帧系列，都实现下列三种方式传送。

（1）固定循环传送，用于传送 A、B、C、D_1、D_2 帧。

（2）帧插入传送，用于传送 E 帧。当 SOE 连续出现时，E 帧可连续组织几帧在允许插入的位置传送。

（3）信息字随机插入传送。当需插入的信息出现时，就应插入当前帧的信息字传送，并遵守以下规则：

1）变位遥信、遥控和升降命令的返校信息连续播送三遍，对时的变电站端时钟返回信息插送一遍；

2）变位遥信、遥控和升降命令的返校信息连续插送三遍必须在同一帧内，不许跨帧；

3）若本帧不够连续插送三遍，全部改到下帧进行。

被插的帧若是 A、B、C 或 D 帧，则原信息被取代，原帧长度不变；若是 E 帧，则应在 SOE 完整字之间插入，帧长度相应加长。厂站端加电或重新复位后，帧系列应从 D_1 帧开始传送。

（六）帧系列

在 CDT 规约中，不同类型的信息采用不同的帧传送，多种帧连接在一起构成一个帧系列。设计帧系列的原则是，保证各帧的信息传送周期在指定的时间范围内。例如，A 帧的循环传送周期必须不大于 3s，B 帧的循环传送周期一般不大于 6s 等。图 4-35 所示为一个帧系列的示例。

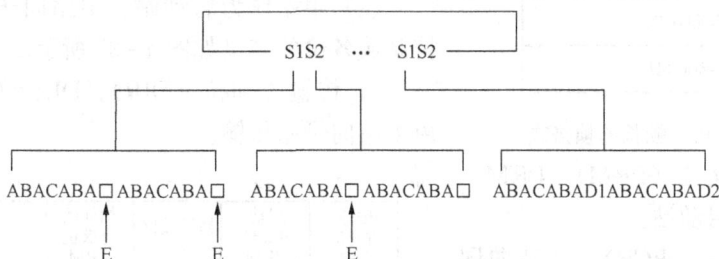

图 4-35 帧系列示例图

在图 4-35 所示帧系列中，方框处可插入传送 E 帧，E 帧需连续传送三遍。需要指出，帧系列仅对上行（厂站端至主站）信息传送而言，下行（主站至厂站端）命令形成的时间是不确定的，所以不存在帧系列。

二、IEC 60870-5-101 远动通信协议

IEC 60870-5-101 是完全的 Polling 工作方式，主站与子站采用一问一答方式。无论是主站向子站发送的命令，还是子站向主站回送的数据，在问答式通信中都称为报文。

IEC 60870-5-101 远动通信协议一般用于变电站远动终端设备和调度计算机系统之间，能够传输遥测、遥信、遥脉、遥控、保护事件信息、保护定值、录波等数据。该规约规定了电网数据采集和监视控制系统（SCADA）中主站和子站（远动终端）之间以问答方式进行数据传输的帧格式、链路层的传输规则、服务原语、应用数据结构、应用数据编码、应用功能和报文格式。它适用于传统远动的串行通信工作方式，一般应用于变电站与调度所的信息交换，网络结构多为点对点的简单模式或星形模式。其传输介质可为双绞线、电力线载波和光纤等。该规约传输数据容量是 CDT 规约的数倍，可传输变电站内包括保护和监控的所有类型信息，因此可满足变电站自动化的信息传输要求。目前该规约已经作为我国电力行业标准推荐采用，并得到了广泛的应用。

（一）帧格式

传送远动信息时，一组信息称为 1 帧，每帧信息由若干个字组成，这些字可以分别表示同步、遥信、遥测等内容，其组成顺序和形式称为帧格式。

IEC 60870-5-101 规定的数据传输基本方式为 8 个数据位、1 个起始位、1 个奇偶校验位和 1 个停止位。该规约采用的帧格式为 FT1.2 异步式字节传输帧格式，其有可变帧长和固定帧长两种格式。

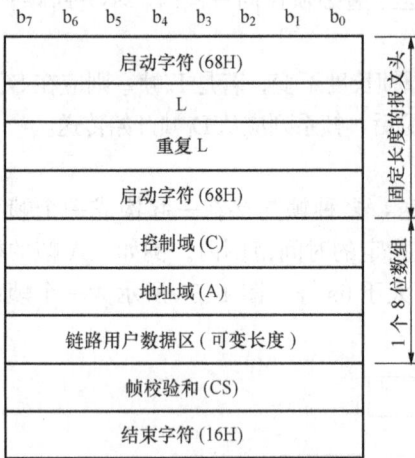

图 4-36　可变帧长的帧格式

2）启动报文位（PRM）。PRM=1，表示主站为启动站。

3）帧计数位（FCB）。主站向同一个子站启动新一轮传输时，将 FCB 位取相反值，主站为每一个子站保留一个帧计数位的备份。若主站超时没有从子站接收到所期望的报文，或接收出现差错，则主站不改变帧计数位的状态，重复传送原报文，重复次数为 3 次。若主站正确收到子站报文，则该一轮的传输服务结束。

1. 可变帧长的帧格式

可变帧长的帧格式如图 4-36 所示。报文头固定取 4Byte，它包含 2Byte 的启动字符（68H）和两个取值均为 L 的 8 位位组。L 的值等于帧格式中控制域（C）、地址域（A）和链路用户数据区共同占有的字节数。

主站和子站之间的传输服务可以由主站触发，也可以由子站触发。帧格式中控制域（C）和地址域（A）的定义，在主站触发的传输服务和子站触发的传输服务中略有不同。

（1）主站作为启动站。主站向子站传输报文中控制域各位的定义如图 4-37 所示。

1）传输方向位（DIR）。DIR=0，表示报文是由主站向子站传输。

bit	D7	D6	D5	D4	D7	D6	D5	D4
	传输方向位 DIR	启动报文位 PRM	帧计数位 FCB	帧计数有效位 PRM		功能码		

图 4-37　主站向子站传输报文中控制域定义

4）帧计数有效位（FCV）。FCV=0 表示帧计数位（FCB）的变化无效；FCV=1 表示帧计数位的变化有效。发送/无回答服务、重传次数为零的报文、广播报文时，无需考虑报文丢失和重复传输，无需改变帧计数位（FCB）的状态，这些帧计数有效位（FCV）常为"0"。

5）功能码。功能码的分配见表 4-6。

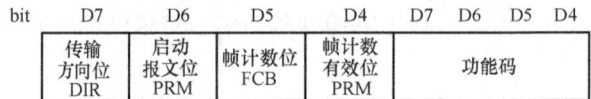

表 4-6　　　　　　　　　　　主站向子站传输功能码的分配表

下行链路功能码	传输策略	服务功能	帧计数器（FCV）
0	发送/确认	远方链路复位	0
1	发送/确认	用户进程复位	0
2	发送/确认	保留	
3	发送/确认	用户数据	1
4	发送/无应答	用户数据	
5		备用	
6、7		保留	
8	请求/响应	按要求的访问位访问	0
9	请求/响应	请求链路状态	0
10	请求/响应	请求 1 级数据	1
11	请求/响应	请求 2 级数据	1
12~15		保留	

（2）子站作为启动站。子站向主站传输报文中控制域各位的定义如图 4-38 所示。

1）传输方向位（DIR）。DIR＝1，表示报文是由子站向主站传输。

2）启动报文位（PRM）。PRM＝0，表示子站为启动站。

3）要求访问位（ACD）。ACD＝1，表示子站希望向主站传输 1 级数据。IFC 60870-5-101 规约的应用客户数据分为 1 级、2 级客户数据。1 级客户数据包括变位遥信、子站初始化结束和子站状态变化。2 级客户数据包括超过门限值的

bit	D7	D6	D5	D4	D7	D6	D5	D4
	传输方向位 DIR	启动报文位 PRM	要求访问位 ACD	数据量控制位 DFC		功能码		

图 4-38　子站向主站传输报文中控制域定义

遥测、子站改变下载参数、水位超过门限值、变压器分接头的变化、事件顺序记录数据和带时标的其他量等。遥测、遥信、水位、变压器分接头位置和远动终端状态也属于 2 级客户数据。

4）数据流控制位（DFC）。DFC＝0，表示子站可以继续接收数据；DFC＝1，表示子站数据区已满，无法接收新数据。

5）功能码。功能码的分配见表 4-7。

表 4-7　　　　　　　　　　子站向主站传输功能码的分配表

上行链路功能码	帧类型	服务功能	上行链路功能码	帧类型	服务功能
0	确认	肯定认可	10		保留
1	确认	否定认可	11	响应	链路状态或要求的访问
2～7		保留	12、13		保留
8	响应	用户数据	14		链路服务未工作
9	响应	无请求的数据	15		链路服务未完成

（3）链路地址域（A）。链路地址域（A）是针对链路层而言的。地址域的 8 位位组在主站向子站传送的帧时，表示报文要传送到的目的站址，即子站站址；当由子站向主站传送帧时，表示该报文发送的源站址，即该子站的站址。地址域的值为 0～255，其中 FFH～255 为广播站地址，即向所有站传送报文。

（4）链路用户数据区。帧格式中的链路用户数据区又称应用服务数据单元，即报文的数据区。它由数据单元标识和一个或多个信息体组成。表 4-8 所列为链路用户数据区结构。

表 4-8　　　　　　　　　　链路用户数据区结构

单　元	结　构	单　元	结　构
数据单元标识	类型标示	信息体	信息体地址
	可变结构限定词		
	传送原因		信息体元素
	公共地址		信息体时标

链路用户数据区由类型标识、可变结构限定词、传送原因和链路用户数据区公共地址所组成，每一个项均为 8 位位组。类型标识定义了链路用户数据区中信息体的结构、类型和格式。可变结构限定词表示信息体是顺序的还是非顺序的，并表示信息体的个数，如信息体个

数等于零，则表示没有信息体。传送原因表示是周期传送、突发传送、总询问还是分组询问、请求数据、重新启动、站启动、测试、确认、否定确认。公共地址为一个 8 位位组，它根据应用层情况确定，定义为站地址。报文中链路地址域的站地址，是根据链路层的结构情况而确定，一般情况下与应用服务数据单元公共地址可以是同一个值。某些情况下，在一个链路层地址域的站地址下，可以有好几个链路用户数据区公共地址，即好几个站地址。

信息体由信息体地址、信息体元素和信息体时标（如果有的话）组成。信息体地址为两个 8 位位组，信息体地址和应用服务数据单元的公共地址一起可以区分全部信息量。信息体元素表示各种信息量，它们可以用一个或多个 8 位位组进行描述。若信息量是带时标的，则信息体元素之后紧接信息体时标。

图 4 - 33 中，帧校验和是控制域、地址域、链路用户数据区所有 8 位位组的算术和（不考虑溢出位，即 256 模和）；结束字符为 16H。

2. 固定帧长格式

固定帧长格式如图 4 - 39 所示。图中各项的意义与可变帧长帧格式意义相同。固定帧长帧格式用于变电站端向主站回答的确认报文或主站向变电站端发送查询报文。

b7 b6 b5 b4 b3 b2 b1 b0

启动字符 (10H)
控制域 (C)
地址域 (A)
帧校验和 (CS)
结束字符 (16H)

图 4 - 39　固定帧长格式

（二）链路传输规则

1. 链路服务

IEC 60870-5-101 规约中，链路服务级别分为三级。

（1）第一级：发送/无回答服务。主要用于主站向子站端发送广播报文。子站收到报文后无需向主站回答，用于子站循环给主站刷新数据，无需认可和回答。如果接收方检测到报文出现差错即丢弃该报文。只有在前一轮服务结束之后，才能开始新一轮的发送。

（2）第二级：发送/确认服务。用于由主站向子站端设置参数和执行遥控、设点、升降选择等命令。当子站正确收到主站传送的报文时，子站立即向主站发送一个确认帧，并将此确认帧保存起来。在前后两次接收的发送帧中帧计数位的值不同，则将保存的确认帧清除，并形成新的确认帧；否则不管收到的帧内容是什么，将原保存的确认帧重发。当收到一个复位命令（Reset），此帧的计数位为"0"，则子站将其保存的帧计数值置为"0"。若子站由于过载等原因不能接收主站报文时，子站则应传送忙帧给主站。主站在新一轮发送/确认传输服务时，帧计数位（FCB）改变状态。当从子站收到无差错的确认帧时，这一轮的发送/确认传输服务即告结束。

（3）第三级：请求/响应服务。用于主站向子站端召唤数据，子站端以数据或事件数据回答。子站接收请求帧后，如有所请求的数据则发响应帧，如无所请求的数据则发否定的响应帧。每次新一轮请求响应服务，在主站端将帧计数位改变状态。主站接收到无差错的响应帧时，此一轮请求/响应服务即告终止。若响应帧受到干扰或超时，则不改变帧计数位重复发送请求帧，重发次数最多为 3 次。

除上述三种由主站触发的传输服务外，还可以采用子站端事件启动触发传输和子站主动向主站触发传输服务。当遥信发生变位或遥测的变化超时时，子站端主动触发一次发送/确认服务，并组织报文向主站传送。主站收到报文后，以确认报文回答子站端。如果因为忙，数据缓冲区溢出，则主站以忙帧回答厂站。随后子站端如还要传送数据，则子站端此时触发一次请求/响应服务，以请求帧询问凋度中心链路状态，主站以响应帧报告链路状态。此种传输按平衡传输的链路规则的规定进行。

子站端每次主动触发发送/确认帧或请求/响应帧时，帧计数位改变其状态；若主站收到无差错的确认帧或响应帧，则这一次主动触发传输即告结束。

若发送帧、请求帧或确认帧、响应帧受到干扰，致使子站端超时未收到报文，则厂站端不改变计数值状态，重发前一轮的发送帧或请求帧，直至 5 次重复。为防止报文丢失，重复传输技术同前。

三、CDT 规约与 IEC 60870-5-101 规约比较

（1）对网络拓扑的要求不同。CDT 规约只适应点对点的简单通道，故要求通信双方网络的拓扑结构是点对点的结构。而 IEC 60870-5-101 规约能适应点对点、多个点对点、多点环形、多点星形等几乎所有通道结构。通道连接的任意两节点之间，总可以采用 IEC 60870-5-101 规约。

（2）通道的使用效率不同。用 CDT 规约传送信息时，主站和厂站之间连续不断地发送和接收，始终占用通道。而 IEC 60870-5-101 规约只在需要传送信息时才使用通道，因而允许多个 RTU 分时共享通道资源。

（3）主站与厂站的通信控制权不同。采用 CDT 规约的远动信息传输，以厂站为主动方，厂站远动信息连续不断地送往主站；变电站端的重要信息能及时插入传送传输，主站只发送遥控、遥调等命令。采用 IEC 60870-5-101 规约的远动信息传送以主站为主动方，包括变位遥信等在内的重要远动信息，厂站只有接收到询问后，才向主站报告；仅对于点对点或多个点的通道结构，允许变电站端事件启动信息传输，及时向主站报告重要信息。

（4）对通信质量的要求不同。采用 CDT 规约，在通道上连续传送信息，某远动信息一次传送没有成功时，可在下一次传送中得到补偿，信息刷新周期短，因而对通道的质量要求不很高。而采用 IEC 60870-5-101 规约的信息传输，仅当需要时才传送，即使采用了防止报文丢失和重传技术，对通道质量的要求比 CDT 方式高。

（5）实现的控制水平不同。采用 CDT 规约的远动信息传输，数据采集以变电站为中心。而有用 IEC 60870-5-101 规约的远动信息传输，采集信息中心已延伸到主站，数据处理比 CDT 规约简单，可以更大的范围内控制电网的运行。

（6）通信控制的复杂性不同。采用 CDT 规约，信息发送方不考虑信息接收方接收是否成功，仅按照确定的顺序组织发送，通信控制技术简单。采用 IEC 60870-5-101 规约的通信，信息发送方考虑到接收方的接收成功与否，采用了防止信息丢失以及等待—超时—重发等技术，通信控制技术比较复杂。

第十节　远动系统的 "四遥" 信息传输

远动系统除了要完成对电力系统运行状况的监测，还要对电力运行设备实施控制，确保系统安全、可靠、经济地运行，这就是遥控、遥调、遥测和遥信，简称为 "四遥"。

一、遥控

对运行设备进行遥控操作应非常慎重，要严格禁止任何错误的操作。因此在调度端向远

动终端下达遥控命令时，对上下通信格式（即远动规约）有严格的要求，必须在信息通信的各个步骤均正确无误时才能输出遥控信号。下面对循环式远动规约中遥控命令的实现进行分析。

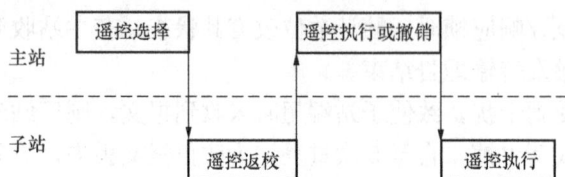

图 4 - 40　遥控过程

1. 遥控过程

如图 4 - 40 所示，遥控全过程分四个步骤完成：

（1）主站（调度端）向子站发送遥控选择命令。

（2）子站向主站返送遥控返校信息。

（3）根据实现情况，主站向子站下达遥控执行命令或遥控撤销命令。

（4）如果是遥控执行，则子站远动终端改变遥控输出状态；如果是遥控撤销，则遥控状态保持不变。

2. 遥控命令的远动编码

遥控操作要十分可靠，绝不可误控其他开关设备，因此遥控命令要连发 3 遍，接收端采用 3 取 2 原则作出判决，只有 3 遍各不相同时才判为错码不予执行。

遥控命令帧结构如图 4 - 41 所示。同步字为 3 组 D709H。控制字的格式如图 4 - 42 所示。控制字的第一个字节 B0 为控制字节，置为 71H；B1 字节为帧类别，可区别下行遥控命令的含义；03H 表示遥控命令帧包含 3 个信息字，3 个信息字的内容完全一致，以保证遥控信息的正确性；B3、B4 字节分别为源站址（调度端地址）和目的站址（RTU 地址）。

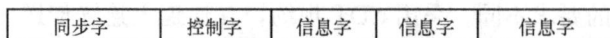

图 4 - 41　遥控命令帧结构

遥控过程的信息字格式如图 4 - 43 所示。图 4 - 43（a）～（d）所示分别为遥控选择、遥控返校、遥控执行、遥控撤销信息字格式，可从其功能码的不同值加以区别。在遥控选择信息字和遥控返校信息字中，B1 字节为 CCH 表示合闸操作，33H 表示分闸操作。在遥控执行和遥控撤销中；B1 字节为 AAH 表示执行遥控命令，55H 表示撤销遥控命令。在这些信息字中，B2 字节为开关序号，用二进制码表示。B3 字节、B4 字节与 B1 字节、B2 字节内容相同，能提高信息的可靠性。

图 4 - 42　遥控控制字

当 RTU 正确收到遥控选择命令时，若检查出开关序号无效，则在遥控返校信息字中的 B1、B3 字节中写入 FFH。由于上行信息是循环传送方式，因此遥控返校信息必须随机插入传送，为保证可靠性还必须连续传送 3 遍。连续传送 3 遍必须在同一帧内，不许跨帧，若本帧不够连续传送 3 遍，应全部改到下帧进行。

调度端在发出遥控选择命令后，若超时未收到遥控返校信息字，则本次命令自动撤销。另

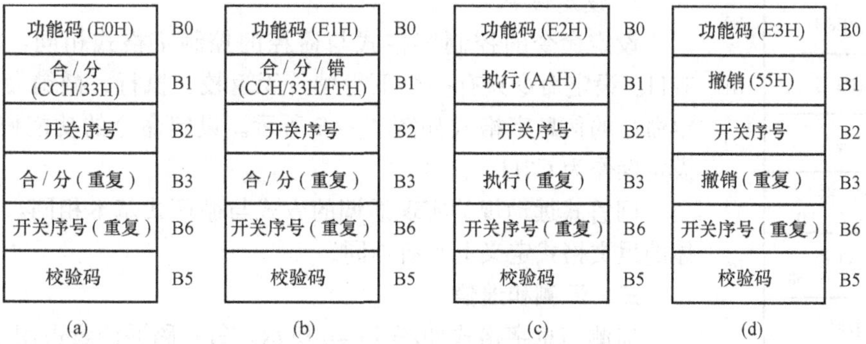

功能码 (E0H)	B0	功能码 (E1H)	B0	功能码 (E2H)	B0	功能码 (E3H)	B0
合／分 (CCH/33H)	B1	合／分／错 (CCH/33H/FFH)	B1	执行 (AAH)	B1	撤销 (55H)	B1
开关序号	B2	开关序号	B2	开关序号	B2	开关序号	B2
合／分（重复）	B3	合／分（重复）	B3	执行（重复）	B3	撤销（重复）	B3
开关序号（重复）	B6	开关序号（重复）	B6	开关序号（重复）	B6	开关序号（重复）	B6
校验码	B5	校验码	B5	校验码	B5	校验码	B5
(a)		(b)		(c)		(d)	

图 4－43　遥控信息字

(a) 遥控选择；(b) 遥控返校；(c) 遥控执行；(d) 遥控撤销

外，如果遥控过程中遇到有变位遥信，则本次命令也自动撤销，并通过子站工作状态返回信息。

在问答式远动规约中，遥控的实现过程与在循环式远动规约中类似，只是报文格式要复杂些。

二、遥调

在循环式远动规约中，涉及遥调的命令有升降命令和设定命令两类。

1. 升降命令

升降命令通常用于有载调压变压器分接头的升、降调节。升降命令的实现过程及格式与遥控命令的实现过程及格式基本相同，只是帧类别、功能码及操作含义不同。

升降命令的实现过程也是分四步进行：

(1) 主站向子站发送升降选择命令；

(2) 子站向主站返送升降返校信息；

(3) 主站向子站下达升降执行命令或升降撤销命令；

(4) 子站根据主站下达的命令执行或不执行升降操作。

升降命令的控制字格式可参见图 4－41，只是帧类别不同，升降选择命令帧的帧类别为 F4H，升降执行命令帧的帧类别为 85H，升降撤销命令帧的帧类别为 26H。

升降控制过程的信息字格式如图 4－44 所示。图中升降选择、升降返校、升降执行、升降撤销的功能码分别为 E4H、E5H、E6H、E7H。

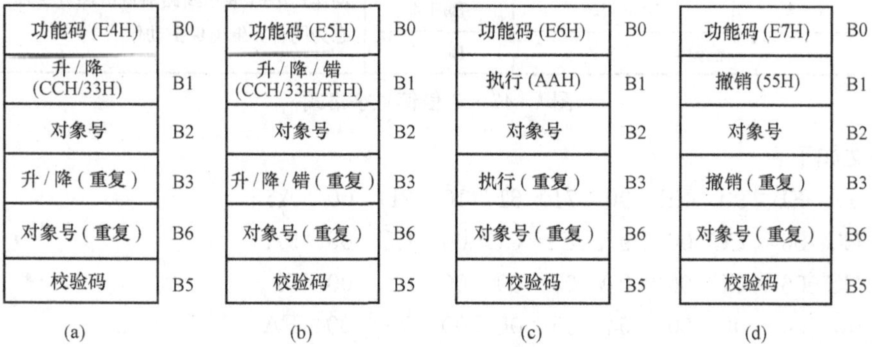

功能码 (E4H)	B0	功能码 (E5H)	B0	功能码 (E6H)	B0	功能码 (E7H)	B0
升／降 (CCH/33H)	B1	升／降／错 (CCH/33H/FFH)	B1	执行 (AAH)	B1	撤销 (55H)	B1
对象号	B2	对象号	B2	对象号	B2	对象号	B2
升／降（重复）	B3	升／降／错（重复）	B3	执行（重复）	B3	撤销（重复）	B3
对象号（重复）	B6	对象号（重复）	B6	对象号（重复）	B6	对象号（重复）	B6
校验码	B5	校验码	B5	校验码	B5	校验码	B5
(a)		(b)		(c)		(d)	

图 4－44　升降信息字

(a) 升降选择；(b) 升降返校；(c) 升降执行；(d) 升降撤销

功能码 (E8H)	B0
设定 (C3H)	B1
对象号	B2
设定点（低） b7　…　b0	B3
设定点（高） **** b11 … b8	B6
校验码	B5

图 4-45　设定命令信息字

2. 设定命令

设定命令的控制字格式与遥控的控制字格式相同，帧类别为 57H。设定命令只有一个下行帧，无返校、执行、撤销命令帧。设定命令的信息字格式如图 4-45 所示。设定命令的功能码为 E8H，设定操作为 C3H。

问答式远动规约实现遥调的方式与循环式基本相同，只是在具体的报文格式定义上有所不同。

三、遥测和遥信

遥测信息字格式如图 4-46 所示。每一路遥测量占用 16 位，每一遥测信息字可传送 2 路遥测量。

b11～b0 传送 1 路 YC 量的值，其中 b11 表示 YC 量的符号位，b11＝0，YC 为正，b11＝1，YC 为负，其值为二进制补码。

b7		b0	
遥测信息字	功能表 （00H～7FH）	Bn 字节	遥信信息字格式说明：
遥测信息字 i	b7…b0	Bn+1	（1）每个遥信位含 16 个状态位
	b15…b8	Bn+2	（2）状态位定义：b＝0 表示断路器或隔离开关状态为断开、继电保护未
遥测信息字 $i+1$	b7…b0	Bn+3	动作；b＝1 表示断路器或隔离开关状态为闭合、继电保护动作
	b15…b8	Bn+4	
校验码		Bn+5	

图 4-46　遥测信息字格式

遥信信息字格式如图 4-47 所示，每个遥信信息字有效位为 32 位，可以按照事先约定的顺序表示 32 路开关或继电保护的状态。

遥信信息字	功能表（F0H～FFH）	Bn 字节	遥信信息字格式说明：
遥信信息字 i	b7…b0	Bn+1	（1）每个遥信位包含 16 个状态位
	b15…b8	Bn+2	（2）状态位定义：b＝0 表示断路器或隔离开关状态为断开，继电保护未
遥信信息字 $i+1$	b7…b0	Bn+3	动作；b＝1 表示断路器或隔离开关状态为闭合，继电保护动作
	b15…b8	Bn+4	
校验码		Bn+5	

图 4-47　遥信信息字格式

某报文如下：

```
EB  90  EB  90  EB  90  71  61  10  2D  00  A5
E1  CC  06  CC  06  9A  E1  CC  06  CC  06  9A
E1  CC  06  CC  06  9A  03  00  00  00  00  59
04  0C  00  0C  00  64  05  0C  00  00  00  FA
06  00  00  00  00  B4  07  00  00  00  00  D6
08  00  00  00  00  E6  09  00  00  00  00  84
```

0A	00	00	7A	00	02	0B	3C	00	86	00	C9
0C	57	00	28	00	F1	0D	5D	00	57	00	6E
0E	2E	00	63	00	6D	0F	00	00	00	00	CF

在此报文中，EB、90、EB、90、EB、90 为同步字，71、61、10、2D、00、A5 为控制字，在信息字的起始部分插入了遥控返校信息：E1　CC　06　CC　06　9A，优先插入传送3 遍，功能码 03～0F 的信息字表示为遥测信息。

第十一节　Open-2000 电网调度自动化系统

Open-2000 是目前国内具有代表性并已在多个省、地主站成功运行的一种典型电网调度自动化系统，Open-2000 是开放型分布式能量管理系统，功能丰富。

一、系统结构

图 4 - 48 所示为 Open-2000 的结构配置图。该系统采用三网机制，主网为 100M 平衡负荷双网，由智能化 100M 堆栈式交换机来连接系统服务器和主网计算机节点。双主网均可提供多口的 100M 交换能力，并可进行扩展。两台系统服务器选用 64 位机，并配有磁盘阵列，以实现服务器的热备用以及信息的热备份。各工作站也优先选用 64 位机，都能从硬件上支持 100M 双网或多网运行并支持标准商用数据库，又能集成其他符合国际标准的实时数据库。工作站系列产品使用寿命长，易于扩充升级。主网各节点，依其重要性和应用的需要，可选用双节点备用、多节点备用或共享方式运行。

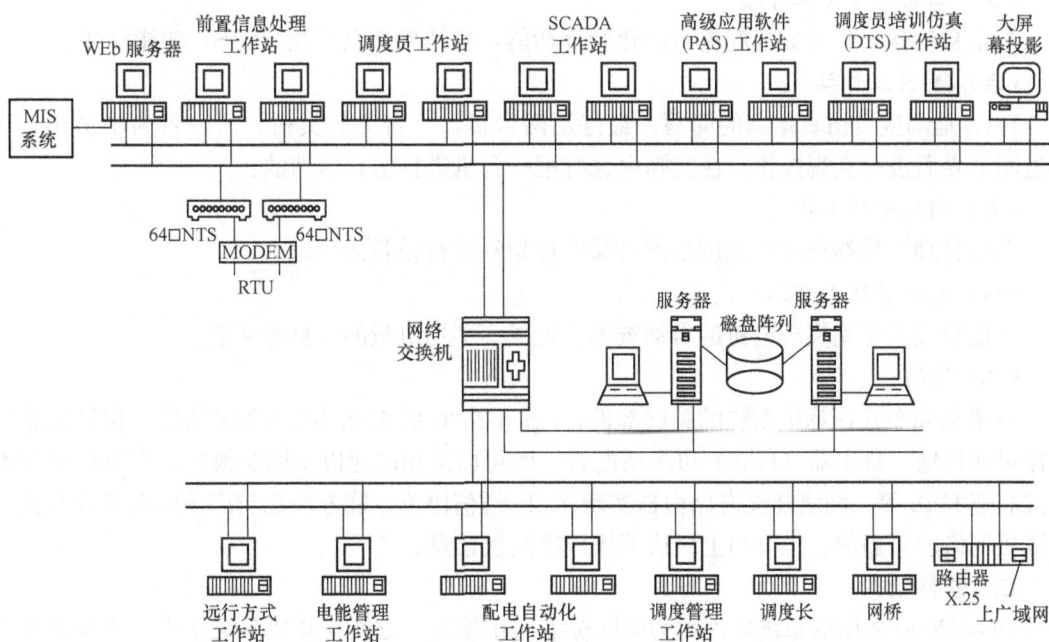

图 4 - 48　Open-2000 的结构配置图

主网双网配置可实现负荷热平衡及热备用双重使命。在双网均正常情况下，双网自动保持负荷平衡；当其中一网故障，另外一网就完全接管全部的通信负荷，在单网方式下亦可保证系统 100% 可靠性。系统通过 MIS 服务器或网桥与电力公司管理信息系统（MIS）连接，通过插入第三网来隔离连接系统；还可以通过网络交换机与配电调度自动化系统相连。

（一）系统服务器（Server）

系统服务器运行 Sybase 商用数据库管理系统，负责保存所有历史数据、登录各类信息，如各种电网管理信息、地理信息系统（GIS）所需的多种信息、各类设备信息和用户信息等。其强大的数据库管理功能可方便用户查询和统计各种数据。

（二）SCADA 工作站

SCADA 工作站为双机热备用，主要运行 SCADA 软件及 AGC/EDC 软件，完成基本的 SCADA 功能和 AGC/EDC 控制与显示功能。SCADA 工作站通过两组终端服务器接收各厂站 RTU 信息。两组终端服务器直接挂在网上，实现双机、双通道的自动/手动切换，承担前置系统信息处理以及网络信息流优化功能。

（三）PAS 工作站

PAS 是各种电力系统高级应用软件的简称。PAS 工作站用于各项 PAS 计算以实现各项 PAS 功能，如潮流计算、短路计算等，并保存 PAS 的计算结果，如某些结果需历史保存，则同时保存到商用数据库中的历史数据库中。

（四）调度员工作站

调度员工作站承担对电网实时监控和操作的功能，实时显示各种图形和数据，并进行人机交互。其实，在主网的每个工作站上都可以显示 SCADA 数据、PAS 数据。DTS 数据、DMS 数据及 GIS 数据，但其他工作站没有对电网进行操作控制的权限。

（五）配电自动化工作站

配电自动化工作站完成配电自动化管理功能，其地理信息系统（GIS）功能极强。

（六）DTS 工作站

DTS 是调度员仿真培训的简写。最好用两台机，一台为教员机，另一台为学员机，可通过图形界面进行直观操作。在实际中也有用一台机进行仿真培训的。

（七）调度管理工作站

调度管理工作站负责与调度生产有关的计划和运行设备的管理。

（八）电能管理工作站

电能管理工作站实现电量的自动查询、记录、奖罚电量的计算等功能。

（九）网络

网络是分布式计算机系统的关键部件，Open-2000 系统采用高速双网结构，保证信息能高速可靠传输。集中器（Hub）可灵活配置，既可以采用高速以太网交换机，也可以采用堆栈式高速 Hub 等。网络还配有路由器实现 X.25 通信协议，能方便地与广域网互联或与其他计算机网络进行通信，也可与上级或下级调度交换信息。

二、软件结构

Open-2000 采用的系统软件均为国际标准通用软件，方便与其他系统互联。系统软件分为数据层、程序层和通信管理系统层三层。

（1）数据层。主要包括实时数据库、历史数据库和它们的存储历程。实时数据库分布于各台机器中，支持数据的实时图形显示。历史数据库存于两台系统服务器中，互为热备用，用于保存历史数据、各种登录数据和电力系统各种参数。

（2）程序层。主要实现电力系统的各项功能（如 SCADA、PAS、DTS 等），并提供良好的人机接口和管理工具，方便用户使用。

（3）通信管理系统层。用于网络的管理及通信任务的管理，对上层应用程序屏蔽具体的网络细节，保证通信进程之间实现高速、可靠和标准的通信。这些通信进程可能在同一台机器上，也可能分布于多台机器中。

三、前置机系统

前置机系统担负着与厂站 RTU 和各分局的数据通信及通信规约解释等任务，是 SCADA/EMS 系统的桥梁和基础。图 4 - 49 为 Open-2000 前置机系统结构框图。

（一）前置机

前置主机为双机配置，一台为主机，另一台为备用机。由于是网络配置，网络上所有主机只要授权都可以充任前置主机，因而可任取两台工作站兼做前置机。

值班前置主机担负以下任务：①与系统服务器及 SCADA 工作站通信；②与各 RTU 通信及通信规约处理，控制切换装置的切换动作；③设置各终端服务器的参数。

备用前置机担负以下任务中的部分或全部：①监听前置主机的工作情况，一旦前置主机发生故障，立即自动升级为主机，担负起主机的全部工作；②监听次要通道的信息，确定该通道的运行情况。

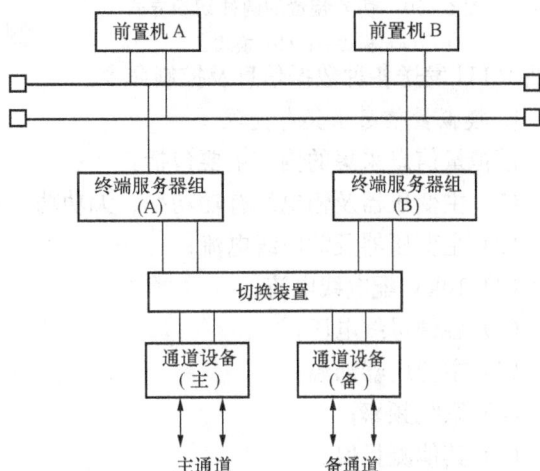

图 4 - 49　Open-2000 前置机系统结构示意图

（二）终端服务器

每台终端服务器有 16 个串行通信口，可与 16 路厂站 RTU 通信。另外，终端服务器也应双备份。运行中一组与前置主机协同工作，另一组则与备用机通信。终端服务器的参数及其切换由前置主机控制。

（三）切换装置

每套切换装置由 16 路独立切换板组成，电路简洁，仅包括导线和自保持继电器。即使电源失去也能保证信道的连通。同时，主机还不停地查询它们的状态，因此可靠性很高。

切换装置可以完成对上行双通道信号及下行信号的选择切换，依据前置主机的切换命令动作。切换装置有两种工作模式，如图 4 - 50 所示。

（1）模式一。选择一路较好的上行信号送给主、备两台前置机，同时将值班主机的下行命令送入主、备两条通道。坏通道的上行信号以及备用主机的下行命令均被封锁。

（2）模式二。切换装置将值班主机与好通道接通，而将备用机与较差通道接通。

（四）通道设备

通道设备包括调制解调器（Modem）、光电隔离板（光隔）及长线驱动器，其作用是与各种不同的通道信号适配。一般情况下，若通道信号为模拟调制信号，应选用调制解调器；若通道信号为 RS-232 数字信号，应选用光电隔离板；若通道信号是 RS-232 数字信号但信

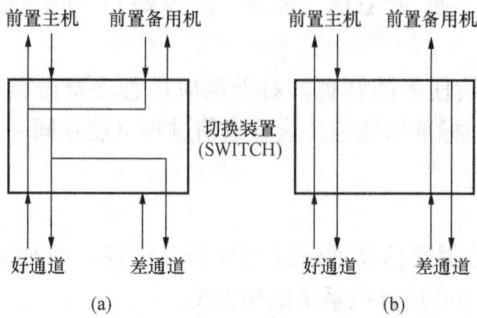

图 4-50　切换装置的两种切换方式
(a) 模式一；(b) 模式二

厂站 RTU 发送各种数据信息及控制命令。

号电缆较长时，应采用长线驱动器，同时在其远端加装对应的长线驱动设备。

由于终端服务器只接收异步信号，因此有些型号的调制解调器和光隔板上加装了同步/异步转换装置。这样，系统也可以接收以同步方式传输的 RTU 数据了。

四、SCADA 系统

(一) 数据采集与处理功能

SCADA 系统实时采集各厂站 RTU 遥测、遥信、电能、数字量等数据，同时向各

1. 模拟量信息采集与处理

模拟量信息采集的内容主要包括：

(1) 主变压器及输电线有功功率、无功功率；

(2) 主变压器及输电线电流；

(3) 10kV 配电线电流；

(4) 各种母线电压；

(5) 主变压器油温；

(6) 系统频率；

(7) 其他测量值。

模拟量信息采集后，要进行数据处理，主要包括：

(1) 将生数据转换成工程量；

(2) 设定每个值的归零范围，将近似为零的值置零。消除零漂；

(3) 越限检查，为每个遥测值规定上限和下限，以检查数据合理性；

(4) 积分值计算和平均值计算，如对实时功率进行积分及求平均值等；

(5) 最大/最小值计算，将遥测量在某时段内的最大/最小值及其时间一同存入数据库。

2. 状态量采集与处理

状态量采集的内容主要包括：

(1) 断路器位置信号；

(2) 继电保护事故跳闸总信号；

(3) 预告信号；

(4) 隔离开关位置信号；

(5) 有载调压变压器分接头位置信号；

(6) 自动装置动作信号；

(7) 发电机组运行状态信号；

(8) 事件顺序记录。

状态量数据处理的内容主要是：监视电网及设备的突然变化，迅速发出告警信号。其主要包括遥信变位类型确认（断路隔离开关、保护动作、事故信号、预告信号等），判断是事故变位还是正常变位，确定告警方式（电笛、电铃、语音报警、调出事故画面、文字信息

等）。

处理后的信息表包括：图形显示、文字显示、语音信息系统、实时及历史数据库、变位打印及表格显示、事故追忆、模拟盘显示。

3. 脉冲量采集与处理

脉冲量采集内容为各厂站 RTU 送来的脉冲电能量等，采集方式为按设定的扫描周期进行采集。

脉冲量处理的内容包括：

（1）实时保存上一周期的脉冲值，计算出本周期内的电量；

（2）对无脉冲量的测点可采用积分电能的方法计算电量；

（3）系统可设定高峰时段、低谷时段及腰荷时段，计算出各时段电量；

（4）计算结果存入实时数据库和历史数据库。

4. 继电保护及变电站综合自动化信息的采集

对已实现变电站综合自动化的变电站，除采集保护开关状态量外，还须采集保护测量、保护定值、保护故障、保护自检和保护信号复归等信息。

5. 时间信息的采集

SCADA 系统在后台接入标准天文时钟信息，向全网广播，以统一全网时间，并定时与各厂站 RTU 进行对时。对于 RTU 未带时标的信息，如果需要可由系统后台时钟为其加入时标。

（二）数值计算

计算功能在系统启动时随之启动，按照数据变化及规定的周期、时段，不停地处理各种计算点，对模拟量、数字量及状态量均可进行计算。

（1）总加计算，如对各关口电量的总加、功率的总加等。

（2）限值计算，如计算越限时间总和，统计电压合格率等。

（3）累加计算，如计算电能累加值、积分电能、累加遥信变位次数等。

（4）功率因数计算，计算各线路、主变压器及一个地区的功率因数等。

（5）平衡率计算，可对线路、变电站和地区进、出功率进行平衡比较。

（三）电网控制功能

1. 遥控功能

通过遥控可在调度中心实时地对远方厂站断路器进行合/分操作，以及控制远方厂站无功补偿电容器组和电抗器的投/切等。

遥控必须有极高的可靠性，为此 Open-2000 设计了严格的遥控返送校核程序。

（1）选择对象，可通过图形选择某厂站某断路器。

（2）发出遥控命令。

（3）内部校对。先由数据库中调出某断路器的相关信息，确认该断路器是否正常和允许操作。

（4）向 RTU 发出命令，由 RTU 再次进行校对。

（5）RTU 将校对结果返送回调度中心，反映在人机界面上。

（6）确认执行，返回结果正常即发出执行命令，如不正常则发出遥控撤销命令。

（7）执行结果返回。RTU 执行遥控命令后，引起开关变位及事件顺序记录数据，返回到调度中心，自动推出画面显示出执行的结果，并自动打印记录。

（8）操作登录将遥控的操作内容、时间及结果，连同人员姓名登录在案，并保存。

2. 遥调功能

遥调一般以数字量方式输出。实现遥调的操作步骤如下：

（1）通过人机界面由操作人员召唤显示对象的现有遥测值；

（2）操作人员修改遥测值并发送；

（3）厂站 RTU 校检遥调值并返送校检结果；

（4）操作人员收到返回信息后确认执行；

（5）厂站 RTU 执行遥调并将遥调相关的遥测量回送调度中心。

（四）告警功能

1. 报警类型

（1）越限报警。越限发生后即报警，显示报警文字，同时越限数据变色，并根据需要打印记录。

（2）事故报警。厂站发生事故跳闸时，系统能以下列形式发出强烈告警：

1）推出事故厂站画面；

2）变位对象图符强烈闪烁及变色；

3）发出语音报警，召唤操作人员；

4）推出文字信息，说明事故时间、地点及性质；

5）打印输出事故记录；

6）启动事故追忆。

（3）工况变化报警。当各厂站 RTU 通信中断或主站故障时，系统发出告警信息。

（4）正常变位报警。系统发生正常变位时，变位点在窗口中闪烁并伴以数据变色提示，打印变位点状态及变化时间，推出文字信息并可根据需要发出语音告警。

2. 报警方式

报警方式有图形报警、文字报警、语音报警、打印报警（打印机及时打印出告警信息的类型及内容）。

思 考 题

1. 划分电力系统运行状态的等式约束条件和不等式约束条件是什么？电力系统处在不同运行状态时的主要特征是什么？

2. 电网调度 EMS 系统有哪些内容？主要功能是什么？

3. 什么是电力系统的状态估计？状态估计的目的是什么？

4. 什么是电力系统的安全性？如何对电力系统安全性进行控制？

5. 差错控制有哪几种方法？简述各自的原理。

6. 计算（7，3）码中信息码为（011）的校验码。

7. 目前我国电网调度自动化系统中采用的通信规约有哪几种？其编码原理是什么？

8. 举例说明循环式通信规约 CDT 中，E 帧是如何插入传送的。

9. 循环式通信规约 CDT 中 05H、81H、86H、E2H 的信息数据的含义是什么？

第五章 配电网自动化

在电力系统的各环节中，配电网作为末端直接和用户相连，其具有如下特点：深入城市和居民密集点，传输功率和距离一般不大，供电容量、用户性质、供出质量和可靠性各不相同。可见，配电网能敏锐地反映用户在安全、优质、经济等方面的要求。

配电网自动化系统是一项综合了计算机技术、现代通信技术、电力系统理论和自动控制技术等的复杂系统，是提高电网供电可靠性和实现高效管理的有效手段之一。

第一节 概 述

一、配电网自动化的概念

配电网自动化概念目前还没有国家权威标准规范，本书采用中国电机工程学会城市供电专业委员会起草的《配电系统自动化规划设计导则》中给出的配电自动化系统定义。所谓配电自动化系统，是利用现代电子、计算机、通信及网络技术，将配电网在线数据和离线数据、配电网数据和用户数据、电网结构和地理图形进行信息集成，构成完整的自动化系统，实现配电网及其设备正常运行及事故状态下的监测、保护、控制、用电和配电管理的现代化。

下面介绍配电自动化系统中涉及的主要基本概念。

（1）配电管理系统。配电管理系统（DMS，Distribution Management System）是变电、配电到用电过程的监视、控制和管理的综合自动化系统。一般认为，DMS 与电网调度自动化的能量管理系统（EMS）处于同一层次的。二者不同之处是 EMS 涉及发电、输电和变电系统，DMS 是配电管理系统，如图 5-1 所示。

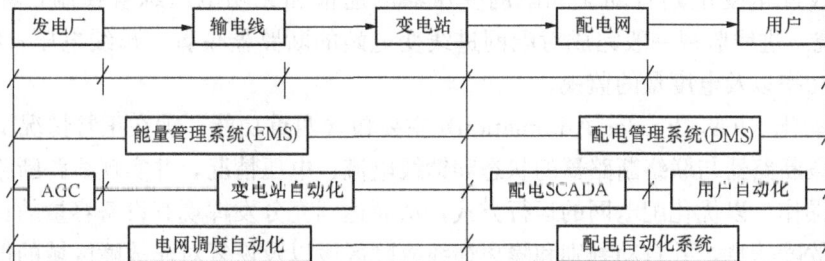

图 5-1 配电管理系统（DMS）和能量管理系统（EMS）的关系

（2）配电自动化系统。配电自动化系统（DAS，Distribution Automation System）是在远方以实时方式监视、协调和操作配电设备的自动化系统。其内容包括配电网数据采集和监控（SCADA，Supervision Control and Data Acquisition）、配电地理信息系统（GIS，Geographic Information System）和需求侧管理（DSM，Demand Side Management）等。

（3）需求侧管理。需求侧管理是指在政府法规和政策的支持下，采取有效的激励措施和引导措施以及适宜的运作方式，通过发电公司、电网公司、电力用户等共同协作，提高终端用电效率和改变用电方式，在满足同样用电功能的同时，减少电量消耗和电力需求，达到节约资源和保护环境的目的，实现社会效益好、各方受益、最低成本能源服务所进行的管理活动。其内容主要包括负荷监控与管理（LCM，Load Control Management）和远方抄表与计费自动化（AMR，Automatic Meter Reading）。

二、配电管理系统与配电自动化

配电管理系统（DMS），包括配电自动化系统（DAS）、配电网应用软件（PAS，Power Application Software）、工作票管理系统、调度员仿真调度培训模拟系统等应用功能。配电管理系统和配电自动化系统的涵盖关系如图 5-2 所示。

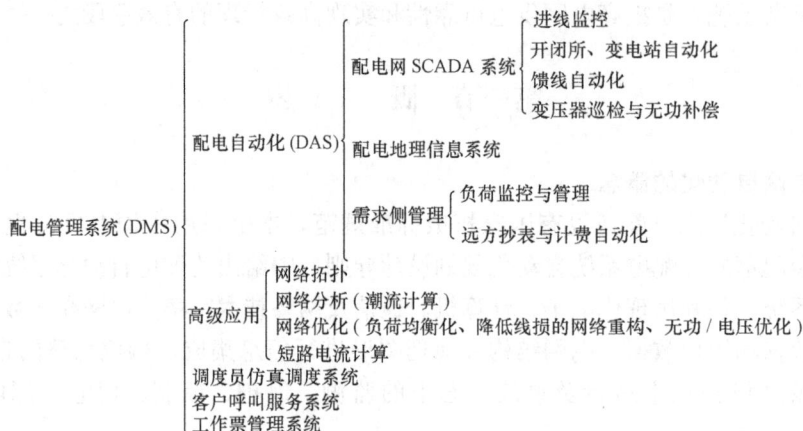

图 5-2 配电管理系统与配电自动化系统的关系

（一）配电自动化系统

1. 配电网 SCADA 系统

配电自动化系统中，从对配网供电的主网变电站 35kV 和 10kV 部分的监视到配电馈线自动化，以及配电变电站自动化和配网变压器的巡检和无功电压综合控制，称为配电网 SCADA 系统。进线监视一般完成对配网进线变电站的断路器位置、母线电压、线路电流、有功和无功功率以及电度量的监视。

馈线自动化（FA，Feeder Automation）主要包含两重功能：①在正常情况下远方实时监视馈线分段断路器与联络断路器的状态和馈线电流、电压情况，并实现线路断路器的远方合闸和分闸操作，以优化配电网的运行方式，从而达到充分发挥现有设备容量的目的；②在故障时获取故障信息，并自动判别和隔离馈线故障区段以及恢复对非故障区域的供电，从而达到减小停电面积和缩短停电的目的。

变电站自动化系统（SA，Substation Automation）完成对配电网中 10kV 开关站、小区变压器的断路器位置、保护动作信号、小电流接地选线情况、母线电压、线路电流、有功和无功功率、电能的远方监视，以及断路器远方控制、变压器远方有载调压等，从而有助于进一步提高供电可靠性和改善供电质量。

变压器巡检与无功补偿是指对配电网中箱式变电站、变压器的参数进行远方监视和补偿电容器的远方自动投切等，其目的是提高供电质量。

2. 需求侧管理

需求侧管理是供需双方共同对用电市场进行管理，其内容包括负荷监控与管理、远方抄表与计费自动化两方面。

负荷监控和管理（LCM，Load Control and Management）是根据用户的用电量、分时电价、天气预报以及建筑物内的供暖特性等综合分析，确定最优运行和负荷控制计划，对集中负荷及部分厂用电负荷进行监视、管理和控制，并通过合理的电价结构引导用户转移负荷，从而进一步发挥和利用现有设备的容量。

远方抄表与计费自动化（AMR，Automatic Meter Reading）是指通过各种通信手段读取远方用户电表数据，并将其传至控制中心，自动生成电费报表和曲线，并能实现复费率和各项统计功能，从而降低劳动强度，提高营业管理现代化水平，有助于减人增效。

3. 配电地理信息系统

因为配电网节点多、设备分散，运行管理工作经常与地理位置有关，引入地理信息系统，可以更加直观地进行运行管理。

配电自动化中的地理信息系统的内容主要包括：

（1）设备管理（FM，Facilities Management），指将变电站、馈电线、变压器、断路器、电杆等设备的技术数据反映在地理背景图上。

（2）用户信息系统（CIS，Customer Information System），指借助 GIS，对大量用户信息，如用户名称、地址、账号、电话、用电量和负荷、供电优先级、停电记录等进行处理，便于迅速判断故障的影响范围。同时，用电量和负荷的统计信息还可作为网络潮流分析的依据。

（3）SCADA 功能是指将 SCADA 和 DSM 上报的实时数据信息与 GIS 相结合，以便于操作和管理人员更方便地动态分析配电网的运行情况。

（4）停电管理系统（UMS，Outage Management System），指接到停电投诉后，GIS 通过调用 CIS 和 SCADA 功能，迅速查明故障地点和影响范围，选择合理的操作顺序和路径，显示处理过程中的进展，并自动将有关信息转给用户投诉电话应答系统。

（二）配电管理系统的高级应用软件

高级应用软件（PAS）主要是指配电网络分析计算软件，包括负荷预测、网络拓扑分析、状态估计、潮流计算、线损计算分析、电压/无功优化等。高级应用软件是有力的调度工具，通过高级应用软件，可以更好地掌握当前运行状态。配电自动化中的这些软件与调度自动化的相类似，但配电网不涉及系统稳定和调频这类问题，其主要任务是保证安全可靠供电、做好负荷分配和负荷/无功管理等。

配电网具有三相不平衡和辐射形接线等特点，给应用软件带来不少新问题。配电网潮流具有一些不同于输电网潮流的特性，它要求使用详细的元件模型并能模拟平衡和不平衡系统。通过使用静态数据补缺的办法来代替靠操作员和现场人员的电话联系来跟踪这些数据的变化。这种遥测数据的结合，不可避免地会发生误差。可见，DMS 比 EMS 更加需要使用状态估计技术来对这些数据进行预处理。除此以外，面向第一线各式各类用户的配电网，碰到的个性问题较多，很难归纳出几个应用程序来统一解决配电网的所有问题。因此，当前配电管理系统的高级应用软件主要分成以下三个层次来开发：

（1）基本应用软件，包括网络拓扑、状态估计、潮流、短路电流、电压/无功控制、负荷预报等。

（2）派生应用软件，包括变电站负荷分配、馈线负荷分配、按相平衡负荷等。

（3）专门应用软件，包括小区负荷预报、投诉电话处理、变压器设备管理等。

（三）客户呼叫服务功能

电力客户呼叫中心，是供电企业面向用户的一个接口，是通过统一的供电特服号"95598"和互联网站向电力客户提供除柜台服务方式外的一个多层次、全方位服务的综合业务服务平台。电力客户呼叫中心，实现与电力客户的交互，7×24h 不间断地向用户提供与用电相关的业务多层次、全方位的服务呼叫，包括信息查询/咨询、业务受理、故障报修、投诉与建议、停电预告、客户欠费提示、催交电费、市场调查等。

三、配电管理系统与能量管理系统

配电管理系统和能量管理系统均为电力系统的安全、经济和优质运行服务，且可使用相同的支撑平台，并具有某些类似之处。但由于输电网和配电网，无论是一次系统接线还是二次系统的电气设备都有许多差别，主要体现在：

（1）典型的配电网多为辐射形结构。

（2）配电网的许多设备（如分段器、重合器、补偿电容器、调压变压器等）是按配电线路长度安放的，往往装在电线杆上，而不像输电网的设备（如断路器、静止补偿器等）一般都是放在变电站内。

（3）配电网内要求安装 RTU 的数量，通常比相连输电系统所需的数量要多一个数量级。

（4）一处配电网设备的总数据量（如线路调压器上所采集的三相运行工况参数），约比一个输电变电站的数据量少一个数量级。

（5）配电网的数据库规模，一般比所连输电网的数据库大。

（6）配电网内大多数的现场设备都是人工操作，而不像输电网中大多数的现场设备可以远方控制。

（7）配电网的网络接线变化，常发生在出事地点而不是在断路器安装处。如由于交通事故而碰断某相线路，这样的接线变化就很少会发生在输电网上。

（8）配电网设备名目繁多，数量极大，且面临经常变动的需求侧负荷，检修更新频繁。

（9）配电网除供方的设备外，还连有大量需求侧的用电设备，有时还有包括联合循环发电在内的自备电源。而输电系统基本上全是供方的发、输、变电设备。

（10）承担传输数据和通话任务的配电网通信系统，由于包含有各种类型的负荷控制和远方读表装置而具有多种通信方式的特点。但其通信速率，由于配网不考虑系统的稳定问题而不如输电系统要求那样高。

四、配电网自动化的意义

配电网自动化是电力系统现代化发展的必然趋势，下面介绍其主要意义。

（一）提高供电可靠性

1．缩小故障停电范围

图 5-3 描述了一个典型的"手拉手"环状配电网。图中 A 和 G 为电源开关，B、C、E 和 F 为分段开关，D 为联络开关，正常运行时，分段开关 B、C、E、F 闭合。图 5-3 中用实心图形表示，开关 D 打开，用空心图形表示闭合。假设配电自动化覆盖到馈线开关的层

次，也即 A～G 开关处均安装了配电自动化终端设备，并通过通信网络与位于配电主站控制中心的后台计算机系统相连。

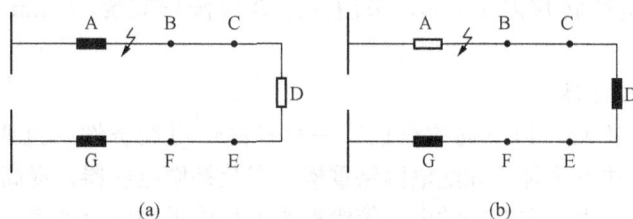

图 5-3　自动化覆盖到馈线开关
(a) 故障发生；(b) 故障隔离、恢复供电

如图 5-3（a）所示，假设开关 A 和 B 之间的馈线发生故障，则利用主变电站的保护装置跳开 A 开关，断开故障区域，并通过配电自动化分断 B 开关隔离故障区域，通过配电自动化合主联络开关 D，恢复受故障影响的健全区域 BC 和 CD 供电。整个故障过程示意如图 5-3（b）所示。可见，配电自动化可以及时隔离故障区域，并减少故障的影响范围。但是在此例中，AB 段馈线上的任意用户发生故障，该馈线就必须整段切除。

图 5-4 描述了在图 5-3 所示配电网的基础上，在负荷密集区 B 设置开关站，并且配电自动化覆盖到开关站的层次，也即开关站的进线和出线开关处均安装了配电自动化终端设备，并通过通信网络与位于配电主站控制中心的后台计算机系统相连。

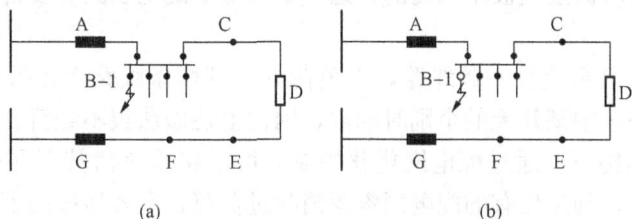

图 5-4　自动化覆盖到开关站
(a) 故障发生；(b) 故障隔离、恢复供电

图 5-4 中，假设在开关站 B 的 B-1 出线上发生故障，在图 5-4（b）中描述了通过配电自动化分断隔离故障区域，而不影响故障所在馈线的开关站的其他出线供电的处理结果。与图 5-3 所示的实例相比，本例进一步缩小了故障影响范围，但是在此例中，B-1 出线上的任意用户发生故障，该出线就必须整段切除。

若在图 5-4 所示网络的基础上，在配电变压器高压侧设置配电自动化终端设备，并通过通信网络与位于控制中心的计算机系统相连，则可以更进一步缩小故障影响的范围。总之，配电自动化覆盖层次越深，则故障影响范围越小，供电可靠性越高。

2. 缩短事故处理所需的时间

实现配电自动化能提高供电可靠性的另一个表现是缩短事故处理所需的时间。下面以某电力公司在应用配电网自动化系统前后，对配电系统事故处理所需的时间进行比较统计分析为例说明。

配电变电站变压器事故时，自动操作需要 5min，人工操作需要 30min（缩短了 25min，约 83%）；改由其他变压器和变电站恢复送电操作，由自动化系统完成需 15min，而采用人工操作则需要 120min（缩短了 105min，约 88%）；变电站发生全所停电时，由自动化系统完成全部配电线路负荷转移需 15min，采用人工就地操作需要 150min（缩短了 135min，约 90%）。

（二）提高供电经济性

降低配电网线路损耗（以下简称线损）一直提高供电经济性的重要方法之一。目前，降低配电网的线损方法有多种，如配电网络重构、安装补偿电容器、提高配电网的电压等级和更换导线等。其中，提高配电网的电压等级需要进行慎重的综合考虑，更换导线和安装补偿电容器则需要加大投资。配电自动化使用户实时遥控配电网开关进行网络重构和电容器投切管理成为可能，在不显著增加投资的前提下，可以达到改善电网运行方式和降低网损的目的。配电网络重构的实质就是通过优化现存的网络结构，改善配电系统的潮流分布，理想情况是达到最优潮流分布，使配电系统的网损最小。当然，通过配电自动化实现远方自动抄表，还可以杜绝人工抄表导致的不客观性和漏洞，显著降低管理线损，并能及时察觉窃电行为，减少损失。

（三）提高供电能力

一般说来，配电网是按满足峰值负荷的要求来设计的。然而在配电网中，每条馈线均带有不同类型的负荷，如商业类、民用类和工业类。这些负荷的日负荷曲线是不同的，在变电站的变压器及每条馈线上峰值负荷出现的时间也是不同的，导致实际当中配电网中的负荷分布是不均衡的，有时甚至是极不均衡的，这严重降低了配电线路和设备的利用率，同时也导致线损较高。

传统的处理方法是再建设一条线路，将负荷分解到两条线路上运行。但是实际上往往过负荷仅仅发生在一年中某几天的个别时期内，因此上述做法很不经济。

在合理的网架结构下，通过配电网优化控制，可以将重负荷甚至是过负荷馈线的负荷转移到轻负荷馈线上，利用现有的配电网资源消除过负荷，有效地提高了馈线的负荷率，增强了配电网的供电能力。

（四）改善电能质量

电能质量关系着国民经济的总体效益。现代工业和科学技术中的精密仪器设备，复杂的控制系统和工艺流程，对电能质量的要求越来越高。随着现代工业技术的发展，电力负荷的种类越来越多，特别是非线性、冲击性负荷在容量上、数量上日益增大，使公用电网中的各种干扰成分不断增加，电能质量日益恶化。近年来，由于电能质量引发的事故和问题呈上升趋势，对电能质量的管理和对电力污染的治理工作势在必行。通过配电自动化实现远方有载调压和集中补偿电容器的正确投切、配电变压器低压侧无功补偿以及以提高电压质量为目的的配电网络重构等，都是提高电压质量的有效手段。

（五）降低劳动强度，提高管理水平和服务质量

配电自动化还能在人力尽量少介入的情况下，完成大量的重复性工作，包括查抄用户电能表、监视记录变压器运行工况、检核配电变电站的负荷、断路器分合状态记录、投入或退出补偿电容器、升或降有载调压变压器分接头等。通过配电自动化，工作人员不必登杆操作，在配电控制中心就可以控制柱上开关；实现配电变电站和开关站无人值班；借助人工智能做出更科学的决策报表、曲线、操作记录等并自动存档；实现数据统计和处理，配电地理

信息系统的建立，客户呼叫服务系统等。这些功能显著地降低了工作人员的劳动强度，提高了管理水平和服务质量。

五、配电网自动化的技术难点

现代电力系统是由发电网、输电网、配电网和负荷中心组成的庞大系统，需要一个高度信息化和自动化的系统来监控和调度。近年来，输电网调度自动化系统已经得到了很大的发展，然而配电网的自动化系统发展水平仍然很低。人们通常形成一个错觉，配电网自动化系统比输电网自动化系统简单，而且投资少，其实正好相反。配电网自动化系统不但比输电网自动化系统对于设备的要求高，而且规模也要大得多，因而建设费用也要高很多，究其原因主要有如下几点。

（一）测控对象非常多

输电网自动化系统的测控对象一般都是较大型的 110kV 以上变电站以及少数 35kV 和 10kV 变电站，因此站点少。一般小型县调具有 1～7 个站，中型县调具有 7～16 个站，大型县调有 16～24 个站；小型地调只有 24～32 个站，中型地调有 32～48 个站，大型地调也只有 48～64 个站。

配电自动化系统的测控对象为进线变电站、10kV 开关站、小区变电站、配电变压器、分段开关、并补电容器、用户电能表、重要负荷等，站点非常多，通常有成百上千甚至上万点之多。因此，不仅给系统组织带来较大的困难，而且在控制中心的计算机网络上的工作量也很大。特别是在图形工作站上，要想较清晰地展现配电网的运行方式，困难将更大。对于配电自动化主站系统，无论是硬件还是软件，较输电网自动化系统都有更高的要求。此外，由于配电自动化系统的站端设备极多，因此要求设备的可靠性和可维护性一定要高，否则电力公司会陷入繁琐的维修工作中。但是每台设备的造价却受到系统造价不能过高的限制，影响了配电自动化潜在效益的发挥。

（二）大量终端设备安放在户外

输电网自动化系统的站端设备一般都可安放在所测控的变电站内，因此行业标准中这类设备按照户内设备对待，即只要求其在 0～55℃ 环境温度下工作。而配电自动化系统中却有大量的站端设备必须安放在户外，由于工作环境恶劣，通常要能够在 -25～65℃ 环境下工作，必须考虑雷击、过电压、低温和高温工作、雨淋和潮湿、风沙、振动、电磁干扰等因素的影响，从而导致不仅设备制造难度大，造价也较户内设备高。此外，配电自动化系统中的站端设备进行远方控制的频繁程度比输电自动化系统要高得多，因此要求配电自动化系统中的站端设备具有更高的可靠性。

（三）通信系统复杂

由于配电自动化系统的站端设备数量非常多，会大大增加通信系统的建设复杂性，从目前成熟的通信手段看，没有一种方式能够单独满足要求，因此往往综合采用多种通信方式，并且通常采取多层集结的方式，减少通道数量和充分发挥高速信道的能力。此外，在配电自动化系统内，对于开关站 RTU 和柱上 FTU（Feeder Terminal Unite）往往要求还不一样，这使得它们难以采用统一的通信规约，使问题更加复杂。

（四）工作电源和操作电源提取困难

在配电自动化系统中，必须面临许多输电网自动化中不会遇到的问题，其中最重要的是控制电源和工作电源的提取问题。故障位置判断、隔离故障区段、恢复正常区域供电是配电自动化最重要的功能之一，为实现这一功能必须确保故障期间能够获取停电区域的信息，并通过远方控制跳开一部分开关，再合上另外一些开关。若该区域停电，无论计算机系统工作所需的电源和通信系统所需的电源，还是跳闸或合闸所需的操作电源，都成了问题。对于输电网自动化系统，可以通过所在变电站的直流电源屏获取电源，这个办法同样也适用于配电网自动化系统中当地有直接电源屏的远方站点，但对于诸如现场 FTU 的情形，就往往不得不安放足够容量的蓄电池以维持停电时供电，与之配套还需要有充电器和逆变器。此外，长期未进行充放电的蓄电池的性能往往会受到较大的影响；此外蓄电池的充放电，通常是不便进行控制的。

（五）我国目前配电网现状落后

要改变我国目前配电网仍十分落后的现状，先要对配网的拓扑结构进行改造（如馈线分段化、配网环网化等），使之适合于自动化的要求；分段开关也需更换成为能进行电动操作的真空开关，并且应具有必要的互感器。开关站和配电变电站中的保护装置，应能提供一对信号接点，以作为事故信号，区分事故跳闸和人工正常操作，开关柜的操动机构应该具有防跳跃机构等。我国目前的配电网和上述要求尚存在较大的差距，因此为了实现配电自动化，往往必须把对传统配网的改造纳入工程之中，从而进一步增加了配电网自动化实施的困难。

第二节　配电网自动化系统的总体构成

从结构上划分，配电网自动化系统一般由配电主站控制中心、远方测控终端、通信部分三大部分组成。

（1）配电主站控制中心，通常由一系列工作站、服务器、网络设备和高级应用软件等组成。

（2）远方测控终端，主要安装在各断路器、配电变压器、开关站等处，是整个系统构成中最底层的设备，主要负责采集配电网的各种实时数据信息，并执行上级下发的控制命令。

（3）通信部分通常由通信主机、适配器和通信介质等组成。

一、小型配电自动化系统的构成

小型配电网自动化系统可以由配电主站、通信信道、若干测控/终端构成，对应的结构如图 5-5 所示。

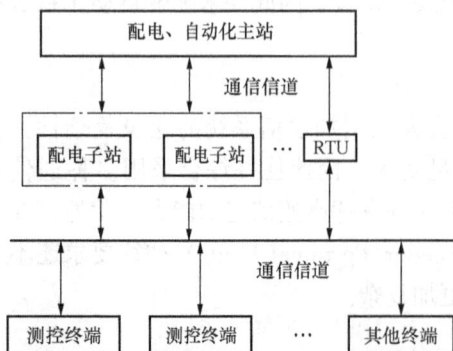

图 5-5　小型配电自动化系统结构示意图

图 5-5 所示的小型配电自动化系统结构中，若馈线较少，可以不设配电子站，或者与调度 RTU 一体化设计，并且主站一般也是与调度自动化一体化设计。

通信信道是联系配电终端与主站的纽带，完成数据、命令的上传下达，地位相当重要。配电系统设备数量庞大、地域分布广，合理可靠的通信系统是配电自动化成功实施的关键。

主站一般设置在供电企业的配电网调度中心或者行使配电网调度职权的场所，它通过通信信道获取各配电终端的电网实时信息，对电网进行监视控制，分析电网运行状态，使其处于最优运行。

二、中型配电自动化系统的构成

当被监控/监测设备达到一定数量，终端与主站之间的直接通信在实现上产生一定的难度，而且可能会影响自动化系统的实时性。此时，可考虑在配电变电站层设置配电子站，子站通常设在 10kV 出线较多或者位置较为重要的变电站、大型开关站处；在柱上开关、开关站、小区变/配电变压器、配电变电站、箱式变压器、环网柜等现场设备处设置各监测/监控配电终端。主站与子站之间、配电子站与各终端之间均通过通信信道相连接，以完成对各种配电设备的实时监视与控制。

中型配电自动化系统的结构如图 5-6 所示，其分为三层。

（1）上层：配电自动化主站，负责中型供电局重要线路的运行监控管理和配电管理。

（2）中层：配电子站，负责对变电站 10kV 出线的馈线自动化。

（3）基层：配电测控终端，负责对线路上的断路器、配变数据采集控制。

中型配电自动化系统一般与调度自动化系统独立，但要保留通信接口。

三、大型配电自动化系统的构成

对于更大规模的配电网，或因机构设置及管理需要，可在分局（供电分公司）或相应场所再设置若干个区域主站。大型配电自动化系统的结构如图 5-7 所示，其分为四层。

（1）最上层：配电自动化主站。

（2）第二层：区域主站，又称控制分中心，负责所管辖区域的配电管理。

（3）第三层：配电子站。

（4）第四层：测控终端。

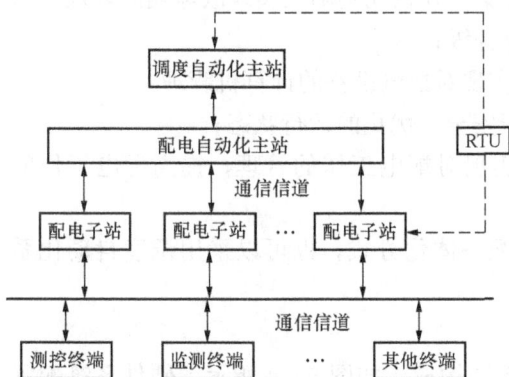

图 5-6 中型配电自动化系统结构示意图

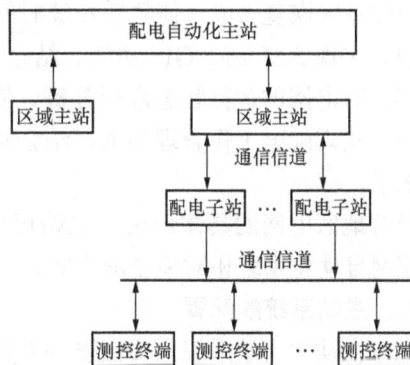

图 5-7 大型配电自动化系统构成示意图

配电自动化主站是整个配电网自动化系统的核心，由中心调度室和主站计算机系统及设备组成，其作用是：

（1）对整个城市配电网及其设备的运行进行监视、控制与管理。

（2）接收通过区域主站、子站转发来的现场设备信息，或直接接收来自各终端设备的配电网实时信息，利用这些信息分析配电网的运行状态。

（3）通过计算机联网将配电网运行信息发送给 SCADA、EMS、MIS 等系统，根据需要，获取这些系统与配电网有关的信息，实现信息共享；还可利用 Internet 将配电网信息向外发布。

区域主站是城市配电网自动化系统的区域指挥中心，其组成与主站相似，但规模上要小于主站。其作用与控制中心基本相同，不同之处是：控制的区域是城市配电网的一部分，还要向主站控制中心上报有关信息，接受主站控制中心下发的信息或指令，执行操作命令。

配电子站作为区域主站与测控终端之间的一层设备，主要完成通信方式及路由的转换、数据的分层处理与中转、控制中心部分功能的分散等任务，具体内容如下：

(1) 完成不同通信方式或路由的转换；

(2) 实现就地或就近监视和控制功能；

(3) 与终端设备及自动化主站完成数据交换，实现数据的上传下达；

(4) 完成故障隔离和部分恢复功能。

第三节　配电自动化的主站系统

一、主站系统的功能

主站系统是整个配电网自动化系统的核心，应具有以下功能。

(1) 分别实现对所辖区域 220kV 及以下电压等级变电站的集中监视和控制功能；

(2) 实现对配电网的实时监控，具备完备的 SCADA 功能，包括实现对变电站的监视控制和 10kV 馈电线路、开关、配电变压器等的实时监控；

(3) 馈线自动化功能。配电网中故障停电时有发生，配电自动化的一个重要任务就是尽快进行故障隔离和恢复供电。配调主站的一个重要功能是利用子站上报来的故障信息和子站的故障定位、隔离信息，产生跨网的恢复供电方案，并在此基础上实现故障隔离以及对跨子站非故障区恢复供电，使停电持续时间缩小至分钟级；

(4) 实现 AM/FM/GIS 功能，结合地理信息实现对配电设备的计算机管理；

(5) 对电网的运行状态进行分析，使电网处于安全、优化的运行状态；

(6) 实现配电工作管理功能，结合地理信息实现对配电工作的管理，提高配电工作的管理水平。

结合地区电网的具体情况，主站可以采用调配一体化方式，也可以采用调度自动化系统与配网自动化系统相对独立的方式。

二、主站系统的配置

配电自动化主站系统主要由硬件系统和软件系统构成。如图 5-8 所示，硬件系统配置采用分布式结构，包括工作站（如维护工作站、调度工作站等）、服务器（如数据采集服务器、历史数据服务器等）、连接 MIS 的网关、主站局域网、对时装置 GPS 等。

如图 5-9 所示，配电自动化主站软件系统体系结构，可分为平台层、管理层、数据层、应用层四个层次。每个层次内部都是由一组完成一定功能的软件模块构成，各个层次之间通过相互支撑，完成配电自动化系统功能。

三、主站系统的高级应用软件

高级应用软件（PAS）在配电管理系统（DMS）中，起到重要的辅助调度作用，通过它可以掌握当前配电网的运行状态，从而挖掘出安全与经济方面的巨大潜力。有了高级应用软件的分析功能，过去配电系统的设计与分析人员应该研究而因为难于计算没有研究的许多

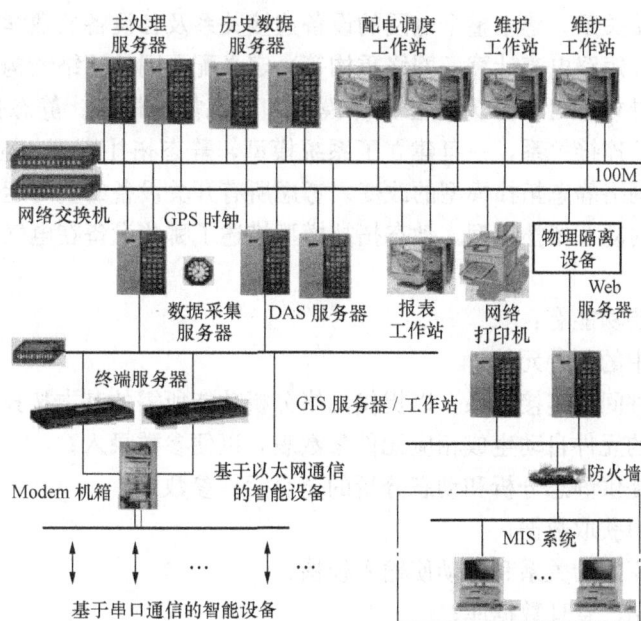

图 5 - 8 配电自动化主站的硬件配置结构

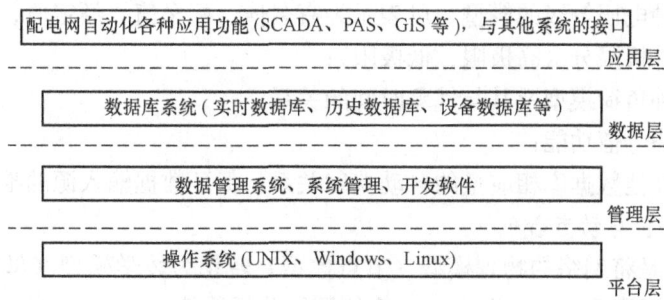

图 5 - 9 配电自动化主站的软件体系结构

重要问题都可以解决了。

高级应用软件系统基本上是以状态估计为核心,所有的实时态应用以及离线态应用都基于实时状态估计的结果。在配网系统中,由于网络规模复杂,而测量相对较少,因此要精确地实现实时状态估计难度很大,更多依赖的是各种历史统计数据和相对近似的处理方法。

高级应用软件的应用是建立在一定的数据源基础之上的,这些数据源包括如下几种:

(1)由 SCADA 采集来的测量数据,即系统运行的实时数据和运行的历史数据;

(2)由人工输入的系统静态数据,如系统的线路参数、变压器参数等;

(3)计划参数,主要是未来时刻的计划运行参数,如预计负荷及检修停电安排等。

有了以上的数据源,高级应用软件就可以辅助配网运行人员对系统进行各种分析。配电网高级应用软件包含的内容有网络建模、网络接线分析、动态网络着色、状态估计、网潮流计算、网络重构、线损计算与分析、负荷预测等。

1. 网络建模

网络建模用于建立和维护配电网络数据库,通过在数据库中定义电网设备铭牌参数及其各设备之间的连接关系，建立整个电网的设备连接关系及各设备的数学模型，为其他应用软件（如配电潮流、短路电流计算、网络重构等）定义配电网的网络结构。

配电网络的拓扑模型可以分为静态拓扑模型和动态拓扑模型。静态拓扑模型描述配网设备之间的物理拓扑连接关系，一旦建立了系统模型，静态拓扑模型相对稳定。新增设备、更换设备都会引起网络静态拓扑模型的改变。考虑所有开关设备的实时运行状态，通过拓扑处理获取配电网络的动态拓扑模型。动态拓扑模型描述了哪些设备在电气上连接在一起，以及连接的方式如何。

网络建模的主要功能有：

（1）定义电网中的各种元件；

（2）定义各元件间的连接关系，以提供网络分析功能所需的基本拓扑信息；

（3）根据定义的元件自动生成相应元件参数表，以便参数录入；

（4）网络建模提供静态分析和动态分析的全套元件参数；

（5）从实时库中获取数据；

（6）维护数据库间的关系和自动使输入校核；

（7）存取、复制、管理数据库；

（8）根据数据库和开关设备的实时状态建立母线模型；

（9）画面的生成和维护；

（10）支持各种电压等级的模型。可表示为有名值、标幺值、额定值、实际值等；

（11）区分元件极限分（高极限、低极限）；

（12）提供多种负荷模型及其与气象时间的关系；

（13）支持网络等值功能；

（14）建立与其他数据库相应量的自动映射关系，保证数据输入源的唯一性。

2. 网络接线分析与动态着色

网络接线分析是将网络的物理模型（节点模型）转化为数学模型（母线模型），其结果被用于潮流计算、网络重构和短路电流计算等网络分析软件。

网络接线分析主要有两个步骤：①母线分析，将闭合开关设备连接在一起，节点集合化为母线；②电气岛分析，通过线路和变压器将母线连接为岛。

以接线分析为基础，可以实现配电网的动态着色功能，包括电气状态着色、电压等级着色、馈线跟踪与着色、环路着色、电源跟踪与着色、电路跟踪与着色、子树着色等功能。

3. 状态估计

状态估计是高级应用软件的一个模块，许多安全和经济方面的功能都要用可靠数据集作为输入数据集，而可靠数据集就是状态估计程序的输出结果，所以状态估计是一切高级应用软件的基础。

在实时情况下，不可能对网络的所有运行状态量进行监测，此外测量数据也不可避免地存在测量误差。采用状态估计可以提高测量数据的可靠性和完整性，为下一步进行安全分析、经济调度和调度员模拟培训提供一个相容的数据集。状态估计基于网络的拓扑模型，利用 SCADA 采集的实时信息，确定电网的接线方式和运行状态，估计出各母线的电压幅值和相角及元件的功率，检测、辨识不良数据，补充不足测点，加强全网的可观测性。

4. 潮流计算

潮流计算是配电网络分析最基本的软件。潮流可以从历史库中取得历史数据，或从状态估计取得实时方式数据，或由负荷预报、电压计划取得未来方式数据。

5. 网络重构

配电网网络重构的目标是在满足网络约束和辐射状网络结构的前提下，通过开关设备操作改变负荷的供电路径，以便使网损最小，或解除支路过载和电压越限，或平衡馈线负荷。网络重构能够计算为减小配电网损而必须在馈线之间重新分配的负荷，并且能报告所识别的可以减小网损的开关设备操作状态。计算结果提供给操作命令票系统，供调度员决策执行或自动执行。

配电网重构的用途有以下几个方面：

（1）用于配电网规划和配电网改造；

（2）正常运行状态下的网络重构可以降低网损、平衡负荷，提高系统运行的经济性与供电可靠性；

（3）故障情况下的网络重构可用于配电网事故后的供电恢复。

6. 线损计算与分析

线损计算与分析是配电网最重要的计算分析之一。用计算机进行线损的计算与分析是减少线损、提高经济效益和管理水平的重要措施。

7. 负荷预测

电网未来一个时段负荷变化的趋势和特点，是配电自动化控制部门所必须掌握的基本信息。负荷预测功能利用历史负荷数据预测未来时段的负荷。

配电负荷预测可能要考虑分类预测。负荷分类指负荷中可分离出来的最小可统计用电负荷类别。典型的负荷分类包括电冰箱、烹饪、荧光灯、电热器、电弧、泵等。负荷分类的日负荷曲线可以根据统计部门提供的数据获取。负荷分类也可以有负荷电压静特性、功率因数等属性。

四、主站系统的集成方案

主站系统的集成方案有 SCADA/DA 和 GIS 一体化方案和 SCADA/DA 和 GIS 集成方案两种。

在 SCADA/DA 和 GIS 一体化方案中，系统应用采用无缝连接手段，将 GIS 完全揉进系统平台中，整个系统共享一个图形源和实时、历史数据库。GIS 和 SCADA/DA 系统通过空间数据库引擎（SDE, Spatial Database Engine）将图形数据统一于商用数据库中。

SCADA/DA 和 GIS 集成方案是，通过集成在 SCADA/DA 中可以充分利用自动画图 AM/设备管理 FM/GIS 提供的图形资源及数据资源，在 AM/FM/GIS 中也可以充分利用 SCADA/DA 中的实时数据和历史数据。

上述两种方案的对比如下：

（1）采用 SCADA/DA 和 GIS 一体化方案是将配电网自动化和 GIS 一体化考虑，整个系统的 GIS 图形和 SCADA 图形界面风格完全一样，且 GIS 和 SCADA 系统共用一个数据库，具有很好的实时响应性能。

（2）SCADA/DA 与 GIS 集成方案将配电网自动化系统与第三方 GIS 进行集成，由于是两个不同的厂家且采用不同的开发工具，因此在进行 G1S 的共享时，两个厂家之间需要做大量的转换工作。采用 GIS 与 SCADA/DA 集成的方式，两套系统实际上相对独立，这样提高了整个工程项目的造价，也将增加以后的维护工作量。

第四节　配电网自动化系统终端单元

一、配电自动化远方终端的分类

DL/T 721—2000《配电网自动化系统远方终端》中定义：配网自动化系统远方终端是用于配电网馈线回路的各种馈线远方终端、配电变压器远方终端以及中压监控单元等设备的统称。DL/T 721—2000 将配电网自动化系统远方终端主要分三类。

（1）馈线远方终端（FTU，Feeder Terminal Unit）。安装在配电网馈线回路的柱上和开关柜等处，并具有遥信、遥测、遥控和故障电流检测（或利用故障指示器检测故障）等功能的远方终端。

（2）站所远方终端（DTU，Distribution Terminal Unit）。安装在配电网馈线回路的开关站和配电所等处，并具有遥信、遥测、遥控和故障电流检测（或利用故障指示器检测故障）等功能的远方终端。

（3）配电变压器远方终端（TTU，Transformer Terminal Unit）。用于配电变压器的各种运行参数的监视、测量的远方终端。

二、馈线远方终端

馈线远方终端（FTU）的主要功能是故障检测、状态监控、远程控制、电量测量及与配电自动化系统中心主站通信，一般具有包括：

（1）遥信功能。采集柱上开关当前位置、通信状态、储能情况等状态量，如果有保护信号的，对保护动作情况进行遥信。

（2）遥测功能。采集线路电压、开关设备负荷电流等模拟量，以及监视电源电压和蓄电池剩余容量。一般线路发生故障电流时，需要能够采集较大动态范围输入电流的能力。测量故障电流的精度要求不高但响应速度要快，正常测量时则要求测量精度高、响应可以相对慢一些，因此，一般保护和测量数据不能共享，需要两组 TA 来实现。

（3）遥控功能。能够在接收到远方控制命令后，实现柱上开关设备的合闸和分闸以及启动储能过程等。

（4）远方控制闭锁功能。当设备进行维修或检修时，通过远方控制使相应的 FTU 发出合闸闭锁命令，以保证现场检修的安全性。

（5）手动操作功能。FTU 可以实现现场的手动合/分闸，以保证现场一旦发生事故，能就地合分，而不必直接上杆操作。

（6）远程通信功能。一般 FTU 提供标准的 RS-232C 或 RS-485 接口，实现与各类通信传输设备的连接。

（7）定值远方修改和召唤定值。由于配网线路的复杂多变，一些 FTU 的定值会根据线路参数的变化而变，这时通过远方修改定值，可以提高设备工作的效率，及时处理线路故障。

（8）统计功能。必要时，FTU 能对动作次数、动作时间等情况进行监视。

（9）对时功能。对一些以时间为判据的 FTU，FTU 应能接收主站对时命令，保持系统时钟一致性。

（10）事件顺序记录。一些 FTU 可以直接利用其自身的设计，记录状态量发生变化的时刻和先后顺序。

（11）事故记录。一些 FTU 可以直接记录事故发生时的最大故障电流和事故前一段时间的平均负荷，用于事故分析。

（12）自检与自恢复功能。FTU 在设备自身故障时及时告警，具有可靠的自恢复功能，一旦受干扰造成死机时，可以重新复位恢复正常运行。

配电网自动化系统通过 FTU 实现配网的 SCADA 功能时，应能通过对各 FTU 的控制实现配网的故障识别、故障隔离、网络重构及配网的无功/电压控制和优化运行等功能。FTU 因需与开关设备、变压器配套，往往安装在户外且现场很恶劣的电气环境中，所以相较于变电站综合自动化系统中的现场单元，对抗干扰、抗震动以及温度范围要求更高。国家电网公司在发布的技术条件要求中规定，FTU 适应温度需达到−40～85℃，电磁兼容性需通过 IEC 四级瞬变干扰试验。

FTU 主要由测控单元、电源模块、通信接口设备、蓄电池等组成。图 5-10 所示的为国内厂家生产的 FTU 单元的结构功能图。

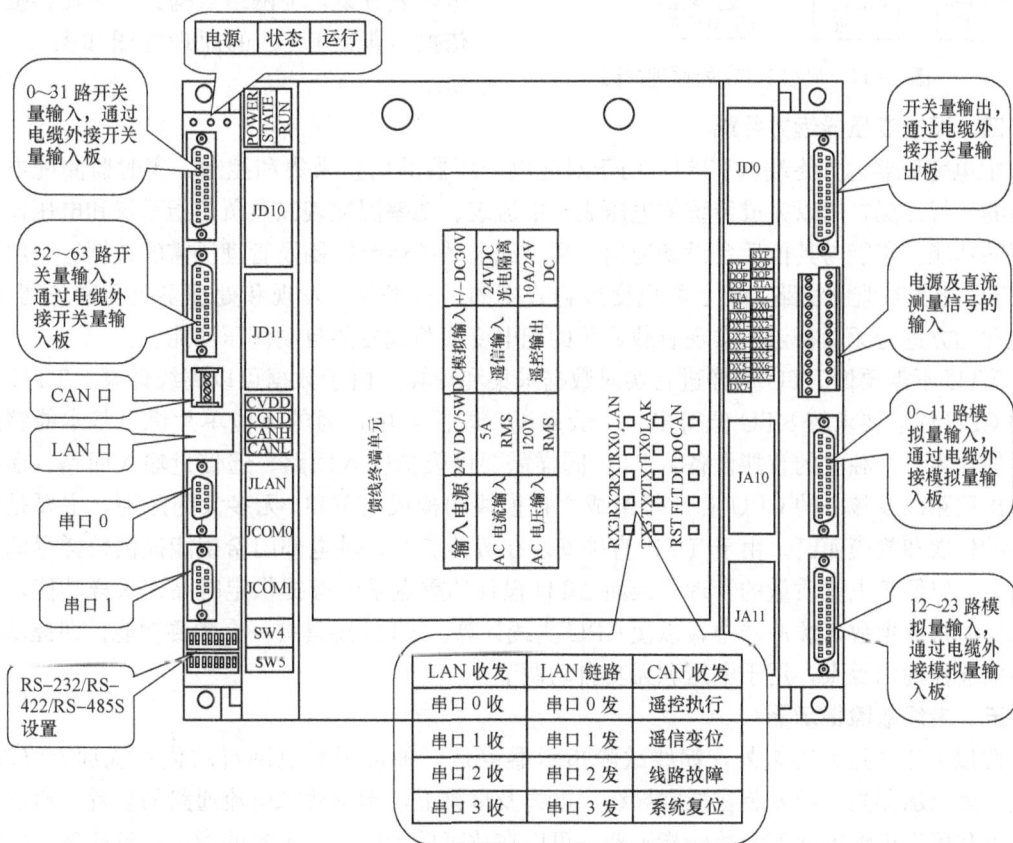

图 5-10 FTU 的结构功能图

三、站所远方终端

为了适应站所、开关站、环网柜等开关设备多回路集中监控需求，目前最新设计的较多是基于先进的 DSP 数字信号处理技术和高速工业网络技术,并且集遥测、遥信、遥控、保护和通信等功能于一体的新一代微机型配电自动化远方终端单元。DTU 根据信道方式配套通信设备,配合配电子站、主站实现配电线路的运行状态监视、故障识别、故障隔离和非故障区域恢复供电等配网自动化功能。

基于终端设备类型系列化、硬件平台统一化、功能一体化的设计思想,DTU 采用高速数字信号处理器(DSP)实时采集相应环网柜或开关站的运行数据并做出相应处理,同时把处理后数据通过 CAN BUS 接口传递给通信管理单元。DTU 通信管理单元采用嵌入式系统平台,负责将采集到的信息由通信网络发往远方的配电网自动化控制中心或分站,也可接受配电网自动化控制中心下达的命令进行相应的远方倒闸操作。在故障发生时,DTU 记录下故障前及故障时的重要信息,并传至配电网自动化控制中心,经计算机系统分析后确定故障区段和最佳供电恢复方案,为网络重构、负荷转移提供依据。典型 DTU 的原理框图如图 5 - 11 所示。

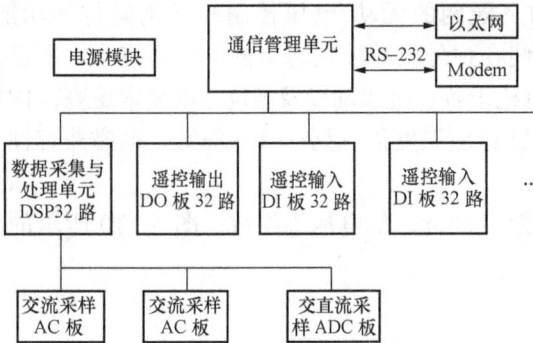

图 5-11 典型 DTU 的原理框图

四、配电变压器远方终端

配电变压器远方终端(TTU)用于对配电变压器的信息采集和控制,实时监测配电变压器的运行工况,用以完成传统的电压表、电流表、功率因数表以及负荷指示仪和电压监视仪等的功能。它能与其他后台设备通信,提供配电系统运行控制及管理所需的数据。一般要求 TTU 能实时监测线路、柱上配电变或箱式变的运行工况,发现和处理事故和紧急情况,就地和远方进行无功补偿,实现有载调压的配电变或箱式变的自动调压功能。

TTU 不需要像 FTU 那样进行实时数据采集和计算。由于数据可以离线计算,TTU 采用的 CPU 性能要求较 FTU 低得多,一般来说,即便采用普通的 8 位单片机也基本能够胜任。但作为一个独立的智能设备,TTU 同样需要由模拟输入回路、遥信量输入回路、遥控量输出回路以及核心的 CPU 芯片等组成。各模块的构成与 FTU 无多大的区别,主要是元器件的档次和规模而已。由于 TTU 直接安装在负荷点上,供电部门希望能提供较详尽的谐波信息,以便于电能质量的管理。因而 TTU 设计的重点是能够提供定时高速采样功能,并将采样所得数据放入缓冲器中,以便 CPU 离线计算。TTU 还具有一个主要功能,即提供比较多的遥控输出触点,用于电压和无功自动调节。

五、馈线故障指示器

除以上三类远方终端外,馈线故障指示器也是一种常用配电网自动化系统远方终端。馈线故障指示器是一种安装在架空导线、电缆及母排上,指示故障电流通路的装置。通过在分支点和用户进线等处安装故障指示器,可以在故障后借助于指示器的指示,迅速确定故障分支和具体区段,大幅度减少寻找故障点的时间,尽快排除故障,恢复正常供电,提高供电可靠性。

1. 安装位置

故障指示器的一般安装在:

（1）变电站出线，用于判断短路故障在站内或站外；

（2）长线路分段，指示短路故障所在的区段；

（3）高压用户入口，用于判断用户故障；

（4）安装于电缆线路与架空线路连接处，指示故障是否在电缆段；

（5）环网柜或电缆分支箱的进出线，判断故障区段和故障馈出线。

2. 工作原理

短路故障指示器是一种可以直接安装在配电线路上的指示装置。其外形和原理结构如图 5-12 所示。

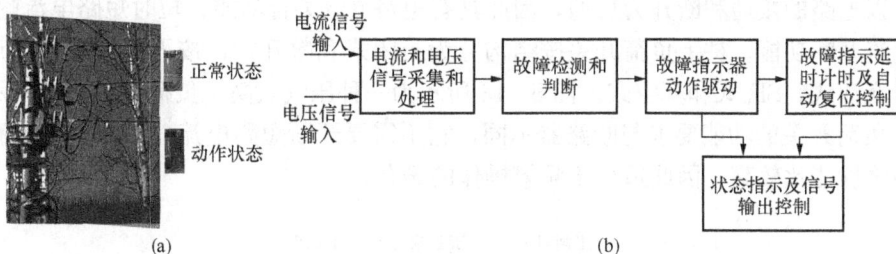

图 5-12　短路故障指示器外形图、安装示意图和原理结构

（a）外形图及安装示意图；（b）原理结构

短路故障指示器是通过电磁感应来检测线路中的突变电流的。再通过检测电流和电压的变化，来识别故障特征，从而判断是否给出故障指示。

当系统发生短路故障时，线路上流过短路故障电流的故障指示器检测到该信号后自动动作，如由白色指示翻牌为红色，或给出发光指示。运行人员由变电站出口开始，沿着动作故障指示器方向前行至分支处，再沿着有故障指示器动作的主干或分支线路前行，则该主干或分支线路上最后一个翻牌的故障指示器和第一个没有翻牌的故障指示器间的区段，即为故障点所在的区段。故障指示器动作后，其状态指示一般能维持数小时至数十小时，便于巡线人员到现场观察。为了免维护，故障指示器一般都具有延时自动复归功能，在故障排除、恢复送电后自动延时复归，为下次故障指示准备。

利用故障指示器，减小了巡线人员的工作强度，提高了故障排查效率和供电可靠性。

第五节　配电网自动化的开关设备

一、柱上配电自动化开关设备

典型的柱上开关设备有断路器、负荷开关、隔离开关、熔断器等设备，应用于配电网的柱上开关以断路器和负荷开关为主，此外还有重合器和分段器。

（一）柱上断路器

柱上断路器是指在架空线路上正常工作状态、过载和短路状态下关合和开断高压电路的开关电器。柱上断路器可以手动关合和分断、也可以通过其他动力进行关合，而在高压线路过载或短路时，可以通过保护装置的动作自动将线路迅速断开。

中压系统中所用断路器按灭弧介质不同主要分为空气、油、SF_6 和真空断路器四种。随着 SF_6 断路器和中压领域真空断路器的发展，前两种断路器已逐步淘汰。

柱上断路器是配网目前使用最普遍的柱上开关设备，其自带的保护功能是典型的配电网初级自动化。目前国内在配网设备选型时，经常把柱上断路器作为一款在未实施配网自动化系统时，线路保护用的电器开关。随着配网自动化的实施，断路器的保护功能由配网自动化系统来实现，退而成为一种能够与配电自动化系统进行配合的负荷开关来使用。但作为将来能与配网自动化系统配合的柱上开关，断路器机构特性及预留的各种自动化接口是选型中特别需要注意的。

（二）柱上负荷开关

柱上负荷开关是指在架空线路上用来关合和开断额定电流或规定过载电流的开关设备。负荷开关以电路的接通和断开为目的，因此具有短路电流关合功能、短时短路电流耐受能力和负荷电流开断功能。柱上负荷开关按结构分为封闭式和敞开式，按灭弧介质分为产气式、压气式、充油式、SF_6式和真空式。图5-13所示为一种压气式高压负荷开关的结构示意图。

柱上负荷开关的功能要求与断路器不同，它不需要开断短路电流，只需要切负荷电流，其断口绝缘性能比较高，因此适合于频繁操作的场合。

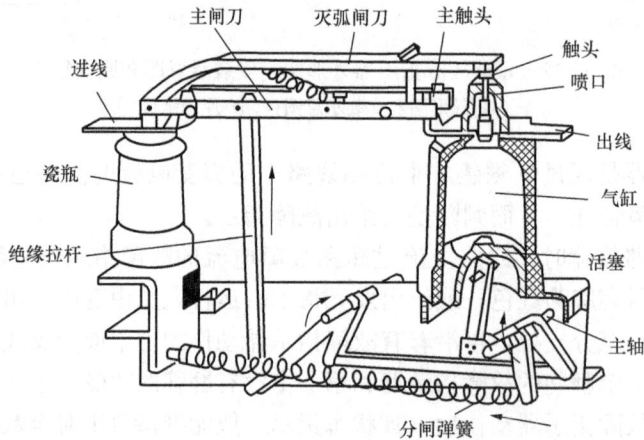

图5-13　压气式高压负荷开关结构示意图

（三）自动重合器

自动重合器（Recloser）是一种能够检测故障电流、在给定时间内断开故障电流并能进行给定次数重合的一种有"自具"能力的控制开关。所谓自具（Self Contained），即本身具有故障电流检测和操作顺序控制与执行的能力，无需附加继电保护装置和另外的操作电源，也不需要与外界通信。现有的重合器通常可进行3次或4次重合。如果重合成功，重合器则自动中止后续动作，并经一段延时后恢复到预先的整定状态，为下一次故障做好准备。如果故障是永久性的，则重合器经过预先整定的重合次数后，就不再进行重合，即闭锁于开断状态，从而将故障线段与供电电源隔离开来。

自动重合器在开断性能上与普通断路器相似，但具有多次重合闸的功能。在保护控制特性方面，自动重合器则比断路器要智能，能自身完成故障检测、判断电流性质，执行开合功能，并能记忆动作次数、恢复初始状态、完成合闸闭锁等。自动重合器只有通过手动复位才能解除闭锁。图5-14所示为安装在柱上的真空自动重合器。

1. 重合器特点

（1）重合器的作用强调短路电流开断、重合闸操作、保护特性操作顺序、保护系统到位。断路器强调开断、关合，由外部机构对断路器进行控制。重合器具备断路器的全部功能。

（2）重合器的结构由灭弧室、操动机构、控制系统合闸线圈等部分组成，而断路器本体则无继电保护控制系统。

（3）重合器是本体控制设备，具有故障检测操作顺序选择、开断和重合特性等功能。用于线路上的重合器，其操作电源直接取自高压线路，用于变电站内时要具有可供操作的低电源。

图 5-14　安装在柱上的真空自动重合器

（4）重合器适用于户外柱上安装，既可用在变电站内，也可在配电线路上。

（5）不同类型重合器的闭锁操作次数、分闸快慢动作特性、重合间隔等特性一般不同，可以根据运行中的需要调整重合次数及重合闸间隔时间。断路器有标准给定的额定操作顺序。

（6）重合器的相间故障开断都采用反时限特性，以便与熔断器安—秒特性相配合。

（7）在开断能力方面，重合器的短路开断试验的程序和试验条件比断路器严格得多。

2. 重合器分类

（1）按相别分，有作用于单相电路或三相电路的重合器。

（2）按使用介质分，有油、SF_6 和真空介质的重合器，灭弧能力不同。

（3）按控制方式分，有液压控制式和电子控制式。

3. 重合器的操作

重合器的操作指重合器进入合闸闭锁状态前，在规定的重合闸间隔应完成的分合闸次数。不同类型的重合器的分合操作次数、快慢动作特性、重合间隔不同，如三重合四分闸的重合器操作顺序为：分—重合间隔 1—合分—重合间隔 2—合分—重合间隔 3—合分。

可以按配电网实际情况，根据运行的需要调整重合器合分的次数和间隔时间。典型的重合器操作顺序可整定为"二快二慢""一快三慢""一快二慢"等。这里的"快"是指按快速电流—时间特性曲线整定分闸，"慢"是指按某一条慢速电流—时间特性曲线整定分闸。

（四）分段器

分段器（Sectionalizer）是一种与电源侧前级开关设备配合，在失压或无电流的情况下自动分闸的开关设备。当发生永久性故障时，分段器在预定次数的分合操作后闭锁于分闸状态，从而达到隔离故障线路区段的目的。若分段器未完成预定次数的分合操作，故障就被其他设备切除了，则其将保持在闭合状态，并经一段延时后恢复到预先的整定状态，为下一次故障做好准备。分段器一般不能断开短路故障电流。图 5-15 所示为一种三相跌落式分段器外形图。

分段器的关键部件是故障检测继电器（FDR，Fault Detecting Relay）。根据判断故障方式的不同，分段器可分为电压—时间型和过流脉冲计数型两类。

1. 电压—时间型分段器

电压—时间型分段器是凭借加压、失压的时间长短来控制动作的，失压后分闸，加压

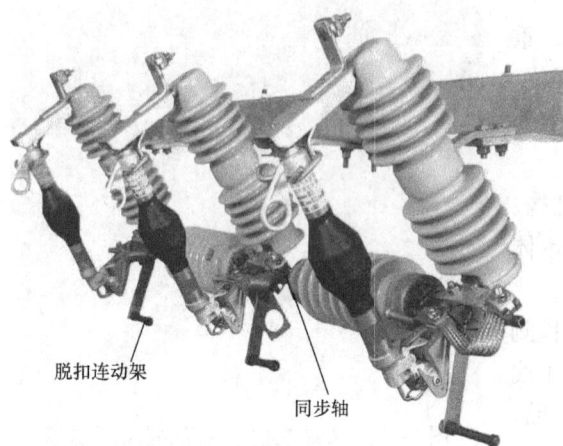

脱扣连动架

同步轴

图 5-15 三相跌落式分段器外形图

后合闸或闭锁。电压—时间型分段器既可用于辐射状配电网和树状配电网，又可用于环状配电网。

电压—时间型分段器有两个重要参数需要整定：

（1）X 时限，是指从分段器电源侧加压至该分段器合闸的时延。

（2）Y 时限，又称为故障检测时间，含义是若分段器合闸后在未超过 Y 时限的时间内又失压，则该分段器分闸并被闭锁在分闸状态，待下一次再得电时也不再自动重合。

配电网中电压—时间型分段器的接线形式如图 5-16 所示。图中，PVS 为真空开关，也即是电压—时间型分段器的开关本体；T 为电源变压器，是 PVS 的动力电源；FDR 是故障检测器，用来检测 PVS 两端的电压，当检测到馈线有电压时，PVS 就闭合。

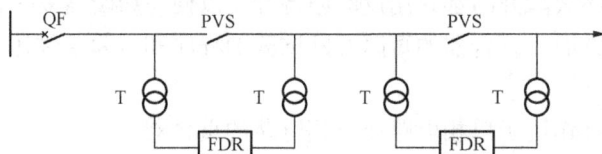

图 5-16 电压—时间型分段器接线形式

电压—时间型分段器有两套功能：一是正常运行时闭合，作为分段开关使用；二是正常运行时断开，作为联络开关使用。

2. 电流—时间型分段器

电流—时间型分段器又称为过电流脉冲计数型分段器，以检测线路电流来进行控制。电流—时间型分段器通常与前级开关设备（重合器或断路器）配合使用，它不能开断短路电流，但具有"记忆"前级开关设备开断故障电流动作次数的能力，也即具有"记忆"流过自身过电流脉冲次数的能力。当线路发生永久性故障时，重合器分闸，在失电期间分段器开始进行计数，当分闸次数达到整定次数时，即自动永久分闸，而重合器（或断路器）重合后，就可隔离该故障段。一般分段器整定的次数应比重合器或断路器的操作次数少一次。当发生瞬时性故障时，分段器的分闸次数还未达到预定的次数，因瞬时性故障已消除，线路就可恢复正常供电。分段器的累计计数器经过一段时间后自动复零，为下一次故障做好准备。过电流脉冲计数值可以整定为记忆 1~3 次。

二、电缆线路的配电自动化开关设备

（一）环网柜

负荷开关柜、负荷开关—熔断器组合电器柜是交流金属封闭开关设备，主要用于 10kV 及以下的电缆线路配电系统中。又因这类设备常用于环网供电系统，故俗称环网柜。其主要开关元件为负荷开关、断路器或负荷开关—熔断器组合电器，其中断路器通常不要求快速重合闸功能。由于在使用时常常是负荷开关柜与组合电器柜配套使用，把它们这种配套使用的单元称为环网供电单元。在环网供电单元中的每一个功能柜统称为环网柜。每个环网柜对应着一路进（出）线支路。由于环网柜是终端电气设备，具有量大面广、安装方式与地点多样的特点，因此要求体积小、造价低、占地面积小。

环网供电单元具有成本低廉、使用组合灵活的特点，加之限流熔断器可限制短路电流峰值和快速分断短路电流的特性，可使故障短路电流对变压器的损坏减少到最小值。它们特别适用于城市配电系统的电缆线路中，应用于住宅小区、高层建筑、中小企业、大型公共建筑、开关站、箱式变电站。环网柜可根据用户需要配置不同的开关元件实现相应的功能，主要有负荷开关环网柜、负荷开关十限流熔断器环网柜、断路器环网柜三种形式。

负荷开关环网柜的主要功能有：

（1）控制回路、开合负荷电流、过载电流。

（2）配合熔断器实施故障电流和过载电流保护。

（3）用以开合并联电抗器、电动机、配电线闭环电流、电容器组、空载电路。

（4）实施配电线路分段和重构功能。

负荷开关与熔断器组合式环网柜的主要功能有：

（1）控制、开合、隔离变压器及其配送回路。

（2）对中压变压器的中压侧、变压器及低压配电回路内的短路电流及过载电流进行保护。

（3）快速有效地切除变压器内部故障，从而有效保护变压器安全。

断路器环网柜的功能是，作为环网柜、开闭所等进线开关，可有效承载和保护所辖中压配电系统内较大故障电流。

（二）环网供电单元的基本结构形式

环网供电单元一般由3个环网柜组成，如图5-17所示。

图5-17所示环网供电单元有2个进线柜，1个出线柜，进线柜一般为负荷开关柜，出线柜一般为组合电器柜。现在也有用断路器取代负荷开关或负荷开关—熔断器组合电器作为进、出线柜的主开关。环网供电单元在使用中可及时隔离故障线路，调整电源方向，恢复正常区段的供电，完成环网供电的功能；出线柜直接到用户终端变压器，并对变压器、低压出线及母线等进行故障保护；利用组合电器中的高压限流熔断器保护变压器，可以快速切除电路故障，对变压器内部短路故障的保护极为有利。

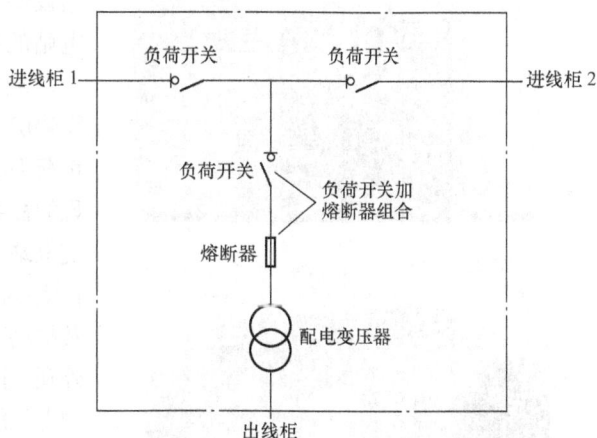

图5-17 环网供电单元原理图

如图5-18所示，环网供电单元也可由多回路进、出线柜组成，用于开关站或预装式变电站中，可扩大供电对象及保护范围，提高配电网供电的灵活性和可靠性，更合理经济地控制和分配电能。

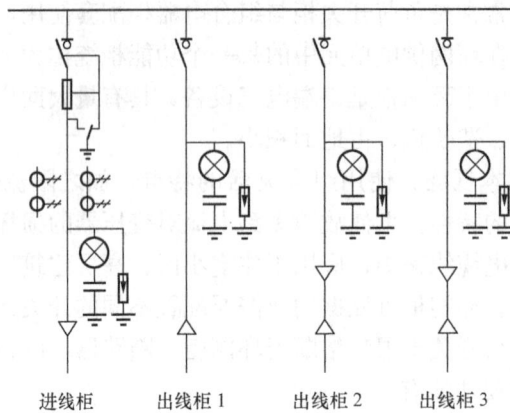

图 5-18　环网多回路配电原理图

(三) 预装箱式变电站

按照 GB/T 17467—2010《高压/低压预装式变电站》和 DL/T 537—2002《高压/低压预装箱式变电站选用导则》中的描述：高压/低压预装箱式变电站的主要元件是变压器、高压开关设备和控制设备、低压开关设备和控制设备、相应的内部连接线（电缆、母线和其他）和辅助设备，并能够根据用户要求装设电能计量设备和无功补偿设备；这些元件应该由一个共用的外壳或一组外壳封闭起来。

预装箱式变电站（简称箱变）定义为经过型式试验的、用来从高压系统向低压系统输送电能的设备，包括装在外壳内的变压器、低压和高压开关设备、连接线辅助设备。由于箱变安装在公众易接近的地点，应按规定使用条件保证人身安全。因此，箱变是将配电网终端变电站设备在制造厂内预先集成装配在一起，具备变电站的基本功能。

箱变成套性强，选址灵活，便于建设安装，不需建房、节省占地面积、安全可靠，中压可以深入负荷中心，利于减少网损，易与环境协调，具有明显的社会效益，是技术性和经济性较优的一种末端变电站。箱变通常用于城市公共配电、交通运输、住宅小区、高层建筑、工矿企业、油田、临时工地及移动变电站等。图5-19所示为一种箱式变电站的外观。图 5-20 所示为高压/低压预装箱式变电站典型电气线路图。

图 5-19　预装箱式变电站外观形式

从图 5-20 中可以看出，进线柜 A、B 和组合电器柜 C 组成的环网供电单元为箱变中的高压开关设备；T 是箱变中的变压器；Q 是低压主进线断路器，M 是计量单元，S1、S2……是多路低压出线开关，这些构成了箱变中的低压开关设备。

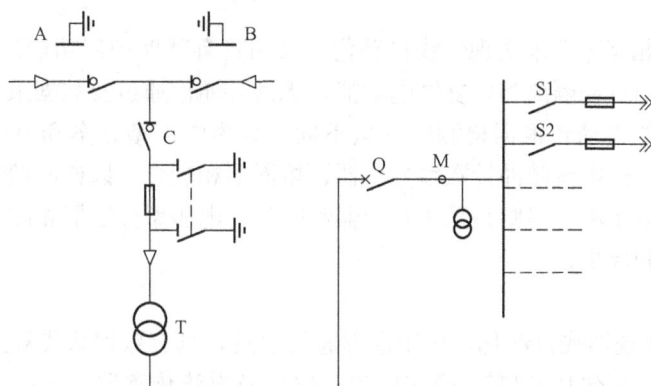

图 5-20 高压/低压预装箱式变电站典型电气线路图

第六节 馈线自动化技术

一、馈线自动化系统的功能

馈线自动化系统是指在正常状态下，能够实时监视馈线分段开关与联络开关的状态和馈线电流、电压情况，实现线路断路器的远方或就地合闸和分闸操作的自动化系统。馈线自动化系统在故障时获得故障记录，并能自动判别和隔离馈线故障区段，迅速对非故障区域恢复供电。其中故障定位、隔离和自动恢复对健全段的供电是馈线自动化系统的一项主要功能。

（一）馈线运行状态监测

馈线运行状态监测分为正常状态监测和事故状态监测。正常状态监测的量主要有电压幅值、电流、有功功率、无功功率、功率因数以及开关设备的运行状态等。监测量是实时的，监测设备为馈线终端单元（FTU）。在有通信设备时，这些量可以送到某一级配电SCADA系统；在没有通信设备时，可以选择某些可以保存或指示的量加以监测。配电网中的测点很多，应选择确有必要的检测点加以监测，以节省投资。

装有 FTU 的配电网，同样可以完成事故状态下的监测。没有装设 FTU 的地点可装设故障指示器，通常将其装在分支线路和大用户入口处，具有一定的抗干扰能力和定时自复位功能。

（二）馈线控制

利用配电网中可控设备（主要是开关设备）对馈线实行事故状态下和正常运行时的控制。

（三）馈线的故障定位、隔离和自动恢复供电

这是馈线自动化的一个独特功能，能在馈线发生永久性故障时，自动对故障进行定位，通过开关设备的顺序动作实现故障隔离；在环网结构的配电网中实现负荷转供，恢复供电。在发生瞬时性故障时，通常在切断故障电流后故障自动消失，可以由断路器自动重合而恢复对负荷的供电。

二、馈线自动化的类型

馈线自动化的实现有两种基本类型，即就地控制和远方控制。

（一）就地控制

利用开关设备相互配合来实现馈线自动化，采用具有就地控制功能的重合器和分段器，实现配电线路故障的自动隔离和恢复供电功能，无远方通信通道及数据采集功能。

就地控制的馈线自动化根据检测电气量不同，分为电流型方案和电压型方案。电流型方案是采用重合器、过电流脉冲计数型分段器、熔断器相配合，以检测馈线电流为依据来进行控制和保护的；电压型方案则是采用重合器和时间—电压型分段器相配合，以检测馈线电压为依据进行控制和保护。

（二）远方控制

基于 FTU 来实现馈线自动化，采用远方通信通道，具有数据采集和远方控制功能，该系统除一次设备外，还包括 FTU、通信信道、电压及电流传感器、电源设备等，实现配电线路故障的自动隔离和恢复供电的功能。

三、就地控制方式的馈线自动化技术

（一）重合器与电压—时间型分段器配合

1. 辐射状网的故障处理

图 5-21 所示为一典型的辐射状网。变电站出口采用重合器 A，整定为"一慢一快"，第一次重合时间为 15s，第二次重合时间为 5s。B、C、D、E 均为电压—时间型分段器，B、D 和 E 的 X 时限均整定为 7s，C 的 X 时限整定为 14s，B、C、D、E 的 Y 时限均整定为 5s。分段器 B、C、D 对应的供电区段分别记为 b、c、d。

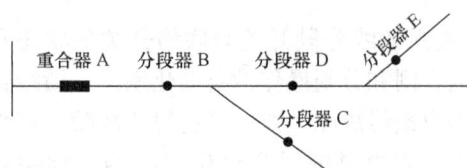

图 5-21　辐射状网接线图

■■■—重合器合闸；　●—分段器合闸

由于分段器 B、C、D、E 现在用于辐射状配电网，所以其功能均设置在第一套，在配电网正常运行时，所有开关设备处于闭合状态，如图 5-22（a）所示。图 5-22（b）描述在 c 区段发生永久性故障后，重合器 A 跳闸，导致线路失压，造成分段器 B、C、D 和 E 均分闸；图 5-22（c）描述事故跳闸 15s 后，重合器 A 第一次重合；图 5-22（d）描述又经过 7s 的 X 时限后，分段器 B 自动合闸，将电供至 b 区段；图 5-22（e）描述又经过 7s 的 X 时限后分段器 D 自动合闸将电供至 d 区段；图 5-22（f）描述分段器 B 合闸后，经过 14s 的 X 时限后，分段器 C 自动合闸，由于 c 区段存在永久性故障，再次导致重合器 A 跳闸，从而线路失压，造成分段器 B、C、D 和 E 均分闸，由于分段器 C 合闸后未达到 Y 时限（5s）就又失压，该分段器将被闭锁；图 5-22（g）描述重合器 A 再次跳闸后，又经过 5s 进行第二次重合，分段器 B、D 和 E 依次自动合闸，而分段器 C 因闭锁保持分闸状态，从而隔离了故障区段，恢复了健全区段供电。

上述辐射状网隔离故障、恢复供电的过程对应的开关设备动作时序如图 5-23 所示。

2. 环状网的故障处理

一个典型的开环运行的环状网在采用重合器与电压—时间型分段器配合时，隔离故障区段的过程示意图如图 5-24 所示。图 5-25 为各开关设备的动作时序图。

图 5-24 中，A 采用重合器，整定为"一慢一快"，即第一次重合时间为 15s，第二次重合时间为 5s。B、C、D、E、F、G、W 采用电压—时间型分段器，B、C、D、E、F、G 分段器设置在第一套功能，为动断开关，它们的 X 时限均整定为 7s，Y 时限均整定为 5s；W 为联络开关，设置在第二套功能，为动合开关，其 X 时限整定为 45s，Y 时限均整定为 5s。

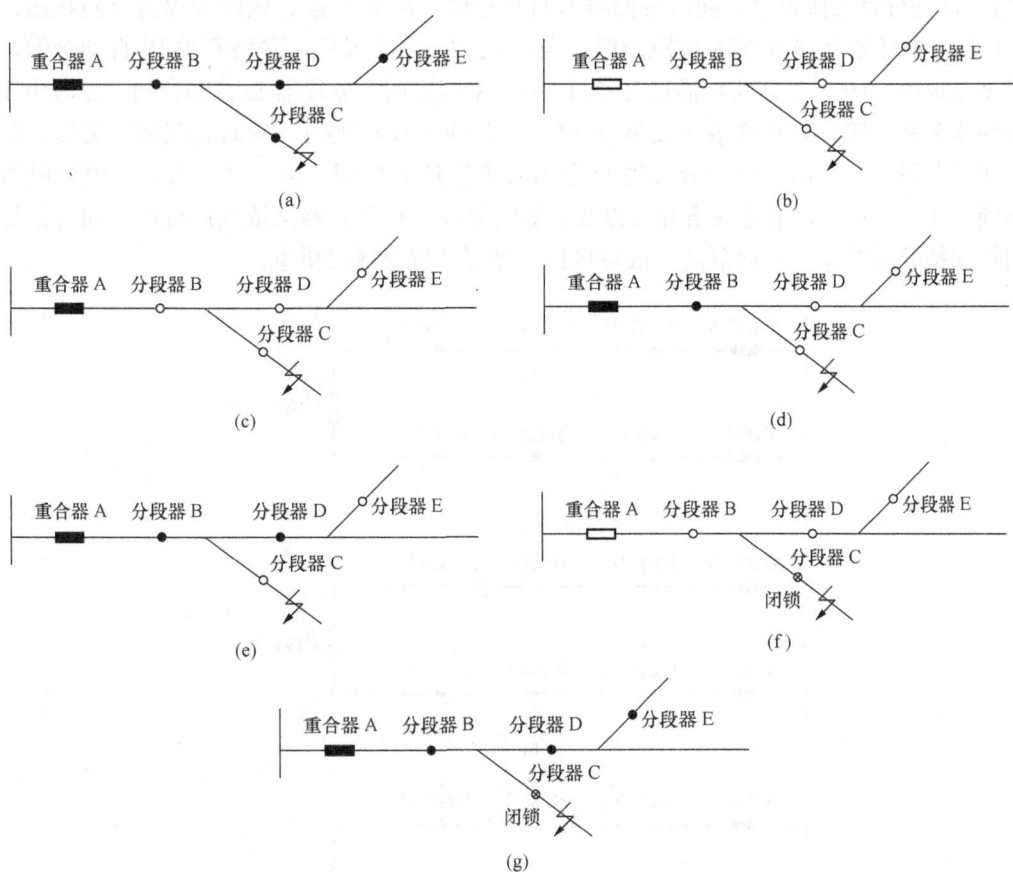

(a)

(b)

(c)

(d)

(e)

(f)

(g)

图 5-22 辐射状网重合器与电压—时间型分段器隔离故障、恢复供电过程

▬—重合器合闸；●—分段器合闸；⊗—分段器闭锁；

▭—重合器分闸；○—分段器分闸

图 5-24（a）为该开环运行的环状网正常工作的情形；图 5-24（b）描述在 c 区段发生永久性故障后，重合器 A 跳闸，导致联络开关 W 左侧线路失压，造成分段器 B、C 和 D 均分闸，并启动分段器 W 的 XL 计数器；图 5-24（c）描述事故跳闸 15s 后，重合器 A 第一次重合；图 5-24（d）描述又经过 7s 的 X 时限后，分段器 B 自动合闸，将电供至 b 区段；图 5-24（e）描述又经过 7s 的 X 时限后，分段器 C 自动合闸，此时由于 C 段存在永久性故障，再次导致重合器 A 跳闸，从而线路失压，造成分段器 B 和 C 均分闸，由于分段器 C 合闸后未达到 Y 时限（5s）就又失压，该分段器将被闭锁；图 5-24（f）描述重合器 A 再次跳闸后，

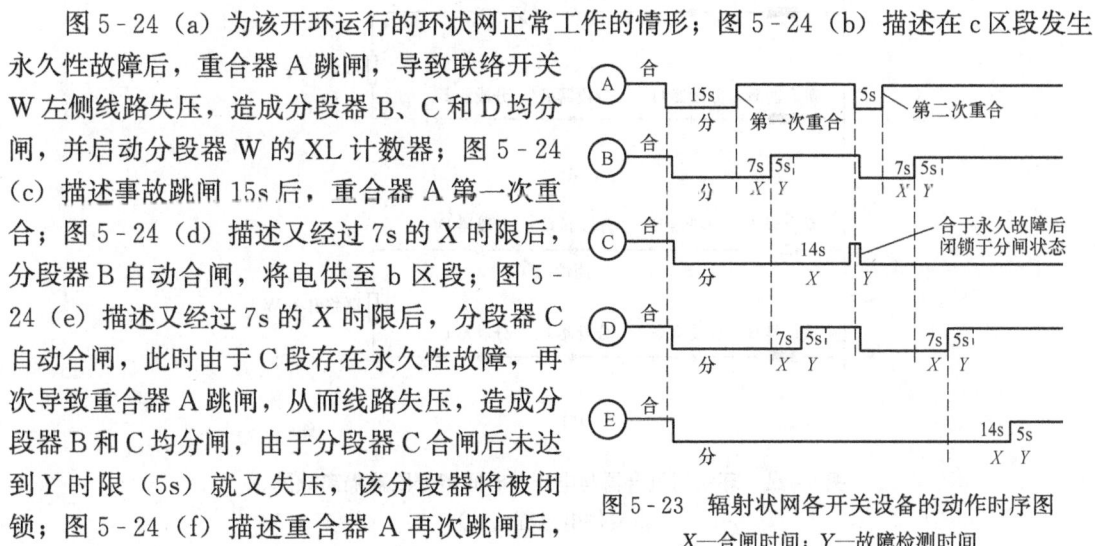

图 5-23 辐射状网各开关设备的动作时序图
X—合闸时间；Y—故障检测时间

又经过 5s 进行第二次重合，随后分段器 B 自动合闸，而分段器 C 因闭锁保持分闸状态；图 5-24（g）描述重合器 A 第一次跳闸后，经过 45s 的 X 时限后，联络开关 W 自动合闸，将电供至 d 区段；图 5-24（h）描述又经过 7s 的 X 时限后，分段器 D 自动合闸，此时由于 C 段存在永久性故障，导致联络开关 W 右侧的线路的重合器跳闸，从而右侧线路失压，造成其上所有分段器均分闸，由于分段器 D 合闸后未达到 Y 时限（5s）就又失压，该分段器将被闭锁；图 5-24（i）描述联络开关以及右侧的分段器和重合器又依顺序合闸，而分段器 D 因闭锁保持分闸状态，从而隔离了故障区段，恢复了健全区段供电。

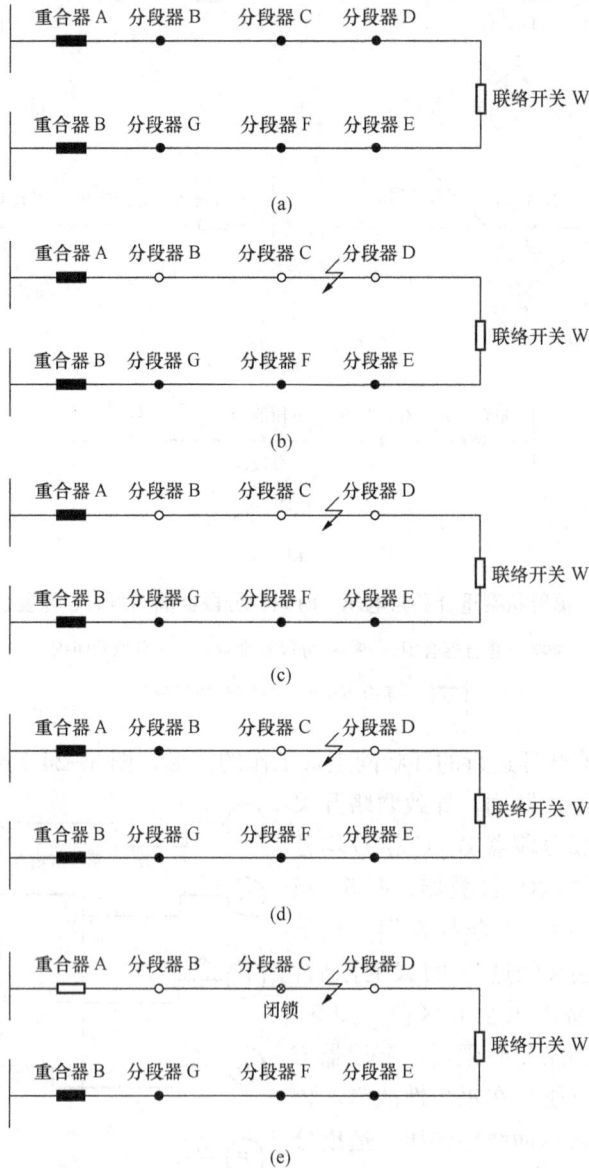

图 5-24　环状网重合器与电压—时间型分段器隔离故障、恢复供电过程（一）

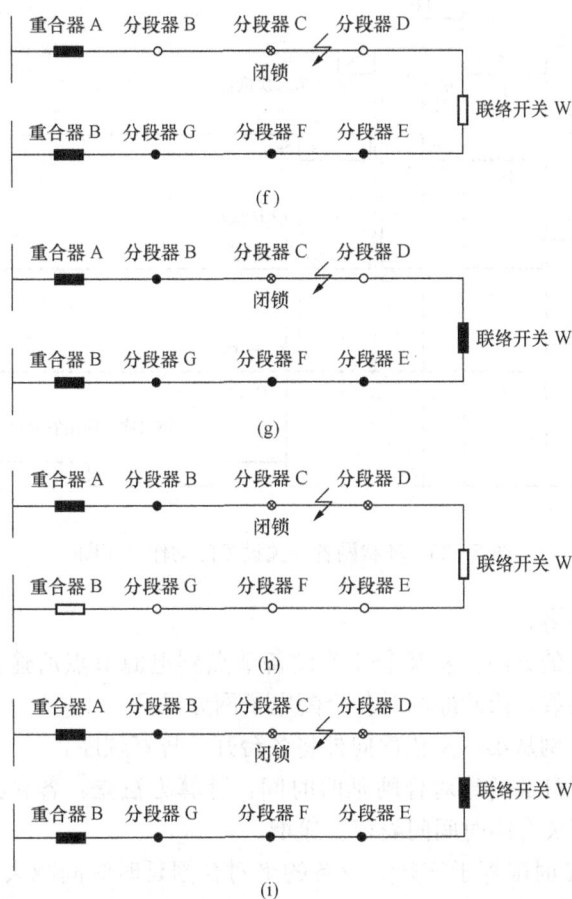

图 5-24 环状网重合器与电压—时间型分段器隔离故障、
恢复供电过程（二）

可见，当隔离开环运行的环状网的故障区段时，要使联络开关另一侧的健全区域所有开关设备都分一次闸，造成供电短时中断，这是很不理想的。人们就这个问题作出了改进，提出了分段器的低残压闭锁功能，即当分段器一侧加电压后，若立即检测到其任何一侧出现高于额定电压 30% 的异常低电压的时间超过 150ms 时，该重合器将闭锁。这样在图 5-24 (e) 中，分段器 D 就会被闭锁，从而在图 5-24 (g) 中，只要合上联络开关 W 就可完成故障隔离，而不会发生联络开关下面所有开关设备跳闸再顺序重合的过程。

（二）分段器的时限整定

从重合器与分段器配合实现故障区段的隔离过程可以看出，为了避免误判故障区段，重合器与电压—时间型分段器的实现整定要确保同一时刻不能有 2 台及以上的分段器同时合闸。

分段器的 Y 时限一般可以统一取为 5s，下面讨论分段器的 X 时限整定方法。

1. 分段器作为分段开关

如图 5-25 所示，重合器与电压—时间型分段器配合的 X 时限整定方法按照如下步骤进行：

（1）确定分段开关合闸时间间隔，并从联络开关处将配电网分割成若干以电源开关设

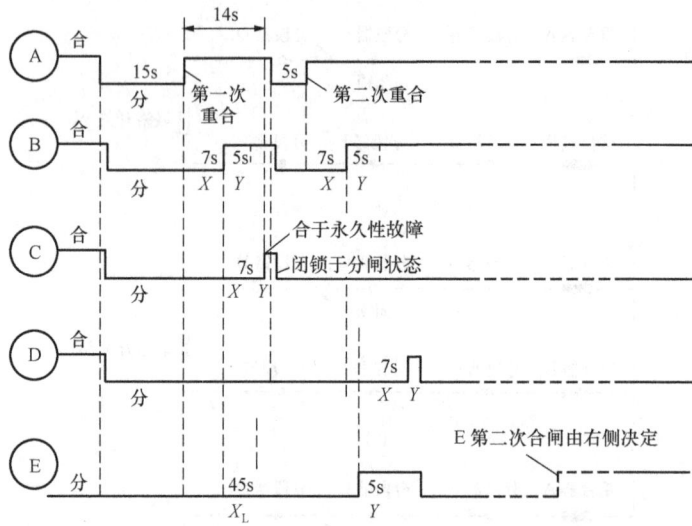

图 5-25 环状网各开关设备的动作时序图

备为根的树状配电子网络。

（2）定义沿着潮流的方向，从某个开关设备节点到电源节点所途经的开关数目加"1"为该开关设备节点的层数，依此原则对各个配电子网分层。

（3）对各个配电子网从第一层依次向外将各台开关排好顺序。

（4）确定每台分段开关的绝对合闸延时时间，计算方法是：各台开关设备按照所排的顺序，以确定的分段开关合闸时间间隔依次递增。

（5）某台开关的 X 时限等于该开关设备的绝对合闸延时时间减去其同一条馈线上的上一层分段开关的绝对合闸延时时间（电源点的绝对合闸延时时间认为是"0"）。

关于 X 时限的整定主要是保证各开关设备时限的配合，以保证任一时刻没有超过一个的开关设备同时合闸，从而导致无法判断故障。

2. 分段器作为联络开关

"手拉手"的环状配电网只有一台联络开关参与故障处理时，分别计算出与该联络开关紧邻的两侧区域故障时，从故障发生到与故障区域相连的分段器闭锁在分闸状态所需的延时时间 T_L（左侧）和 T_R（右侧），取其中较大的一个记作 T_{max}，则 X 时限的设置应大于 T_{max}。

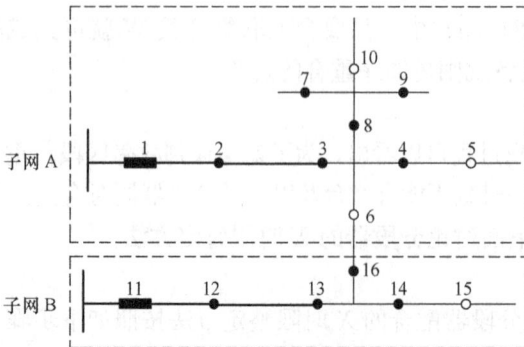

图 5-26 某配电网络

[**例 5-1**] 图 5-26 所示为某配电网的一部分，分为 A、B 两子网，试对图中子网 A 各分段器进行定值整定。

解 （1）分子网。子网 A 包括的分段器有 2、3、4、7、8、9。确定分段器合闸时间间隔为 7s。

（2）分层。子网 A 中潮流方向为从左至右，分段器 2 到电源节点所途经的开关数目为"0"，加"1"即为分段器 2 所对应的层次，为第 1 层。依此类推，可得分层结果与时限值，见表 5-1、表 5-2。

表 5-1　　　　　　　　　　　　　　分 段 器 分 层

层　次	第 1 层	第 2 层	第 3 层	第 4 层
分段器编号	2	3	4, 8	7, 9

表 5-2　　　　　　　　　　　　　　时 限 整 定

排　序	2	3	4	8	7	9
延时时限（s）	7	14	21	28	35	42
X 时限（s）	7	7	7	14	7	14

（三）重合器与过流脉冲计数型分段器配合

采用重合器与过电流脉冲计数型分段器配合处理永久性故障。正常运行时，如图 5-27 (a) 所示，重合器 A、分段器 B～D 均保持在合闸状态，B、C、D 的计数次数均整定为 2 次。当 c 区段发生永久性故障时，重合器 A 跳闸，分段器 C 计过电流 1 次，由于没有达到事先整定的 2 次，因此不分闸而保持在合闸状态。经过一段时间后，重合器进行第一次重合，由于再次合到故障点，重合器 A 再次跳闸，分段器 C 第 2 次过电流，其过电流脉冲计数值达到整定的 2 次，于是分段器在重合器跳闸后的无电流时期分闸；又经过一段时间，重合器 A 进行第 2 次重合，由于此时分段器 C 处于分闸状态，从而将故障区段隔离，恢复了健全区段的供电。其故障处理过程如图 5-27 所示，对应的开关设备动作时序图如图 5-28 (a) 所示。

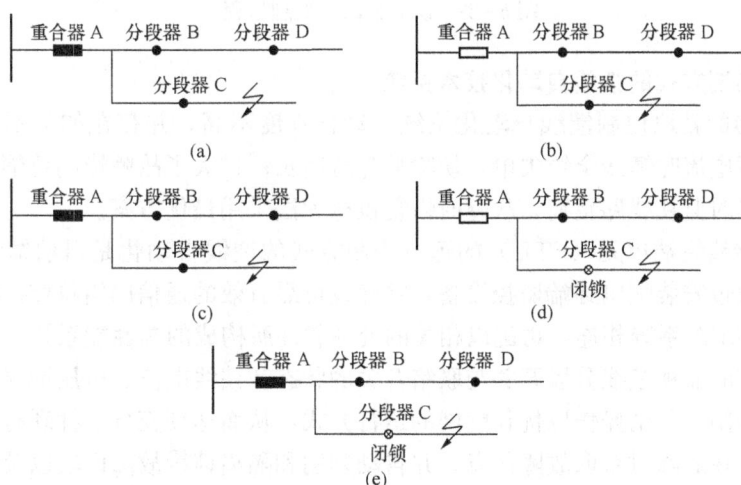

图 5-27　永久性故障处理过程

当发生的是瞬时性故障时，重合器 A 跳闸，分段器 C 计过电流 1 次，由于没有达到整定的 2 次，所以不分闸而保持在合闸状态。经过一段时间，重合器进行第 1 次重合，由于是瞬时性故障，此时故障已经消除，故重合成功，恢复了系统的正常供电。在经过一段确定的时间（与整定有关）后，分段器 C 的过电流计数值清零，又恢复至其初始状态，为下一次做好准备。其故障处理过程如图 5-29 所示，对应的开关设备动作时序图如图 5-28 (b) 所示。

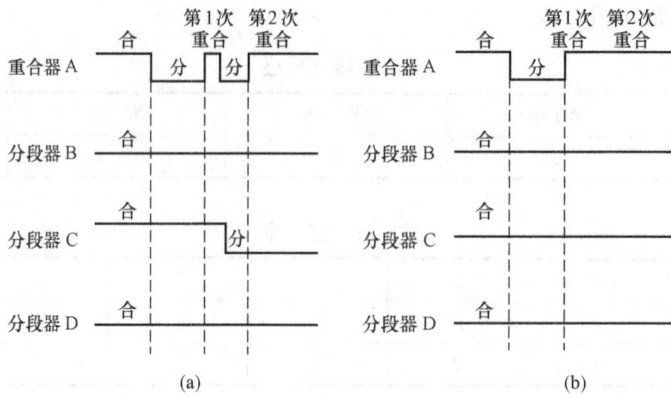

图 5-28　故障处理过程对应的开关设备动作时序图
(a) 永久性故障；(b) 瞬时性故障

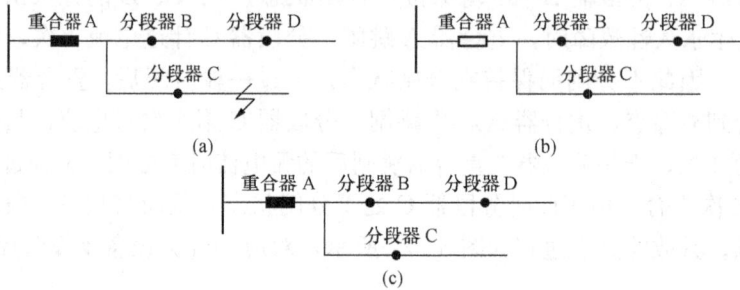

图 5-29　瞬时性故障处理过程

四、远方控制方式的馈线自动化技术系统

基于重合器的就地控制馈线自动化系统自动化程度不高，并存在如下不足：重合器或断路器切除故障电流时馈线全线失电，切除故障时间长；扩大了故障影响范围；仅在故障时起作用；不能实时监视线路负荷，故障时恢复供电无法采用最优方案。

采用基于馈线终端单元（FTU）的远方控制方式的馈线自动化是目前馈线自动化的发展方向。它是通过安装配电终端监控设备，并建设可靠有效的通信网络将监控终端与配电网控制中心的 SCADA 系统相连，再配以相关的处理软件所构成的高性能系统。该系统在正常情况下，远方实时监视馈线分段开关与联络开关的状态和馈线电流、电压情况，并实现线路断路器的远方合闸和分闸操作以优化配网的运行方式，从而达到充分发挥现有设备容量和降低线损的目的；在故障时获取故障信息，并自动判别和隔离馈线故障区段以及恢复对非故障区域的供电，从而达到减小停电面积和缩短停电时间的目的。

典型的基于 FTU 的馈线自动化系统的构成如图 5-30 所示。图中，各 FTU 分别采集相应柱上开关的运行情况，如负荷、电压、功率和开关当前位置、储能完成情况等，并将上述信息经由通信网络发向远方的配电子站；各 FTU 还可以接受配网自动化控制中心下达的命令进行相应的远方倒闸操作以优化配网的运行方式。在故障发生时，各 FTU 记录故障前及故障时的重要信息，如最大故障电流和故障的负荷电流、最大故障功率等，并将上述信息传至配电子站，经过计算机系统分析后确定故障区段和最佳供电恢复方案，最终以遥控方式隔离故障区段、恢复非故障区域供电。

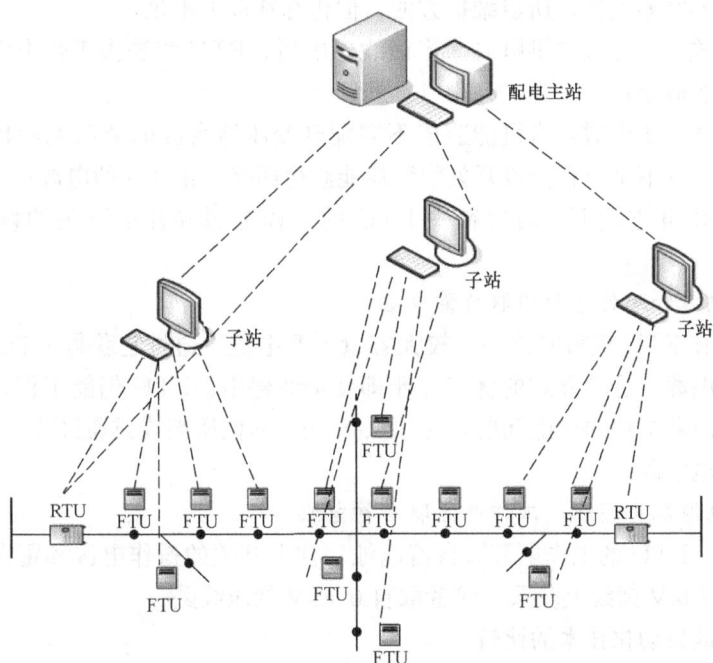

图 5-30 典型的基于 FTU 的馈线自动化系统

五、馈线自动化的电源问题

基于 FTU 的馈线自动化系统的各个环节应在停电时，拥有可靠的备用工作电源。当故障或其他原因导致电路停电时，各测控单元应能可靠地上报信息和接受远方控制，用于对于故障区段的判断，以及恢复供电时负荷的重新分布和配网结构重组。此外，在恢复线路供电时，往往也需要可靠的操作电源。

主站、子站等一般有相对独立的机房，可以通过 UPS 获取电源。在馈线自动化控制中心，可以为 SCADA 网络系统安装大容量的 UPS，以保证其在停电后仍能够长时间安全运行。对于区域站的集中转发系统，由于它集结了大量的分散馈线测控单元，所以也应采用较大容量的 UPS，保证其在停电后能够长时间安全运行。

对于开关站和小区变电站的 RTU 可以采用双电源供电，并通过自动切换装置保证当缺少任一路供电时，其电源不间断。

如何确保各馈线终端单元 FTU 能够获得工作电源是一个难点，目前的解决方案有三种。

（一）操作电源和工作电源均取自馈线

这种方案不需要蓄电池，FTU 的工作电源和柱上开关的操作电源均取自馈线，具体有三种方式。

（1）方式一：工作电源取自柱上开关两侧的单相变压器（如联络开关）。

（2）方式二：当有低压线路与柱上开关同杆时，工作电源取自一台单相变压器和一回低压线路。

（3）方式三：当有不同电源的两回低压线路与柱上开关较近时，工作电源取自两回低压线路。两路电源应能自动切换。

这种方案因不需蓄电池，所以维护方便，但仍存在以下不足：

（1）采用方式一和方式二供电时，当馈线停电后，FTU 将失去工作电源，从而无法上报信息和接受控制命令；

（2）采用方式三供电时，有可能造成不同配电变压器台区的低压配网耦合，这会对安全运行带来影响，且不是所有分段开关位置均能获得两路真正独立的电源；

（3）在这种供电方式下，需要解决 FTU 的工作电源和柱上开关的操作电源的切换问题。

（二）操作电源和工作电源均取自蓄电池

这种方案需在 FTU 机箱安放一个较大容量的蓄电池，通过它获得 FTU 的工作电源和柱上开关的操作电源。这种方式的优点在于即使馈线停电，FTU 仍能工作，柱上开关也仍能操作。为了解决蓄电池的充电问题，必须从 0.4kV 的低压馈线或通过 TV 直接从 10kV 高压馈线上获得充电电源。

（三）操作电源取自馈线，工作电源取自蓄电池

这种方案下，FTU 的工作电源取自蓄电池，柱上开关的操作电源和蓄电池的充电电源通过 TV 直接从 10kV 馈线上获取，或者取自 0.4kV 低压线路。

六、两种馈线自动化技术的比较

（一）就地控制方式

（1）结构。结构简单，只适用于配电网络相对比较简单的系统，而且要求配电网运行方式相对固定。

（2）建设费用。建设费用低，故障隔离和恢复供电由重合器和分段器配合完成，不需要主站控制，不需要建设通信网络，投资省见效快。

（3）主要设备。主要设备包括重合器、分段器。

（4）故障处理。重合器与电流型分段器配合方式隔离故障时分段器要记录一定次数后才能分闸，重合器有多次跳合闸过程，不利于开关设备本体，对用户冲击大，可靠性低。同时，最终切断故障的时间过长，尤其是串联型网络远方故障时更严重。重合器与电压型分段器配合时，对于永久性故障，重合器固定为两次跳合闸，可靠性比电流型分段器配合时高；但故障最终隔离时间很长，尤其串联级数较多时，末级开关完成合闸的时间将会长达几十秒，影响供电连续性。基于重合器—分段器的就地控制方案在故障定位、隔离时，会导致相关联的非故障区域短时停电，具有如下特征：

（1）仅在故障时起作用，正常运行时候不能起监控作用，因而不能优化运行方式；

（2）调整运行方式后，需要到现场修改定值；

（3）恢复健全区域供电时，无法采取安全和最佳措施；

（4）需要经过多次重合，对设备及系统冲击大；

（5）应用场合。适于农网、负荷密度小的偏远地区，以及供电途径少于两条的网络。

（二）远方控制方式

（1）结构。结构复杂，适于复杂配电网络。

（2）建设费用。建设费用高，需要高质量的通信信道及计算机系统，投资较大，工程涉及面广、复杂；在线路故障时，对监控终端存在电源提取问题，要求相应的信息能及时传送到上级站，同时下发的命令也能迅速传送到终端。

（3）主要设备。主要设备包括 FTU、通信网络、区域工作站、配电自动化计算机系统。

（4）故障的处理。由于引入了配电自动主站系统，由计算机系统完成故障定位隔离，因此故障定位迅速，可以快速实现非故障区段的自动恢复供电，具有如下特征：

（1）故障时隔离故障区域，正常时监控配电网运行，可以优化配电网运行方式，实现安全经济运行；

（2）适应灵活的运行方式；

（3）恢复健全区域供电时，可以采取安全和最佳措施；

（4）可以和 GIS、MIS 等联网，实现全局信息化。

（5）应用场合。应用于城网、负荷密度大的区域、重要工业园区、供电途径多的网格状配电网，以及其他对供电可靠性要求高的区域。

第七节　电力需求侧管理技术支持系统

一、概述

电力需求侧管理（DSM）是指是在政府法规和政策的支持下，通过采取有效的激励措施，引导电力用户改变用电方式，提高终端用电效率，优化资源配置，改善和保护环境，实现电力服务成本最小所进行的用电管理活动。

（一）电力需求侧管理的目标

（1）降低电力生产成本，包括建设成本（如推迟装机、减少调峰机组）、运行成本（削峰填谷）。

（2）降低用户电费支出。通过 DSM 措施使用户合理用电，降低单位用电成本。

（3）增加全社会用电比例。通过 DSM 措施降低用户单位用电成本，并提供相应的用电服务，可扩大用电市场。

（4）节约资源和减少环境污染。通过上述三个目标的实现，就能够实现第四个目标。

因此，成功实施电力需求侧管理（DSM）可达到"三赢"目标，即政府（全社会）、电力公司和用户三者都受益。

（二）电力需求侧管理的内容

1. 调整负荷，优化用电方式

调整负荷是指根据电力系统的生产特点和各类用户的不同用电规律，有计划地、合理地组织和安排各类用户的用电负荷及用电时间，达到发、供、用电平衡协调。

调整负荷的主要措施有：

（1）经济措施。其主要包括实施峰谷分时电价、尖峰电价、丰枯电价、季节性电价、可中断负荷电价（避峰电价）。

峰谷分时电价，是指为改善电力系统年内或日内负荷不均衡性、反映电网峰、平、谷时段的不同供电成本而制定的电价制度。以经济手段激励用户少用高价的高峰电，多用低价的低谷电，达到移峰填谷、提高负荷效率的目的。

季节性电价，是指为改善电力系统季节性负荷不均衡性、反映不同季节供电成本的一种电价制度。其主要目的在于抑制夏、冬用电高峰季节负荷的过快增长，以减缓电气设备投资，降低供电成本。

可中断负荷电价（避峰电价），是指电网公司对某些可实施避峰用电的用户实行的优惠电价。当系统负荷高峰时，由于电力供应不足，电网公司可以按照预先签订的避峰合同，暂时中断部分负荷，从而减少高峰时段的电力需求。

容量电价，又称基本电价，它不是电量价格而是电力价格，以用户变压器装置容量或最大负荷需量收取电费，促使用户削峰填谷和节约用电。

（2）技术措施。技术措施指的是针对具体的管理对象以及生产工艺和生活习惯的用电特点，采用当前成熟的节电技术和管理技术以及与其相适应的设备，来提高终端用电效率或改变用电方式。其包括改变用户用电方式和提高终端用电效率、负荷管理控制技术、企业最大需量控制技术等。

（3）行政措施。政府和有关职能部门通过行政法规、标准、政策和制度来控制和规范电力消费和节能市场行为。以政府特有的行政力量来推动节能，约束浪费，保护环境。通过制定和贯彻能源效率标准来鼓励生产和使用节能效益明显的设备，采用强有力的法治手段通过效率标准来培育和推动节能活动。

2. 提高终端用电效率

提高终端用户用电效率是通过改变用户的消费行为，采用先进的节能技术和高效设备来实现的，其根本目的是节约用电、减少电量消耗。

照明方面，采用紧凑型荧光灯替代普通白炽灯，用细管荧光灯替代普通粗管荧光灯，以及采用声控、光控、时控、感控等智能开关等实行照明节电运行。

电动机方面，选用与生产工艺需要容量相匹配的电动机提高运行的平均负载率，应用各种调速技术实现电动机节电运行等。

变配电方面，采用低铜损铁损的高效变压器，减少变电次数，实现变压器节电运行，配电线路合理布局和采用无功功率就地补偿，减少配电损失。

建筑物方面，采用绝热性能高的墙体材料和门窗结构，充分利用自然光和热等。

同时，积极开发试点，推广节电、节能增效新技术，包括热冷联产技术、使用清洁能源的热电联产技术和热电冷联产技术等。

二、系统总体结构

电力需求侧管理技术支持系统是电力营销技术支持系统的重要组成部分，由电力负荷管理系统、用电现场服务系统、低压用户集中抄表系统三部分构成。

营销技术支持系统由八大功能模块构成，包括营销管理、电能信息实时采集与监控、客户缴费、95598客户服务、市场管理、电力需求侧管理、客户关系管理、营销辅助分析决策。

电能信息实时采集与监控模块是电力营销技术支持系统中最基础的模块，该模块为其他模块的分析、查询、监督和管理等功能提供了基础的数据支撑。该模块由需求侧管理技术支持系统、发电厂关口电能采集系统和供电关口电能采集系统组成。需求侧管理技术支持系统与电力营销技术支持系统的关系如图5-31所示。

为适应需求侧管理技术支持系统现场信息共享及综合应用的发展趋势，有必要把以前独立运行的各个子系统主站设计和建设成一个分布式的网络型主站系统，系统结构示意如图5-32所示。各子系统由主站、通信网络和现场终端设备构成。

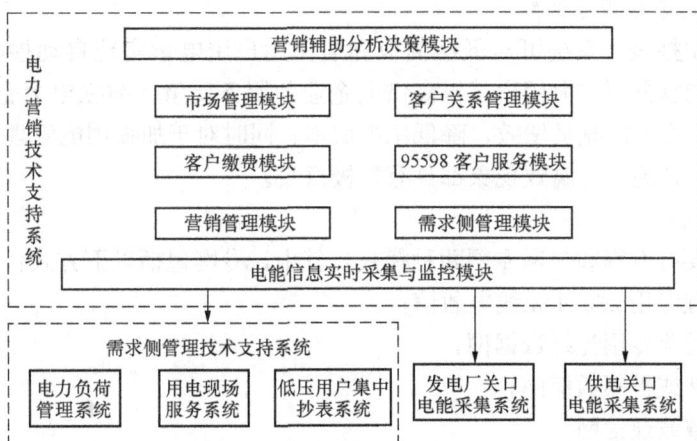

图 5-31 需求侧管理技术支持系统与电力营销技术支持系统的关系

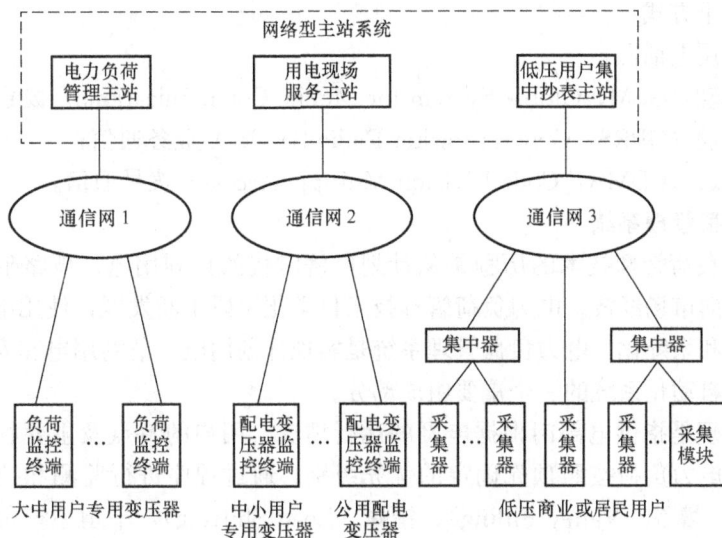

图 5-32 系统结构示意图

(一) 主站系统

如图 5-32 所示，主站系统含三个子系统。

1. 电力负荷管理子系统

电力负荷管理子系统运用通信、计算机、自动控制等技术，对电力负荷进行综合性监控、管理，同时具有远程抄表、预付费购电、电费催收、防窃电和电力需求侧管理等功能。目前电力负荷管理子系统已经成为电力企业营销工作的重要组成部分，其监控对象是大中型专用变压器用户。

2. 用电现场服务子系统

用电现场服务子系统主要用于供电企业对中小电力客户的电能采集以及公用配电变压器安全运行状况的监控。与电力负荷管理子系统不同，用电现场服务系统的监控对象是中小型专用变压器用户和服务于低压商业及居民用户的公用配电变压器。

3. 低压用户集中抄表子系统

低压用户集中抄表子系统可对低压商业和居民用户用电量实现自动抄收，实现收费自动划拨。这不仅能够方便广大用户，提高供电企业的服务质量，树立电力企业的良好形象，而且能够实现电力企业的减员增效，降低用电成本；同时对于加强用电管理，防止国家电力资源的大量流失，杜绝贪污腐败现象都具有积极意义。

（二）通信网络

通信网络主要有专网和公网专网两种模式。其中，专网包括以下方式：

（1）负荷管理专用 230M 无线电通信；

（2）配电自动化专用光纤数据网；

（3）电力微波或扩频通信网；

（4）电力线载波通信网；

（5）电力专用程控电话网；

（6）电力音频电缆通信网。

公网包括以下方式：

（1）电信公用电话网；

（2）中国移动（GSM，Global System for Mobile Communications）拨号通信；

（3）中国移动（GPRS，General Packet Radio Service）业务通信；

（4）中国联通（CDMA，Code Division Multiple Access）拨号通信。

三、电力负荷管理系统

我国的电力负荷管理技术的历程是从计划经济时代的计划用电、拉路限电，到限电不拉路，到电力走向市场经济。电力负荷管理技术科学化手段不断发展，使用电管理现代化技术不断得到提高和系统化。电力负荷管理系统是实现计划用电、节约用电和安全用电的技术手段，也是配电自动化系统的一个重要组成部分。

电力负荷管理是指供电部门根据电网的运行情况、用户的特点及重要程度，在正常情况下，对用户的电力负荷按照预先确定的优先级别，通过程序进行监测和控制，进行削峰（Peak Shaving）、填谷（Valley Filling）、错峰（Load Shifting），平坦系统负荷曲线；在事故或紧急情况下，自动切除非重要负荷，保证重要负荷不间断供电以及整个电网的安全运行。

（一）负荷特性优化的主要技术措施

实现电力负荷管理要对负荷特性进行优化，优化的技术措施主要包括削峰、填谷和移峰填谷。

1. 削峰

削峰是指在电网高峰负荷期减少客户的电力需求，避免增设边际成本高于平均成本的装机容量，同时平稳了系统负荷，提高了电力系统运行的经济性和可靠性，可以降低发电成本。常用的削峰手段主要有以下两种。

（1）直接负荷控制。直接负荷控制是在电网高峰时段，由系统调度人员通过远动或自控装置随时控制客户终端用电的一种方法。由于它是随机控制，常常冲击生产秩序和生活节奏，大大降低了客户峰期用电的可靠性，尤其是对可靠性要求高的客户和设备，停止供电有时会酿成重大事故，并带来很大的经济损失，即使采用降低直接负荷控制的供电电价也不受客户欢迎。因而这种控制方式的使用受到了一定的限制，一般多使用于城乡居民的用电控制。

（2）可中断负荷控制。可中断负荷控制是根据供需双方事先的合同约定，在电网高峰时段，由系统调度人员向客户发出请求中断供电的信号，经客户响应后，中断部分供电的一种方法。不难看出，可中断负荷控制是一种有一定准备的停电控制，由于电价偏低，有些客户愿意用降低用电的可靠性来减少电费开支。可中断负荷控制的削峰能力和系统效益，取决于客户负荷的可中断程度。其一般适用于工业、商业、服务业等对可靠性要求较低的客户。例如，有能量储存能力的客户，可以利用储存的能量调节进行躲峰；有工序产品或最终产品存储能力的客户，可通过工序调整改变作业程序来实现躲峰等。

2. 填谷

填谷是指在电网负荷的低谷区增加客户的电力需求，有利于启动系统空闲的发电容量，并使电网负荷趋于平稳，提高了系统运行的经济性。由于填谷增加了电量销售，减少了单位电量的固定成本，从而进一步降低了平均发电成本，使电力公司增加了销售利润。

比较常用的填谷手段有：

（1）增加季节性客户负荷。在电网年负荷低谷时期增加季节性客户负荷，在丰水期鼓励客户多用水电。

（2）增加低谷用电设备。在夏季出现尖峰的电网可适当增加冬季用电设备，在冬季出现尖峰的电网可适当增加夏季的用电设备。在日负荷低谷时段，投入电气钢炉或采用蓄热装置电气保温；在冬季后半夜可投入电暖气或电气采暖空调等进行填谷。

（3）增加蓄能用电。在电网日负荷低谷时段投入电气蓄能装置进行填谷。

3. 移峰填谷

移峰填谷是指将电网高峰负荷的用电需求推移到低谷负荷时段，同时起到削峰和填谷的双重作用。它既可以减少新增装机容量，充分利用闲置的容量，又可平稳系统负荷，降低发电煤耗。常用的移峰填谷手段有采用蓄冷蓄热技术、能源替代运行、调整轮休制度、调整作业程序。

（二）负荷管理技术种类

根据实施者的不同，负荷管理技术可分为两类：①由供电部门强制进行的负荷监测与管理，包括分散型负荷管理技术、集中型负荷管理技术；②由供电部门引导、用户自觉进行的负荷控制。

1. 分散型负荷管理

分散型电力负荷管理是指，将孤立的负荷控制装置安装在用户当地，按照事先整定的用电量、负荷大小、用电时间来控制用户的负荷，使其用电量不超限、负荷不超限，使其分时段用电。

分散型电力负荷控制的一个典型例子是定量器。这种装置结构简单、价格便宜，可以实行功率、电能以及用电时间的多重控制；但其缺乏控制的灵活性，不能根据负荷紧缺情况自由地直接控制，当要改变整定值时必须去现场进行调整。

分散型电力负荷控制的另一个例子是自动低频减载设备。这种设备安装在各个主变电站以及一些大型用户处。当系统的频率降低到 49.6Hz 时，进行第一次减负荷，被抑制的对象为一些事先达成协议的大型工业用户。此后如果频率继续下降，当下降到 49Hz 时，校验继电器开始计时，延迟大约 1s，当频率达到 48.8、48.5、47.75、47.25、47Hz 时分别有选择地切除一些馈电线的供电。

分散型电力负荷管理装置由于在时间调整上、定值改变等都需要去现场，工作量大，缺少灵活性，因而逐步被集中型电力负荷管理技术所取代。

2. 集中型电力负荷管理

集中型电力负荷管理是指，选择大耗电、可中断用户以及非重要用户的负荷（如电加热设备、冷库、空调机、农业灌溉设备等），排定其重要程度（用电优先程度），监视其用电计划的执行；在负荷高峰时，按用户优先程度由低到高的顺序，从中央控制系统依次发送控制指令，使其切除负荷、避峰用电，既保证电网达到一定的供电技术指标，又把限电的损失减到最小；在非峰值负荷时，解除对所有被控负荷的控制，容许负荷重新投入。

根据传输信道采用通信方式的不同，集中型电力负荷管理技术分为：

（1）音频电力负荷管理技术；

（2）配电线载波电力负荷管理技术；

（3）工频电力负荷管理技术；

（4）无线电电力负荷管理技术；

（5）有线电话电力管理技术；

（6）GSM/GPRS 公用通信电力负荷控制技术；

（7）混合电力负荷控制技术。

图 5-33 所示为采用 GSM/GPRS 公用通信的电力负荷控制系统。此外，GSM（Global System For Mobile Communication）是全球移动通信系统的简称，GPRS（General Packet Radio Service）是通用分组无线业务的简称。利用 GSM/GPRS 组成的电力负荷控制系统和其他类似系统相比，在系统可靠性、抗干扰性、稳定性、功能扩展性等方面均具有明显优越性，可降低运营成本和劳动强度。

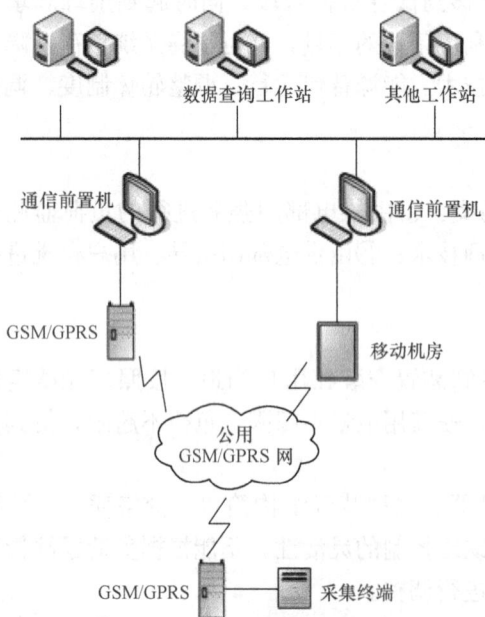

图 5-33 典型 GSM/GPRS 公用通信的
电力负荷控制系统结构图

四、远程自动抄表技术

远程自动抄表（AMR，Automatic Meter Reading）是一种不需人员到达现场就能完成自动抄表的新型抄表方式。它利用公共电话网络、负荷控制信道或低压配电线载波等通信联系，将电能表的数据自动传输到计算机电能计费管理中心进行处理。远程自动抄表不但大大降低了劳动强度，而且还大大提高了抄表的准确性和及时性，杜绝了抄表不到位、估抄、误抄、漏抄电表等问题。远程自动抄表系统不仅适用于工业用户，也可用于居民用户。

（一）远程自动抄表系统构成

远程自动抄表系统主要包括具有自动抄表功能的智能电能表、采集终端、抄表集中器、手持抄表器、抄表交换机和主站系统。

（1）智能电能表。智能电能表由测量单元、数据处理单元、通信单元、人机交互单元等组成，具有电能计量、信息存储及处理、实时监测、自动控制、信息交互等功能。

（2）采集终端。采集终端可同时采集、存储多块电能表的数据，可安装在低压电力用户住宅区单元内的集中安装的电能表箱中或单独放置在一台设备箱中。

（3）手持抄表器。抄表人员在现场用手持抄表器对电能表或采集模块、采集终端和集中器进行数据抄读和参数设置，返回主站后可将现场设置的参数和抄读的用户电能表数据送入抄表主站数据库。

（4）抄表集中器和抄表交换机。抄表集中器是将远程自动抄表系统中的电能表的数据进行一次集中的装置。其本身具有通信功能，对数据进行集中后，抄表集中器再通过总线、电力线载波等方式将数据继续上传。抄表集中器能处理脉冲电能表的输出脉冲信号，也能通过 RS-485 方式读取智能电能表的数据，通常具有 RS-232、RS-485 方式或红外线通道用于与外部交换数据。

当多台抄表集中器需再联网时，所采用的设备就称为抄表交换机。为抄表交换机是远程抄表系统的二次集中设备，它集结的是抄表集中器的数据，然后再通过公用电话网或其他方式传输到电能计费中心的计算机网络。抄表交换机可通过 RS-485 或电力载波方式与各抄表集中器通信，而且也具有 RS-232、RS-485 方式或红外线通道用于与外部交换数据。有时抄表集中器与抄表交换机可合二为一。

（5）主站系统。主站系统是整个自动抄表系统的管理层设备，通常由单台计算机或计算机局域网再配合以相应的抄表软件组成。

在远程抄表的电能计费自动化系统中，通常采用 RS-485、低压配电线载波、红外通信、公网通信等方式，实现电能表到抄表集中器和抄表集中器到抄表交换机之间的通信。抄表交换机至电能计费中心计算机系统之间可采用光纤、电话网和无线电台等方式传送。

（二）远程自动抄表实例系统

低压电力用户居民集中抄表系统有三种。

（1）安装在用户电能表侧的采集单元，用于采集并存储电能表数据，并与采集终端或集中器进行双向通信。

（2）在某居民楼集中安装电能表的表箱中，安装一台采集终端。该终端使用一个载波模块或无线模块，经低压电力线载波或无线通信模块将数据上送到集中器，集中器再通过 GPRS/GSM/IP 等方式将电能数据发送至主站系统。

（3）手持抄表器对现场电能表、采集终端、集中器的数据抄读和参数设置。

集中安装的低压电力用户居民集中抄表系统如图 5-34 所示。图中抄表集中器通过低压配电线载波方式传输数据，抄表集中器可通过公用电话网传输数据。

图 5-35 所示为一套典型远程抄表系统示意图，适用于各种用户。其中包括中压/低压电力线载波抄表系统、变电站 GSM 抄表系统、低压居民 GSM 抄表系统、供电公司电费收费系统、大用户中压载波抄表系统、大用户电话抄表系统等。供电公司电费收费系统通过电力线载波、电话网与上述系统连接起来。

此处，GSM（Global System for Mobile Communications）是基于全球移动通信网络GMS进行短消息通信服务的一种抄表模式。

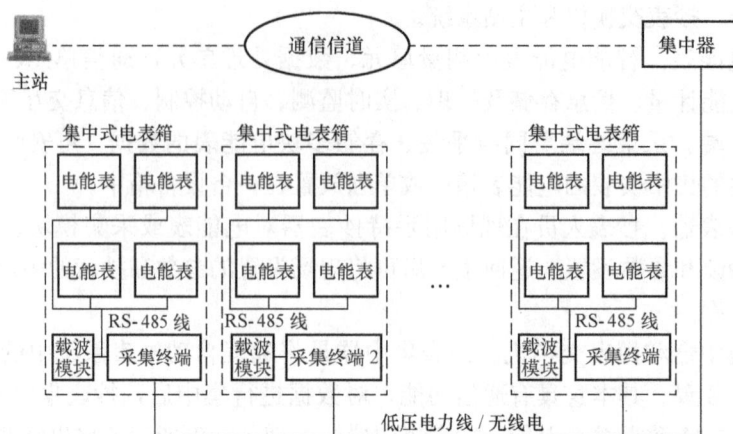

图 5-34　集中安装的低压电力用户居民抄表系统示意图

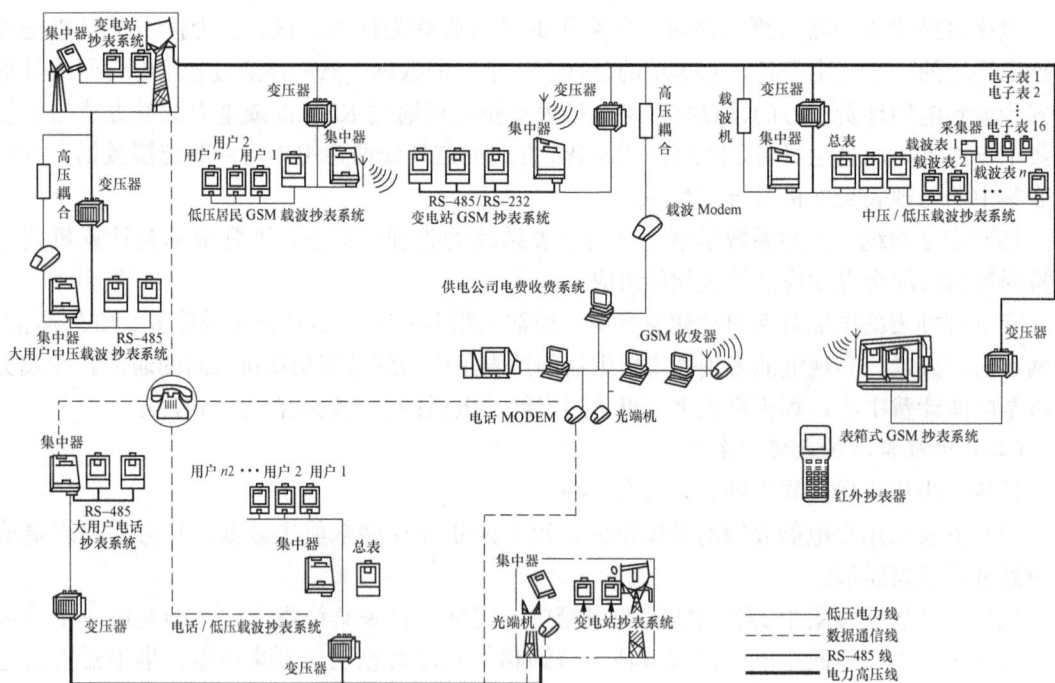

图 5-35　一种典型的远程自动抄表系统

第八节　配电网地理信息系统

面对越来越庞大的配电网、复杂的配电设备、时刻变化的负荷信息、不断变迁的道路和建筑，配电网规划、建设、运行、管理部门必须对极其繁杂的信息进行采集、存储、分析和快速处理。传统的电力图形系统已经很难满足配电网的建设和安全经济运行要求，需要将现代化的计算机和通信技术应用于配电网的管理，将各种图形、地图、数据信息统一共享。

配电网地理信息系统（简称配电网 GIS）是利用现代地理信息系统技术，将配电网络、用户信息及地理信息、配电网实时信息进行有机集成，并运用于整个配电网的生产和管理过程的系统。

配电网 GIS 是使电力系统数据信息管理达到可视化的重要手段，在降低信息维护成本、提高配电网信息共享的灵活性等方面为供电企业带来较大利益和诸多便利。

一、构建原理

配电网 GIS 不仅用电子地图的形式直观地表现背景地物信息，而且将数据库中的信息进行直观可视化分析，从而挖掘出隐藏在结构化数据之中的有用信息；同时还可进行图数互查、综合与分析，实现图形与属性双向查询，并提供网络拓扑模型、各种空间函数和强大的分析功能，以满足配电网自动化的高级应用。

配电网管理一般要面对地图以及配电设备运行状态与潮流分布等两类数据资料。地图上标注的地物和地理坐标紧密联系在一起，如配电站、用户及杆塔等配电设备的位置，属空间定位数据；而配电设备运行状态与潮流分布等数据和地理坐标无直接联系，属非空间定位数据。

因此，配电网 GIS 的构建原理是，利用数据库技术把在配电网中电气设备的空间定位数据与属性数据一一对应联系起来，综合分析与检索空间定位数据，构建具有拓扑结构和分析功能的空间数据库系统，实现生产信息与反映地理的图形信息结合的信电管理系统。

配电网管理的对象包括配电站、开关站、配电线路、杆塔、配电变压器、连接在配电网络上的所有用户单位等，在地理上的分布具有典型的点、线、面的地理分布特征。配电网管理中的实际行为，如线路改造、设备巡视、停电检修、查找故障点、用户供电路径确定以及线路供电区域确定等，都依赖长度、范围、街道建筑分布等地理因素。因此，在配电网 GIS 开发过程中包含一些关键技术问题，如基本的 GIS 技术、数据库结构的设计技术、按设备分层的拓扑关系模型的实现技术、网络跟踪技术、与其他系统的接口技术、专家系统与智能技术等。

配电网 GIS 构建的基础是建立配电网信息结构模型。配电网管理涉及供电企业的绝大多数部门，其信息量庞大、种类多，并且存在于不同系统中，配电网管理信息系统必须联系现有调度自动化系统、变电站综合自动化系统、负荷控制与管理系统、用电营销管理系统、用户抄表与自动计费系统等各个系统，从而最大限度地集成配电网管理所需的信息结合配电网设备数据和用户数据、实时数据和历史数据、配电网图形和地理图形。对配电网进行全面的深层的管理和分析，应能同时满足实时和离线管理的需要。

二、系统功能

1. 实时网络追踪及拓扑分析

利用配电网 GIS 数据库中杆塔与导线的连接关系、变电站内进出线的对应关系以及杆塔上开关的分合状态动态，可计算出网络的拓扑结构，并可在 GIS 背景图上动态着色显示。因此，GIS 的配电网拓扑结构对于检修、故障隔离、故障恢复、柱上开关操作、潮流分析和负荷转移功能的实施起很大作用。

2. 生产运行

（1）配电网运行工况显示。通过对配电网自动化实时数据接收，以及对于配电网自动化没有监控的配电网可以采用人工置数方式，在配电网地理图形上显示配电网运行工况。

（2）配电网模拟运行。配电网模拟运行功能包括供电或停电影响区域分析、停电检修方案模拟分析、柱上开关分闸操作分析、故障点的隔离及其图形化模拟分析等。

（3）其他结合高级应用的功能。例如潮流计算、短期负荷预测、无功电压分析、事故情况下提供配电网紧急调度参考方案、理论线损与实际线损的计算等。

3. 负荷管理

在 GIS 地理接线图上，对任意区画一个封闭的多边形边界，进行负荷分析、统计和预报。根据 SCADA 实时数据、历史数据，负荷管理系统的实时采集的负荷数据以及电力营销管理信息系统的负荷数据等，利用 GIS 在地理接线图上根据地理区域负荷不同进行着色。在地理接线图上分析大用户的分布地理位置及发生故障时的抢修方案。多路转供电方案的自动生成及其图形化模拟分析，在系统发生故障时能提供负荷转移的方案。

4. 模拟操作

根据实时数据和设备的状态值，在离线和在线两种状态下进行操作模拟、故障模拟和自动装置模拟等操作。其执行操作方式是：在 GIS 图形上模拟操作断路器、隔离开关等设备，分析影响的供/停电地理区域、配电网运行方式以及供/停电涉及的重要客户信息、带动或者损失负荷等。

5. 停电管理

计划或故障停电时，可自动决策出最小停电范围的最优化停电隔离点。可根据设备情况分析停电区域内的负荷情况，提供多种负荷转移解决方案以供决策，并将最优方案突出显示。

6. 供电电源分析

在地理接线图上任意取一条线路，通过网络拓扑追踪功能，可自动追踪到该线路的供电电源点。

7. 变压器供电范围分析

在地理接线图上选中某个主变压器，GIS 能将该变压器的供电范围进行显示。

8. 开关设备供电区域分析

在地理接线图上选中某个开关设备，GIS 能将该开关设备的供电范围进行显示。

9. 短路电流计算与阻抗分析

在 GIS 地理接线图上选择故障线路，进行短路故障设置，包括故障类型、故障位置、故障过渡电阻等。可同时设置多重短路故障，实现对复杂故障的分析计算，计算结果包括故障电压、电流、线路、节点各相、各序电压电流值。根据线路型号计算线路电阻、电抗、电容、电纳等数据，为电网分析提供参数；或根据变电站内部变化（或杆变位置）情况，自动完成阻抗计算。

10. 线路运行辅助管理

根据线路的地理走向分布及其周围地理情况，确定最合理的线路巡检路线。特别当供电线路发生故障时，能及时进行分析、定位和辅助抢修指挥。上游隔离开关查询和隔离开关控制范围查询等功能可使管理者能快速、准确地了解线路的电源控制点，便于巡检中发现事故隐患时能较快地切断电源。杆塔材料表与安装图的查询、设备档案查询等可为线路检修计划的实施提供完整的信息支持，简化检修准备工作。对所有发现的线路缺陷、线路薄弱点等信息进行分类管理。合理安排各种缺陷的处理方法及处理时间；按照要求进行各种缺陷的统计，并做出季度缺陷报表。

11. 沿线追踪显示

以图形方式实现设备的快速定位，查看或统计配电网沿线设备的实际地理位置（基础地形信息）和属性数据、图片档案等信息，如沿线配变数量与容量分布、客户数量与容量分布、各台区用电量统计等。

12. 主接线显示和线损计算

基于地理接线图上快速反映主接线的实时运行状况，计算各馈线出线当月和累计有功电量与无功电量，并绘制馈线出口处负荷曲线。根据每回配电线路的当月供售电量，计算理论线损、实际线损，并按馈线区域统计、显示和打印线损报表及统计分析图表。

图 5-36 所示为某配电网地理信息系统图形界面。

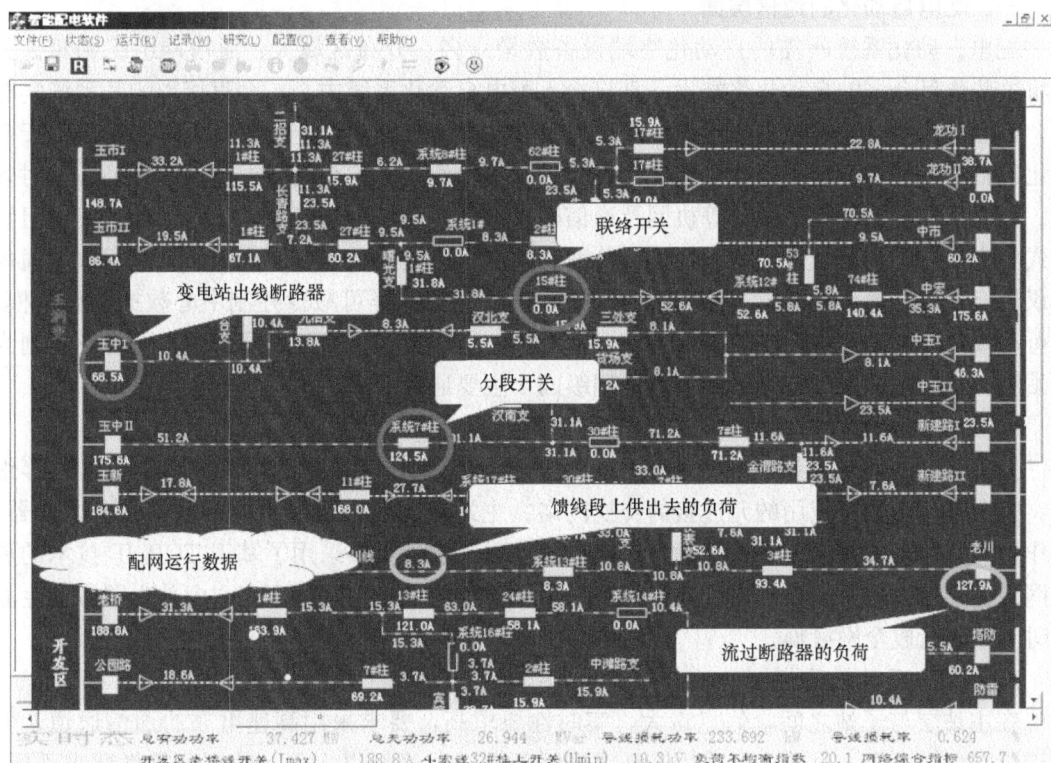

图 5-36 配电网地理信息系统图形界面

第九节 配电网自动化的通信技术

通信技术是建设配电网自动化系统的关键技术，很大程度上决定了自动化系统的优劣。配电自动化系统需要借助有效的通信手段，将控制中心的命令准确地传送到为数众多的远方终端，并将反映远方设备运行情况的数据信息收集到控制中心，因此需要先进、可靠的通信网络支撑。总体上讲，配电自动化系统对通信系统的要求体现在以下几个方面：

（1）通信的可靠性。配电网自动化的通信设备有很多是在户外安装的，这就意味着通信系统要长期经受不利的气候条件和较强的电磁干扰。

（2）满足目前和将来数据传输速率的要求。在选择通信方式时，先估算配电自动化系统所需的通信速率，在设计上应留有足够的带宽，以满足今后发展的需要。

（3）双向通信的要求。

（4）通信不受停电的影响。配电网的调度自动化功能和故障区段隔离及恢复正常区域供电的功能要求，即使在停电的区域通信仍能正常进行。

（5）建设费用。在配电网自动化的通信系统进行预算时，既要恰当选取合适的通信方式，节省设备的造价，还要估算通信系统长期使用和维护的费用。

配电网自动化的通信系统构成规模较大，通常采用多种通信方式相结合，因此在设计上应尽可能地简化。

一、配电自动化的通信层面

配电自动化系统所需的自动化终端设备数量众多、分布区域大、通信网组织困难。如果将这些数目众多的自动化终端设备直接接入配电自动化系统中心，会直接影响其系统实时性，亦会造成后台计算机网络组织困难，以及在主干通信网建设上投资巨大。同时，由于自动化设备站点分布不均衡，也会造成数据流量的不均衡，影响系统数据传输的准确性和时效性。因此，配电自动化系统计算机网及通信网建设以"区域分层集结、分区管理及集中组织方式"为指导原则进行网络组织，将各分散测控点信息先集结至各配电子站，进行数据通信协议转换，再经通信网转发至控制中心进行数据处理。这样可减少控制中心数据处理规模，也可有效保证监测监控设备的实时性和合理投资、科学管理。而配电通信网也可对应规划为主站级、子站级、配电终端级和用电终端级四个主要通信层面。

1. 主站级通信

主站级通信网是系统级的高端网络，它屏蔽了数据在网络中的协议、途径、过程等细节，完全是一个面向应用的元连接的交换网络。主站级通信主要是指主站内部各台服务器、工作站和其他输入输出设备通过网络交换设备互联通信，大多采用了基于 TCP/IP 技术的局域网。一个强大的主站内部通信网络较多采用主备双网结构，以保证在一个独立网段发生故障时不至于造成全网瘫痪。

2. 主站与子站级通信

在主站层与子站之间，信息量大，实时性要求高，要求采用高速可靠的通信通道，但由于节点相对不多，目前一般采用光纤或光纤环网以及光纤以太网。依据可靠性要求不同、投资不同，分别可采用树状结构、单环结构、双环结构网络。

3. 子站与配电终端级通信

配电终端到子站距离较远，一般采用光纤通信方式。配电终端级通信根据终端本身提供的通信接口常选用串行异步光纤环或光纤以太网作为接入网。在小城镇或边远地区，配电终端数量相对较少，光缆投资太大，可采用其他通信方式。在负荷波动和干扰较小、对通信速率和可靠性要求不高的场合，可采用 10kV 电力线载波方式；对于配电终端数量较少、申请电力专频费用低、无高楼遮挡无线信号的地区，可采用 220～240MHz 无线频段的数传电台方式。

4. 用电终端级通信

用电终端与配电终端相比，具有更高的分布密度和数十到数千倍的数量，主要功能是监视及测量，实时性要求不高。用电终端一般按所在区域使用音频双绞线或普通线缆进行分类、分组组网，目前较多采用 RS-485 和总线式的半双工通信方式。低压电能表还可利用 220V 交流线路进行低压载波通信，构成一个集中抄表系统。值得注意的是，近年来随着 GPRS 数据通信业务在工业民用领域的推广应用，使得用电终端和主站直接通信采用中国移动（GSM）或联通（CDMA）的 GPRS、CDMA 1X 技术进行联网成为现实。

二、通信方式

表 5-3 列出了配电自动化系统的各种通信方式。

表 5-3 配电网自动化系统的各种通信方式

通信方式	传输介质	传输速率	传输距离	主要用途
配电线载波	高压配电线	<1200bit/s	<10km	FTU、TTU 与区域工作站间通信
低压配电线载波	低压配电线	<1200bit/s	台内区	低压用户抄表
工频控制	配电线	10~300bit/s	较短	负荷控制
脉动控制	配电线	50~60bit/s	较短	负荷控制和远方抄表
电话专线	公用电话网	300~4800bit/s	较长	FTU 与区域工作站间通信或 RTU 与控制中心通信
拨号电话	公用电话网	300~4800bit/s	较长	远方抄表与远方维护
CATV 通道	有线电视网	300~9600bit/s	有线电视网内	负荷控制
RS-485	屏蔽双绞线	9600bit/s	<1.2km	同上
多模光缆	多模光缆	<2Mbit/s	<5km	同上
单模光缆	单模光缆	<2Mbit/s	<50km	通信主干线
无线扩频	自由空间	<128kbit/s	<50km	同上
VHF 电台	自由空间	<128kbit/s	<50km	同上
UHF 电台	自由空间	<128kbit/s	<50km	同上
多址微波	自由空间	<128kbit/s	<50km	同上
调幅广播	自由空间	<1200bit/s	<50km	负荷控制
调频广播	自由空间	<1200bit/s	<50km	同上
卫星	自由空间	<1200bit/s	全球	时钟同步
GPRS/CDMA	自由空间	<45~100kbit/s	GSM/CDMA 网覆盖区	负荷控制、低压用户抄表

1. 配电线载波通信技术

电力线载波通信将信息调制在高频载波信号上通过已建成的电力线路进行传输。在配电线上与在输电线上实现通信其基本原理相同。对于输电线载波通信，载波频率一般为 10~300kHz；对于高、中压配电线载波通信（DLC，Distribution Line Communication），载波频率一般为 5~40kHz；对于低压配电线载波通信（又称入户线载波），载波频率一般为 50~150kHz。这种频率上的不同是由于配电网络中有大量的变压器、断路器旁路电容等元件，采用较低的载波频率可使高频衰耗减小。图 5-37 所示为典型的配电线载波通信系统图。

配电线载波通信设备包括安装在主变电站的多路载波机，在线路各监控对象处安放的配电线载波机和高频通道。

2. 光纤通信技术

与其他通信方式相比，光纤通信主要有以下优点：频带宽，通信容量大；损耗低，中

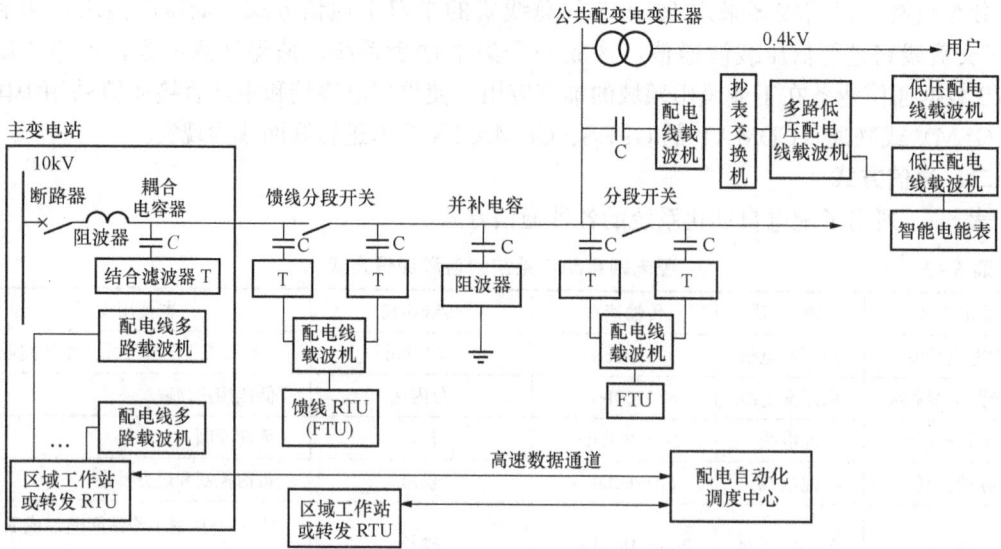

图 5 - 37 典型的配电线载波通信系统图

继距离长；可靠性高，抗电磁干扰能力强；通信网络具有自愈功能；无串音干扰，保密性好；线径细、重量轻、柔软；节约有色金属，原材料资源丰富。光纤通信存在的不足：强度不如金属线，连接比较困难，分路和耦合不方便，弯曲半径不宜太小等。

光纤环网通信分为单环、双环两种形式。

（1）单环光纤通信。单环光纤通信在环网中每个配电终端处都安装一个单环光 Modem，利用一根光纤组成环网。这种组网方式造价低，一般应用于对系统的可靠性要求不高的情况下，例如传送 TTU 数据等可靠性要求较低的场合。

（2）自愈式双环光纤通信。自愈式双环光纤通信在单环光纤通信网上增加了一根备用光纤。所谓"自愈"，对于通信网络而言，就是一旦通信线路发生故障导致通信中断后，不需人工干扰，网络自身会自动绕过故障而使通信立即恢复。这种恢复过程是迅速的，以致通信人员感觉不到线路发生过故障。

3. 无线扩频通信技术

无线扩频通信是一种先进的信息传输方式，其信号占用的带宽远大于一般常规通信方式所需的最小带宽。在相同的信噪比条件下，带宽较宽的通信系统具有较强的抗噪声干扰能力。扩频通信用高速率的扩频码来达到扩展待传输的数字信息带宽的目的。传输频带的展宽是通过编码及调制的方法实现的，与所传送的信息无关，接收端需用相同的扩频码进行相关解调才能解扩并恢复信息。

无线扩频通信具有抗干扰性强、隐蔽性强、对外界干扰小、易于实现码分多址等特点。无线扩频通信系统比较适合于构成 10kV 开关站、小区变或用于集结分散测控对象的区域工作站对配电控制中心间的数据通信。鉴于成本方面的原因，当与为数众多的分散测控点通信时，不便于采用无线扩频方式来实现。

4. 电话线通信技术

电话线通信是利用 Modem 或者数字音频转换芯片，将数字脉冲信号转换为 0.3～

3.4kHz 的话带信号，然后通过电话线进行数据传输的一种通信方式。采用 Modem 可以达到较高的速率，但设备造价也较高。电话线通信是一种成熟的通信方式，在对通信实时性要求不高的系统中得到了广泛应用。

采用电话线传输数据利用了电话网的现有资源，具有简单、投资少和使用方便等优点；但是也同时存在着传输速率受限、难以完全覆盖需要的区域、传输差错率较高、传输距离不宜太远等不足。

5. 无线通信技术

无线电通信是一种覆盖面广的通信方式，不需要传输线，可以构成双向通信，且所有的无线电通信系统都能够和停电区域通信。传统的无线通信方式主要包括调幅（AM）广播、调频（FM）广播、甚高频（VFH）无线电、特高频（UFH）无线电、微波和卫星通信。

（1）调幅（AM）广播。调幅广播是对信号进行相位调制后以幅度调制的形式调制到载波上，通过发射系统发送出去，是一种单向的广播方式。用于配电自动化的调幅广播采用不干扰现有无线调幅广播电台的频率范围工作，一般应用于对大量的用户进行负荷控制。与甚高频通信相比，调幅广播的波长更长，因而传输的距离较长，且不受视距和障碍物的影响，一般没有多路径效应。调幅广播适用于地形复杂区域的配电自动化系统的需要。

（2）调频（FM）广播。调频广播是通过对一个负载波进行频率调制，而将信号在调频波段分开传输的通信方式。FM/SCA 也是一种单向通信方式，常用于配电自动化系统的负荷控制。由于调频广播工作频率较高，因此容易受到多路径效应和障碍物的影响，并且往往受到视距的限制。

（3）甚高频（VFH）通信。频率在 30～300MHz 的无线电波段被称作甚高频（VHF）。建设甚高频通信系统需要得到无线电管理委员会的许可。在 VHF 频段，可采用 200MHz 数传电台来实现配电自动化的通信，224～228MHz/228～231MHz 已开辟为无线负荷控制的专用通道。甚高频通信能保持和停电区域通信，但其信号容易受到多路径效应和障碍物的影响；同时，电视信号、寻呼台及对讲机等对其有一定干扰。在国外甚高频大量应用于配电网自动化中各分测控点与区域工作站之间的通信，甚至还用作主干通道。

（4）特高频（UHF）通信。特高频（UHF）是指频率在 300～1000MHz 的无线电波段。配电自动化系统目前常用的是 800MHz 的频段，该频段具有较强的绕射能力。采用特高频通信，接收终端天线尺寸小，数传电台体积小质量轻，可直接安于线杆上。与较低频率的通信方式相比，特高频信号的覆盖范围更小，最大传输距离为 50km（视距），同时也更容易受到多路径效应的影响。但是 UHF 通信比较可靠，不易受到其他通信服务业务的干扰，通信速率可高达 9600bit/s。由于特高频通信受到视距的影响，用于多山的环境时，需采用中继器。

（5）微波通信。微波通信的频率在 1GHz 以上，目前广泛用于继电保护和输电网调度自动化系统中。微波通信方式的传输容量大、质量高、配置灵活，尤其在一点多址的小微波（TDMA）推出后，更加增强了其使用性能。微波通信可以省去建设有线传输线的费用，且具有很宽的带宽，能实现很高的数据传输速率；但微波通信是点对点的通信方式，对每个测控点都要安装一对微波通信设备，所以对于通信距离短、对数据传输速率要求不高且拥有为数众多的测控点的配电自动化系统来说，建设一套微波通信系统的技术复杂且造价高，使得其在配电自动化系统中不具有吸引力。

（6）卫星通信。卫星通信利用位于同步轨道的通信卫星作为中继站来转发或反射无线电信号进行通信。和微波通信相比，卫星通信的优点是不受地形和距离的限制，通信容量大，不受大气骚动的影响，通信可靠。一般地面通信线路的成本随着距离的增加而提高，而卫星通信与距离无关，所以更适合用于长距离干线或幅员广大的地区。采用卫星通信的另一个用途是利用 GPS 全球定位系统来统一系统时间，提高 SOE 的站间分辨率。

（7）GSM、GPRS、CDMA 通信。GSM（Global System for Mobile Communications）网络是一种无线数字蜂窝通信系统。GPRS（General Packet Radio Service）为通用分组无线业务的简称，通用无线分组业务是一种基于 GSM 系统的无线分组交换技术，提供端到端的、广域的无线 IP 连接。CDMA（Code Division Multiple Access）为数字蜂窝移动通信网络，与 GSM 蜂窝系统网络相类似。

GSM 网络已覆盖我国大多数的城市和乡镇，与电力负荷监控常用的 230M 甚高频通信相比，GSM 通信具备以下优点：①在 GSM 基站的覆盖范围内，基本不受地形和地物的影响，即使在建筑物内也能正常传输信息；②不需另行架设天线，仅仅将 GSM 模块安装在现场终端内即可；③运行费用低，是一种较经济的集中抄表通信方式；④容易安装或拆除，特别适合城市建设中需要经常迁移或拆除台区配变的情形。

GPRS 网络突出的特点主要有：①基于 GPRS 网络的用电管理系统，数据通信可靠，质量高，网络稳定，覆盖范围广，但与专网通信相比，其安全系数降低；②传输速率高；③资源利用率高。对于分组交换模式，用户只有在发送或接收数据期间才占用资源，这意味着多个用户可高效率地共享同一无线信道。GPRS 用户的计费以通信的数据量为主要依据，按量计费，体现了"得到多少、支付多少"的原则。GPRS 技术是一种面向非连接的技术，用户只有在真正收发数据时才需要保持与网络的连接，因此大大提高了无线资源的利用率。

CDMA 体制具有抗干扰、抗衰落、抗多径时延扩展，并可提供十分巨大的系统容量和便于与模拟或数字体制共存的优点，使 CDMA 移动通信系统成为 GSM 数字蜂窝移动通信系统强有力的竞争对手，并成为第三代移动通信的主要技术手段。从理论上分析，CDMA 蜂窝系统通信容量是 GSM 数字蜂窝系统的 4 倍。

GSM、GPRS、CDMA 的应用比较见表 5 - 4。

表 5 - 4　　　　　　　　　　　　GSM、GPRS、CDMA 应用比较

通信网络	GSM	GPRS	CDMA
运营商	中国移动	中国移动	中国联通
网络覆盖	广，国内基本全部覆盖	广，同 GSM	较广
网络质量	稳定，建网时间长	稳定，同 GSM	稳定性能不好，建网时间短
握手时间	长，约几十秒	短，几秒	短，几秒
计费方式	按时间	按流量	按流量
实际通信速率	9.6kb/s	5～12kb/s	10～20kb/s
数据业务费用	短信 0.1 元/条	基本 0.33 元/kb（各地区有包月优惠）	基本 0.01 元/kb（有包月套餐）

配电网自动化系统可采用的通信条件是各种各样的，有的可直接利用已建好的以太网与主站进行网络数据传输；有的与主站间具备非对称数字用户环路，可利用宽带接入与主站

进行网络数据传输；有的与主站间没有通信线路连接，但变电站处于移动网络覆盖范围之内，可利用通用分组无线业务 GPRS 技术，以无线方式与主站进行网络数据传输；有些老的变电站与主站之间的通信依靠无线数传电台。为了节约成本，在对速率没有特殊要求的情况下，可利用数传电台直接与主站进行数据通信；对于数据量不大、实时性要求不强的变电站，还可利用已有电话线路进行数据通信。

6. 工频控制通信技术

工频控制通信技术是一种双向通信技术，它利用电力传输线作为信号传输途径，因此可以认为是配电线载波的一种变形。其工作原理是利用电压过零的时机进行信号调制，50Hz 工频电压过零点附近的很窄区间内，根据需要产生轻微的电压波形畸变，位于远方控制点的检测设备能够检测出这个电压波形畸变，并还原出所代表的码元。

工频畸变波形如图 5-38 所示。图 5-38 (a) 为工频信号发生器输出口的波形，它在电压波过零前 1～1.2ms 处造成一个短路，使低压侧电压波形发生畸变。此波形由一台变压器的低压侧传到 10kV 中压再经配电变压器传到另一些变压器低压侧，就成了图 5-38 (b) 的波形，在原来的突变处产生一个 Δu 的突变，然后以实线部分到零点。这与原来的 50Hz 波形不一样，少了一部分电能。从上述可以看出，在这一个周期上叠加了信号，将

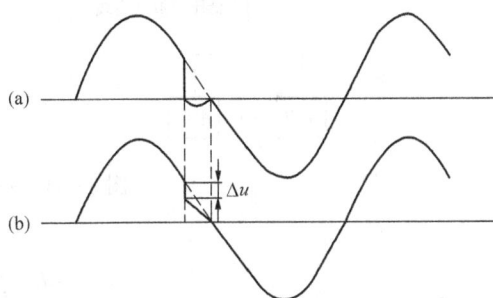

图 5-38 工频畸变波形

此信号检出，经处理变成原有的控制指令，即达到了信号的发生到接收的完整过程。

工频控制技术与脉动控制技术相比，设备更简单，投资更节省；与配电线载波系统相比，不存在由于驻波而带来的盲点问题。目前这种技术在美国和加拿大已经广泛应用于远方自动抄表和零散负荷控制等领域。

7. 现场总线通信技术

现场总线（Field Bus）是连接智能现场设备和自动化系统的数字式、双向传输、多分支结构的通信网络，它的关键标志是能支持双向、多节点、总线式的全数字通信。在配电自动化系统中，现场总线适合于用来满足区域智能设备之间的通信，以及同一区域内部各个智能模块之间的通信。

目前使用的现场总线有 FF、AnyBus、CAN、Proabus、Fieldbus、WorldFIP、Lon Works、ModBus、CC-LINK。

8. RS-485 总线通信技术

RS-485 是一种改进的串行接口标准。在要求通信距离为几十米到上千米时，广泛采用 RS-485 串行总线标准。RS-485 用于多点互联时非常方便，可以省掉许多信号线。应用 RS-485 可以联网构成分布式系统，其允许最多并联 32 台驱动器和 32 台接收器。采用 RS-485 方式也是配电自动化系统的理想选择之一，在一些对实时性要求不高的场合（如远方自动抄表），可以采用 RS-485 方式代替现场总线通信。

根据配电网的特点和具体情况，采用某一单一方式的通信系统不一定很合适，很可能在不同的层次上采用不同的通信方式，从而构成一种混合通信系统。

图 5 - 39 示出了一种混合通信方案。

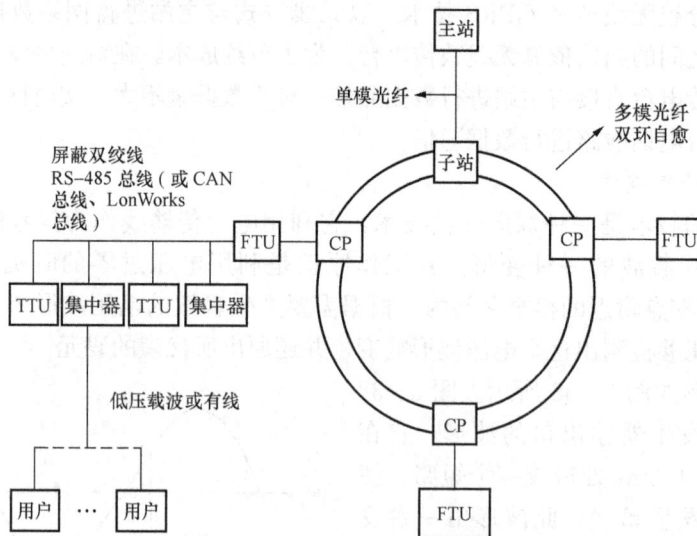

图 5 - 39　一种混合通信方案

思 考 题

1. 论述配电管理系统的构成及功能。
2. 配电网自动化的终端单元有哪些？
3. 简述馈线自动化有哪几种实现模式，请对比说明各自的特点。
4. 举例说明环网中重合器与分段器配合实现故障区段隔离的动作过程。
5. 什么是电力需求侧管理？管理的内容和技术手段有哪些？
6. 远程自动抄表系统是如何构成的？其使用的通信方式有哪些？

第六章 数字化变电站

第一节 引 言

国际电工委员会 IEC 制定的变电站通信网络与系统标准 IEC 61850，构成了变电站无缝的通信体系。为数字化变电站奠定了标准化基础，建立了一套面向对象的变电站自动化系统信息模型。与常规变电站相比，数字化变电站的最大特点是基于现代非常规互感器技术和智能开关电器技术，实现了过程层的数字化，从而实现了全变电站的数字化和网络化。

一、常规变电站自动化存在的问题

常规变电站自动化系统应用的特点是变电站二次系统采用单元间隔的布置形式，装置之间相对独立，装置之间缺乏整体的协调和功能优化，主要存在以下问题。

1. 二次设备之间不具备互操作性

这里所指的二次设备主要是指保护、控制等智能电子装置。根据 IEC 61850 标准的定义，互操作性是指来自一个厂家或不同厂家的多个 IED 之间交换信息和使用这些信息执行特定功能的能力。也就是说，一个厂家生产的装置可用另一个厂家的装置替换，而不需要改变系统中其他元件。互操作性和互换性是电力企业、制造厂商及标准化组织共同的目标。

这个问题至今没有得到很好的解决，主要原因是二次设备缺乏统一的功能和接口规范，以及通信标准的采用缺乏一致性。目前，在变电站自动化系统中采用的通信标准除了由 IEC 制定的国际标准（如 IEC 60870-101、103、104 等），还包括大量厂家标准（如 ModBus、FieldBus、ProfiBus 等），标准之间相互转化的成本较高，这种不同协议标准的差别严重妨碍了不同厂家二次设备之间的互操作性和互换性，对于变电站自动化系统长期维护和运行是一个巨大的障碍。

2. 信息难以共享

由于变电站自动化系统接入的信息来自于不同的互感器，因此作为变电站自动化系统应用主要环节的测控、保护、故障录波器等系统信息的应用、处理分属于不同的专业管理部门。不同的 IED 以功能划分，独立运行。变电站自动化系统、变电站与控制中心之间的通信以及控制中心层面不同应用之间缺乏统一的建模规范，变电站自动化系统的各种信息向电网控制中心进行传递，在控制中心不同应用之间的信息交互以专业为界。

变电站自动化系统的信息在就地提供给变电站运行值班人员，一般还会有其他信息独立组成各自的应用系统，由相应的技术管理部门负责运行和管理，如故障录波器系统、数字式保护联网系统以及近年来发展的故障信息系统等。实际运行中来自不同信息采集单元的设备信息无法共享，形成了各种"信息孤岛"现象。

3. 系统的可扩展性差

随着信息技术的迅猛发展，与变电站自动化系统相关的通信、嵌入式应用等技术的更新速度比变电站自动化系统的更新速度快得多。由于互操作性和信息模型等原因，现有的变电站自动化系统在系统扩展或设备部分更新时需要付出很大的附加成本。

　　在变电站增加间隔或自动化系统中更新测控装置或继电保护装置时，由于通信接口和通信协议的差别往往需要增加规约转换设备，并且需要进行现场调试，甚至还可能需要更改自动化系统的数据库定义并进行相应的试验验证，采用不同厂家的设备更新时则更加困难。

　　4. 二次电缆对系统可靠性影响较大

　　虽然现有的变电站自动化系统实现了设备的智能化，但这些 IED 之间以及 IED 与一次系统设备和变电站自动化系统之间仍然采用电缆进行连接。二次系统的安全性取决于变电站 IED 应具有一定的耐受电磁干扰的能力，同时，必须确保引入到 IED 的电磁干扰低于装置本身可以耐受的水平。实际运行中由于种种原因，经常发生由于电缆遭受电磁干扰和一次设备传输过电压引起二次设备运行异常。尽管电力行业的有关规定中要求继电保护二次回路一点接地，但由于二次回路接地点的状态无法实时检测，二次回路两点接地的情况仍时有发生，并对继电保护产生不良影响，甚至造成设备误动作。在二次电缆比较长的情况下由电容耦合的干扰可能造成继电保护误动作。二次电缆实际上构成了变电站安全运行的一个隐患。

二、数字化变电站的特点

　　为解决上述问题，国际电工委员会 IEC 制定了面向对象的变电站通信网络和系统标准 IEC 61850，以构成变电站无缝的通信体系。

　　IEC 61850 解决了来自不同厂家设备的互操作问题，互操作问题的解决使得结构变得简化，并为智能一次设备的发展铺平了道路。基于 IEC 61850 的数字化变电站具有如下特点：

　　(1) 设备之间可互操作，取消了大量的协议转换器，取消了传统变电站中大量的保护管理机等协议转换设备；保护装置可直接连在变电站内的网络上，简化了变电站网络结构和层次，减少了保护管理机这个中间环节，提高了系统可靠性，缩短了调试时间。

　　(2) 使用统一的工程配置语言，简化了系统集成。各厂家都使用 IEC 61850 定义的 SCL 语言描述各自的模型，使不同厂家的工程工具之间可以互操作，简化了系统集成，缩短了调试时间。

　　(3) 协议开放，减少了用户对厂家的依赖性，保护了用户的长期投资。IEC 61850 是一个开放的国际标准，IEC 61850 变电站进行改扩建时，用户会有更多选择，不会被局限到某个厂家，这有利于保护用户的长期投资。

　　(4) 一次设备的数字化和智能化。由于有了可遵循的公开标准，过程层一次设备智能化发展迅速。变电站内传统的电磁式互感器由电子式互感器替代，直接向外提供数字式光纤以太网接口，站内采用具备向外进行数字通信的智能断路器、变压器等设备，或者在这些一次设备就地加装智能终端实现信号的数字式转换与状态监测，从而达到一次设备的数字化和智能化。

　　(5) 大量减少电缆的使用量，简化了变电站二次回路，实现了二次回路的数字化和网络化。IEC 61850 提供了 GOOSE 通信机制，设备之间可以通过网络进行逻辑的配合和闭锁，简化了变电站二次回路。其二次设备除了具有传统数字式设备的特点外，还具备对外光纤网络通信接口，与传统变电站信息传输以电缆为媒介不同，数字化变电站二次信号传输基于光纤以太网实现。

　　常规变电站 IED 与数字式变电站 IED 比较如图 6-1、图 6-2 所示。

图 6-1 常规变电站 IED 接口

图 6-2 数字变电站 IED 接口

第二节 IEC 61850 综 述

IEC 61850 系列标准的中文译名是"变电站通信网络和系统"（Communication Networks and Systems in Substations），它规范了变电站内智能电子设备 IED 之间的通信行为和相关的系统要求。它吸收多种新技术，并大量引用多个领域的其他国际标准作为该标准的基础。IEC 61850 是个庞大的标准体系，而不仅仅是一个通信协议。我国的标准化委员会对 IEC 61850 系列标准进行了同步的跟踪和翻译工作，将其转化为电力行业 DL/T860 系列标准。

一、IEC 61850 的构成

IEC 61850 标准共分为十部分。

（1）IEC 61850-1：基本原则，包括 IEC 61850 的介绍和概貌。

（2）IEC 61850-2：术语。

（3）IEC 61850-3：一般要求，包括质量要求（可靠性、可维护性、系统可用性、轻便性、安全性），环境条件、辅助服务、其他标准和规范。

（4）IEC 61850-4：系统和工程管理，包括工程要求（参数分类、工程工具、文件），系统使用周期（产品版本、工程交接、工程交接后的支持），质量保证（责任、测试设备、典型测试、系统测试、工厂验收、现场验收）。

（5）IEC 61850-5：功能和装置模型的通信要求，包括逻辑节点的途径、逻辑通信链路、通信信息片的概念、功能的定义。

（6）IEC 61850-6：变电站自动化系统结构语言，包括装置和系统属性的形式语言描述。

（7）IEC 61850-7-1：变电站和馈线设备的基本通信结构——原理和模式。

IEC 61850-7-2：变电站和馈线设备的基本通信结构——抽象通信服务接口 ACSI，包括抽象通信服务接口的描述、抽象通信服务的规范、服务数据库的模型。

IEC 61850-7-3：变电站和馈线设备的基本通信结构——公共数据级别和属性，包括抽象公共数据级别和属性的定义。

IEC 61850-7-4：变电站和馈线设备的基本通信结构——兼容的逻辑节点和数据对象寻址，包括逻辑节点的定义、数据对象及其逻辑寻址。

（8）IEC 61850-8：特殊通信服务映射：变电站和间隔层内以及变电站层和间隔层之间通信映射。

（9）IEC 61850-9：变电站通信网络和系统。

IEC 61850-9-1：特殊通信服务映射 SCSM——单向多路点对点串行通信链路的采样值。

IEC 61850-9-2：特殊通信服务映射 SCSM——通过 ISO/IEC 8802-3 的采样值。

（10）IEC 61850-10：一致性测试。

从 IEC 61850 通信协议体系的组成可以看出，这一体系对变电站自动化系统的网络和系统作出了全面、详细的描述和规范。IEC 61850 主要特点是建立信息模型、建立信息服务模型、配置描述文件。

IEC 61850 代表了变电站自动化系统技术的最新趋势，是实现数字化、智能化变电站的关键技术。它是一种新的构建变电站自动化系统的方法，对变电站建设、维护、运行和电力行业组织都将产生很大影响。

二、基本术语

1. 功能（Function）

功能就是变电站自动化系统执行的任务，如继电保护、控制、监测等。一个功能由称作逻辑节点的子功能组成，它们之间相互交换数据。按照定义只有逻辑节点之间才交换数据，因此，一个功能要同其他功能交换数据必须包含至少一个逻辑节点。

2. 逻辑节点 LN（Logical Node）

LN 是 IEC 61850 中用来表示功能的最小单元。一个 LN 表示一个物理设备内的某个功能，如节点 PDIS 表示距离保护功能，节点 XCBR 表示断路器功能等。LN 执行一些特定的操作，LN 之间通过逻辑连接交换数据。一个 LN 就是一个用它的数据和方法定义的对象与主设备相关的逻辑节点而不是主设备本身，而是它的智能部分或者是在二次系统中的映射。在 IEC 61850-7-4 中定义了涵盖一次设备、保护、测控、自动装置等领域的多组不同类型的逻辑节点组（见表 6-1），有 91 个逻辑节点。

表 6-1　　　　逻辑节点组

逻辑节点组	组代号	数量
系统逻辑节点（System Logical Node）	L	2
继电保护功能（Protection Function）	P	28
继电保护相关功能（Protection Related Function）	R	10
监视控制（Supervisory Control）	C	5
通用引用（Generic Reference）	G	3
接口和存档（Interfacing and Archiving）	I	4
自动控制（Automatic Control）	A	4
计量和测量（Metering and Measurement）	M	8
开关（Switchgear）	X	2

续表

逻 辑 节 点 组	组代号	数量
仪用变压器（Instrument Transformer）	T	2
电力变压器（Power Transformer）	Y	4
传感器、监视（Sensors，Monitoring）	S	4
未来电力系统设备（Future Power System Equipment）	Z	15

3. 逻辑设备 LD（Logical Device）

LD 是一种虚拟设备，是为了通信目的而定义的一组逻辑节点的容器。例如，可以将一个间隔内的保护功能组织为一个 LD。LD 往往还包含经常被访问和引用的信息的列表，如数据集（Data Set）。一个实际的物理设备可以根据应用的需要映射为一个或多个 LD。但反过来，一个 LD 只能位于同一物理设备内，即 LD 不可以跨物理设备而存在。

4. 服务器（Server）

一个服务器用来表示一个设备外部可见的行为，一个服务器必须提供一个或多个服务访问点（Service Access Point）。在通信网络中，一个服务器就是一个功能节点，它能够提供数据，或允许其他功能节点访问它的资源。

5. 逻辑连接（Logical Connection）

逻辑节点之间的连接是逻辑节点之间进行数据交换的逻辑通道。显然，只有具有逻辑连接关系的节点之间才可以发生数据交换。

6. 物理连接（Physical Connection）

物理设备之间实际存在的通信连接。

三、信息模型

信息模型就是信息的组织和表达方式。IEC 61850 使用面向对象的建模方法对变电站自动化系统的二次设备进行建模。IEC 61850 定义了大量的类，每种类有特定的属性和对应的访问服务。使用者可以根据需要从合适的类派生所需要的实例，每个实例都继承了该类的属性和服务特性。

IEC 61850 在定义模型数据类时，采用了分层原则将与 IED 功能无关的通用的信息定义为公共数据类，如双位置可控点 DPC。将与保护、测控等功能有关的专用信息定义为一种专用的类，也就是逻辑节点，例如距离保护逻辑节点 PDIS。而逻辑节点的属性则从公共数据类中派生。在实际建模过程中，使用者可能会遇到标准中的逻辑节点或公用数据类不能满足实际需求的情况，IEC 61850 给出了模型扩展规则，使用者可以按照规则进行所需模型的扩展。

如图 6-3 所示，IEC 61850 按照分层原则定义信息模型，从上到下依次是服务器（Server）、逻辑设备（LD）、逻辑节点（LN）、数据（Data）、数据属性（Data Attribute）。

四、通信服务模型

为了适应快速发展的通信技术，避免由于底层通信技术进步而导致上层定义全面修改，IEC 61850 对通信服务采用了分层定义的方法，将

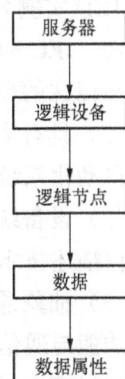

图 6-3　IEC 61850 信息模型

变电站自动化系统内部网络通信所需要的服务进行抽象定义，形成了抽象通信服务接口 AC-SI，这些定义与具体的底层网络或协议无关，所以具有通用性和稳定性。在具体应用中 AC-SI 需要映射到底层具体的网络和协议，目前 IEC 61850-8-1 定义了 ACSI 到 MMS 之间的映射关系，这种映射称为特定通信服务映射 SCSM。显然，随着技术的进步，当新的网络技术和协议出现时，可以通过定义新的 SCSM 来实现对新技术的支持，而不需要改动 ACSI。ACSI 与 SCSM 的关系如图 6-4 所示。

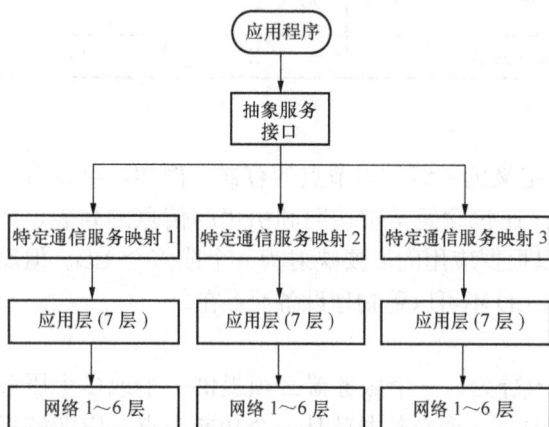

IEC 61850-7-2 定义了九类 ACSI 服务：关联服务、信息模型服务、定值组服务、主动上送的报告服务、日志服务、快速报文服务、采样值服务、对时、文件服务。

这九类服务中，每一类又细分为多种具体服务，总共约 60 种服务。通过这些服务可以满足变电站自动化系统网络通信的需求。

图 6-4 IEC 61850 中 ACSI 与 SCSM 关系

五、变电站配置语言

IEC 61850-6 定义了一种基于 XML 技术的变电站配置语言（SCL），用于描述变电站自动化系统和一次开关场之间的关系以及 IED 的配置情况。制定 SCL 语言的目的是为不同厂商的工程工具提供一种统一、标准的描述格式，使各种工程工具之间能够实现互操作，从而简化变电站自动化系统的集成过程并降低集成费用。SCL 是 IEC 61850 技术体系的重要组成部分，是 IEC 61850 工程实现的重要保障。

IEC 61850-6 定义了四种 SCL 文件类型，分别为系统规范描述文件 SSD、系统配置描述文件 SCD、IED 能力描述文件 ICD 和 IED 配置后的描述文件 CID。SSD 文件描述了一次系统接线图、变电站功能和需要的逻辑节点。SCD 文件描述了变电站的配置，包括所有 IED 的实例配置和通信参数。ICD 文件描述了一个具体 IED 配置，包括数据模型及服务，但不包含 IED 实例名称和通信参数。CID 文件描述了工程中一个配置过的 IED 的信息。

六、IEC 61850 与其他变电站通信标准比较

与以往的变电站通信标准相比，IEC 61850 的主要技术特征如下。

（1）具有完整的变电站三层模型，即变电站层、间隔层和过程层。按照功能分层的变电站自动化系统和智能电子设备，满足了实时信息传输要求的服务模型。

（2）设备统一建模，面向对象的信息模型和数据自描述。面向对象的统一建模技术和信息自描述技术满足了设备互操作要求和无缝通信体系构建要求。

（3）抽象通信服务，功能与通信解耦。采用抽象通信服务接口和特定通信服务映射机制，功能与通信解耦，从而能够适应网络技术的快速发展。

（4）变电站配置描述语言。变电站配置描述语言 SCL 语言能够完整地描述 IED 或整个变电站的数据模型、通信服务模型，使得其对于外部访问者清晰透明。

（5）详细定义了一致性测试规范。一致性测试规范以正向和反向的测试规范来验证服

务器、客户端的实现符合 IEC 61850 标准，确保支持 IEC 61850 的设备实现上的一致，确保能够互操作。

IEC 61850 是目前国际上唯一的变电站内网络通信标准，也将成为电力系统中从调度中心到变电站以及配电自动化系统实现无缝通信的自动化标准。IEC 61850 的发展方向是实现"即插即用"，在工业控制通信上最终实现"一个世界、一种技术、一个标准"。IEC 61850 为电力系统自动化产品的"统一标准、统一模型、互联开放"的格局奠定了基础，使变电站信息建模标准化成为可能，为信息共享具备了可实施的基础。

第三节 数字化变电站架构体系

采用低功率、紧凑型、数字化的新型电流互感器和电压互感器代替常规互感器，将高电压、大电流直接变换为低电平信号或数字信号；利用高速以太网构成变电站数据采集及传输系统，实现基于 IEC 61850 标准的统一新型建模，并采用智能断路器控制等技术。上述技术使得变电站技术在常规变电站自动化技术的基础上实现了巨大跨越。

一、基本结构

根据 IEC 61850 标准的描述，变电站的一、二次设备可分为站控层、间隔层、过程层三层。变电站综合自动化系统主要指间隔层和站控层。间隔层一般按断路器间隔划分，具有测量、控制元件或继电保护元件。测量、控制元件负责该间隔的测量、监视、断路器的操作控制和闭锁，以及事件顺序记录等。保护元件负责该间隔线路、变压器等设备的保护、故障记录等。因此，间隔层由各种不同间隔的装置组成，这些装置直接通过局域网络或者串行总线与站控层联系。站控层包括监控主机、远动通信机等。站控层设现场总线或局域网，实现各主机之间、监控主机与间隔层之间信息交换。数字化变电站的分层分布式结构示意图如图6-5所示。

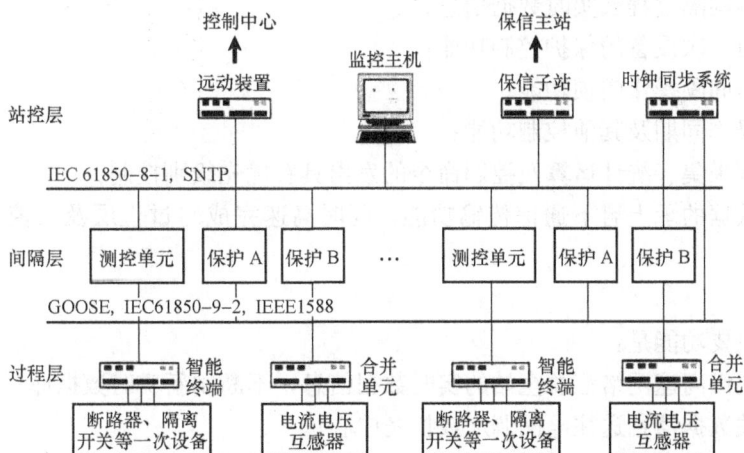

图 6-5 数字化变电站的分层分布式结构示意图

1. 过程层

变电站自动化系统的保护/控制等 IED 装置，需要从变电站过程层输入数据，然后输出命令到过程层。过程层主要指互感器、变压器、断路器、隔离开关等一次设备以及与一次设备连接的电缆等。由此，过程层接口装置构成了一、二次设备的分界面。过程层装置主要实现如下功能。

（1）测量：间隔保护、测控模拟量采集，支持报文、录波、PMU 的模拟量信息应用。

（2）控制：测控装置的遥控功能，电气操作和隔离。

（3）状态监测：接入间隔断路器、隔离开关信息，支持报文、录波、PMU 的模拟量信息。

上述这些功能具体可以由合并单元、智能终端或智能组件完成。

合并单元（MU，Merging unit）指过程层电流/电压互感器与间隔层 IED 装置的接口设备，IEC 标准定义了过程层接口的合并单元 MU，并严格规范了其与保护测控设备的接口方式，合并单元主要功能是同步采集多路互感器输出的数字信号并按照标准规定的格式发送给保护测控设备。

智能终端与一次设备采用电缆连接，与保护、测控等二次设备采用光纤连接，实现对一次设备的测量、控制等功能。

智能组件的概念在由国家电网公司颁布的 Q/GDW 383—2009《智能变电站技术导则》中正式提出，用于实现间隔的测量、控制、状态监测、计量、保护功能，表征一次设备智能化的发展趋势。鉴于一、二次技术融合将会是个相当长期的过程，现阶段智能组件作为过程层设备，不包含计量、保护功能；在物理形态上可以是独立分散的，也可以是多个功能集成。智能组件独立于一次设备，以户外就地柜或直接安装在 GIS 汇控柜靠近一次设备安装，其结果体现为"缩短电缆，延长光缆"。

2. 间隔层

间隔层的主要功能是：

（1）汇总本间隔过程层实时数据信息；

（2）实施对一次设备的保护控制功能；

（3）实施本间隔操作闭锁功能；

（4）实施操作同期及其他控制功能；

（5）对数据采集、统计运算及控制命令的发出具有优先级别控制；

（6）执行数据的承上启下通信传输功能，同时高速完成与过程层及站控层的网络通信功能。

3. 站控层

站控层的主要功能是：

（1）通过两级高速网络汇总全站的实时数据信息，不断刷新实时数据库；

（2）将有关数据信息送往电网调度或控制中心；

（3）接收电网调度或控制中心有关控制命令并转间隔层、过程层执行；

（4）具有在线可编程的全站操作闭锁控制功能；

（5）具有（或备有）站内当地监控、人机联系功能，如显示、操作、打印、报警等功能以及图像、声音等多媒体功能；

（6）具有对间隔层、过程层设备的在线维护、在线组态、在线修改参数等功能。

二、信息接口与信息流

IEC 61850定义了变电站三层通信接口模型，其信息流如图6-6所示。

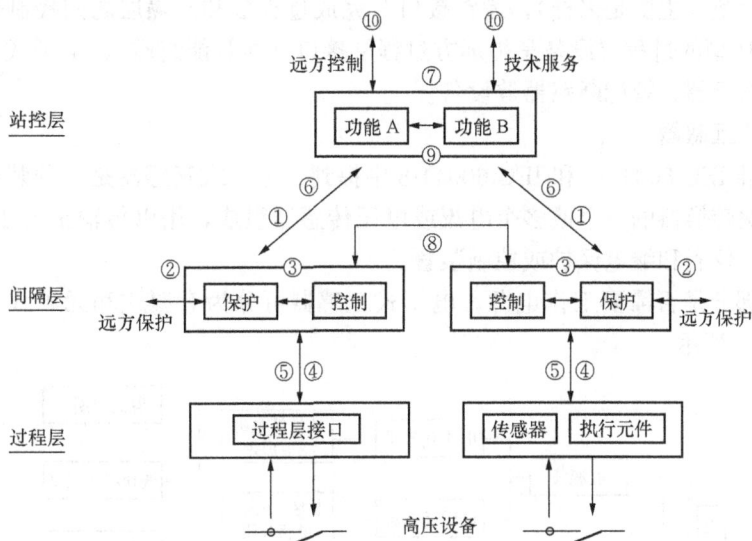

图6-6　数字化变电站信息流

在图6-6中，各层接口及信息内容是：

①间隔层和站控层之间保护数据交换；

②间隔层和远方保护之间保护数据交换；

③间隔层内数据交换；

④过程层和间隔层之间电流互感器和电压互感器暂态数据交换（主要是采样）；

⑤过程层和间隔层之间控制数据交换；

⑥间隔层和站控层之间控制数据交换；

⑦站控层与远方工程师站数据交换；

⑧间隔层之间直接数据交换，尤其是像闭锁这样的功能；

⑨站控层内数据交换；

⑩站控层装置和远方控制中心之间的控制数据交换。

上述信息接口又可简单归结为如下五类：

（1）过程层与间隔层之间的信息交换，过程层的各种智能传感器和执行器与间隔层的装置交换信息；

（2）间隔层内部的信息交换；

（3）间隔层之间的通信；

（4）间隔层与站控层的通信；

（5）站控层的内部通信，在站控层不同设备之间存在的信息流。

第四节　数字化变电站过程层设备

过程层功能（process level functions）在IEC 61850中的定义是：与过程接口的所有功

能，即二进制状态和模拟输入/输出功能，如数据采集（包括采样）和发布命令。这些功能经逻辑接口 4 和 5 与间隔层通信。逻辑接口 4 完成过程层和间隔层之间电压互感器和电流互感器瞬时数据交换（主要是采样），逻辑接口 5 完成过程层和间隔层之间控制数据交换。在 IEC 6185 中，典型的过程层设备是指远方过程层接口（如智能终端）、电子式互感器、智能传感器、智能执行器、智能断路器等设备。

一、电子式互感器

在国际标准 IEC 60044-7 和 IEC 60044-8 中提到：电子式互感器是一种装置，由连接到传输系统和二次转换器的一个或多个电流或电压传感器组成，用以传输正比于被测量的量，供给测量仪器、仪表和继电保护或控制装置。

根据高压部分是否需要工作电源，电子式互感器可分为有源式和无源式两大系列，具体分类如图 6-7 所示。

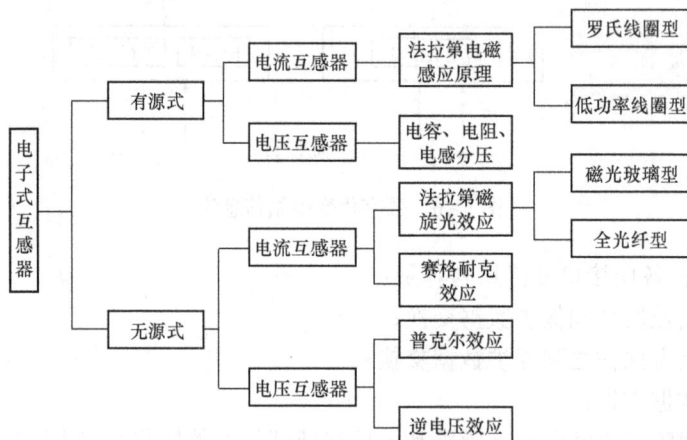

图 6-7 电子式互感器类型

（一）有源式电子电流互感器

有源式电子电流互感器分为两种：一种是罗可夫斯基线圈（简称罗氏线圈）型电流互感器，基于法拉第电磁感应原理，用非磁性材料的空心线圈取代了铁心线圈；另一种是铁心线圈低功率电流互感器，它的高导磁材料以及小电压信号输出方式可以减轻常规电磁式互感器的磁路饱和现象。

1. 罗氏线圈型电流互感器

基于罗氏线圈的电子式电流互感器主体是一个将导线均匀密绕在环形等截面非磁性骨架上而形成的空心电感线圈，待测的一次电流从线圈中心流过，在线圈中产生感应电动势。由于线圈中没有铁心，其输出的电压值很小，可以直接输入微机系统。罗氏线圈的基本原理如图 6-8 所示。

根据图 6-8，可知

$$e(t) = -M \frac{\mathrm{d}i}{\mathrm{d}t} \qquad (6-1)$$

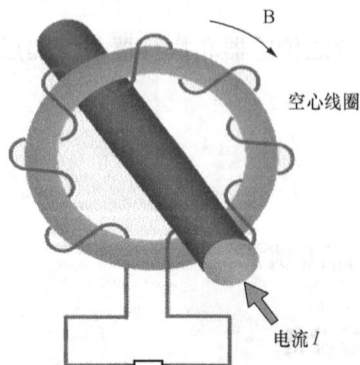

图 6-8 罗氏线圈原理图

式中 M——线圈母线之间的互感。

可见，罗氏线圈的输出电压与电流变化率成正比关系，因此通过获取输出电压的积分即可获取被测一次电流大小。被测的电流信号 i 可表示为

$$i(t) = -\frac{1}{M}\int_0^t e(t)\,\mathrm{d}t \tag{6-2}$$

罗氏线圈型电流互感器是将高压侧电流信号通过罗氏线圈将电信号传递给发光元件而变成光信号，再由光纤传递到低电位侧，进行逆变换成电信号后放大输出，如图 6-9 所示。

由于光纤只能够传输数字信号，所以必须在高压侧对传感头的输出信号进行模拟量与数字量的转换，要设计相应的电子电路，因而也就带来了电路的供能问题。供能方式主要包括激光供能、一次电流供能、电池供能、太阳能供能和超声电源供能等。一次电流供能方式的困难在于初始电流大幅度变化时难以保证直流电源的可靠性；电池供能方式的困难在于蓄电池寿命比较短，而且不易更换；超声电源供能方式由于超声波设备价格昂贵，难以达到实用程度；而激光供能方式的优点是输出电源比较稳定，电源纹波小，而且激光器处于低压端，更换方便。因此，目前在高压系统中电路供能方式一船采用激光供能。

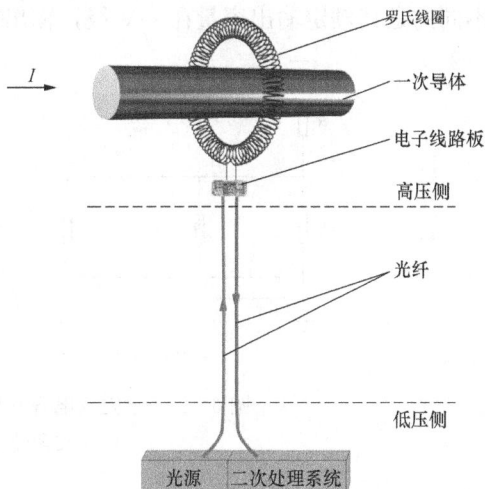

图 6-9 罗氏线圈型电流互感器原理结构图

2. 低功率线圈型电流互感器

低功率线圈型电流互感器是传统电磁互感器的一种发展，扩展了测量的动态范围。由于现代电子设备的低输入功率要求，低功率电流互感器可以按照高阻抗 R_b 进行设计。它包含一次绕组、小铁心和损耗极小的二次绕组，后者连接并联电阻 R，如图 6-10 所示。

二次绕组输出电压为

$$U_2 = R\frac{N_1}{N_2}I_1 \tag{6-3}$$

式中 U_2——二次绕组输出电压；

R——线圈二次侧并联电阻；

N_1——线圈一次侧匝数；

N_2——线圈二次侧匝数；

I_1——一次导体通过的电流。

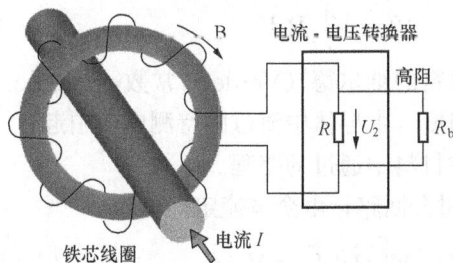

图 6-10 低功率线圈型电流互感器原理图

低功率线圈型电流互感器的输出电压信号，由位于高压侧的信号处理电路转换为数字光脉冲信号，经由光纤传至低压端控制室，然后由低压侧信号处理电路将光信号还原为电信号，并提供测量和保护两个信号通道的输出接口。由于采用光纤作为高低压侧信号连接的通道，所以在

很大程度上降低了对电流互感器绝缘结构的要求。

（二）有源式电子式电压互感器

有源式电压互感器是指被测高电压经电容分压、电阻分压或电容电阻串联电路得到一个小电压信号，数字化后通过光纤输出。对于电容分压或电阻分压得到的小电压和被测高电压呈比例关系，小电压直接数字化输出即可；对于电容电阻串联电路在电阻上得到的小电压是被测电压的微分，要想得到被测电压值必须对小信号进行积分。

图 6-11 所示为电阻（电容）型电压互感器分压变换原理图，与常规的电容式电压互感器不同的是其额定输出容量在 mV 级，输出电压不超过±5V。

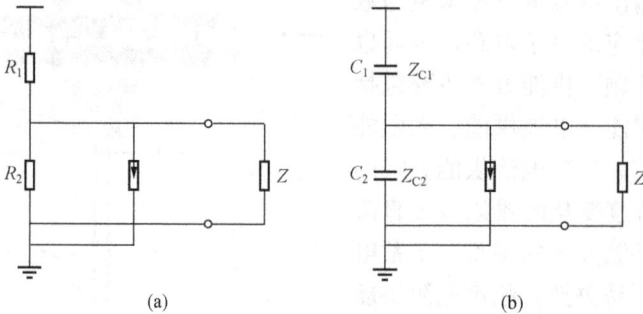

图 6-11　电阻（电容）型电压互感器分压变换原理图

(a) 电阻分压；(b) 电容分压

（三）无源式电子式电流互感器

无源电子式电流互感器主要采用光学测量原理（法拉第磁旋光效应原理和塞格奈克效应原理），其特点是无需向传感器提供电源。目前无源式电子电流互感器基于塞格奈克效应的产品较少，本节主要介绍法拉第磁旋光效应互感器。

法拉第磁旋光效应原理：线性偏振光通过置放在磁场中的法拉第材料后，偏振光的振动角度将发生正比磁场平行分量的偏转。无源式电子电流互感器通过感知磁场而感知电流，与电流的变化无关。法拉第磁旋光效应实质是光波在通过磁光材料时，电流产生的磁场使光波在通过磁光材料时其偏振面会发生旋转，测量其旋转角度的大小即可确定被测电流，如图 6-12 所示。

法拉第旋转角 θ 的表达式为

$$\theta = V\int_{L} \boldsymbol{H}\,\mathrm{d}\boldsymbol{l} \qquad (6-4)$$

式中　V——光学材料的维尔德（Verdet）常数，rad/A；

　　　$\boldsymbol{H}$——磁场强度，由导体中流过的待测电流引起；

　　　L——光线在材料中通过的路程。

若光路设计为闭合回路，由全电流定理可得

$$\theta = V\oint \vec{\boldsymbol{H}}\,\mathrm{d}\,\vec{\boldsymbol{l}} = Vi(t) \qquad (6-5)$$

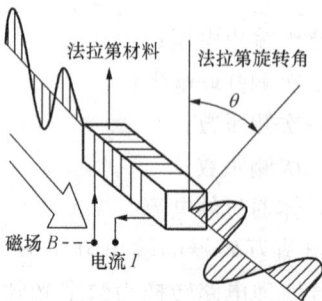

图 6-12　法拉第磁旋光效应原理图

只要测量出法拉第旋转角，就可以按上式求得磁场强度的大小，从而间接测出产生磁场的电流大小。根据马吕斯（Malus）定律，通过检偏器的光强为

$$A = A_0(1 + \sin2\theta)/2 \tag{6-6}$$

式中　A_0——起偏器的输入光强。

将式（6-5）代入式（6-6）就可得到 A 与电流 i 的关系。基于法拉第磁光效应的无源式电子电流互感器结构如图 6-13 所示。将一根单模光纤绕在被测导线上，激光器发出的激光经起偏器变为线偏振光后，再由显微物镜耦合进光纤中，如果忽略光纤的双折射，则出射光仍为一线偏振光。

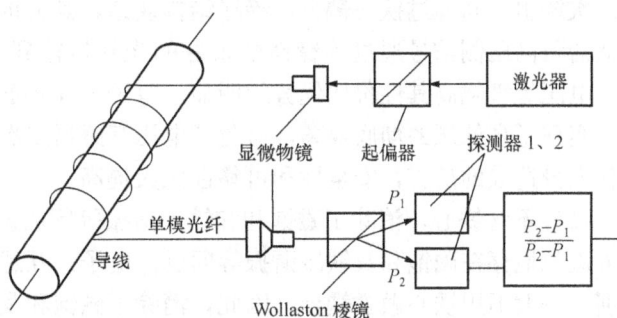

图 6-13　基法拉第磁旋光效应的无源式
电子电流互感器结构图

（四）无源式电子电压互感器

无源式电子电压互感器是基于普克尔效应和逆压电效应的光电电压互感器。

1. 基于普克尔效应的电压互感器

普克尔效应是描述电场对透明晶体影响的电光效应，某些透明的光学介质（也称压电晶体）在外加电场作用下，将变为各同异性的双轴晶体，从而导致其折射率和通过晶体的偏振光特性发生变化，产生双折射，使一束光变为两束相位不同的线性偏振光；一束线性偏振光照射到压电晶体表面时分裂成振动方向相互垂直的两束光，其相位差大小与所加电压和材料有关，与外加电场的强度成正比；利用检偏器等光学元件将相位变化转换为光强变化，即可实现对外加电场（或电压）的测量。基于普克尔效应的无源式电子电压互感器原理如图 6-14 所示。

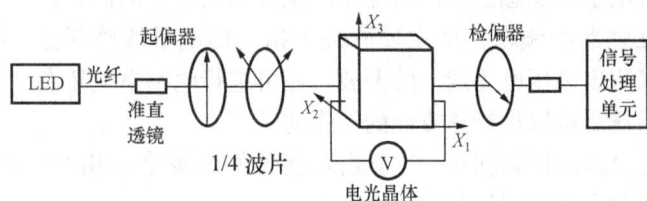

图 6-14　基于普克尔效应的无源式电子
电压互感器原理图

由普克尔效应引起的双折射中的两光束相位差 δ 表达式为

$$\delta = \frac{2\pi}{\lambda} n_0^3 \gamma U \tag{6-7}$$

式中　λ——入射光波长；

n_0——晶体的折射率；

γ——晶体线性电光系数；

U——被测电压。

2. 基于逆压电效应的电压互感器

当压电晶体受到外加电场作用时，晶体除了产生极化现象外，同时形状也将产生微小变化，即产生应变，这种现象称为逆压电效应。若将逆压电效应引起的晶体形变转化为光信号的调制并检测光信号，则可实现电压的测量。

二、电子式互感器优点

与传统电磁感应式电流互感器相比，电子式互感器具有如下优点。

（1）高低压完全隔离，安全性高，具有优良的绝缘性能。电磁式互感器的高压侧信号与二次绕组之间通过铁心耦合，绝缘结构复杂，其造价随电压等级呈指数关系上升。电子式互感器将高压侧信号通过绝缘性能很好的光纤传输到二次设备，这使得其绝缘结构大大简化，电压等级越高其性价比优势越明显。电子式互感器利用光缆而不是电缆作为信号传输媒质，实现了高低压的彻底隔离，避免了电压互感器二次回路短路或电流互感器一次开路给设备和人身造成的危害，安全性和可靠性大大提高。

（2）不含铁心，消除了磁饱和和铁磁谐振等问题。电磁式电流互感器由于使用了铁心，不可避免地存在磁饱和及铁磁谐振等问题。电子式互感器在原理上与传统互感器有着本质的区别，一般不用铁心做磁耦合。因此，消除了磁饱和及铁磁谐振现象，从而使互感器运行暂态响应好、稳定性好，保证了系统运行的高可靠性。

（3）抗电磁干扰性能好，低压侧无开路高压危险。电磁式电流互感器二次回路不能开路，低压侧存在开路危险。电子式互感器的高压侧与低压侧之间只存在光纤联系，信号通过光纤传输，高压回路与二次回路在电气上完全隔离，具有较好的抗电磁干扰能力，低压侧无开路引起的高电压危险。

（4）动态范围大，测量精度高。电网正常运行时，电流互感器流过的电流并不大，但短路电流一般很大，而且随着电网容量的增加，短路电流越来越大。电磁式电流互感器因存在磁饱和问题，难以实现大范围测量，一台互感器很难同时满足测量和继电保护的需要。电子式互感器有很宽的动态范围，一台电子式互感器可同时满足测量和继电保护的需要。

（5）频率响应范围宽。电子式互感器的频率范围主要取决于相关的电子线路部分，频率响应范围较宽。电子式互感器可以测出高压电力线上的谐波，还可进行电网电流暂态、高频大电流与直流的测量；电磁式互感器是难以进行这方面的工作的。

（6）没有因充油而潜在的易燃、易爆炸等危险。电子式互感器的绝缘结构相对简单，一般不采用油作为绝缘介质，不会引起火灾和爆炸危险。

（7）体积小、质量轻。电子式互感器无铁心，其质量较相同电压等级的电磁式互感器小很多，给运输和安装带来了很大的方便。

三、电子式互感器对变电站二次系统的影响

采用电子式互感器后，变电站内二次系统中 IED 的连接通过合并单元实现。电子式互感器的信号通过光纤传输到一个合并单元，合并单元对信号进行初步处理，然后以 IEC 61850 标准将数据传送到控制保护及计量等系统。这些传送的信号量是数字方式，对于控制保护设备来说，只要通过一个网络接口就可以收集多个通道的信号。

将光纤通信技术和计算机技术结合组成的光纤局域网应用于电力系统，将是变电站自动化技术的发展方向。电子式互感器与传统互感器的最大区别在于能够直接提供数字信号，使得二次系统技术逐步与一次系统技术融合，正是这个区别将会对变电站综合自动化系统产生深刻影响。电子式互感器与电子式仪器仪表、传统的测量和保护装置之间的接口标准问题将会凸显出来，同时也产生了常规变电站自动化应用技术如何适应新技术的应用等一系列问题，主要体现在装置的数据采集环节、试验方式、信息传输模式等方面。

（一）电子式互感器对 IED 的影响

电子式互感器通过合并单元将输出的瞬时数字信号填入到同一个数据帧中，体现了数字信号的优越性。数字输出的光电式互感器与变电站监控、计量和保护装置的通信通过合并

单元实现，将接收到的互感器信号转换为标准输出，同时接收同步信号，给二次设备提供一组时间一致的电压、电流值。电子式互感器对变电站内各种 IED 影响主要体现在以下方面。

（1）合并单元、仪用传感器单元作为底层基本处理单元，使变电站自动化系统出现了一种全新的数字通信装置。

（2）简化了二次设备装置结构。变电站内的自动化装置，如测控元件、保护装置、故障录波器等，大多采用了微电子技术和计算机技术，传统电磁互感器的模拟输出信号传送到这些数字装置需要经过采样保持、多路转换开关、A/D 变换；电子式互感器送出的是数字信号，可以直接为数字装置所用，省去了这些装置的数字信号变换电路，简化了 IED 的硬件结构。

（3）消除电气测量数据传输过程中的系统误差。电磁式互感器电气量信号通过交流电缆传输至二次设备，其误差随二次回路负荷变化而变化；电子式互感器传送的是数字信号，不受负载影响，系统误差仅存在于传感头自身。

（4）由于一、二次设备完全隔离，开关站经传导、感应及电容耦合等途径对于二次设备的各种电磁干扰将大为降低，可大大提高设备运行的安全性。

（5）采用就地数字化信号技术后，一次变换设备的负荷不再是设计中需要考虑的因素，而由负荷引起的信号畸变等问题也将成为历史。使用光导纤维彻底摆脱了电磁兼容的难题。尤其是利用光技术来传输能量技术的应用，从根本上实现了一次设备和二次系统之间电气隔离。

（6）以往因常规互感器不能同时满足小量程和故障时大电流精度要求，导致测控单元与保护装置分离，及作为电网动态记录的相角测量系统 PMU 与故障录波器系统装置分离。由于数字式电气量测系统具有较大的动态测量范围，因此采用电子式互感器可实现装置集成化应用。

（7）完全的分布式布置。在应用非常规传感器以前，分布式方案就是将屏柜放在主设备的旁边；应用电子式互感器后，可将这种就地数字化技术应用到所有一次设备上，二次设备大大简化将有利于分布式布置方案。

（8）原由间隔层 IED 完成的模拟输入模块、低通滤波模块、数据采样及 A/D 转换等功能现下放到过程层中，由电子式互感器数字信号处理单元完成，其输出为数字信号，省略了 IED 的电压形成回路、采样保持（S/H）和模/数（A/D）转换，与 IED 的接口变得更为简单。

（二）电子式互感器对二次回路的影响

使用传统互感器时需要大量的二次电缆组成完整的变电站二次系统。电子式互感器直接采用光缆传输电气量信号，对于二次回路的影响主要体现在以下几个方面：

（1）光缆本身不存在极性问题，因此无需校验电流互感器或电压互感器的极性，极性仅仅由安装位置决定。

（2）不存在绝缘电阻问题，无需测试回路的绝缘电阻。

（3）传统互感器采用的是电信号传输方式，任何电路的交叉或错接将使保护装置无法正常工作；采用电子式互感器后，数据的传输均带有标记，确保不会使用错误的数据，无需进行一次回路接线检查，减少了原来繁重的查线工作。

（4）由于取消了电通道信号传输，整个二次光缆传输回路是完全绝缘的，没有接地的要求，减少了现场查接地的工作量。

（5）传统的互感器由于受容量限制，必须保证二次回路的压降小于规定值；采用电子式互感器后，合并单元分别输出信号给不同的装置，只要合并单元的输出接口数量足够，即可满使用需求，不存在容量要求限制。

（6）电子式互感器不存在饱和及断线问题，省略了保护装置对于电磁式互感器断线和饱和的检测原理以及相应的闭锁逻辑部分的程序内容，也就减少了现场针对互感器断线和饱和的试验项目。

（三）电子式互感器对网络通信的影响

电子式互感器的应用对变电站内部通信系统的影响主要体现为：电子式互感器使得间隔层和过程层的连接方式更加开放和灵活。由于传统电磁式互感器传送的是模拟信号，当多个不同装置需要同一个互感器的信号时，就需要进行复杂的二次接线。传统的信号都是以模拟量的形式传送到间隔层，同一个互感器可能会连接到多个不同的设备，造成二次接线复杂，互感器负荷重等问题。

电子式互感器输出的数字信号可以很方便地进行数据通信，可以将电子式互感器以及需要取用互感器信号的装置构成一个网络，实现数据共享，节省大量的二次电缆，彻底解决二次接线复杂的现象，可实现真正意义上的信息共享。光纤传感器和光纤通信网固有的抗电磁干扰性能，在恶劣的电站环境中更是显示其独特的优越性。电子式传感器的接口设计方便，利用模块化面向对象技术实现硬件、软件的标准化设计，以满足不同传输介质和各种通信协议和标准的需要，具有灵活的扩展性和自适应性，而这是传统互感器所不可能具备的特性。

随着快速以太网技术和现代网络交换技术的发展，使得连接站级总线和下面的过程层总线成为可能，在网络通信应用层中统一使用 MMS 协议标准的基础上，将保证通信系统的实时响应等性能指标不受影响。统一总线的优点是信息的完全共享、统一的访问和存储方式，间隔层的设备只需要一个通信接口，将大大降低设备和变电站运行和维护费用。

四、合并单元

电子式互感器与数字化保护、控制装置等的数据连接主要依靠合并单元（MU）完成。

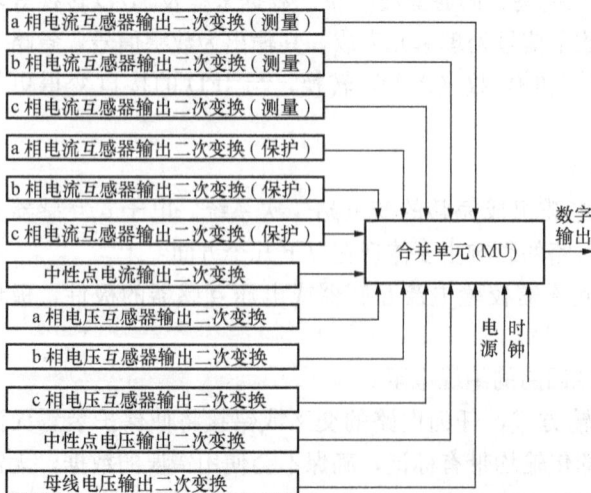

图 6-15 合并单元信号输入、输出示意图

IEC 60044-8 和 IEC 61850-9-1 给出，合并单元是对来自二次变换器的电流和/或电压数据进行时间相关组合。合并单元可以是互感器的一个组成件，也可以是控制室中一个独立单元。该单元接收多路电流、电压互感器模拟量和二进制输入，产生多路时间同步串行单回多点数字点对点输出，经逻辑接口 4 进行数据通信。

图 6-15 所示为合并单元信号输入、输出示意图。合并单元的主要功能是同步采集多路电流、电压信息并按标准要求的格式组帧发送

给保护和测控设备。合并单元的主要特征包括：合并单元到 IED 设备之间采取高速单向数据连接，采用 32 位 CRC 的数字电路实现采样数据校验，具有高速采样率，物理层采用光纤，数据层支持以太网的特点。

电子式互感器的一个重要特点就是输出采样信号离散化，而保护算法中一般要求进行计算的各变量的值是发生在同一时刻的值，必须找到发生在同一时刻的相量值，否则将直接影响继电保护动作的正确性，甚至在失去同步时要退出相应的保护；电能量也需要电流电压严格同步，否则会带来计量误差。

合并单元需接入多个电子式互感器的信号，因此必须考虑各接入量的采样同步问题，它主要包含四个层面：

（1）同一间隔内的各电压电流量的同步测量。

（2）关联多间隔之间的同步，如集中式母线保护、主设备纵联差动保护等装置均需要相关间隔的电压、电流同步测量数据。

（3）关联变电站间的同步，主要用于输电线路相关保护。

（4）广域同步。大电网广域监测系统需要全系统范围内的同步相角测量，在未来大规模使用电子式互感器的情况下，这可能导致出现全系统范围内采样值同步。

采样值同步已经成为 IEC 61850 变电站的一项关键技术。目前，采样值传输主要存在两种同步方式，即外部同步和固定延时同步。

外部同步必须依赖外部同步信号进行同步采样。外部同步信号有秒脉冲、IRIG-B 码或 IEEE1588 等。采样值数据可以通过网络（延时存在不确定性）传输到间隔层设备，间隔层设备根据同步技术，同步来自不同间隔、不同互感器的采样值数据。外部同步典型的应用是通过网络传输 IEC 61850-9-2 采样值报文。外部同步方式如图 6-16 所示。

固定延时同步则不需要外部同步信号，各互感器按自己的时钟频率进行采样，并通过专用光缆（传输延时稳定）直接传输到间隔层设备，间隔层设备将来自不同间隔、不同互感器的采样值数据通过插值法并补偿采样延时对数据进行同步。固定延时同步典型的应用是通过光缆直接传输带采样延时的 IEC 61850-9-2 报文或 IEC 60044-8 格式串行采样数据。固定延时同步方式如图 6-17 所示。

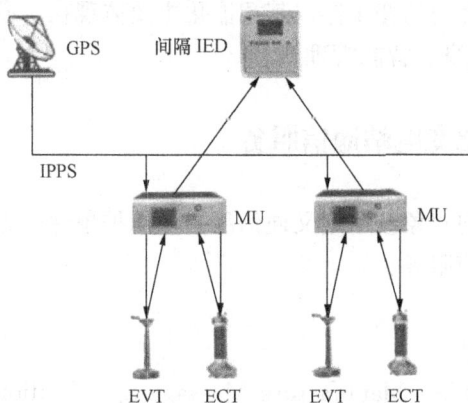

图 6-16　外部同步方式　　　　　　　　图 6-17　固定延时同步方式

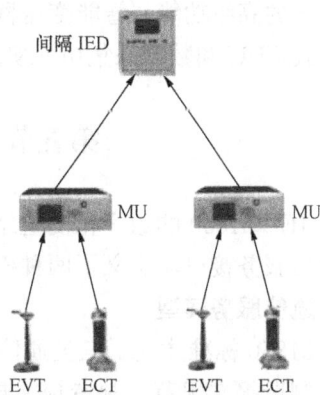

五、智能断路器

智能断路器的主要特点是由电力电子技术、数字化控制装置组成执行单元，代替常规机械结构的辅助开关和辅助继电器。有的智能断路器可按电压波形控制跳、合闸角度，精确控制跳、合闸过程的时间，以减少瞬时过电压幅值。断路器操作所需的各种信息由装在断路器设备内的数字化控制装置直接处理，使断路器装置能独立地执行其功能，而不依赖于站控层的控制系统。新型传感器与断路器内的数字化控制装置相配合，独立采集运行数据，可检测设备缺陷，在缺陷变为故障之前发出报警信号，以便采取措施避免事故发生。因此，智能断路器配有电子设备、传感器和执行器，不仅具有断路器的基本功能，还具有监测和诊断等附加功能。

智能断路器除完成基本操作功能外，可以有效实现对于断路器状态的监视，如断路器跳合闸回路的完好性，断路器操作次数统计、弹簧储能状态，SF_6 气体压力等，同时具备监视数据的分析功能，如机械磨损、电气磨损、气体泄漏等，如果从合并单元引入电压、电流量就可以实现断路器最佳时刻的分合闸操作。

六、智能变压器

智能变压器是具有电压变换与电能传输、在线监控与远程通信并满足用户多样化需求的多功能变压器，是计算机技术、电力电子技术、传感技术、自动控制技术、通信技术和变压器技术不断融合的结果。其主要由变压器基本部件、智能控制、调节控制、传感采集、通信传输等单元组成。

作为智能变压器的核心，智能控制单元应具有强大的数据采集、处理、通信、存储功能；对变压器运行参数（如电压、电流、功率、功率因数、温度等）进行监测，并根据控制原则进行实时控制，实现遥信、遥测、遥控功能；在变压器供电回路出现故障时，还应及时进行保护和报警，为检修人员快速定位和处理故障提供良好的帮助。

传感采集单元采用模块化、组合式结构，具有体积小、配置灵活、安装方便的特点，通过它可实现对变压器运行状态的实时在线监控。

通信传输单元可以实现变压器系统的智能通信，并可以传输信号给灵活控制部件（如新型光控电子式有载分接开关），调节电压实现最优化运行。通信接口规约应采用开放性规约，符合 IEC 61850 的要求。

智能变压器具有运行数据监测、保护、故障报警、状态诊断与评估、信息管理、通信接口和一定的高级功能。智能变压器相比于常规的变压器，其智能化主要体现在：通过集中或者分布式 CPU 和数据采集单元实现资源共享、智能管理。

第五节　数字化变电站通信服务

基于 IEC 61850 的数字化变电站采用面向对象技术定义通信服务，用抽象建模方法设计出抽象通信服务接口，定义了两种机制的通信服务。

一、通信服务模型

IEC 61850 标准建立了三类通信服务模型。

（1）制造报文规范。制造报文规范（MMS，Manufacture Message Specification）规范了间隔层 IED 与站控层监控主机之间进行运行、维护报文的传输，如保护动作信息、异常告警信息、保护整定值信息、故障录波信息等，有效解决了各类 IED 运行维护信息标准化上传给主站的问题。

（2）通用面向变电站事件对象。通用面向变电站事件对象（GOOSE，Generic Object Oriented Substation Event）规范了间隔层 IED 之间以及间隔层 IED 与过程层智能终端之间的开关量报文的快速传输，如状态信息、控制信息等，可实现设备状态信息共享、设备联闭锁功能、开关类设备的跳合闸控制等功能．

（3）采样值。采样值（SV，Sample Value）规范了间隔层 IED 与合并单元之间采样值报文的传输，使 IED 直接接收来自合并单元的量测量数字信息，实现量测信息的共享。

IEC 61850 通信服务机制分为两种。

（1）客户/服务器 C/S 机制。客户/服务器 C/S（Client/Service）通信服务机制提供控制、报告、取数据值等服务。在客户/服务器机制中，智能电子设备 IED 是服务器，在通信网络上支持各种类型的服务，而接收服务器主动传输数据的实体（如监控系统）是客户端。

（2）对等网络（Peer-to-Peer）机制。对等网络（Peer-to-Peer）通信服务机制提供 GOOSE 服务，用于对时间要求较高的情况，如继电保护设备间快速、可靠的数据传输、周期的采样值的传输服务等。

基于 IEC 61850 的通信服务模型如图 6-18 所示。

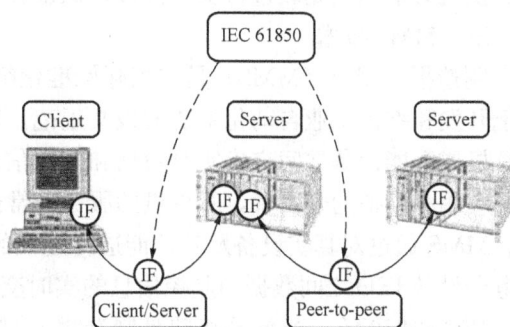

图 6-18　基于 IEC 61850 的通信服务模型

二、GOOSE 技术

在变电站自动化系统中，IED 共同协助完成自动化功能应用的场合越来越多，这些功能得以完成的重要前提条件是 IED 之间数据通信的可靠性和实时性。基于此，IEC 61850 中定义了通用变电站事件（GSE，Generic Substation Event）模型，该模型提供了在全系统范围内快速可靠地输入、输出数据道功能。面向通用对象的变电站事件模型 GOOSE 是目前应用最广泛的一种 GSE 模型。

GOOSE 主要用于传输保护跳闸、启动信号和联闭锁开关设备的位置信号。GOOSE 信息交换是基于发布者/订阅者机制基础上的。GOOSE 基本原理是：当一个事件（Event）发生时，GOOSE 以间隔时间 T_1（如 1ms）连续以广播方式发送两遍该信息，以后按照 $T_s = 2Ns(N=0, 1, 2, \cdots, T_s < T_0, s < 1ms)$ 时间间隔重复发送第 N 遍，并一直延续下去，如图 6-19 所示。其作用是让接收方可以监视信息是否在规定时间内到达，这样接收方就可以判断出该信息的状态是否在线。

GOOSE 发送服务主要有以下特点：

（1）基于发布者/订阅者结构的组播传输方式。发布者/订阅者结构支持多个通信节点之间的直接通信，与点对点通信结构和客户端/服务器通信结构相比较，发布者/订阅者通信结构是一个数据源（即发布者）向多个接收

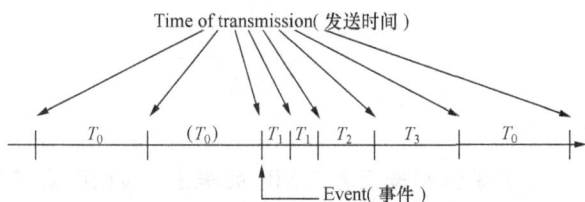

图 6-19　GOOSE 信息发送示意图
T_0—稳定状态下的再发送（长时间无事件发生）；（T_0）—因事件缩短的稳定状态下再发送；T_1—事件后的最短的再发送时间；
T_2、T_3—直至到达稳定状态的再发送时间

者（即订阅者）发送数据的最佳方式，尤其适合于数据流量大，实时性要求高，数据需要共享的数据通信，这一点非常适合于变电站内自动化系统的 IED 之间数据交换与共享。发布者/订阅者通信结构符合 GOOSE 报文传输本质，是事件驱动的。

（2）逐渐加长间隔时间的重传机制。为了提高可靠性，通常采用应答方式确定接收者是否收到。如果在一定时间内没有收到应答报文或收到接收错误的报文，发送者可以采取重发的方法弥补前一次通信失败。但是，这种应答方式难以满足快速通信需求，尤其是在报文丢失的情况下，重发可能需要等待较长时间。GOOSE 技术无需应答确认机制，直接逐渐加长间隔重传报文的方法是网络传输兼顾实时性、可靠性及网络通信流量的最佳方案。

（3）GOOSE 报文携带优先级/VLAN 标志。在数据链路层，为了提高速度，GOOSE 报文采用 VLAN 标签协议，在数据中增加表示优先级的内容，支持 VLAN 标签协议的以太网交换机会根据优先级进行实时处理，保证其实时特性。

三、MMS 技术

制造报文规范（MMS）是由国际标准化组织 ISO 工业自动化技术委员会制定的、一套用于开发和维护工业自动化系统的报文规范。MMS 是 ISO TC184 开发和维护的网络环境下计算机或智能设备之间交换实时数据和监控信息的一套独立的国际标准报文规范，MMS 独立于应用和设备的开发者，所提供的服务非常通用，是 IEC 61850 中面向基于网络通信的基础。MMS 通过对真实设备及其功能进行建模的方法，实现网络环境下计算机应用程序或智能电子设备 IED 之间数据和监控信息的实时交换。

IEC 61850 的一个重要基础是制造报文规范（MMS）的应用，MMS 中虚拟制造设备（VMD，Virtual Manufacturing Device）和映射（Mapping）是两个最重要的概念，有助于建立相应的模型。在 MMS 设计中，所谓实设备对象映射接口（OMI，Object Mapping Interface）就是一个通用接口模型。OMI 完成实设备的具体对象及其属性与 MMS 抽象对象及其属性间的映射，包括原语分析模块和执行模块两部分，并存在两个方向信息流与操作。

IEC 61850 对智能设备一个最核心的模型就是服务器类模型，对应于 MMS 的 VMD。在 IEC 61850 中 VMD 首先建立一个与具体通信协议无关的一个抽象通信服务接口 ACSI 实现其通信能力，然后制定向具体通信协议映射关系，即特定通信服务映射 SCSM 实现具体的通信，而对具体网络没有依赖。

因此，从本质上讲 IEC 61850 抽象通信服务接口 ACSI 就对应于 OMI 中的原语分析模块，而特定通信服务映射 SCSM 对应于 OMI 中的执行模块。根据变电站智能装置现状的 61850 应用，就是在 IEC 61850 的规范下设计相应的 OMI。

相关知识

一、MMS 的相关知识

1. VMD 模型

为了实现设备间的互操作性，MMS 引入了虚拟制造设备 VMD 的概念。VMD 是实际制造设备上一组特定的资源和功能的抽象表示，以及此抽象表示与实际制造设备的物理及功能方面的映射，它抽象地表示了一个实际制造设备的资源和外部可见行为。它规定了从外部 MMS 客户角度看到的 MMS 设备，即 MMS 服务器的外部可见行为。当正确建立了 VMD 与实际设备之间的映射关系后，远程控制器与实际设备之间的通信就可以在不考虑实际设备的具体物理特性的条件下进行，作为客户一方的远程控制器可直接对服务器一方的 VMD 进行操作，从而达到对 VMD 所对应的实际设备进行控制的目的。

VMD 是对实际制造装置功能的抽象，外部应用过程（设备）发出的服务请求通过 VMD 提供的服务，映像到实际制造装置功能上。实际设备和对象具有自身密切相关的特性，不同品牌的应用或设备的特性各不相同。在同一个网络上的各个智能设备，由设备的厂家负责，把自己产品实现的功能或变量提供向虚拟制造设备的映射。于是，在网络上就可以用统一的访问 VMD 的方法，去访问网络中不同厂家的设备，实现了系统的有机集成。虚拟设备和对象遵从 VMD 模型，独立于品牌、语言和操作系统，每一个 MMS 服务器设备或服务器应用的开发者必须提供一个执行功能来"隐藏"这些实际设备和对象的细节。

VMD 是 MMS 协议的核心内容，变电站中的 IED 都能被抽象成 VMD 对象。如图 6-20 所示，在和客户应用或设备通信时，执行功能将实际设备和对象映射为 VMD 模型定义的虚拟设备和对象。执行功能提供 MMS 定义的虚拟对象和实际设备对象之间的映射。对于包含于 VMD 中的应用和对象，只有当执行功能为这些对象和应用提供映射时才能被远端 MMS 客户端所访问。

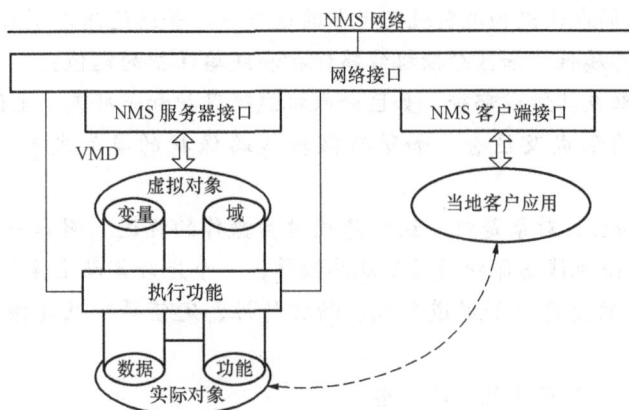

图 6-20 网络中的 VMD 模型

VMD 对象抽象描述了实际制造设备的外部可见行为，使 MMS 服务与其内部特性无关，一个实际制造设备只要遵循 VMD 模型来实现 MMS 服务，并提供 VMD 与实际设备之间的映射功能，就可以进入 OSI 环境，成为开放的互联设备。

2. MMS 映射

变电站内网络环境复杂，有可能同时采用不同类型的网络，IEC 61850 在采用 ACSI 以后，引入了 SCSM 的概念。SCSM 将抽象的通信服务、对象和参数映射到规定的应用层，这些应用层提供具体代码。依靠通信网络技术，这些映射可以有不同的复杂性，一些 ACSI 服务可能不被所有的映射支持，如图 6-21 所示，对于不同的网络应用层协议和通信栈，采用不同的 $SCSM_1 \sim SCSM_n$ 对应服务接口。IEC 61850 使用 ACSI 和 SCSM 技术，解决了标准的稳定性与未来网络技术发展之间的矛盾，即当网络技术发展时只要改动 SCSM，而不需要修改 ACSI。

IEC 61850-7 为变电站应用领域定义了抽象的信息模型和服务模型。SCSM 将抽象的通信服务、对象及相关参数映射到特定的应用层协议。IEC 61850-7 中定义的所有抽象通信服

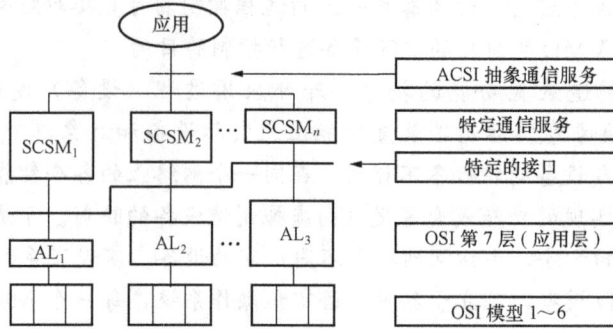

图 6-21　ACSI 映射到具体的通信协议

务除了通用面向对象变电站事件（GOOSE）和采样传输外均映射到应用层协议 MMS。

二、面向对象与 UML 方法

1. 面向对象的基本概念

（1）面向对象。面向对象是一种认识客观世界的世界观，是从结构组织角度模拟客观世界的一种方法，人们在认识和理解现实世界的过程中，普遍运用以下三个构造法则：

1）区分对象及其属性，如区分微机线路保护和线路保护的定值；

2）区分整体对象及其组成部分，如区分微机线路保护和光纤差动主保护；

3）不同对象类的形成及区分，如所有微机线路保护的类和所有微机主变压器保护的类。

（2）对象（Object）。对象是对一组信息及对其操作的描述。例如一台微机线路保护是一个对象，它包含了微机线路保护的信息及其操作；一个光纤差动主保护是一个对象，它包含了光纤差动主保护的信息（如通道形式、动作特性、定值等）及其操作（如投入、退出等）。

属性（Property）：对象所包含的信息。

方法（Method）：对象所具有的各种操作。

继承（Inheritance）：任何一个子类都具有其父类所有的属性、方法、事件，这一特性称为类的继承。

2. UML 基本概念

UML（Unified Modeling Language）统一建模语言，是用来对软件密集系统进行可视化建模的一种语言。UML 为面向对象开发系统的产品进行说明、可视化和编制文档的一种标准语言。

UML 的目标是以面向对象模型描述图的方式来描述任何类型的系统，具有很宽的应用领域。其中最常用的是建立软件系统的模型，但它同样可以用于描述非软件领域的系统，如机械系统、企业机构或业务过程，以及处理复杂数据的信息系统、具有实时要求的工业系统或工业过程等。总之，UML 是一个通用的标准建模语言，可以对任何具有静态结构和动态行为的系统进行建模。此外，UML 适用于系统开发过程中从需求规格描述到系统完成后测试的不同阶段。

3. XML 语言

XML（Extensible Markup Language），即可扩展标记语言，是标准通用标记语言

SGMML 的一个子集。W3C 为解决 HTML 难以扩展、交互性差和语义性不强等缺陷而制定的这种标记语言，正逐步成为继 HTML 后在 WWW 对信息进行描述和交换的新标准。XML 是 Internet 环境中跨平台的，依赖于内容的技术，是当前处理结构化文档信息的有力工具。扩展标记语言 XML 是一种简单的数据存储语言，使用一系列简单的标记描述数据，而这些标记可以用方便的方式建立。虽然 XML 比二进制数据要占用更多空间，但 XML 极其简单易于掌握和使用。

第六节　数字化变电站通信网络技术

　　网络是基于 IEC 61850 的数字化变电站信息交换的核心设备，网络结构及配置对数字化变电站的重要性不言而喻。当变电站过程层采用 GOOSE 和 SV 传输技术进行网络通信时，合理的网络结构对于保证继电保护的时效性和可靠性显得更为重要。针对数字化变电站内不同的通信要求，可以采用不同的网络结构以达到最佳性能。

　　数字化变电站信息的传输基于以太网实现，这样交换机就成为实现信息传输的关键环节。由于变电站自动化系统对于信息的实时性要求要高于一般通信意义上的应用，研究交换技术的基本原理，对于数字变电站的技术实现方案具有重要的意义。

一、以太网技术

1. 以太网类型

以太网是由 Xerox 公司开发的一种基带局域网技术，采用载波多路访问和冲突检测机制（CSMA/CD）。以太网技术主要指以下三种不同的局域网技术：

（1）以太网/IEEE802.3，采用同轴电缆作为网络媒体，传输速率达到 10Mbit/s；

（2）快速以太网，采用光缆或双绞线作为网络媒体，传输速率达到 100Mbit/s；

（3）千兆以太网，采用光缆或双绞线作为网络媒体，传输速率达到 1000Mbit/s。

2. 以太网帧

以太网是当今最重要的一种局域网技术，以太网帧的基本结构如图 6-22 所示。

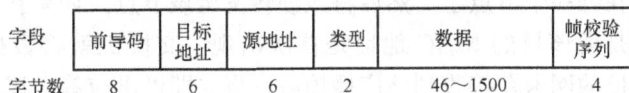

字段	前导码	目标地址	源地址	类型	数据	帧校验序列
字节数	8	6	6	2	46～1500	4

图 6-22　以太网帧的基本结构

　　（1）前导码：由 0、1 间隔代码组成，可以通知目标站作好接收准备。IEEE802.3 帧的前导码占用 7 个字节，紧随其后的是长度为 1 个字节的帧首定界符（SOF，Start Delimiter of Frames）。以太网帧把帧首定界符 SOF 包含在了前导码当中，因此前导码的长度扩大为 8 个字节。

　　（2）帧首定界符 SOF：以两个连续的代码 1 结尾，表示一帧实际开始。

　　（3）目标和源地址：表示发送和接收帧的工作站的地址，各占据 6 个字节。其中，目标地址可以是单址，也可以是多点传送或广播地址。

　　（4）类型：占用 2 个字节，指定接收数据的高层协议。

　　（5）数据：在经过物理层和逻辑链路层的处理之后，包含在帧中的数据将被传递给在类型段中指定的高层协议。虽然以太网版本 2 中并没有明确做出补齐规定，但是以太网帧中数据段的长度最小应当不低于 46 个字节。

（6）帧校验序列（FCS，Frame Check Sequences）：该序列包含长度为 4 个字节的循环冗余校验值（CRC，Cyclic Redundancy Check），由发送设备计算产生，在接收方被重新计算以确定帧在传送过程中是否被损坏。

二、交换机技术

1. 共享式数据传输技术

在通信网络系统中，交换是相对于共享工作模式的改进。交换机拥有一条很高带宽的背板总线和内部交换矩阵。交换机的所有端口都挂接在这条背板总线上。控制电路收到数据包以后，处理端口会查找内存中的 MAC（Media Access Control）地址对照表以确定目的 MAC 所在的端口，再通过内部交换矩阵直接将数据包迅速传送到目的节点，而不是所有节点；若目的 MAC 不存在，将广播到所有的端口。这种方式一方面效率高，不会浪费网络资源，只是对旧的地址发送数据，不易产生网络堵塞；另一方面数据传输安全，因为不是对所有节点都同时发送信息，发送数据时其他节点很难侦听到所发送的信息。

在交换机技术上，把这种"独享"带宽的情况称之为"交换"，这种网络环境称为"交换式网络"。交换式网络必须采用交换机（Switch）来实现。交换式网络可以以"全双工"状态工作，即可以同时接收和发送数据，数据流是双向的。而集线器是采用"共享"方式进行数据传输的，称之为"共享式网络"。显然，共享网络的效率非常低，在任一时刻只能有一个方向的数据流，即处于"半双工"模式。

2. 数据传输原理

交换机通过每块网卡的物理地址"认识"连接到自己的每一台计算机，该地址俗称 MAC 地址。交换机具有 MAC 地址学习功能，会把连接到自己的 MAC 地址记住，形成一个节点与 MAC 地址对应表。

当交换机从某一节点收到一个以太网帧后，立即在 MAC 地址表中进行查找，以确认该目的 MAC 网卡连接在哪一个节点上，然后将该帧转发至该节点。如果在地址表中没有找到该 MAC 地址，也就是说该目的 MAC 地址是首次出现，交换机就将数据包广播到所有节点，拥有该 MAC 地址的网卡在接收到该广播帧后，将立即做出应答，以致交换机将其节点的 MAC 地址添加到 MAC 地址表中。换言之，当交换机从某一节点收到一个帧时，将对地址表执行两个动作：

（1）检查该帧的源 MAC 地址是否已在地址表中，如果没有，则将该 MAC 地址添加到地址表中，这样以后就知道该 MAC 地址在哪一个节点。

（2）检查该帧的目的 MAC 地址是否已在地址表中，如果该 MAC 地址已在地址表中，则将该帧发送到对应的节点即可。如果该 MAC 地址不在地址表中，则将该帧发送到所有其他节点（源节点除外），相当于该帧是一个广播帧。

三、典型网络结构

交换机网络基本结构有总线型、星型和环型三种，或者交换机交网络是由各种基本结构组成的混合型结构。不同的网络结构具有不同的性能。如果装置支持协商一致的双网冗余通信机制，则又可以组成双网装置级冗余结构，即双总线型、双星型和双环型结构。但是双网结构所需交换机数量将增加一倍，提高了变电站自动化系统的成本。

1. 总线型网络结构

典型的总线型交换机网络结构如图 6-23 所示。总线型结构采用一条公共总线作为传输介质，每台计算机通过相应的硬件接口接入网络，信号沿总线进行广播式传送，以同轴电缆作为传输介质。

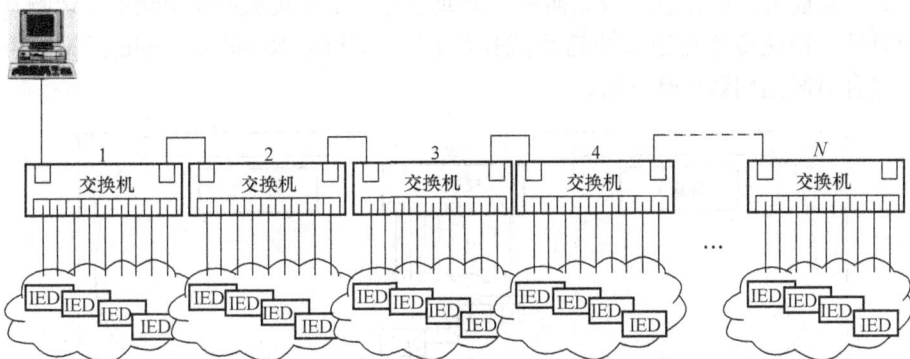

图 6-23　总线型交换机网络结构示意图

总线型网络是一种典型的共享传输介质的网络。总线型局域网结构从信源发送的信息会传送到介质长度所及之处，并被其他所有节点看到。如果有两个以上的节点同时发送数据，就会造成冲突。

交换机总线型网络的优点是非常容易布线，配置简单，对交换机性能要求较低；缺点是网络没有冗余，任一线缆或交换机的故障可能导致多个装置通信中断，交换机之间通信信息量较大。

2. 星型网络结构

典型的星型交换机网络结构如图 6-24 所示。星型网络结构由一台中央节点 N 和周围的从节点组成。中央节点 N 作为主交换机，可与从节点直接通信，而从节点之间必须经过中央节点转接才能通信。

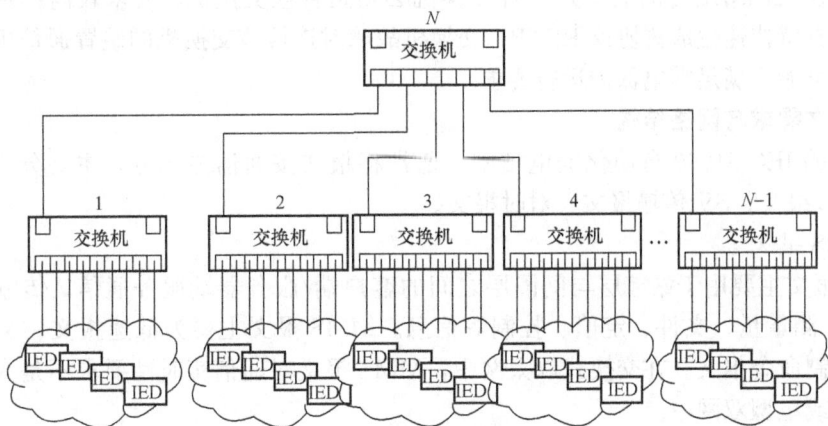

图 6-24　星型交换机网络结构示意图

星型交换机网络的优点是任意两台装置间通信路径最短，配置简单，对交换机性能要求较低；缺点是网络没有冗余，主交换机的故障可能导致全站装置通信中断。

3. 环型网络结构

环型交换机网络结构就是多台交换机相互首尾连接，如图 6-25 所示。环型网络结构在正常工作情况下有一个逻辑断点，在其他链路中断的情况下将此逻辑断点自动愈合。因此，环网有一定冗余能力，即任意一台交换机故障或任意一根交换机连线中断不会影响其他交换机之间的通信。快速愈合是通过快速生成树协议（RSTP，Rapid Spanning Tree Protocol）实现的，愈合时间达到数百毫秒级。

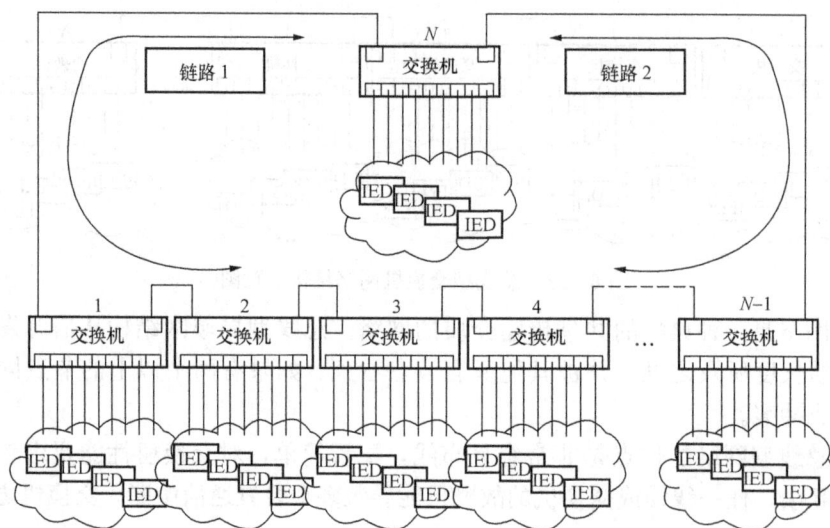

图 6-25　环型结构示意图

环型交换机网络结构的优点是布线简单，提供了物理中断的冗余能力，任一交换机间线缆或交换机故障不影响其他交换机通信，连线少。

环型交换机网络结构的缺点是所有交换机必须是管理交换机，要求较高；系统等待时间长，要求支持快速生成树协议 RSTP；交换机故障时连接该交换机的装置通信中断；交换机重构时间可能不满足继电保护运行要求。

四、报文需求与网络结构

在实际的 IEC 61850 自动化变电站中，通常将报文按通信方式分，主要分为 MMS 报文、GOOSE 报文、SV 传输报文、对时报文。

1. MMS 报文

MMS 报文主要用于站控层与间隔层之间的客户端/服务器端服务通信，传输带时标信号（SOE）、测量量、文件、定值、控制等信息。MMS 报文主要为低速报文、文件传输报文和访问控制命令报文。在交换式以太网中，MMS 报文对通信实时性要求不是太高，一般可采用环型或星型双网中。

2. GOOSE 报文

GOOSE 报文主要用于间隔层与过程层之间或间隔层各装置之间的简单信号快速通信。GOOSE 报文主要为快速报文和中速报文，同时还是网络组播报文，GOOSE 网络可采用星型或星型双网结构。

3. SV 报文

SV 传输报文主要用于互感器传输原始采样值，也是网络组播报文，可采用星型结构。

第七节 数字化变电站配置语言

互操作性是 IEC 61850 追求的首要目标，且互操作性范围不仅包括系统运行中实时信息通信，也包括了工程实施过程中各方对系统进行配置描述的语言规范。为此，IEC 61850-6 定义了基于 XML 技术的变电站配置语言 SCL，可以独立规范的方式描述变电站一、二次系统。

一、概述

在变电站自动化系统的集成中，不同生产厂商的设备往往由于设备所支持的通信规约不统一，设备间不具备互操作性、开放性、扩展性和设备的即插即用性，给变电站系统的升级和维护带来极大的不便。为了解决上述问题，IEC 61850-6 规定了实现设备互操作性的变电站自动化系统配置语言 SCL。通过该语言，描述了设备的基本功能和可访问的基本信息说明，实现了设备的互操作。

变电站配置描述语言 SCL 是基于 XML 1.0，用于变电站设备描述和配置的语言。它用于描述变电站 IED 设备、变电站系统和变电站网络通信拓扑结构的配置，最终目的是为了在不同制造厂商的配置工具间交换系统的配置信息，实现互操作，即作为信息集成的描述工具和转换工具。规定用于描述 IED 设备的文件扩展名为 ICD，用于变电站配置的文件扩展名为 SCD。

根据变电站的分层体系结构，SCL 主要描述了三种对象模型：①变电站对象模型；②IED设备模型；③通信系统模型。

其中，前两种模型也是分层模型，每种下面又包含了其他相关设备或节点。

二、SCL 组成

IEC 61850 规定，配置文件全部采用面向对象方式的 XML 语言编写，因此所有的配置文件具有相似的文档结构。SCL 文档应包含头、变电站、通信、智能电子设备和数据模板五个基本组成部分。各组成部分与 SCL 文档之间关系如图 6-26 所示。

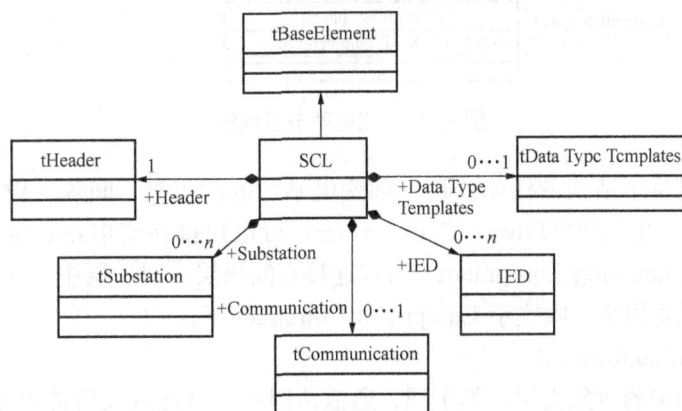

图 6-26 SCL 基本组成部分与 SCL 文档之间的关系

1. 头（Header）

头部分主要用于整个 SCL 文档的整体性描述，包括标志 SCL 配置文件的名称结构、版本、修订号、制造商及文档命名等。

2. 变电站（Substation）

从功能的角度描述开关场的设备（包括过程层装置）、基于电气接线图的连接（拓扑）以及描述所有装置功能，主要着眼于整个变电站的结构，因此在描述 IED 装置的文件中不出现该部分，如图 6-27 所示。

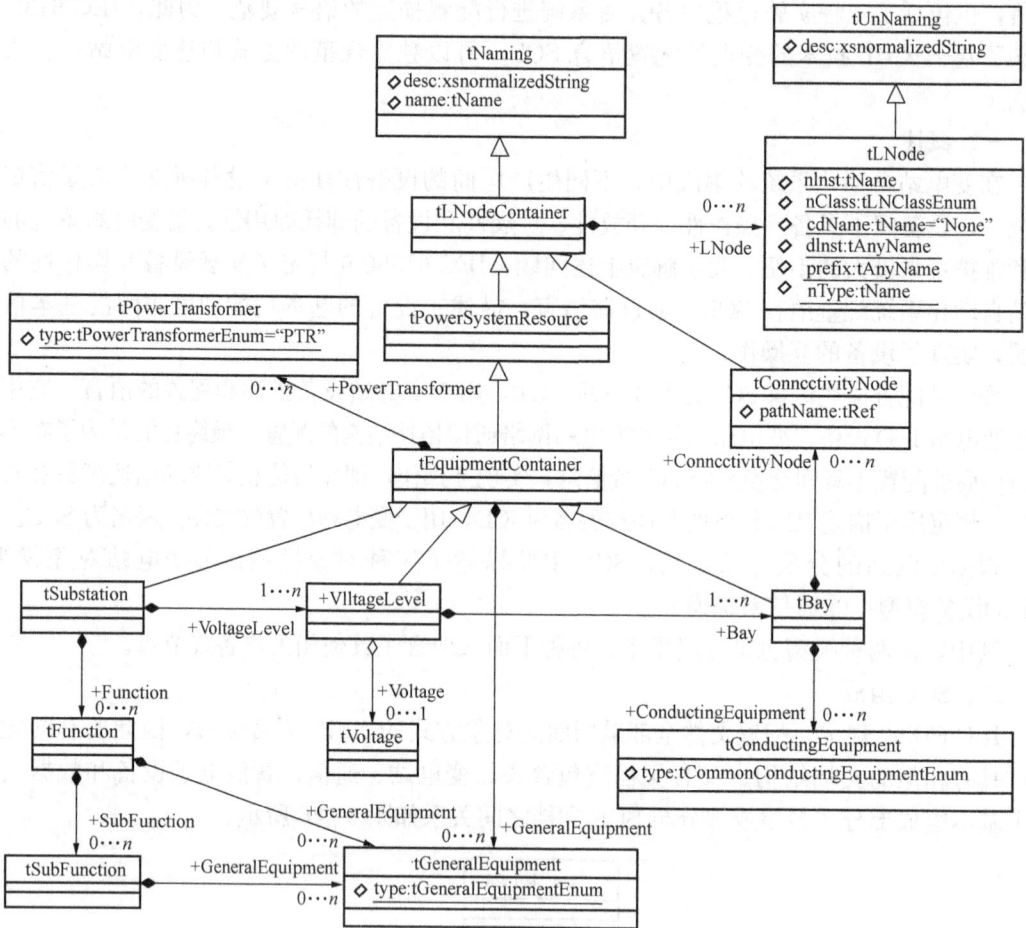

图 6-27　变电站节点概貌

逻辑节点可以位于结构的任何一层（如变电站、电压等级、间隔、设备、子设备有关功能、子功能等）。变压器（Power Transformer）可以连接在变电站、电压、间隔等结构层，导电设备（Conducting Equipment）可仅连接在间隔层，同一层中逻辑节点实例应有不同标识，但所有设备均统一收置于 Equipment Container 下。

3. 通信（Communication）

描述与通信相关的对象类型，如子网、通信访问点，描述有关智能电子设备间的连接，作为逻辑节点客户和服务器间的通信路由基础。通信部分描述智能电子设备 IED 通过访问点连到公共子网上的配置，以及智能电子设备（IED）在逻辑节点间直接通信连接的配置。

4. 智能电子设备（IED）

描述与变电站自动化系统产品相关的装置对象，如智能电子设备、逻辑节点实现等。

5. 数据模板（Data Type Templates）

详细定义了所有在文件中出现的逻辑节点，包括它的类型以及该逻辑节点所包含的数据对象 DO。

三、配置文件分类

当采用面向对象设计的 SCL 语言方式时，SCL 语言必须能正确描述变电站内所有装置及其联系，标准中定义的 SCL 范围明确限于下列目标：

（1）变电站自动化系统规格规范，形成 SSD 文件；

（2）系统通信描述，形成 SCD 文件；

（3）智能电子设备能力描述，形成 ICD 文件。

1. SSD 文件配置内容

（1）系统一次主接线图定义（变压器、电压等级、间隔、设备、拓扑连接等）。

（2）模型对象对应的功能 LN 类型的定义。

2. SCD 文件配置内容

（1）一次系统模型，包括一次系统结构、一次设备信息等。

（2）通信网络配置，包括 GOOSE、MMS 网络的 IP 地址、MAC 地址、ULAN 等配置信息。

（3）所有装置的实例配置、装置所在的间隔名称、装置名称等配置信息。

（4）所有相关的数据类型模板配置。

3. ICD 文件配置

（1）LD、LN、D0、DA 定义及 LN 类型模板的定义。

（2）数据集 DateSet 定义。

（3）控制块的配置定义。

第八节　IEC 61850 建模过程及实例

模型是现实事物某些方面的表示，创建 IEC 61850 模型的目的是描述主体（如 IED 设备），帮助客体（如监控后台）准确理解主体，并能自动化地实现客体与主体之间的通信服务或客体的高级应用功能。IEC 61850 的基础是虚拟的概念，其模型是从通信角度对 IED、一次设备或变电站的数据信息进行组织和描述，主要解决通信数据内容和数据访问方式问题。因此，数据模型和通信服务是 IEC 61850 模型的最核心部分。

一次设备或变电站的数据信息进行组织和描述，主要解决通信数据内容和数据访问方式问题。因此，数据模型和通信服务是 IEC 61850 模型的最核心部分。

一、面向对象思想

在一般意义上，对象是真实世界实体的反映，也可以说是实体在人脑中的一种映像。而目前信息及软件业中"对象"一词，主要针对于某一领域或系统的某种解决问题的方式方法，是人们如何对待和处理问题的一种理念，它把需要解决的问题分成不同的部分，各部分还可以划分成不同子部分，直到不可分割的最小单元，各部分、子部分和最小单元都可作为一个对象，此对象包含用以描述问题的数据和行为，问题的解决可以看作是对象间的相互联系和作用。

因此，所谓的"面向对象"大多是把一组对象中的数据结构和行为紧密结合在一起组织系统的一种策略。面向对象的理念则应是贯穿系统分析、设计、实现的全过程、变电站自动化系统内的对象针对系统内的智能电子设备间的通信，可以是一个 IED、一个断路器或一个变压器等。变电站自动化系统内的面向对象应用，主要是通过对象和对象间的通信来实现变电站自动化的通信和功能。

在变电站自动化系统采用面向对象技术的最大好处就是，对问题的描述能更加形象化和人性化，便于人们的理解和沟通，具体包括：

（1）面向对象技术将数据和行为封装在一起，外界只能通过接口对数据进行操作，从而增强了系统的健壮性；

（2）面向对象技术的采用实现了模型的可重用性，标准化的模型和模型间的继承、派生关系使得系统设计更加容易；

（3）由于许多问题可以在"对象"内部由"对象"自己解决，因而减少了系统的复杂程度，同时便于系统的维护；

（4）采用面向对象技术，使得通信与应用数据相对独立，从而使得对数据维护、扩展、计量等方面的支持具有高度的灵活性。

二、建模基本原则

IEC 61850 规范了信息模型、服务及建模方法，同一个功能对象相关的数据及数据属性应建模在该功能对象中，同多个功能相关或同全系统功能相关的数据应建模在公共的逻辑节点或者逻辑设备中。

1. 物理设备建模

一个物理设备（即一个 IED），应建模为一个装置对象。该对象是一个容器，应包含服务器对象，服务器对象中应包含至少一个 LD 对象，每个 LD 对象中应至少包含 3 个 LN 对象。

2. 服务器建模

服务器描述一个设备外部可见（可访问）的行为，每个服务器应有一个访问点。支持过程层自动化的间隔层设备，对上与变电站层设备通信，对下与过程层设备通信，可采用不同访问点分别与变电站层和过程层进行通信。

一般情况下，一个物理设备中只包含一个 Server 对象。当一个物理设备是网关时，该物理设备包含多个 Server。通常，需要为网关接入的每个设备建立一个 Server 模型。

3. 逻辑设备建模

IEC 61850-7 中描述逻辑设备为由一组指定范围应用的逻辑节点组合而成的虚拟的设备。逻辑设备位于 Server 中，每一个逻辑设备可以看作是一个包含 LN 对象和提供相关服务的容器。

4. 逻辑节点建模

每个最小功能单元建模为一个逻辑节点对象，属于同一功能对象的数据和数据属性应放在同一个 LN 对象中，若标准的 LN 类不满足功能对象的要求，可进行 LN 类扩展或者新建 LN 类。

5. 扩展规则

尽管 IEC 61850 定义了大量的类，但不可能满足所有应用，使用者可按照 IEC 61850-7-4 附录定义的扩展原则进行扩展。

三、变电站自动化系统的抽象建模

1. 信息分层模型

信息模型及其建模方法是 IEC 61850 标准的核心。所有的实际设备都被称为物理设备（即服务器），在信息模型的最外层与网络相连。每个物理设备首先被抽象成虚拟的逻辑设备，然后根据具体功能的不同，将逻辑设备细化成逻辑节点来描述。这些逻辑节点就是具有某一完整功能的最小实体单位，它们各自包含着各种数据，而每个数据里面又包含着不同的数据属性。通过这样的分层结构就可以清楚地表述各种数据。

物理设备映射到 IED，然后将各个功能分解到逻辑节点 LN，组织成一个或多个逻辑设备 LD，每个功能的保护数据映射到 DO，并且根据功能约束进行拆分并映射到若干各个 DA。信息分层模型结构如图 6-28 所示。

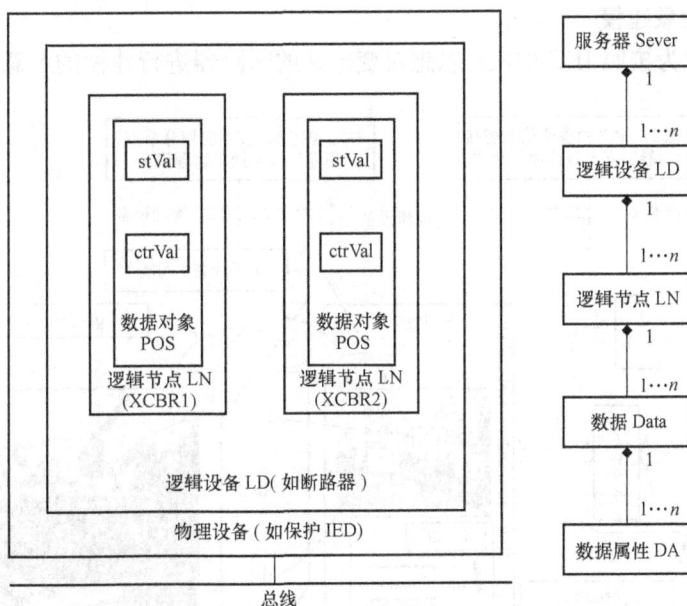

图 6-28 信息分层模型的结构

2. 功能自由分布和分配

位于不同物理设备的 2 个或多个逻辑节点所完成的功能称为分布的功能。为了满足通信的要求，尤其是功能自由分布和分配，所有功能被分解成逻辑节点，然后进行功能建模，这些节点可分布在 1 个或多个物理装置上。由于有一些通信不涉及任何一个功能，仅仅与物理装置本身有关（如铭牌信息、装置自检结果等），为此需要一个特殊的逻辑节点 LLN0。逻辑节点间通过逻辑连接相连，专用于逻辑节点之间的数据交换。

3. 建模步骤

IEC 61850 标准的建模方法主要有两个步骤：

（1）应用功能与信息分解获取公共逻辑节点；

（2）逐步合并创建信息模型，利用逻辑节点搭建设备模型。

4. IED 建模

IEC 61850 标准是以变电站自动化系统中具有数据交换能力最小的功能单元（逻辑节点）为对象进行建模。根据 IEC 61850 标准的规定，变电站自动化系统由站内智能电子设备 IED 组成，由这些物理设备来实现系统功能。功能可分解为许多常驻在不同的 IED 内、彼此间相互通信（分布式功能）的单元、并能够和其他功能通信。

IED 模型是 IEC 61850 标准的核心。按照 IEC 61850 的语法和定义，对智能电子设备的功能逻辑、输入接口、输出接口、通信服务接口等信息进行抽象、分类、组织，从而形成完整的模型，包括数据模型和服务模型两部分。数据模型的构成包括服务器（Server）、逻辑设备（LD）、逻辑节点（LN）和数据对象（Data）。通信服务模型的构成包括数据集、定值组控制块、报告控制块、日志控制块、GOOSE 控制块、采样值控制块等。IED 的分层信息模型自上而下分为四级：Server、Logical-Device、Logical-Node 和 Data。位于最低层级的 Data 类由若干 DataAttribute（数据属性）组成。

四、断路器抽象建模

图 6-29 所示为按照 IEC 61850 思想对变电站的断路器进行建模的示意图。

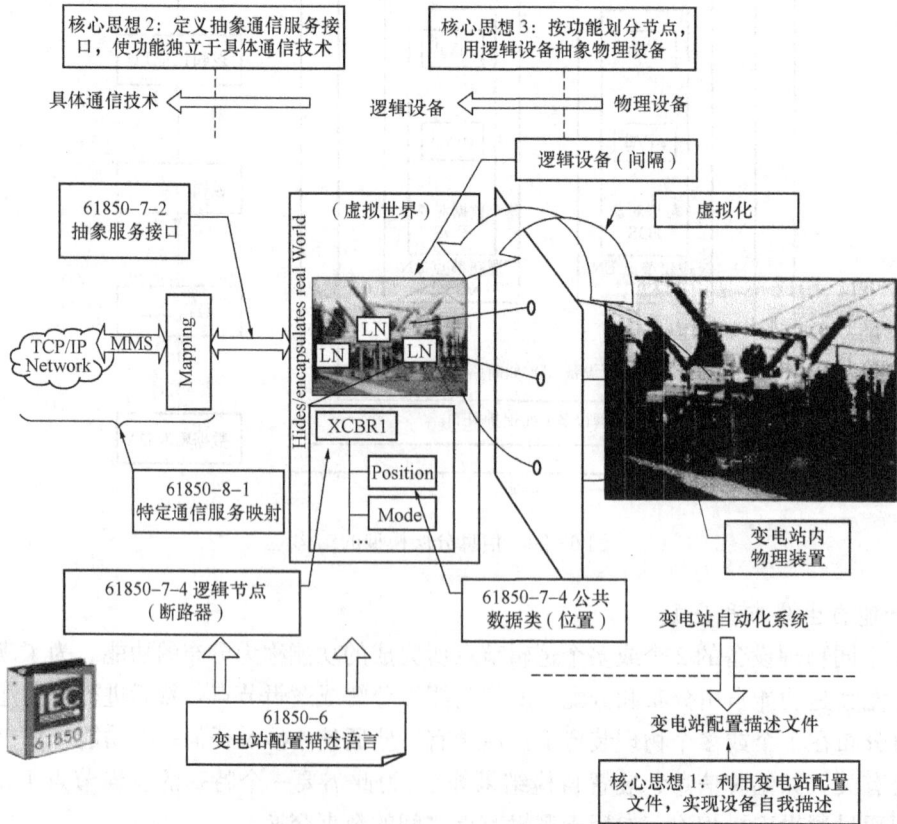

图 6-29 IEC 61850 中数据模型示意图

图 6-30 中右边是现实世界中一个具体的位于开关场的三相断路器，经过虚拟化和抽象，可以用计算机中相应一个逻辑节点 XCBR1 来表示和代替现实中的特定断路器，将断路器的位置、动作次数等信息定义为一个逻辑节点下的数据 Position、Mode，其中 Position 代表断路器的开合状态，Mode 代表断路器的运行模式，这样就形成了虚拟的模型环境。外部设备可以通过 IEC 61850 通信服务和这个虚拟的模型环境，对断路器分、合状态及断路器的动作次数等信息进行读取和分析。详细的针对开关逻辑节点 XCBR1 的定义见表 6-2。

表 6-2　　　　　　　　　　　　　　逻辑节点 XCBR1 的定义

	描　　述	数据名	公用数据类	必选/可选
基本逻辑节点	模式（Mode）	Mode	ISC	M
	性能（Behavior）	Beh	ISI	M
	健康（Health）	Health	ISI	M
	铭牌（Name plate）	Name	PLATE	M
	当地操作（Local Operation）	Loc	SPS	M
	外部设备健康（External Equipment health）	EEHealth	ISI	O
	外部设备铭牌（External Equipment name plate）	EEName	PLATE	O
	操作计数（Operation Counter）	OperCnt	ISI	M
可控数据	开关位置（Switch position）	Pos	DPC	M
	闭锁跳闸（Block opening）	BlkOpen	SPC	M
	闭锁合闸（Block closing）	BlkClos	SPC	M
	蓄能电动机允许（Charger motor enabled）	OperCnt	SPC	O
状态信息	断路器操作性能能力（Circuit breaker operating Capability）	SwTyp	ISI	M

图 6-30 中 LN 是代表实际设备和真实数据的虚拟镜像。这些设备和数据如果要跟其他的设备和数据之间进行信息交换，就要通过一个称之为 ACSI 的抽象服务接口服务变成可视和可访问的。服务通过某个特定而具体的通信方式来实现，即 SCSM（如 MMS、TCP/IP、以太网等）。

五、变压器保护抽象建模

尽管各个厂家的变压器保护装置产品不尽相同，但是基本包含以下功能：

（1）保护功能，差动速断保护、谐波制动的比率差动保护、电流速断保护；

（2）测量功能，测量各侧电流、有功、无功及功率因数；

（3）控制功能，断路器控制；

（4）故障录波；

（5）人机接口。

IEC 61850 用逻辑节点描述设备功能，设备的每个实际功能都定义为逻辑节点类的一个实例。通过引用 IEC 61850-7-4 中的逻辑节点对变压器保护装置进行描述，如图 6-30 所示。

图 6-30 中，LD1 驻留在数字式模拟量采集卡件 AI 中，表示电流互感器、电压互感器

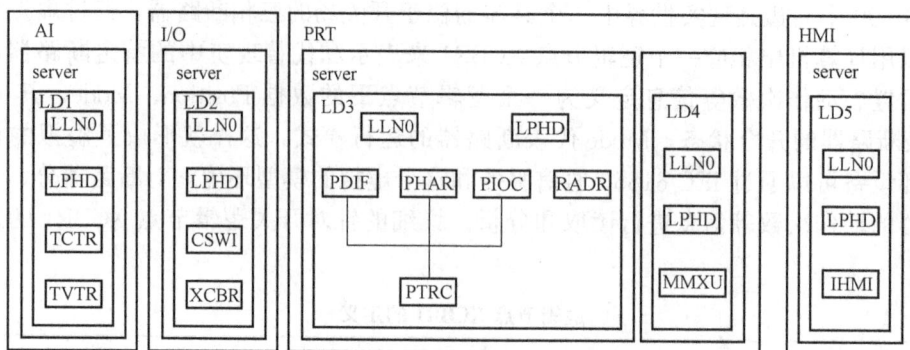

图 6-30 变压器保护 IED 模型

功能。此卡件为采样接收没有智能化的例子,若此卡件为过程层采样服务接收,则 LD1 表示过程层采样接收逻辑设备。LD2 驻留在 I/O 卡件中,表示断路器控制和断路器功能。此卡件为开关量没有智能化的例子,若此卡件为 GOOSE 服务收发,则 LD2 表示过程层 GOOSE 收发逻辑设备。LD3 和 LD4 集成在保护逻辑卡件中,LD3 表示保护功能,LD4 表示测量功能。LD5 对应人机接口功能,驻留在人机接口卡件 HMI 中。此外,所有逻辑设备还定义了逻辑节点 LLN0 和 LPHD。LLN0 表示逻辑设备的公共数据,如铭牌、设备运行状态信息等;LPHD 代表拥有逻辑节点的物理设备的公共数据,如物理设备的铭牌、运行状况信息。逻辑节点 PDIF、PHAR、PIOC 分别表示差动保护、谐波制动、瞬时过流保护功能;RADR 表示扰动记录功能;MMXU 表示测量功能;CSWI 表示断路器控制功能;IHMI 表示就地设定和手动操作功能;TCTR、TVTR 分别表示电流和电压互感器;XCBR 表示断路器。

六、逻辑设备 LD 建模

逻辑设备宜按功能划分逻辑设备类型,按以下几种类型划分。

(1) 公用 LD:关于设备本身的信息以及设备中多个功能相关的数据宜建模在公用 LD 中,包括装置自检信息、装置告警信息、系统参数等。

(2) 测量 LD:设备采集的模拟量信息宜建模在测量 LD 中,包括交流量、直流量等。

(3) 保护 LD:保护相关功能宜建模在保护 LD 中,包括事件、告警、定值、连接片等。

(4) 控制及开入 LD:设备采集的状态信息和设备的遥控信息宜建模在控制及开入 LD 中。

(5) 录波 LD:录波相关信息宜建模在录波 LD 中,如录波启动、录波完成等信息。

逻辑设备提供了关于物理设备的信息(铭牌、设备健康状况)或者关于由逻辑设备控制的外部设备信息(外部设备铭牌、设备健康状况)。

在图 6-31 所示的例子中,逻辑设备 LD1 包含 3 种逻辑节点。逻辑节点 LLN0 代表逻辑设备的公用数据,逻辑节点物理设备 LPHD 代表拥有逻辑节点的物理设备的公用数据,所有逻辑设备均定义了 LLN0 和 LPHD。

在物理设备 PHD "A" 中有 2 个逻辑设备,即 LD1、LD2,这两个逻辑设备的 LPHD

有完全同样的信息，但是两者的 LLN0 传递不一样的信息。

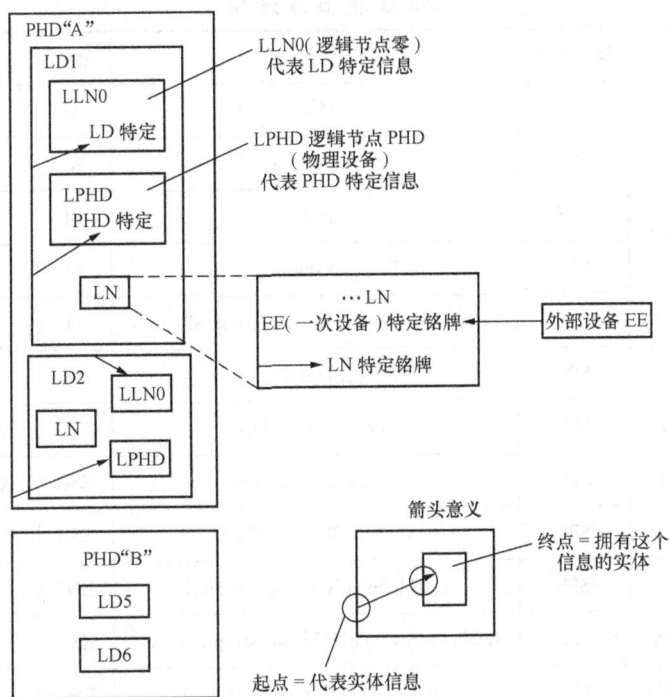

图 6-31 逻辑设备建模

七、逻辑节点 LN 建模

信息模型包含许多逻辑节点、数据、数据属性。逻辑节点作为独立的最小功能单元，通过建模可清晰和直观地感受到智能电子设备 IED 的功能划分和模型构成。

一个逻辑节点将代表装置的一个子功能，逻辑节点是装置功能的基本构成模块。例如，断路器（XCBR），该逻辑节点由代表应用特定意义的若干数据（Data）所组成，如断路器的数据"Pos（位置）"用以控制位置和报告位置状态，"Mode（模式）"表示断路器逻辑节点的当前运行方式（on、blocked、test/blocked、off）。这里的 Pos 和 Mode 都是数据对象，其里面的具体值就是数据属性。

IEC 62850（公用数据类 CDC）定义了特定数据代表哪一种应用信息类型，如双点状态和测量值。每个公用数据类有赋予它的服务，这些服务对数据进行操作。有些信息是可写和可读的，有些信息仅是可读。功能约束"FC"定义了特定数据类的每个信息的特征，如数据的信息可以是强制性的或者是可选的。

逻辑节点名字（如断路器为"XCBR"）和数据名（如断路器的位置为"Pos"）定义了变电站设备的标准化的含义（语义）。这些缩写名词是通信时采用的标准化名字，与采用的通信系统无关。

1. LN0 建模

LN0 的模型包括基本模型和服务相关模型两个部分。LN0 逻辑节点的基本模型可分成公用逻辑节点信息、控制信息、状态信息和定值信息四类。这些数据对象是其他逻辑节点的公用信息，每个信息类包含的数据对象见表6-3。

表6-3 LN0 逻辑节点建模

类别	属性名	属性类型	全　　称	M/O	中文语义
公用逻辑节点信息	Mod	INC	Mode	M	模式
	Beh	INS	Behaviour	M	行为
	Health	INS	Health	M	健康状态
	NamPlt	LPL	Name	M	逻辑节点名牌
	Loc	SPS	Local operation for complete logical device	O	就地位置
控制	LEDRs	SPC	LED reset	O	复归 LED
	FuncEna1	SPC	Function 1 enabled	ESG	保护功能软连接片 1
	FuncEna2	SPC	Function 2 enabled	ESG	保护功能软连接片 2
	CBFlt	SPC	Current Breaker Flaut	ESG	事故总信号及人工复归
状态信息	RemSetEna	SPS	Enable modify seting remotely	ESG	远方修改定植
	RemGoEna	SPS	Enable control GOOSE out strap remotely	ESG	远方控制压板
	SelfRstCBFlt	SPS	Self Resel current Breaker Flaut	ESG	自复归事故总信号
定制信息	DPFCStr	ASG	DPFC start value	ESG	变化量启动电流定值
	ROCStr	ASG	Residual current start value	ESG	零序启动电流定值

（1）每个逻辑设备下都应有 LN0。

（2）数据对象 LEDRs 用作对装置的信号复归，控制模式实例化为"1"，表示直接控制模式。

（3）数据对象 FuncEna1 等数目可扩充，用作装置功能软连接片的建模，控制模式实例化为"4"，表示增强型控制模式。

（4）数据对象 RemSetEna 和 RemGoEna，用作远方就地控制切换逻辑。

（5）保护定值统一扩充。保护定值应按面向 LN 对象分散放置，一些多个 LN 公用的启动定值和功能软连接片放在 LN0 下。

2. 差动保护（PDIF）建模

按照属于同一功能对象的数据和数据属性应放在同一个 LN 对象的原则，IEC 61850-7-4 中的电流差动逻辑节点类型 PDIF 由 18 个数据对象构成。这些数据对象可分成公用逻辑节点信息、状态信息、测量信息和定值信息四个类别。由于标准的电流差动逻辑节点不能满足国家电网公司标准化装置和国内各厂家保护应用的要求，需对状态、测量或定值信息作扩充，其中标注 M 的为必选，标注 O、ESG 和 EO 的根据差动保护实现可选，见表6-4。这里的差动保护类型是一个数据对象最大化的建模，根据线路、元件等不同的应用，可定制和精简出不同的差动保护逻辑节点类型。

表 6 - 4　　　　　　　　　　　　　　　**差动保护逻辑节点建模**

类别	属性名	属性类型	全　称	M/O	中文语义
公用逻辑 节点信息	Mod	INC	Mode	M	模式
	Beh	INS	Behaviour	M	行为
	Health	INS	Health	M	健康状态
	NamPlt	LPL	Name	M	逻辑节点铭牌
状态信息	Str	ACD	Start	M	启动
	Op	ACT	Operate	M	动作
测量信息	DifAClc	WYE	Differential Current	O	差动电流
	RstA	WYE	Restraint Mode	O	制动电流
定值信息	LinCapac	ASG	Line capacitance(for load currents)	O	线路正序容抗
线路差动 保护扩充	LinCapacO	ASG	Zero Sequence Line Capacitance	ESG	线路零序容抗
	LocShReactX	ASG	X value of Local Shunt Reactor	ESG	电抗器阻抗定值
	LocNReactX	ASG	X value of Local Reactor of Neutral Point	ESG	中性点电抗器阻抗定值
	TAFact	ASG	TA Factor	ESG	TA 变比系数
	StrValSG	ASG	PDIF operate value	ESG	差动动作电流定值
	StrValTABrk	ASG	PDIF operate value when TA broken	ESG	TA 断线差流定值
	Enable	SPG	Enable	ESG	投入
	TABlkEna	SPG	TA broken Block PDIF Enable	ESG	TA 断线闭锁差动
	RemShReactX	ASG	X value of Local Shunt Reactor	EO	对侧电抗器阻抗
	RemNReactX	ASG	X value of Local Reactor of Neutral Point	EO	对侧中性点电抗器阻抗
	CCCEna	SPG	Capacitive Current Computer Enable	EO	电容电流补偿
	BrkPDIFEnab	SPG	Break value PDIF Enable	EO	突变量差动保护投入
	ZeroPDIFBIKRee	SPG	Zero sequence PDIF blocking reloser	EO	零序差动作永跳
元件差动 保护扩充	StrValSC	ASG	PDIF operate value	ESG	差动动作电流定值
	Ha2RstFact	ASG	2nd harmonica restraint factor	ESG	二次谐波制动系数
	TAWrnset	ASG	Different value to warning for TA abnormal	ESG	TA 断线告警定值
	TABlkSet	ASG	Different value to block for TA broken	ESG	TA 断线闭锁定值
	Enable	SPG	Enable	ESG	投入
	Ha2RstMod	SPG	2nd harmonica restraint mode	ESG	二次谐波制动
	TABlkEna	SPG	TA loop broken Block PDIF Enable	ESG	TA 断线闭锁差动 （变压器保护用）
	INfVal	ASG	PDIF inflexion value	EO	差动拐点电流

（1）保护装置的差动动作逻辑若存在多个，如比率差动、差动速断、变化量差动、零序差动、分侧差动等，需建立不同的差动逻辑节点实例。

（2）差动等保护相关的逻辑节点实例通常位于保护逻辑设备 PROT 下。

（3）差动保护逻辑节点类型与差动保护逻辑节点实例两者的概念不同。逻辑节点类型是对差动相关的信息抽象和归类的结果；逻辑节点实例是逻辑节点类型的应用，同时与具体差动动作逻辑的内部信号有关联和实例化数值。一个逻辑节点类型可有多个不同的逻辑节点实例的应用。

（4）差动逻辑节点实例的数据对象在对外通信时用来表示特定的信息，数据对象和装置内部信息的关联或映射，各厂家的关联或映射方法会存在差异。

3.间隔单元建模

图6-32所示为实际设备间隔单元（BayUnit）的实例，保护功能有距离保护（PDIS）、定时限过流（PTOC）和跳闸（PTRC）等。这些保护功能的过程数据、保护逻辑、间隔单元的其他重要方面建模为树形结构的数据。树的每层节点在最左面的是"BayUnit（间隔单元）"，包含距离保护（PDIS）、定时限过流（PTOC）和跳闸调理（PTRC）。距离保护（PDIS）节点包含数据"启动"（Str），"启动"包含不同的属性，如"总的"（general）启动和"A相"（phsA）启动等。

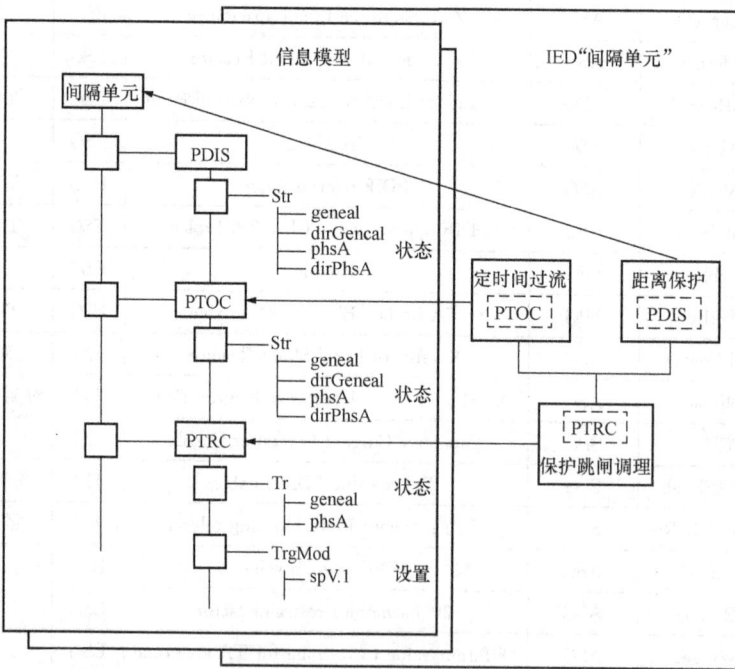

图6-32　间隔单元建模

第九节　数字化变电站面向对象建模实例

下面以应用较广的南瑞继电保护LFP-901A为例，说明如何对现有保护设备进行对象建模。

一、逻辑节点和数据对象建模

建模第一步为逻辑节点和数据对象。IEC 61850将应用功能分解为最小的实体，即逻辑节点LN，而目前保护设备所提供的这些信息是分散的，这就要求设计者对继电保护原理和设备组成原理清晰，将密切相关的信息组合在一起组成LN。

保护设备一般都是由多个功能独立的保护模块及CPU组成，为了降低功能分解的难度，在建模过程中可以先按各 CPU 分别建模。LFP-901A 是由 3 个 CPU 组成的，CPU1 为装置的主保护，CPU2 为后备保护（三阶段式相间距离和接地距离保护），CPU3 为启动和管理机，主要处理一些全局功能，如总启动、测距等。

1. 保护功能建模

CPU1 实现高频保护功能。高频保护是与线路对侧相应的保护经高频通道配合实现的一种保护。在 IEC 61850 中，兼容逻辑节点 PSCH 用于在多个线路保护之间交换动作信息以构成新的保护方案，故可利用 PSCH 与其他保护逻辑节点配合共同构成高频保护系统。

LFP-901A 中有两种工作原理的高频保护，分别为：

（1）四边形特性距离继电器和工频变化量距离继电器结合，经通道交换信号构成快速跳闸的高频距离保护，该保护功能由 PDIS1 和 PSCH1 两个逻辑节点共同实现。

（2）零序功率方向比较继电器经通道交换信号构成快速跳闸的高频零序保护，该功能由 PIOC0 和 PSCH2 两个逻辑节点共同实现。

在 IEC61850 中，过电流保护抽象为两个逻辑节点类 PIOC（瞬时过电流保护）和 PTOC（带时限过电流保护）。

CPU2 作为后备保护及重合闸逻辑，采用三段式相间和接地距离保护，相间和接地的每一段都应该建模为距离保护逻辑节点类 PDIS 的一个实例，接地距离可在对象名前增加前缀 "Gnd" 以作区分，而Ⅰ、Ⅱ、Ⅲ段用后缀序号 "1"、"2"、"3" 扩展。

最后，各保护的动作命令都输出至保护跳闸条件逻辑节点 PTRC，并最终由其向断路器 XCBR 发送跳闸 "Trip" 命令。

2. 保护相关功能建模

（1）自检（告警）信息。由于各厂家所提供的告警信息往往存在着很大的差异，有一些信息包含在相应的保护功能逻辑节点中，因此，很难也没有必要用一个特定的逻辑节点来表示告警信息，可以采用通用过程层 I/O 逻辑节点 GGIO 表示。

（2）模拟量采样（遥测）、开关量采样（遥信）功能。模拟量采样（遥测）按照 IEC 61850-7-4 建模为测量单元逻辑节点 MMXU。开关量采样（遥信）采用通用过程层及 I/O 逻辑节点 GGIO 描述。

（3）扰动数据。扰动数据上送功能看作是一个小型的录波器，可以利用基本录波信息逻辑节点 RDRE，以及代表各模拟量录波通道的逻辑节点 RADR、代表各开关量录波通道的逻辑节点 RBDR 联合起来进行建模。

（4）故障测距。CPU3 中具有故障测距功能，相对应的逻辑节点为 RFLO。

（5）物理设备。最后对每个物理设备所必需的两个逻辑节点 IPHD 和 LLN0 建模，在一个设备内它们是唯一的。在实际的变电站中，高压线路的每个间隔一般都有两台不同的保护，因此在建模中将一个间隔单元看成是一个物理设备，LPHD 主要用来描述微机保护设备所在间隔的信息，而 LLN0 用来描述微机保护设备本身的信息，以区别同一间隔中的其他保护设备。

二、逻辑设备建模

在建模中一般不需要处理保护设备内部各 CPU 之间的数据交换，因此在实际中可将一个保护设备建模为一个逻辑设备。一个变电站内往往会有多台相同厂家和型号的设备，可采用与逻辑节点和数据对象扩展类似的方法，加后缀区别，并由多个逻辑设备组成了服务器。

按照上述分析，高压输电线路高频保护的对象模型如图 6 - 33 所示。值得注意的是，根据统一建模语言的规定，应给对象名加下划线用于区别类名。

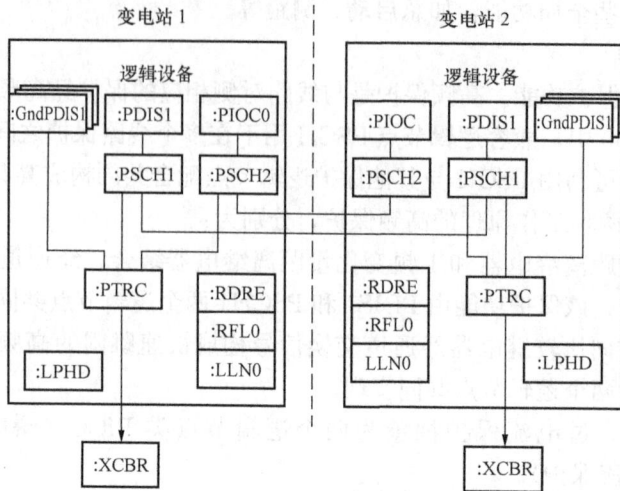

图 6 - 33 输电线路高频保护模型

思 考 题

1. 比较数字化变电站与综合自动化变电站自动化系统的不同之处，并论述数字化变电站的先进性。

2. IEC 61850 标准的主要内容有哪些？

3. 数字化变电站的基本结构分几层？分别是什么？

4. 电子式互感器有哪些类型？工作原理分别是什么？

5. 简述交换机技术在数字化变电站中应用形式。

6. 数字化变电站的配置文件有哪些？分别描述的配置内容是什么？

附 录 A 缩 写 术 语

ACE   区域控制偏差（Area Control Error）

AGC   发电控制（Automatic Generation Control）

AM   绘图（Automated Mapping）

AMR   电能自动抄表系统（Automatic Meter Reading）

ASC   自动稳定控制（Automatic Stability Conerol）

ASK   幅移键控（Amplitude Shift Keying）

ATM   异步传输模式（Asynchronous Transfer Mlode）

AVC   自动电压控制（Automatic Voltage Control）

AVR   自动电压调整（Automatic Voltage Regulation）

VQC   电压/无功控制（Voltage Var Control）

bps   每秒传输字节数（bytes per Second）通信传输速率

CCITT   国际电报电话咨询委员会（Consultative Committee of International Tele-
           graph and Telephone）

CCM   公用通信映射（Common Communication Mapping）

CDMA   分码多路访问（Code-Division Multiple Access）

CDT   循环式传输模式（Cyclic Data Transmission）

CIM   公共信息模型（Common Information Model）

CIS   组件接口规范（Component Interface Specification）

CFC   恒定频率控制（Constant Frequnce Control）

CIC   恒定联络线净交换控制（Constant Net Interchange Control）

COM   组件对象模型（Component Object Model）

CPU   中央处理单元（Center Process Unit）

CSMA/CD   载波侦听/碰撞检测（Carrier Sense Multiple Access/Collision Detect）

CSR   可控饱和电抗器（Controlled Saturated Reactor）

DA   配电自动化（Distribution Automation）

DAS   配电自动化系统（Distribution Automation System）

DCS   集散型控制系统（Distributed Control System）

DLF   调度员潮流（Dispatcher Load Flow）

DLC   配电线载波（Distribution Line Carrier）

DMA   直接存储器存取（Direct Memory Access）

DMIS   调度管理信息系统（Dispatch Management Information System）

DMS   配电管理系统（Distribution Management System）

DSM   需方用电管理（Demand Side Management）

DSP   数字信号处理（Digital Signal Processing）

DTS   调度员培训仿真（Dispatcher Training Simulator）

DTU　　　　配电远方终端单元（Distribution Terminal Unit）

DVR　　　　动态电压恢复器（Dynamic Voltage Restorer）

EAC　　　　等面积准则（Equal-Area Criteron）

EDC　　　　经济调度控制（Economic Dispatch Control）

EEAC　　　扩展等面积准则（Extended Equal-Area Criterion）

EMC　　　　电磁兼容（Electromagnetic Compatibility ）

EMOS　　　电力市场运营系统（技术支持系统）（Electricity Market Operation System）

EMS　　　　能量管理系统（Energy Management System）

EPRI　　　电力研究协会（美国）（Electric Power Recearch Institute）

FA　　　　馈线自动化（Feeder Automation）

FACTS　　　柔性（灵活）交流输电系统技术（Flexible Alternative Current Transmission Systems）

F-Bus　　　现场总线（Field Bus）

FC　　　　固定电容器（Fixed Capacitor）

FDDI　　　（光）缆分布数据接口（Fiber Distributed Data Interface）

FFC　　　　恒定频率控制（Flat Frequnce Control）

FEP　　　　前置处理机（Front End Processor）

FM　　　　设备管理（Facilities Management）

FSK　　　　频移键控（Frequency Shift Keying）

FTC　　　　（AGC）恒定联络线净交换功率控制（Flat Tie-Line Interchange Control）

FTP　　　　文件传输协议（File Transfer Protocol）

FTU　　　　馈线终端单元（Feeder Terminal Unit）

FTU　　　　现场终端装置（Field Terminal Unit）

HMI　　　　人机界面（Human Machine Interface）

GBS　　　　发电报价系统（Generation Bidding System）

GIS　　　　全封闭组合电器（Global Integrated System）

GIS　　　　地理信息系统（Geographic Information System）

GMS　　　　图形管理系统（Graphic Management System）

GPRS　　　通用分组无线业务（General Packet Radio Service）

GPS　　　　全球定位系统（Global Position System）

GUI　　　　用户图形界面（Graphic User Interface）

HTML　　　超文本标记语言（Hyper Text Markup Language）

HTTP　　　超文本传输协议（Hyper Tett Transport Protocol）

HVDC　　　高压直流输电（High Voltage Direct Current Transmission）

HTS　　　　水火电调度计划（Hgdro-Thermal Scheduling）

IBM　　　　国际商用机器公司（International Business Machines Coip. ）

IEC　　　　国际电工技术委员会（Intenational Electrotechnical Commission）

IEE　　　　电气工程师学会（英国）（Institution of Electrical Engineers）

IEEE	电气和电子工程师学会（美国）（Institute of Electrical and Electronics Engineem）
IEO	智能电子设备（Intelligent Electric Device）
I/O	输入/输出（Input/output）
IP	网际协议（Internetwork Protocol）
ISO	国际标准化组织（International Standard Organizatlon）
IT	信息技术（Information Technology）
LAN	局域网（Local Area Network）
LCM	负荷控制与管理（Load Control&Management）
LF	负荷预测（Load Forecasting）
LFC	负荷频率控制（Load Frequency Control）
LM	负荷管理（Load Management）
LOLP	负荷损失概率（Loss of Load Probability）
MCR	磁控电抗器（Magnetically Controlled Reactor）
MIS	管理信息系统（Management Information System）
MMC	人机通信（Man-Machine Communtcation）
MMI	人机接口（Man-Machine Interface）
MMS	生产信息规范（Manufacturing Message Specification）
MS	主站（Master Station）
MTBF	平均无故障时间（Mean Time Before Failure）
NAS	网络分析软件（Network Analysis Software）
NT	网络拓扑（Network Topology）
NR	网络化简（Network Reduction）
NT	网络拓扑（Network Topology）
OAS	停电分析系统（Outage Analysis System）
OLTC	有载调压（On Load Tap Control）
OMG	对象管理组织（Object Management Organization）
OPF	最优潮流（Optimal Power Flow）
OPGW	光纤复合架空地线（Optical Ground Wire）
OSC	在线短路电流（On-Line Short Circuit）
OSI	开放系统互联（Open System Interconnection）
PAS	电力应用软件（Power Application Software）
PC	个人计算机（Personal Computer）
PCM	脉冲编码调制（Pulse Code Modulation）
PDR	事故追忆（Post Disturbance Review）
PFC	功率因数控制器（Power factor controller）
PLC	电力线载波（Power Line Carrier）
PMOS	电力市场运营系统（Power Market Operation System）
PPP	点对点协议（Point to Point Protocol）

PSASP　　　电力系统分析软件包（Power System Analysis Software Package）

PSK　　　　相移键控（phase Shift Keying）

PSS　　　　电力系统稳定器（Power System Stabilizers）

RTU　　　　远方终端装置（Remote Terminal Unit）

SA　　　　变电站自动化（Substation Automation）

SA　　　　安全分析（Security Analysis）

SCADA　　监视控制与数据采集（Supervisory Control And Data Acquisition）

SE　　　　状态估计（State Estimation）

SOE　　　　事件顺序记录（Sequence of Events）

SQL　　　　结构化查询语言（Structure Query Language）

SSCB　　　固态断路器（Solid-State circuit Breaker）

STATCOM　静止补偿器（Static Compensator）

STLF　　　短期负荷预报（Short-Term Load Forecast）

SVC　　　　静止无功补偿器（Static Var Compensator）

SVG　　　　静止无功发生器（Static Var Generator）

TCP　　　　传输控制协议（Transmission Control Protocol）

TCSC　　　可控串联电容补偿器（Thyristor-Contorlled Series Compensation）

TCR　　　　晶闸管控制电抗器（Thvristor Controlled Reactor）

TCSC　　　可控串联补偿器（Thyristor Controlled Series Compensator）

TDM　　　　时分复用（Time Division Multiplexing）

TMR　　　　电能量计量系统（Tele-Meter Reading）

TMS　　　　交易管理系统（Transaction Management System）

TTU　　　　变压器远方终端单元（Transformer Terminal Unit）

UC　　　　机组组合（开停机计划）（Unit Commitment）

UCE　　　　机组控制偏差（Unit Control EITOr）

UCM　　　　机组控制模式（Unit Control Modes）

UCS　　　　公用事业通信规范（Utilities Communication Specifications）

UHF　　　　甚高频（Ultra High Frequency）

UML　　　　统一建模语言（Unified Modeling Language）

UPFC　　　综合潮流控制器（Unified Power Flow Controllor）

UPS　　　　不间断电源（Uninterrupted Power Supply）

USA　　　　电压稳定性分析（Voltage Stability Analysis）

VHF　　　　特高频（Very High Frequency）

WAN　　　　广域网（Wide Area Network）

WSCC　　　（美国）西部电网协调委员会（Western States Coordination Commission）

WWW　　　浏览器（World Wide Web）

XML　　　　可扩展标记语言（Extensible Markup Language）

附录 B 常 用 词 汇

1. 远动（telecontrol）

应用通信技术，完成遥测、遥信、遥控和遥调等功能的总称。

2. 远程测量（telemetering）

应用通信技术，传输被测变量的测量值。

同义词：遥测

3. 远程信号（teleindication，telesignalization）

应用通信技术，完成对设备状态信息的监视，如告警状态或开关位置、阀门位置等。

同义词：遥信

4. 远程命令（telecommand）

应用通信技术，完成改变运行设备状态的命令。

同义词：遥控

5. 远程调节（teleadjusting）

应用通信技术，完成对具有两个以上状态的运行设备的控制。

同义词：遥调

注：远程调节可借助重复的单命令、双命令和设定命令来完成。

6. 远程切换（teleswitching）

应用通信技术，完成对有两个确定状态的运行设备的控制。

7. 远动系统（telecontrol systern）

对广阔地区的生产进行监视和控制的系统，它包括对生产过程信息的采集、处理、传输和显示等全部功能与设备。

8. 数据采集与监控系统（SCADA，supervisory control and data acquisition）

对广阔地区的生产过程进行数据采集、监视和控制的系统。

9. 远动配置（telecontrol configuration）

主站与若干子站以及其链路的组合体。

10. 主站，控制站（master station，controling station）

对子站实现远程监控的站。

11. 子站，被控站（slave station，controlled station，remote station，outstation）

受主站监视和控制的站。

12. 启动站（primary station）

启动数据传送业务的站。

13. 响应站（secondary station）

响应远程数据传送业务请求的站。

14. 规约（protocol）

在远动系统中，为了正确地传送信息，必须有一套关于信息传输顺序、信息格式和信息内容等的约定。这一套约定，称为规约。

同义词：协议

15. 链路（link）

站与站之间的数据传输设施。

16. 循环传输（cyclic transmission）

一种传输方式，周期地扫描信息源，并按预定顺序传输报文。

17. 状态信息按优先级传输（transmission of change-of-state information in an orderof priority）

在规定的时间间隔内，各种事件或状态信息均按事先安排的优先顺序传输。

18. 自发传输（spontaneous transmission）

仅在事件发生时，才进行报文传输。

19. 阈值传输（threshold transmission）

仅当物理量的变化超过给定阈值时才传输。

20. 按请求传输（transmission on demand）

响应站仅在对启动站的请求作出响应时才送报文。

21. 远动终端（RTU，remote terminal unit）

由主站监控的子站，按规约完成远动数据采集、处理、发送、接收以及输出执行等功能的设备。

22. 设定命令（set point command）

置子站运行设备参量于某值的命令。

23. 切换命令（switching command）

用于对两种状态进行切换，以使运行设备由一种状态到另一种状态的命令。

24. 报文（message）

以一帧或多帧组成的信息传输单元。

25. 帧（frame）

含有信息、控制和校验区，并附有帧定界符的比特序列。

26. 总准确度（Overall accuracy）

数据经变送器、模数转换和数模变换，以及噪声干扰后，数据源和数据宿之间数值存在误差。总准确度是总误差对标称值的百分比。

27. 远动传送时间（telecontrol transfer time）

从发送站的外围设备输入到远动设备的时刻起，至接收站的远动设备的信号输出到外围设备止，所经历的时间。

注：远动传送时间包括发送站信号变换、编码时延、传输通道时延以及接收站信号反变换、译码和校验时延。不包括外围设备，如中间继电器、信号灯和显示仪表等的响应时间。

28. 总传送时间（overall franster time）

从发送站事件发生起，到接收站显示为止，事件信息经历的时间。

注：总传送时间包括发送站和接收站外围设备产生的时延。

29. 循环时间（cyclic time）

周期地传送任一信息时，该信息连续出现两次的时间间隔。

30. 信息丢失率（rate of information loss）

报文丢失数与发送总数之比。

31. 信息丢失概率（probability of information loss）

在传输过程中，报文丢失的概率。

32. 信息丢失漏检率（rate of residual information loss）

未被检出的报文丢失数与报文发送总数之比。

33. 信息丢失漏检概率（probability of residual information loss）

报文丢失而未被检出的概率。

34. 比特差错率（bit error rate）

接收比特不同于相应发送比特的数目，与总发送比特数之比。

35. 比特差错概率（bit error probability）

接收比特与相应发送比特不同的概率。

36. 残留差错率（residual error rate，undetected error rate）

未检出的差错报文数或字符数与发送报文总数或字符总数之比。

37. 残留差错概率（residual error probability）

报文有差错而又未被检出的概率。

参 考 文 献

[1] 秦立军，马其燕. 智能配电网及其关键技术. 北京：中国电力出版社，2010.

[2] 刘东，张沛超，李晓露. 面向对象的电力系统自动化. 北京：中国电力出版社，2009.

[3] 王正风，许勇，鲍伟. 智能电网安全经济运行与使用技术. 北京：中国水利水电出版社，2011.

[4] 张建华，黄伟. 微电网运行控制与保护技术. 北京：中国电力出版社，2010.

[5] 王士政. 电力系统控制与调度自动化. 北京：中国电力出版社，2008.

[6] 张明光，陈玉武，牛群峰. 电力系统远动及调度自动化. 北京：中国电力出版社，2010.

[7] 李升. 变电站电压无功控制理论与设计. 北京：中国水利水电出版社，2009.

[8] 董张卓，王清亮，黄国斌. 配电网和配电自动化系统. 北京：机械工业出版社，2013.

[9] 丁书文. 变电站综合自动化原理及应用. 北京：中国电力出版社，2010.

[10] 朱松林，张劲，吴国威. 变电站计算机监控系统及其应用. 北京：中国电力出版社，2009.

[11] 付周兴，王清亮，董张卓. 电力系统自动化. 北京：中国电力出版社，2012.

[12] 张永健. 电网监控与调度自动化. 北京：中国电力出版社，2009.

[13] CBZ-8000 变电站综合自动化系统. 河南：许继电气股份有限公司.

[14] XR-2000 变电站自动化系统. 西安：西安西瑞保护控制设备有限责任公司.

[15] 丁晓群，周玲、陈光宇. 电网自动电压控制（AVC）技术及案例分析. 北京：机械工业出版社，2010.

[16] 周全仁，张海. 现代电网自动控制系统及其应用. 北京：中国电力出版社，2004.

[17] 孙晓强，范越，白兴忠. 电网调度典型事故处理与分析. 北京：中国电力出版社，2011.

[18] 王清亮，董张卓，李忠. 一起煤矿 110kV 主变压器损坏事故分析. 煤炭科学技术，2012，40（1）：95-98.

[19] 陈安伟. IEC 61850 在变电站中的工程应用. 北京：中国电力出版社，2012.

[20] 高翔. 智能变电站技术. 北京：中国电力出版社，2012.

[21] 高翔. 数字化变电站应用技术. 北京：中国电力出版社，2008.

[22] 冯庆东、毛为民. 配电网自动化技术与工程实例分析. 北京：中国电力出版社，2007.

[23] 王清亮. 单相接地故障分析与选线技术. 北京：中国电力出版，2013.

[24] 郭谋发. 配电网自动化技术. 北京：机械工业出版社，2012.

[25] 周昭茂. 电力需求侧管理技术支持系统. 北京：中国电力出版社，2007.

[26] 林永军，施玉杰. 配电网自动化实用技术. 北京：中国水利水电出版社，2008.

[27] 罗承沐. 电子式互感器与数字化变电站. 北京：中国电力出版社，2012.

[28] 王清亮，付周兴. 基于能谱熵测度的自适应单相接地故障选线方法. 电力系统自动化，2012，36（5）：103-107.

[29] 董张卓，李宏刚，倪云峰. 调度主站前置机的结构和软件设计. 继电器，2008，36（10）：58-61.

[30] 杜辉，王清亮，张璐. 采用希尔伯特黄变换方法实现配电网故障选线. 电力系统及其自动化学报，2013，25（5）：60-64.

[31] 国家电力监管委员会电力可靠性管理中心. 电力可靠性技术与管理培训教材. 北京：中国电力出版社，2007.

[32] 王洪新 贺景亮. 电力系统电磁兼容. 武汉：武汉大学出版社，2004.

[33] 李景禄. 电力系统电磁兼容技术. 北京：中国电力出版社，2007.